普通高等教育"十一五"国家级规划教材

高等院校电子信息类规划教材
北京邮电大学精品教材

现代通信网

（第 4 版）

毛京丽　董跃武　编著

U0282085

北京邮电大学出版社
www.buptpress.com

内 容 简 介

本书既有通信网基本理论的介绍,又侧重讨论和研究了有关现代通信网的基本技术及实际应用方面的问题。本书首先在介绍了通信网基本概念的基础上,全面地论述了各种现代通信网技术,主要包括固定电话网、移动通信网、IP网络、传输网、接入网、电信支撑网;然后分析了通信网规划的理论基础及通信网络规划的一般方法;接着讲述了下一代网络及其关键技术;最后探讨了三网融合问题。

全书共有 11 章:第 1 章概述,第 2 章固定电话网,第 3 章移动通信网,第 4 章 IP 网络,第 5 章传输网,第 6 章接入网,第 7 章电信支撑网,第 8 章通信网规划理论基础,第 9 章通信网络规划,第 10 章下一代网络,第 11 章三网融合。

为便于学生学习过程的归纳总结,培养学生分析问题和解决问题的能力,在每章最后都附有本章重点内容小结和习题。

本书取材适宜、内容全面、结构合理、阐述准确、文字简练、通俗易懂、深入浅出、条理清晰,易于学习理解和讲授。

本书既可作为高等院校通信专业教材,也可作为从事通信工作的科研和工程技术人员学习的参考书。

图书在版编目(CIP)数据

现代通信网 / 毛京丽,董跃武编著. -- 4 版. -- 北京:北京邮电大学出版社,2021.4(2022.12 重印)
ISBN 978-7-5635-6355-5

Ⅰ. ①现… Ⅱ. ①毛… ②董… Ⅲ. ①通信网—高等学校—教材 Ⅳ. ①TN915

中国版本图书馆 CIP 数据核字(2021)第 056118 号

策划编辑:彭 楠　　责任编辑:刘 颖　　封面设计:七星博纳

出版发行:北京邮电大学出版社
社　　　址:北京市海淀区西土城路 10 号
邮政编码:100876
发 行 部:电话:010-62282185　传真:010-62283578
E-mail:publish@bupt.edu.cn
经　　　销:各地新华书店
印　　　刷:唐山玺诚印务有限公司
开　　　本:787 mm×1 092 mm　1/16
印　　　张:23.75
字　　　数:620 千字
版　　　次:1999 年 7 月第 1 版　2007 年 6 月第 2 版　2013 年 5 月第 3 版　2021 年 4 月第 4 版
印　　　次:2022 年 12 月第 2 次印刷

ISBN 978-7-5635-6355-5　　　　　　　　　　　　　　　　　　　　　定价:58.00 元

前　言

随着通信和计算机技术的突飞猛进,电信业务加快 IP 化、宽带化、综合化和智能化,现代通信网络也得到了迅速的发展,主要呈现信息融合、技术融合、网络融合的趋势,通信网络技术和结构在不断更迭。

《现代通信网》第 4 版是在对第 3 版进行修订补充的基础上编写而成的。为了使本书的系统性和专业性更强,在章节结构上进行了一些调整;同时为了使本书更加具有前沿性和实用性,更新了部分网络技术内容;而且增加了新的网络技术及其发展趋势等内容,以便更好地反映当前通信网络的应用现状,追踪通信网络发展的新热点、新方向。

总之,本次修订对书中的内容、结构进行了精心的设计和组织,使其更契合通信专业的培养方案,以帮助学生理解和掌握课程大纲要求的基本内容。

全书共有 11 章。

第 1 章概述,首先介绍了通信网的概念、构成要素、分类及通信网的几种基本结构,然后讨论了现代通信网的质量要求、现代通信网的构成及发展趋势。

第 2 章固定电话网,主要介绍了电话通信网的基本概念、对固定电话网的质量要求、固定电话网的组成和结构、固定电话网的路由选择,并讨论了固定电话网的演进。

第 3 章移动通信网,首先介绍了移动通信网的基本概念,然后阐述了移动通信网的关键技术以及常用移动通信系统,最后分析了移动通信网的发展趋势。

第 4 章 IP 网络,首先给出了 IP 网络的基本概念,然后分析了 TCP/IP 参考模型,接着介绍了局域网和宽带 IP 城域网,最后讨论了路由器技术与路由选择协议。

第 5 章传输网,在给出传输网的定义、组成和分类的基础上,详细论述了 SDH 传输网、MSTP 传输网、DWDM 传输网、光传送网(OTN)、自动交换光网络(ASON)、PTN 与 IP RAN 的相关内容,并介绍了微波通信系统和卫星通信系统的基本知识。

第 6 章接入网,首先介绍了接入网的基本概念,然后论述了混合光纤/同轴电缆(HFC)接入网、光纤接入网、FTTx＋LAN 接入网和无线接入网的相关内容。

第 7 章电信支撑网,主要介绍了 No.7 信令网、数字同步网和电信管理网的基本概念及重点内容。

第 8 章通信网规划理论基础,首先介绍了图论及其在通信网中的应用、网络流量设计基础,然后讨论了通信网可靠性的定义和计算。

第 9 章通信网络规划,在介绍通信网络规划概述的基础上,分析了通信业务预测的方法,然后详细论述了固定电话网、传输网、接入网和 No.7 信令网的规划与设计。

第 10 章下一代网络,主要介绍了下一代网络(NGN)的基本概念、体系结构、关键技术,以及软交换技术和 IMS 技术。

第 11 章三网融合,首先探讨了三网融合的意义及发展前景,接着介绍了三网融合的技术基础,最后研究了三网融合接入网关键技术及承载网关键技术。

本书第 1 章、第 3 章～第 6 章、第 11 章由毛京丽编写,第 2 章、第 7 章～第 10 章由董跃武编写,全书由勾学荣教授审定。

本书在编写过程中参考了一些相关的文献,从中受益匪浅,在此对这些文献的著作者表示深深的感谢!

由于作者水平有限,若书中存在缺点和错误,恳请专家和读者指正。

作 者

2020 年 9 月

目 录

第1章 概　　述

随着社会的不断进步、经济的飞速发展,信息传输越来越重要,通信网也就与人们的生活和工作密不可分。本章对通信网作概要的介绍,主要包括以下几方面的内容:

- 通信网的基本概念;
- 通信网的拓扑结构;
- 通信网的质量要求;
- 现代通信网的构成;
- 现代通信网的发展趋势。

1.1　通信网的基本概念

1.1.1　通信系统

为了引出通信网的概念,首先简单介绍一下通信系统。

1. 通信系统的定义

所谓通信系统就是用电信号(或光信号)传递信息的系统。

2. 通信系统的分类

通信系统可以从不同的角度来分类。

(1) 按通信业务分类

按通信业务的不同,通信系统可以分为电话、电报、传真、广播电视、数据通信系统等。

(2) 按传输的信号形式分类

按信道中传输的信号形式不同,通信系统可以分为模拟通信系统和数字通信系统等。

3. 通信系统的组成

通信系统构成模型如图 1-1 所示,其基本组成包括信源、变换器、信道、噪声源、反变换器及信宿几个部分。

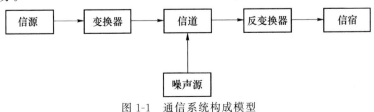

图 1-1　通信系统构成模型

（1）信源

信源是指产生各种信息（如语音、文字、图像及数据等）的信息源。信源可以是人，也可以是机器（如计算机等）。

（2）变换器

变换器的作用是将信源发出的信息变换成适合在信道中传输的信号。对应不同的信源和不同的通信系统，变换器有不同的组成和变换功能。例如：对于数字电话通信系统，变换器则包括送话器和模/数变换器等，模/数变换器的作用是将送话器输出的模拟话音信号经过模/数变换和时分复用等处理后，变换成适合于在数字信道中传输的信号。

（3）信道

信道是信号的传输介质。信道按传输介质的种类分，可以分为有线信道和无线信道。在有线信道中电磁信号（或光信号）约束在某种传输线（电缆、光缆等）上传输；在无线信道中电磁信号沿空间（大气层、对流层、电离层等）传输。如果按传输信号的形式分，信道又可以分为模拟信道和数字信道。

（4）反变换器

反变换器的作用是将从信道上接收的信号变换成信息接收者可以接收的信息。反变换器的作用与变换器正好相反，起着还原的作用。

（5）信宿

信宿是信息的接收者，可以是人或机器。

（6）噪声源

噪声源是系统内各种干扰影响的等效结果，系统的噪声来自各个部分，从发出和接收信息的周围环境、各种设备的电子器件，到信道所受到的外部电磁场干扰，都会对信号形成噪声影响。为了分析问题方便，将系统内所存在的干扰均折合到信道中，用噪声源表示。

以上所述的通信系统只能实现两用户间的单向通信，要实现双向通信还需要另一个通信系统完成相反方向的信息传送工作。而要实现多用户间的通信，则需要将多个通信系统有机地组成一个整体，使它们能协同工作，即形成通信网。

多用户间的相互通信，最简单的方法是在任意两用户之间均有线路相连，但由于用户众多，这种方法不但会造成线路的巨大浪费，而且也是不可能实现的。为了解决这个问题，引入了交换机，即每个用户都通过用户线与交换机相连，任何用户间的通信都要经过交换机（或相应设备）来转接交换。

1.1.2　通信网的概念及构成要素

1. 通信网的概念

综上所述，可以得出通信网的定义为：通信网是由一定数量的节点（包括终端设备、交换设备和/或路由设备）和连接节点的传输链路相互有机地组合在一起，以实现两个或多个规定点间信息传输的通信体系。

也就是说，通信网是由相互依存、相互制约的许多要素组成的有机整体，用以完成规定的功能。通信网的功能就是要适应用户呼叫的需要，以用户满意的程度传输网内任意两个或多个用户之间的信息。

2．通信网的构成要素

由通信网的定义可以看出:通信网在硬件设备方面的构成要素是终端设备、传输链路和交换设备(和/或路由设备)。为了使全网协调合理地工作,还要有各种规定,如信令方案、各种协议、网络结构、路由方案、编号方案、资费制度与质量标准等,这些均属于软件。即一个完整的通信网除包括硬件外,还要有相应的软件。下面重点介绍构成通信网的硬件设备。

(1) 终端设备

终端设备是用户与通信网之间的接口设备,它包括图 1-1 的信源、信宿与变换器、反变换器的一部分。终端设备的功能有三个:

① 将待传送的信息和在传输链路上传送的信号进行相互转换。在发送端,将信源产生的信息转换成适合于在传输链路上传送的信号;在接收端则完成相反的变换。

② 将信号与传输链路相匹配,由信号处理设备完成。

③ 信令的产生和识别,即用来产生和识别网内所需的信令,以完成一系列控制作用。

(2) 传输链路

传输链路是信息的传输通道,是连接网络节点的媒介。它一般包括图 1-1 中的信道与变换器、反变换器的一部分。

信道有狭义信道和广义信道之分,狭义信道是单纯的传输介质(比如一根电缆);广义信道除传输介质外,还包括相应的变换设备(或通信设备)。由此可见,我们这里所说的传输链路指的是广义信道。传输链路可以分为不同的类型,各有不同的实现方式和适用范围。

传输介质就是通信线路,通信线路可分为有线和无线两大类。有线通信线路主要包括双绞线、同轴电缆、光纤等;无线通信线路是指传输电磁信号的自由空间。

① 双绞线电缆

双绞线是由两条相互绝缘的铜导线扭绞起来构成的,一对线作为一条通信线路。其结构如图 1-2(a)所示,通常一定数量这样的导线对捆成一个电缆,外边包上硬护套。双绞线可用于传输模拟信号,也可用于传输数字信号,其通信距离一般为几到几十千米,其传输衰减特性示意如图 1-3 所示。由于电磁耦合和集肤效应,线对的传输衰减随着频率的增加而增大,故信道的传输特性呈低通型特性。

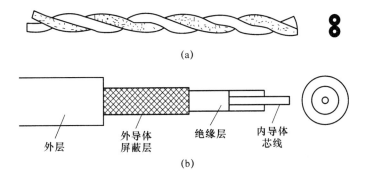

(a)

外层　　　　外导体屏蔽层　　绝缘层　　内导体芯线

(b)

图 1-2　双绞线电缆和同轴电缆结构

由于双绞线成本低廉且性能较好,在数据通信和计算机通信网中都是一种普遍采用的传输介质。目前,在某些专门系统中,双绞线在短距离传输中的速率已达 $100\sim155$ Mbit/s。

② 同轴电缆

同轴电缆也像双绞线那样由一对导体组成,但它们是按同轴的形式构成线对,其结构如图

1-2(b)所示。其中最里层是内导体芯线,外包一层绝缘材料,外面再套一个空心的圆柱形外导体,最外层是起保护作用的塑料外皮。内导体和外导体构成一组线对。应用时,外导体是接地的,故同轴电缆具有很好的抗干扰性,且它比双绞线具有更好的频率特性。同轴电缆与双绞线相比成本较高。

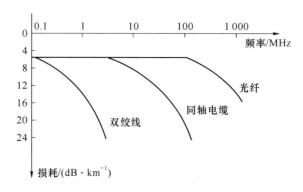

图 1-3　双绞线电缆和同轴电缆传输衰减特性

与双绞线信道特性相同,同轴电缆信道特性也是低通型特性,但它的低通频带要比双绞线的频带宽。

③ 光缆

光缆的结构和电缆的结构类似,主要由缆芯、加强构件和护层组成。光缆中负责传送信号的是光纤,若干根光纤按照一定的方式组成缆芯,光纤由纤芯和包层组成。纤芯和包层的折射率不同,利用光的全反射使光能够在纤芯中传播。光纤通信是以光波作载频传输信号,以光纤为传输线路的通信方式。光波是一种频率在 10^{14} Hz 左右的电磁波,波长范围在近红外区内,一般采用的三个通信窗口波长分别为 0.85 μm、1.31 μm 和 1.55 μm。

④ 自由空间

自由空间又称理想介质空间,无线电波在地球外部的大气层中传播,可认为是在自由空间传播。

微波通信是利用微波频段(300 MHz～30 GHz)的电磁波来传输信息的通信。微波在空间沿直线视距范围传播,中继距离为 50 km 左右,适于在地形复杂的情况下使用。

卫星通信是在地球站之间利用人造卫星作中继站的通信方式,是微波接力通信的一种特殊形式。它可以向地球上的任何地方发送信息。

（3）交换设备与路由设备

交换设备的基本功能是完成接入交换节点链路的汇集、转接接续和分配,实现一个呼叫终端(用户)和它所要求的另一个或多个用户终端之间的路由选择的连接。

基于 IP 的通信网,核心设备是路由设备。路由设备的作用是实现网络互连,具体功能主要是路由选择等。对于到达的数据包,路由设备按某种路由选择策略,从中选出一条最佳路由,将数据包转发出去。

1.1.3　通信网的分类

通信网可以从不同的角度分类。

1. 按业务种类分

按业务种类分,通信网可分为电话通信网、电报通信网、传真通信网、广播电视通信网以及数据通信网等。

- 电话通信网——传输电话业务的网络。
- 电报通信网——传输电报业务的网络。
- 传真通信网——传输传真业务的网络。
- 广播电视通信网——传输广播电视业务的网络。
- 数据通信网——以传输数据业务为主的通信网称为数据通信网。它是一个由分布在各地的数据终端设备、数据交换设备和数据传输链路所构成的网络,在网络协议(软件)的支持下实现数据终端间的数据传输和交换。常用的数据通信网有分组交换网、帧中继网、ATM网等。
- 多媒体通信网——传输多媒体业务(集语音、数据、图像于一体)的网络。它是多媒体技术、计算机技术、通信技术和网络技术等相互结合和发展的产物,具有集成性、交互性和同步性等特点。

2. 按所传输的信号形式分

按所传输的信号形式分,通信网可分为:

- 数字通信网——网中传输和交换的是数字信号。
- 模拟通信网——网中传输和交换的是模拟信号。

3. 按服务范围分

按服务范围分,不同的业务网又有不同的分类方式,如电话网等通信网可分为本地网、长途网和国际网;而传输数据业务的计算机通信网则可分为局域网、城域网和广域网。

4. 按运营方式分

按运营方式分,通信网可分为:

- 公用通信网——由国家邮电部门组建的网络,网络内的传输和转接装置可供任何部门使用。
- 专用通信网——某个部门为本系统的特殊业务工作的需要而建造的网络,这种网络不向本系统以外的人提供服务,即不允许其他部门和单位使用。

5. 按所采用的传输介质分

按所采用的传输介质分,通信网可分为:

- 有线通信网——使用双绞线、同轴电缆和光纤等传输信号的通信网。
- 无线通信网——使用无线电波线等在空间传输信号的通信网,又可分为移动通信网、微波通信网、卫星通信网等。

1.2 通信网的拓扑结构

通信网的基本拓扑结构主要有网形、星形、复合形、总线形、环形和树形等。

1. 网形网

网形网是网内任何两个节点之间均有线路相连,如图 1-4(a)所示。

如果有 N 个节点,网形网则需要 $N(N-1)$ 条传输链路。显然当节点数增加时,传输链路将迅速增大。这种网络结构的冗余度较大,稳定性较好,但线路利用率不高,经济性较差。

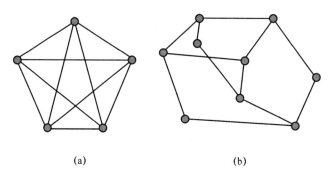

(a)   (b)

图 1-4　网形网与网孔形网示意图

图 1-4(b)所示为网孔形网,它是网形网的一种变形,也叫不完全网状网。其大部分节点相互之间有线路直接相连,一小部分节点可能与其他节点之间没有线路直接相连。哪些节点之间不需直达线路,要视具体情况而定(一般是这些节点之间业务量相对少一些)。网孔形网与网形网(完全网状网)相比,可适当节省一些线路,即线路利用率有所提高,经济性有所改善,但稳定性会稍有降低。

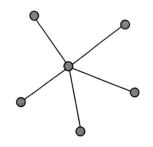

图 1-5　星形网示意图

2. 星形网

星形网也称为辐射网,它将一个节点作为辐射点,该点与其他节点均有线路相连,如图 1-5 所示。

具有 N 个节点的星形网至少需要 $N-1$ 条传输链路。星形网的辐射点就是转接中心,其余 $N-1$ 个节点间的相互通信都要经过转接中心,因而该转接中心设备的转接能力和可靠性会影响网内的所有用户。由于星形网比网形网的传输链路少、线路利用率高,所以当转接中心设备的费用低于相关传输链路的费用时,星形网比网形网经济性好,但星形网比网形网稳定性较差(因为中心节点是全网可靠性的瓶颈,中心节点一旦出现故障会造成全网瘫痪)。

3. 复合形网

复合形网由网形网和星形网复合而成,如图 1-6 所示。

根据网中业务量的需要,以星形网为基础,在业务量较大的转接中心区间采用网形结构,可以使整个网络比较经济且稳定性较好。复合形网具有网形网和星形网的优点,是通信网中常采用的一种网络结构,但网络设计应以转接中心设备和传输链路的总费用最小为原则。

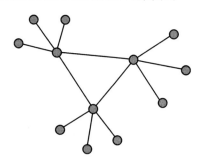

图 1-6　复合形网示意图

4. 总线形网

总线形网是所有节点都连接在一个公共传输通道——总线上,如图 1-7 所示。

这种网络结构需要的传输链路少,增减节点比较方便,但稳定性较差,网络范围也受到限制。

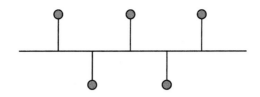

图 1-7 总线形网示意图

5. 环形网

环形网如图 1-8 所示。

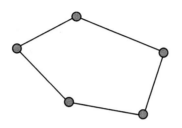

图 1-8 环形网示意图

它的特点是结构简单,实现容易。而且由于可以采用自愈环对网络进行自动保护,所以其稳定性比较高。

另外,还有一种叫线形网的网络结构,如图 1-9 所示,它与环形网不同的是首尾不相连。线形网常用于 SDH 传输网等网络中。

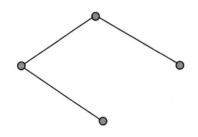

图 1-9 线形网示意图

6. 树形网

树形网如图 1-10 所示。

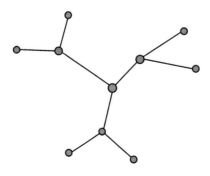

图 1-10 树形网示意图

它可以看成是星形拓扑结构的扩展。在树形网中,节点按层次进行连接,信息交换主要在上、下节点之间进行。树形结构主要用于用户接入网或用户线路网中,另外,主从网同步方式中的时钟分配网也采用树形结构。

1.3　通信网的质量要求

为了使通信网能快速且有效可靠地传递信息,充分发挥其作用,对通信网一般提出以下 3 个要求。

1. 接通的任意性与快速性

这是对通信网的最基本要求。所谓接通的任意性与快速性是指网内的一个用户应能快速地接通网内任一其他用户。如果有些用户不能与其他一些用户通信,则这些用户必定不在同一个网内。而如果不能快速地接通,有时会使要传送的信息失去价值,这种接通将是无效的。

影响接通的任意性与快速性的主要因素是:

(1) 通信网的拓扑结构——如果网络的拓扑结构不合理会增加转接次数,使阻塞率上升、时延增大。

(2) 通信网的网络资源——网络资源不足的后果是增加阻塞概率。

(3) 通信网的可靠性——可靠性低会造成传输链路或交换设备(路由设备)出现故障,甚至丧失其应有的功能。

2. 信号传输的透明性与传输质量的一致性

透明性是指在规定业务范围内的信息都可以在网内传输,对用户不加任何限制。传输质量的一致性是指网内任何两个用户通信时,应具有相同或相仿的传输质量,而与用户之间的距离无关。通信网的传输质量直接影响通信的效果,不符合传输质量要求的通信网有时是没有意义的。因此要制定传输质量标准并进行合理分配,使网中的各部分均满足传输质量指标的要求。

3. 网络的可靠性与经济合理性

可靠性对通信网是至关重要的,一个可靠性不高的网络会经常出现故障乃至中断通信,这样的网络是不能用的。但绝对可靠的网络是不存在的。所谓可靠是指在概率的意义上,使平均故障间隔时间(两个相邻故障间时间的平均值)达到要求。可靠性必须与经济合理性结合起来,提高可靠性往往要增加投资,但造价太高又不易实现,因此应根据实际需要在可靠性与经济性之间取得折中和平衡。

1.4　现代通信网的构成

1.4.1　网络结构的垂直描述

在垂直结构上,一个完整的现代通信网按照构成及实现的功能划分,大体上可分为业务网、传输网和支撑网。它们之间的关系如图 1-11 所示。

其中,应用层表示各种信息应用与服务种类。

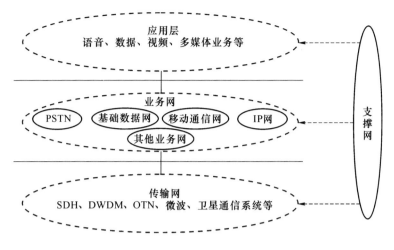

图 1-11 通信网关系示意图

1. 业务网

业务网是指面向公众提供诸如电话、电报、传真、数据、图像等各种通信业务的网络,它是现代通信网的主体,主要包括公共电话交换网(PSTN)、基础数据网(分组交换网、帧中继网、ATM 网和数字数据网)、移动通信网、IP 网等。

2. 传输网

传输网是用作传送通道的网络,提供业务网的传送手段和基础设施,服务于网络所承载的各种业务,传输网包括骨干传输网和接入网。

3. 支撑网

支撑网是使业务网正常运行,增强网络功能,提供全网服务质量以满足用户要求的网络。在各个支撑网中传送相应的控制、监测信号。支撑网包括信令网、同步网和管理网。

(1)信令网

信令网的主要功能是实现网络节点间(包括交换局、网络管理中心等)信令的传输和转接。

信令网除为电话网、电路交换的数据网、ISDN、移动通信网及智能网传送呼叫控制等信令外,还可以传送其他诸如网络管理和维护等方面的信息。

(2)同步网

实现数字传输后,在数字交换局之间、数字交换局和传输设备之间均需要实现时钟信号的同步。同步网的功能就是实现这些设备之间的时钟信号同步。

(3)管理网

管理网是为提高全网质量和充分利用网络设备而设置的。网络管理是实时或近实时地监视电信网络的运行,必要时采取控制措施,以达到在任何情况下,最大限度地使用网络中一切可以利用的设备,使尽可能多的通信得以实现。

1.4.2 网络结构的水平描述

除考虑通信网的垂直分层结构外,还可以从水平的角度对通信网进行描述,水平描述是基于用户接入网络实际的物理连接来划分的,可分为用户驻地网(CPN)、核心网和接入网。

用户驻地网(CPN)指用户终端到用户网络接口之间所包含的机线设备,是属于用户自己的网络。

核心网位于整个网络的中心,包含了传输、交换和/或路由等功能。

接入网位于核心网和用户驻地网(CPN)之间,包含了连接两者的所有设施设备与线路。接入网负责将电信业务透明地传送到用户,即用户通过接入网的传输,能灵活地接入不同的电信业务节点上。

用户驻地网、接入网和核心网的位置关系如图 1-12 所示。

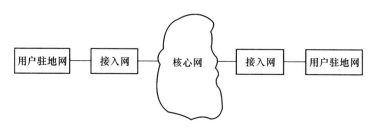

图 1-12   用户驻地网、接入网和核心网的位置关系

1.5   现代通信网的发展趋势

随着国民经济的迅速发展,人们已进入信息化社会,因而对信息服务的要求不断提高,通信的重要性将越来越突出。通信网不但要在容量和规模上逐步扩大,还要不断扩充其功能,发展新业务,用来满足人类越来越高的需求。

未来的通信网正向着数字化、综合化、宽带化、IP 化、虚拟化、融合化、智能化的方向发展。

1. 通信技术数字化

通信技术数字化就是在通信网中全面使用数字技术,包括数字传输、数字交换和数字终端等。由于数字通信具有容量大、质量好、可靠性高等优点,所以数字化成为通信网的发展方向之一。

2. 通信业务综合化

通信业务综合化就是把来自各种信息源的业务综合在一个数字通信网中传送,为用户提供综合性服务。原来已有的通信网一般是为某种业务单独建立的,如电话网、传真网、广播电视网、数据网等。随着多种通信业务的出现和发展,如果继续各自单独建网,将会造成网络资源的巨大浪费,而且给用户带来使用上的不便。因此需要建立一个能有效地支持各种电话和非话业务的统一的通信网,它不但能满足人们对电话、传真、广播电视、数据和各种新业务的需要,而且能满足未来人们对信息服务的更高要求。

3. 通信网络宽带化

目前,互联网用户数、应用种类、带宽需求都呈现出爆炸式的增长,特别是由于移动互联网、物联网和云计算等新型宽带应用的强力驱动,迫切需要通信网络宽带化。网络宽带化包括接入技术的宽带化(高速接入)、传输技术的宽带化(高速传输)、超高速路由与交换等。

近年来,各种宽带接入技术、传输技术、交换技术和高速路由技术正在逐渐发展成熟。

4. 通信网络 IP 化

通信网络的业务正逐渐由传统语音业务为主转向数据业务为主,而且随着语音、视频、数据业务在 IP 层面的不断融合,各种业务均向 IP 化发展,各类新型的业务也都是建立在 IP 基础上的,业务的 IP 化和传送的分组化已成为目前网络演进的主线。

5. 网络功能虚拟化

当前通信网络包含大量的硬件设备,每引入一种新业务往往需要集成复杂的专用硬件。同时,硬件的生命周期由于技术和业务快速创新而变短。而网络功能虚拟化(Network Functions Virtualization,NFV)是将网络功能由软件来实现,旨在利用虚拟化技术,通过软件实现各种网络功能,降低网络昂贵的设备成本,实现软硬件解耦及功能抽象,使网络设备功能不再依赖于专用硬件,资源可以充分灵活共享,并基于实际业务需求进行自动部署、弹性伸缩、故障隔离和自愈等。

6. 网络互通融合化

现代通信网的发展趋势是网络互通融合化,即电信网(电话网)、计算机网和广播电视网之间的"三网"融合,其目标网络技术即下一带网络(NGN)技术。

NGN 是一个分组网络,它提供包括电信业务在内的多种业务,能够利用多种带宽和具有 QoS 能力的传送技术,实现业务功能与底层传送技术的分离;它允许用户对不同业务提供商网络的自由接入,并支持通用移动性,实现用户对业务使用的一致性和统一性。

7. 网络管理智能化

随着互联网技术与应用的迅猛发展,通信业务加速 IP 化,而 IP 化的业务具有更高的动态特征和不可预测性,所以需要承载业务的网络具备智能化管理功能。通过智能化网管系统,可以查看全网的网络连接关系,实时监控各种网络设备可能出现的问题,检测网络性能瓶颈出在何处,并进行自动处理或远程修复,从而实现高效的网络管理,促进网络的高效运转。

小　　结

(1) 通信网是由一定数量的节点(包括终端设备、交换设备和/或路由设备)和连接节点的传输链路相互有机地组合在一起,以实现两个或多个规定点间信息传输的通信体系。通信网在硬件设备方面的构成要素是终端设备、传输链路和交换设备(和/或路由设备)。

(2) 通信网可从不同的角度分类。按业务种类可分为电话网、电报网、传真网、广播电视网、数据网以及多媒体通信网等;按所传输的信号形式可分为数字网和模拟网;电话网等通信网按服务范围可分为本地网、长途网和国际网,传输数据业务的计算机通信网可分为局域网、城域网和广域网;按运营方式可分为公用通信网和专用通信网;按所采用的传输介质可分为有线通信网和无线通信网。

(3) 通信网的基本结构主要有网形、星形、复合形、总线形、环形和树形等。

(4) 对通信网一般提出以下 3 个要求:①接通的任意性与快速性;②信号传输的透明性与传输质量的一致性;③网络的可靠性与经济合理性。

(5) 在垂直结构上,一个完整的现代通信网按照构成及实现的功能划分,可分为业务网、传输网和支撑网。

业务网是指面向公众提供诸如电话、电报、传真、数据、图像等各种通信业务的网络,它是现代通信网的主体,主要包括公共电话交换网(PSTN)、基础数据网(分组交换网、帧中继网、ATM 网和数字数据网)、移动通信网、IP 网等。

传输网是用作传送通道的网络,提供业务网的传送手段和基础设施,服务于网络所承载的各种业务,传输网包括骨干传输网和接入网。

支撑网是使业务网正常运行,增强网络功能,提供全网服务质量以满足用户要求的网络。在各个支撑网中传送相应的控制、监测信号。支撑网包括信令网、同步网和管理网。

现代通信网按照用户接入网络实际的物理连接划分(水平描述),可分为用户驻地网(CPN)、接入网和核心网。核心网包含了传输、交换和/或路由等功能。

(6)现代通信网正向着通信技术数字化、通信业务综合化、通信网络宽带化、通信网络 IP 化、网络功能虚拟化、网络互通融合化、网络管理智能化的方向发展。

习　　题

1-1　什么是通信网?

1-2　通信网的构成要素有哪些? 它们的功能分别是什么?

1-3　简述通信网的分类情况。

1-4　通信网的基本结构有哪几种? 各自的特点是什么?

1-5　对通信网的质量要求是什么?

1-6　按照构成及实现的功能划分,现代通信网可分为哪几种网络?

1-7　通信网的未来发展方向是什么?

第 2 章　固定电话网

电话通信网(以下简称电话网)是指可以进行语音通信、开放电话业务的网络。其中,固定电话通信网(以下简称固定电话网)即公用电话交换网(Public Switched Telephone Network, PSTN)是指为使用固定终端的用户提供语音、传真以及低速数据业务的网络。本章首先介绍电话网的基本概念,然后介绍与固定电话网相关的内容,主要包括:

- 电话网的基本概念;
- 对固定电话网的质量要求;
- 固定电话网的组成和结构;
- 固定电话网的路由选择;
- 固定电话网的演进。

2.1　电话网的基本概念

2.1.1　电话网的基本组成

电话网通常由用户终端(电话机)、传输信道和交换机等组成。

1. 用户终端

用户终端(电话机)是电话网构成的基本要素,主要完成通信过程中声/电和电/声转换任务。

电话机分为模拟电话机和数字电话机,目前固定用户一般仍使用模拟电话机,而移动用户的终端为数字移动电话。

2. 传输信道

传输信道是电话网构成的主要部分,其功能是将电话机和交换机、交换机与交换机连接起来。

这里所说的传输信道是广义信道,包括传输介质和相应的通信设备。传输介质可以是有线的(如电缆、光纤等),也可以是无线的传输介质。

3. 交换机

交换机是电话通信网构成的核心部件,完成语音信息的交换功能,即完成接入交换节点链路的汇集、转接接续和分配。

交换机的基本类型主要有人工电话交换机、机电制交换机、程控交换机和软交换等。传统固定电话网使用的交换机是数字程控交换机,其交换方式为电路交换。

在数字程控交换机中,来自不同用户和中继线的语音信号被转换为数字信号,并被复用到不同的 PCM 复用线上,这些复用线连接到不同的数字交换网络。为实现不同用户之间的通话,数字交换网络必须完成不同复用线之间不同时隙的交换,即数字交换网络某条输入复用线上某个时隙的信号交换到指定的输出复用线上的指定时隙。

传统的电路交换机将传送交换硬件、呼叫控制和交换以及业务和应用功能结合进单个昂贵的交换机设备内,是一种垂直集成的、封闭和单厂家专用的系统结构,新业务的开发也是以专用设备和专用软件为载体,导致开发成本高、时间长、无法适应今天快速变化的市场环境和多样化的用户需求。

软交换打破了传统的封闭交换结构,采用完全不同的横向组合的模式,将传输、呼叫控制和业务控制三大功能间的接口打开,采用开放的接口和通用的协议,构成一个开放的、分布的和多厂家应用的系统结构,可以使业务提供者灵活选择最佳和最经济的组合来构建网络,加速新业务和新应用的开发、生成和部署,快速实现低成本广域业务覆盖,推进语音和数据的融合。

2.1.2 电话网的分类

电话网可以从不同的角度分类,常见的分类方法如下。

(1)按通信传输介质分

可分为有线电话网、无线电话网等。

(2)按通信传输信号形式分

可分为模拟电话网和数字电话网。

(3)按通信服务区域分

可分为农话网、市话网、长话网和国际网等。

(4)按通信服务对象分

可分为公用电话网、保密电话网和军用电话网等。

(5)按通信活动方式分

可分为固定电话网和移动电话网等。

本章主要介绍固定电话网,移动通信网的相关内容见第 3 章。

2.2 对固定电话网的质量要求

第 1 章介绍了对一般通信网的基本要求,而对于不同业务的通信网,各项要求的具体内容和含义将有所差别。例如,对固定电话网是从以下三个方面提出的质量要求。

(1)接续质量

电话网的接续质量是指用户通话被接续的速度和难易程度,通常用接续损失(呼损)和接续时延来度量。

(2)传输质量

用户接收到的语音信号的清楚逼真程度,可以用响度、清晰度和逼真度来衡量。

（3）稳定质量

即通信网的可靠性，其指标主要有：失效率（设备或系统工作 t 时间后，单位时间内发生故障的概率）、平均故障间隔时间、平均修复时间（发生故障时进行修复的平均时长）等。

2.3　固定电话网的组成和结构

2.3.1　固定电话网的等级结构

1. 电话网等级结构的概念

就全国范围内的电话网而言，很多国家采用等级结构。等级结构就是把全网的交换局划分成若干个等级，最高等级的交换局间直接互连，形成网形网；而低等级的交换局与管辖它的高等级的交换局相连，形成多级汇接辐射网即星形网。所以等级结构的电话网一般是复合形网。

2. 等级结构的级数选择

等级结构的级数选择与许多因素有关，主要有：

（1）全网的服务质量，如接通率、接续时延、传输质量、可靠性等。

（2）全网的经济性，即网的总费用问题。

另外，还应考虑国家幅员大小，各地区的地理状况，政治、经济条件以及地区之间的联系程度等因素。

3. 我国等级结构的电话网

早在 1973 年电话网建设初期，鉴于当时长途话务流量的流向与行政管理的从属关系几乎相一致，即呈纵向的流向，邮电部明确规定我国电话网的网络等级分为五级，由一、二、三、四级长途交换中心及五级交换中心（即端局）组成。电话网五级等级结构示意图如图 2-1 所示。

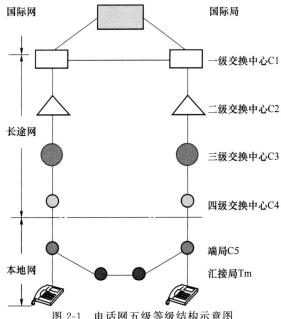

图 2-1　电话网五级等级结构示意图

我国电话网由长途网和本地网两部分组成。长途网设置一、二、三、四级长途交换中心,分别用 C1,C2,C3 和 C4 表示;本地网设置汇接局和端局两个等级的交换中心,分别用 Tm 和 C5 表示,也可只设置端局一个等级的交换中心。

五级等级结构的电话网在网络发展的初级阶段是可行的,这种结构在电话网由人工向自动、模拟向数字的过渡中起了较好的作用。然而由于经济的发展,非纵向话务流量日趋增多,新技术及新业务层出不穷,多级网络结构存在的问题日益明显,就全网的服务质量而言表现为:

(1) 转接段数多——如两个跨地市的县用户之间的呼叫,需经 C4,C3,C2 等多级长途交换中心转接,接续时延长,传输损耗大,接通率低。

(2) 可靠性差——多级长途网中,一旦某节点或某段电路出现故障会造成局部阻塞。

此外,从全网的网络管理、维护运行来看,网络结构划分越小,交换等级就越多,使网管工作过于复杂;同时,不利于新业务网(如移动电话网、无线寻呼网)的开放,更难适应数字同步网、No.7 信令网等支撑网的建设。

基于以上弊端,我国固定电话网已经由五级结构过渡到了三级结构,即由二级长途网加本地网构成。其中长途网的演变过程为:随着 C1,C2 间直达电路的增多,C1 的转接功能随之减弱,则 C1 和 C2 合并为了 DC1,构成了二级长途网的高平面网(省际平面);由于全国 C3 扩大本地网的形成,C4 失去原有作用而趋于消失,C3 被称为 DC2(或 C3、C4 合并为 DC2),构成了二级长途网的低平面网(省内平面);更进一步地,二级长途网向无级网和动态无级网过渡。

2.3.2 长途网

长途电话网简称长途网,由长途交换中心、长市中继和长途电路组成,用来疏通各个不同本地网之间的长途话务。

1. 二级长途网的网络结构

二级长途网的等级结构如图 2-2 所示。

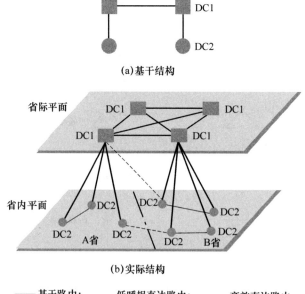

(a)基干结构

(b)实际结构

—— 基干路由; —— 低呼损直达路由; --- 高效直达路由

图 2-2 二级长途网的网络结构

二级长途网将网内长途交换中心分为两个等级:省级(直辖市)交换中心以 DC1 表示;地(市)交换中心以 DC2 表示。DC1 之间以网状网方式连接,DC1 与本省各地市的 DC2 以星形方式连接;本省各地市的 DC2 之间以网状或不完全网状相连,同时辅以一定数量的直达电路与非本省的交换中心相连。

以各级交换中心为汇接局,汇接局负责汇接的范围称为汇接区。全网以省级交换中心为汇接局,分为 31 个省(自治区)汇接区。

2. 长途交换中心的等级设置原则

长途交换中心的等级设置原则为:

(1) 直辖市本地网内设一个或多个长途交换中心时,一般均设为 DC1(含 DC2 功能)。

(2) 省会本地网内设一个或两个长途交换中心时,均设为 DC1(含 DC2 功能);设三个及三个以上长途交换中心时,一般设两个 DC1 和若干个 DC2。

(3) 地(市)本地网内设长途交换中心时,所有的长途交换中心均为 DC2。

3. 长途交换中心的职能

各级长途交换中心的职能分别为:

(1) DC1 的职能主要是汇接所在省的省际长途来话、去话话务,以及所在本地网的长途终端话务。

(2) DC2 的职能主要是汇接所在本地网的长途终端话务。

2.3.3　本地网

本地电话网简称本地网,指在同一编号区范围内,由若干个端局,或者由若干个端局和汇接局及局间中继线、用户线和话机终端等组成的电话网。本地网用来疏通本长途编号区范围内任何两个用户间的电话呼叫和长途发话、来话业务。

1. 本地网的类型

自 20 世纪 90 年代中期,我国开始组建起以地(市)级以上城市为中心城市的扩大的本地网,这种扩大本地网的特点是城市周围的郊县与城市划在同一长途编号区内,其话务量集中流向中心城市。扩大本地网的类型有两种:

(1) 特大和大城市本地网

以特大城市及大城市为中心,中心城市与所辖的郊县(市)共同组成的本地网,简称特大和大城市本地网。省会、直辖市及一些经济发达的城市如深圳组建的本地网就是这种类型。

(2) 中等城市本地网

以中等城市为中心,中心城市与该城市的郊区或所辖的郊县(市)共同组成的本地网,简称中等城市本地网。地(市)级城市组建的本地网就是这种类型。

2. 本地网的交换中心及职能

本地网内可设置端局和汇接局。

(1) 端局的职能

端局通过用户线与用户相连,它的职能是负责疏通本局用户的去话和来话话务。

(2) 汇接局的职能

• 汇接局与所管辖的端局相连,以疏通这些端局间的话务;

• 汇接局还与其他汇接局相连,疏通不同汇接区间端局的话务;

- 根据需要汇接局还可与长途交换中心相连,用来疏通本汇接区的长途转话话务。

本地网中,有时在用户相对集中的地方,可设置一个隶属于端局的支局,经用户线与用户相连,但其中继线只有一个方向即所隶属的端局,用来疏通本支局用户的发话和来话话务。为了提高用户线的利用率,降低用户接入部分的投资,除支局外,在用户线上还可能有其他的延伸设备,如远端模块、用户集线器和用户交换机。

3. 本地网的网络结构

由于各中心城市的行政地位、经济发展及人口的不同,扩大本地网交换设备容量和网络规模相差很大,所以网络结构分为下两种。

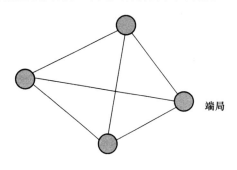

图 2-3　本地网的网形网结构

(1) 网形网

网形网是本地网结构中最简单的一种,网中所有端局个个相连,即端局之间设立直达电路。当本地网内交换局数目不太多时,采用这种结构,如图 2-3 所示。

(2) 二级网

当本地网中交换局数量较多时,可由端局和汇接局构成两级结构的等级网,端局为低一级,汇接局为高一级。

二级网的结构又有分区汇接和全覆盖两种。

① 分区汇接

分区汇接的网络结构是把本地网分成若干个汇接区,在每个汇接区内选择话务密度较大的一个局或两个局作为汇接局,根据汇接局数目的不同,分区汇接有两种方式。

- 分区单汇接

这种方式是比较传统的分区汇接方式。它的基本结构是每一个汇接区设一个汇接局,汇接局之间以网形网连接,汇接局与端局之间根据话务量大小可以采用不同的连接方式。在城市地区,话务量比较大,应尽量做到一次汇接,即来话汇接或去话汇接。此时,每个端局与其所属的汇接局及与其他各区的汇接局(来话汇接)均相连,或汇接局与本区及其他各区的端局(去话汇接)相连。

在农村地区,由于话务量比较小,采用来、去话汇接,端局与所属的汇接局相连。采用分区单汇接的本地网结构如图 2-4 所示。

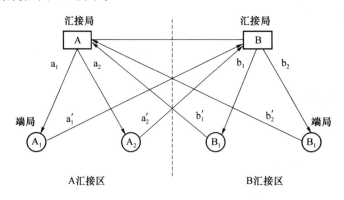

图 2-4　分区单汇接的本地网结构(来话汇接)

每个汇接区设一个汇接局,汇接局间结构简单,但是网络可靠性差。如图 2-5 所示,当汇接局 A 出现故障时,a_1,a_2,b_1',b_2'四条电路都将中断,即 A 汇接区内所有端局的来话都将中断。若是采用来、去话汇接,则整个汇接区的来话和去话都将中断。

- 分区双汇接

分区双汇接是在每个汇接区内设两个汇接局,两个汇接局地位平等,均匀分担话务负荷,汇接局之间网状相连;汇接局与端局的连接方式同分区单汇接结构,只是每个端局到汇接局的话务量一分为二,由两个汇接局承担。采用分区双汇接的本地网结构如图 2-5 所示。

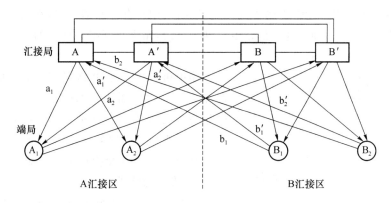

图 2-5　分区双汇接的本地网结构(来话汇接)

分区双汇接结构比分区单汇接结构可靠性提高很多。例如,当 A 汇接局发生故障时,a_1,a_1',b_1,b_2四条电路被中断,但汇接局 A'仍能完成该汇接区 50% 的话务量。

分区双汇接的网络结构比较适用于网络规模大、局所数目多的本地网。

② 全覆盖

全覆盖的网络结构是在本地网内设立若干个汇接局,汇接局间地位平等,均匀分担话务负荷。汇接局间以网状网相连,各端局与各汇接局均相连,两端局间用户通话最多经一次转接。全覆盖的网络结构如图 2-6 所示。

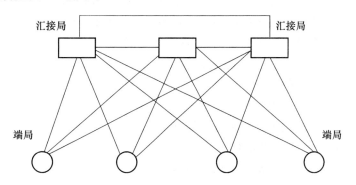

图 2-6　本地网的全覆盖网络结构

全覆盖的网络结构几乎适用于各种规模和类型的本地网,汇接局的数目可根据网络规模来确定。全覆盖的结构可靠性高,但线路费用也提高很多,所以应综合考虑这两个因素确定网络结构。

一般来说,特大或大城市本地网,其中心城市采取分区双汇接或全覆盖结构,周围的县采取全覆盖结构,每个县为一独立汇接区,偏远地区可采用分区单汇接结构。

中等城市本地网,其中心城市和周边县采用全覆盖结构,偏远地区可采用分区单(双)汇接结构。

2.4 固定电话网的路由选择

1. 路由的含义

进行通话的两个用户经常不属于同一交换局,当用户有呼叫请求时,在交换局之间要为其建立起一条传送信息的通道,这就是路由。确切地说,路由是网络中任意两个交换中心之间建立的呼叫连接或传递信息的途径。

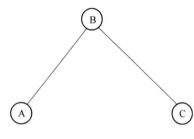

图 2-7 路由示意图

路由可以由一个电路群组成,也可由多个电路群经交换局串接而成。如图 2-7 所示,交换局 A 与 B,B 与 C 之间的路由分别是 A—B,B—C,它们各由一个电群组成;交换局 A 与 C 之间的路由是 A—B—C,它由两个电群经交换局 B 串接而成。

2. 路由的分类

对路由可以从不同的角度进行分类,具体如下。

(1) 按呼损指标分类

- 低呼损路由——其电路群上的呼损率指标应小于或等于 1%。
- 高效路由——对电路群没呼损指标的要求。

(2) 按电路群的个数分类

- 直达路由——路由只由一个电路群组成。
- 汇接路由——路由由多个电路群经交换局串接而成。

(3) 按路由选择分类

- 首选路由——路由选择时第一选择的路由(往往是直达路由)。
- 迂回路由——当第一次选择的路由遇忙时,迂回到第二或第三个路由,那么第二或第三个路由就称为第一路由的迂回路由(往往是汇接路由)。
- 最终路由——路由选择时最后选择的路由。

(4) 按路由选择的规则分类

- 常规路由——按正常规则选择的路由。
- 非常规路由——不按正常规则选择的路由。

(5) 按所连交换中心的地位分类

- 基干路由——构成网络基干结构的路由。
- 跨区路由——不同汇接区交换中心之间的路由。

3. 几种基本路由

以上是从不同的角度分成的各种路由,下面介绍几种常见的基本路由。

(1) 基干路由

基干路由是构成网络基干结构的路由,由具有汇接关系的相邻等级交换中心之间以及长途网和本地网的最高等级交换中心之间的低呼损电路群组成。基干路由上的低呼损电路群又叫基干电路群,其呼损率指标是为保证全网的接续质量而规定的,应小于或等于 1%,且基干路由上的话务量不允许溢出至其他路由。

（2）低呼损直达路由

直达路由是指由两个交换中心之间的电路群组成的，不经过其他交换中心转接的路由。任意两个等级的交换中心由低呼损电路群组成的直达路由称为低呼损直达路由。电路群的呼损率小于或等于 1‰，且话务量不允许溢出至其他路由上。两交换中心之间的低呼损直达路由可以疏通其间的终端话务，也可以疏通由这两个交换中心转接的话务。

（3）高效直达路由

任意两个交换中心之间由高效电路群组成的直达路由称为高效直达路由。高效直达路由上的电路群没有呼损率指标的要求，话务量允许溢出至规定的迂回路由上。

两个交换中心之间的高效直达路由可以疏通其间的终端话务，也可以疏通经这两个交换中心转接的话务。

（4）最终路由

最终路由是任意两个交换中心之间可以选择的最后一种路由，由无溢呼的低呼损电路群组成。

这里有一个问题需要说明，上述前 3 种路由，即基干路由、低呼损直达路由和高效直达路由是实际存在的路由，而最终路由则是从路由选择的角度考虑的一种路由。最终路由可能就是基干路由、呼损直达路由，或者是它们二者的结合。

4. 路由的设置

为了提高网络的利用率和服务质量，使网络安全可靠地运行，应根据话务量的需求对路由进行科学、合理、经济的设置。

（1）路由的设置

① 基干路由的设置

长途网中同一省内具有汇接关系的省级交接中心 DC1 与地（市）级交换中心 DC2 之间，以及不同省的省级交换中心 DC1 之间；本地网中具有汇接关系的端局与汇接局之间，汇接局与汇接局之间均应设置低呼损电路群，即基干路由。

② 直达路由的设置

任意两个等级的交换中心之间根据话务量大小，在经济合理的前提下，可设置直达电路群，这些直达电路群可以是低呼损电路群，也可以是高效电路群。长途网中同一省内地（市）交换中心 DC2 之间，以及省中心的 DC1 与各 DC2 之间可根据传输电路的情况设置低呼损电路群或高效电路群。

（2）路由设置的一般原则

不同省的 DC1 与地（市）DC2 之间，以及不同省的 DC2 与 DC2 之间，当话务量大于一定数量时，可设置高效电路群。

本地网中，任一汇接局与无汇接关系的端局以及端局与端局之间，在一定条件下，可设置低呼损电路群或高效电路群。

电话网中两交换中心之间该设置什么路由和各路由的数目要通过优化方法合理地进行规划设计（详见第 8 章）。

5. 路由选择

路由选择也称选路，是指一个交换中心呼叫另一个交换中心时在多个可传递信息的途径中进行选择。对一次呼叫而言，直到选到了目标局，路由选择才算结束。ITU-T E.170 建议从两个方面对路由选择进行描述:路由选择结构和路由选择计划。

（1）路由选择结构

ITU-T E.170 建议中,路由选择结构分为有级(分级)和无级两种结构。

① 有级选路结构

如果在给定的交换节点的全部话务流中,到某一方向上的呼叫都是按照同一个路由组依次进行选路,并按顺序溢出到同组的路由上,而不管这些路由是否被占用,或这些路由能不能用于某些特定的呼叫类型,路由组中的最后一个路由为最终路由,呼叫不能再溢出,这种路由选择结构称为有级选路结构。

② 无级选路结构

如果违背了上述定义(如允许发自同一交换局的呼叫在电路群之间相互溢出),则称为无级选路结构。

这里应指出的是路由选择的等级概念与电话网交换中心的等级概念是毫不相关的。无级选路结构与我们平常说的无级网并非一个概念,无级网是指网络中所有节点为一个等级,而无级选路则是指选路时不考虑等级关系,实际上,有级网也可采用无级选路结构。

（2）路由选择计划

路由选择计划是指如何利用两个交换局间的所有路由组来完成一对节点间的呼叫。它有固定选路计划和动态选路计划两种。

① 固定选路计划

固定选路计划指路由组的路由选择模式总是不变的。即交换机的路由表一旦制定后在相当长的一段时间内交换机按照表内指定的路由进行选择。虽然对某些特定种类的呼叫可以人工干预改变路由表,但是这种改变呈现为路由选择方式的永久性改变。

② 动态选路计划

动态选路计划与固定选路计划相反,路由组的选择模式是可变的。即交换局所选的路由可根据时间、状态或事件而自动改变。路由选择模式的更新可以是周期性或非周期的,预先设定的或根据网络状态而调整的等。动态选路的目的是为某一个呼叫找到一条成功率最大的通路,这个通路是在整个网络中寻找,而不局限在固定选路中的有限路由表中。

（3）选路方式

从世界各国对选路技术的研究和应用来看,选路结构和选路计划总是密不可分的。选路结构和选路计划结合在一起称为选路方式,常见的有以下几种。

① 固定分级选路方式

固定分级选路方式是分级选路结构与固定选路计划的结合。很多国家在电话网发展初期都采用这种选路方式,如我国五级制电话网就是采用的这种选路方式。

② 固定无级选路方式

固定无级选路方式是无级选路结构与固定选路计划的结合。我国在长途网由四级向二级的过渡时期就采用这种方式。

③ 动态无级选路方式

动态无级选路方式是无级选路结构与采用动态选路计划的结合。动态无级选路首先是由美国 AT&T 实验室提出的,并在其长途网上运行,收到了很好的效果。我国在二级长途网上采用这种选路方式。

2.5　固定电话网的演进

电话是人类历史上最伟大的发明之一,固定电话网也是我国发展最早的电信网,而且在我国通信发展的初、中期,固定电话网是规模最大、业务量最高的电信业务网。以数字通信为特征、基于程控交换的 PSTN(一般被称为第二代固定电话网)作为最重要的通信网,长期以来几乎是电信网的代名词。

实际上,固定电话网的改造和发展一直在进行中。从网络形态的发展来看:电信设备的数字化,使得在模拟 PSTN 的基础上,形成了综合数字网(IDN)的网络形态;向着统一支持多种电信业务的方向,在 IDN 的基础上实现了综合业务数字网(ISDN)的网络形态;为了解决宽带领域的问题,在 ISDN 建议体系中提出了宽带综合业务数字网(B-ISDN)的研究目标。从附加网络的发展来看:为了快速、方便、经济以及灵活地提供新的电信业务,在原有电信网络的基础上引入了智能网(IN)。另外,为了发挥固定电话网普及率高的优势,利用 PSTN 来提供数据网接入的服务,从而相继出现了拨号上网、ISDN 接入及 xDSL 接入等技术。

然而,随着新业务和新技术的不断涌现,固网运营面临着新世纪以来的新形势:

(1) 互联网的出现及蓬勃发展颠覆了传统的电信业务模式,数据等非话业务的增长已经极大地超过了语音业务。

(2) 移动语音对于固定语音的替代趋势不可逆转,传统固网运营商自身也在分流传统的固话业务。

(3) 电信市场的开放竞争、固网用户的低端属性,使得固网运营商面临固网业务收入不断下滑的困境。

(4) 从网络技术上看,传统的固定电话网已经无法满足业务创新和提供综合信息服务的要求,IP 化改造势在必行。

因此,以 TDM 交换机为核心的传统固定电话网会退出历史舞台,取而代之的是以软交换为呼叫控制核心、在 IP 网上提供实时语音和多媒体业务的软交换网络。更进一步地,随着网络结构的更加清晰合理、网络各个层次的不断分离,统一接入固定和移动网络的 IMS 网络将成为这一阶段的理想目标网络。

小　　结

(1) 电话网通常由用户终端(电话机)、传输信道和交换机等构成。

电话网可以从不同的角度分类,按通信活动方式可分为固定电话网和移动电话网等。

(2) 对固定电话网的要求有三个方面:接续质量、传输质量和稳定质量。

(3) 固定电话网的等级结构就是把全网的交换局划分成若干个等级,最高等级的交换局间直接互连,形成网形网;而低等级的交换局与管辖它的高等级的交换局相连、形成多级汇接辐射网即星形网,所以等级结构的电话网一般是复合形网。

我国电话网已经由最初的五级结构(由一、二、三、四级长途交换中心及五级交换中心即端局组成)演变为三级结构,由二级长途网和本地网组成。

(4)长途网由长途交换中心、长市中继和长途电路组成,用来疏通各个不同本地网之间的长途话务。我国的长途网为二级结构,由交换中心DC1和DC2两级构成,其中DC1的职能主要是汇接所在省的省际长途来话、去话话务,以及所在本地网的长途终端话务;DC2的职能主要是汇接所在本地网的长途终端话务。

(5)本地网指在同一编号区范围内,由若干个端局,或者由若干个端局和汇接局及局间中继线、用户线和话机终端等组成的电话网。本地网用来疏通本长途编号区范围内任何两个用户间的电话呼叫和长途去话、来话业务。

扩大本地网的类型有两种:①特大和大城市本地网;②中等城市本地网。

本地网内可设置端局和汇接局。端局的职能是负责疏通本局用户的去话和来话话务。汇接局的职能有:①汇接局与所管辖的端局相连,以疏通这些端局间的话务;②汇接局还与其他汇接局相连,疏通不同汇接区间端局的话务;③根据需要汇接局还可与长途交换中心相连,用来疏通本汇接区的长途转话话务。

本地网的网络结构有网形网和二级网两种;二级网的结构又有分区汇接和全覆盖两种;其中分区汇接可以有分区单汇接和分区双汇接两种结构。

(6)路由可以从不同的角度进行分类:按呼损指标的要求可分为低呼损路由和高效路由;按组成路由的电路群的个数可分为直达路由和汇接路由;从路由选择的角度可分首选路由、迂回路由和最终路由;按路由选择的规则可分为常规路由和非常规路由;按所连交换中心的地位可分为基干路由、跨级路由和跨区路由。

基干路由的特点是其电路群的呼损率指标应小于或等于1%,且其上的话务量不允许溢出至其他路由。低呼损直达路由的电路群的呼损率指标也要求小于或等于1%,且其上的话务量不允许溢出至其他路由。高效直达路由上的电路群没有呼损率指标的要求,话务量允许溢出至规定的迂回路由上。最终路由是任意两个交换中心之间可以选择的最后一种路由,由无溢呼的低呼损电路群组成。

(7)路由选择是指一个交换中心呼叫另一个交换中心时在多个可传递信息的途径中进行选择。

路由选择结构分为有级(分级)和无级两种结构。路由选择计划有固定选路计划和动态选路计划两种。

(8)以TDM交换机为核心的传统固定电话网会退出历史舞台,取而代之的是以软交换为呼叫控制核心、在IP网上提供实时语音和多媒体业务的软交换网络。更进一步地,随着网络结构的更加清晰合理、网络各个层次的不断分离,统一接入固定和移动网络的IMS网络将成为这一阶段的理想目标网络。

习　　题

2-1　电话通信网由哪些部分组成？各部分的功能是什么？

2-2　电话通信网是如何分类的？

2-3　对固定电话通信网的质量要求有哪些？度量参数分别有什么？

2-4　简述电话网等级结构的概念，并说明影响级数选择的因素。

2-5　二级长途网中各级交换中心的职能和设置原则是什么？

2-6　什么是本地网？扩大本地网的特点和主要类型有哪些？

2-7　基干路由、低呼损直达路由、高效直达路由和最终路由各有什么特点？

2-8　路由选择结构和路由选择计划各有哪几种类型？

第3章 移动通信网

随着现代社会的快速进步,移动通信技术的发展日新月异,已经成为带动全球经济发展的主要高科技产业之一。当今移动通信网络影响着社会的方方面面,深深地改变着人们的生活习惯。本章介绍移动通信网的相关内容,主要包括:

- 移动通信网概述;
- 移动通信网关键技术;
- 常用移动通信系统;
- 移动通信网发展趋势。

3.1 移动通信网概述

3.1.1 移动通信网的概念及特点

1. 移动通信网的概念

移动通信就是指通信的一方或双方在移动中(或暂时停留在某一非预定的位置上)进行信息传输和交换的通信方式。它包括移动用户(车辆、船舶、飞机或行人)和移动用户之间的通信,以及移动用户和固定用户(固定无线电台或有线用户)之间的通信。

支持移动通信功能的网络称为移动通信网。

2. 移动通信网的特点

移动通信与固定通信不同,它需要保障各移动用户在运动中的不间断通信,故只能采用无线通信的方式,同时由于通信双方或一方处于运动状态,位置在不断变化,因此移动通信网与固定通信网相比具有以下特点:

(1)移动通信网利用无线电波进行信息传输,其电波传播环境复杂,传播条件十分恶劣。电磁波在传播时会产生反射、折射、绕射,会产生阴影效应、多径效应和多普勒效应等现象,会造成信号传播延迟和信号展宽。

(2)移动通信网的噪声和干扰比较严重。例如汽车火花噪声、各种工业噪声,移动通信终端之间的互调干扰、邻道干扰、同频干扰等。

(3)移动通信网可利用的频谱资源非常有限。适合支持无线接入的频率带宽有限,尤其是对于支持大容量公网移动通信的频率资源更紧张,而移动通信业务量的需求却与日俱增。

（4）移动通信网络结构多种多样，其交换控制、网络管理复杂，是多种技术的有机结合。为了支持移动通信终端可以在大范围且快速移动情况下通信，移动通信网需要提供信道的切换和支持漫游等功能，与固定通信相比移动通信网络结构更加复杂。

（5）移动通信网的设备（主要是移动台）必须适于在移动环境中使用，其可靠性及工作条件要求较高。

3.1.2　移动通信网的分类

移动通信网可以从不同的角度分类，具体有以下几种分类方法：

（1）按信号形式可分为模拟移动通信网和数字移动通信网。现代移动通信网基本上都是数字移动通信网。

（2）按业务类型可分为电话移动通信网、数据移动通信网和多媒体移动通信网。现代移动通信网都能提供综合业务。

（3）按多址方式可分为频分多址移动通信网、时分多址移动通信网和码分多址移动通信网等。

（4）按工作方式可分为单工移动通信网、半双工移动通信网、全双工移动通信网（又分为时分双工和频分双工）。

（5）按使用对象可分为民用移动通信网和军用移动通信网。

（6）按使用环境可分为陆地移动通信网、海上移动通信网和空中移动通信网。

（7）按服务范围可分为专用移动通信网和公用移动通信网。

3.1.3　移动信道中的电磁波传播

移动通信采用无线通信的方式，在无线信道中，电磁波的传播是非常复杂的。电磁波信号的频率不同，传播特性也不同；传播距离不同，传播的损耗也不同；另外，电磁波的传播还会受到各种天气因素和地形、地物的影响，因而产生各种电磁波衰落。

1. 无线信道中的信号损耗

电磁波在无线信道中的损耗主要包括以下 3 种。

（1）路径传播损耗

路径传播损耗指电磁波在空间传播时所产生的损耗，它反映在宏观大范围内（千米量级）的空间距离上的接收信号电平平均值变化的趋势。无线信道的路径传播损耗通常是因为电磁波传播的扩散而导致的，它与收发距离及信号频率有关。

（2）慢衰落

慢衰落主要是指电磁波在传播路径上受到建筑物等的阻挡产生阴影效应而造成的损耗，反映了在中等范围内（数百波长量级）的接收信号电平平均值变化的趋势。这类损耗一般为无线传播所特有的，它服从对数正态分布，其变化速率比信息传送速率小，故称为慢衰落。

（3）快衰落

快衰落反映微观小范围内（数十波长以下量级）接收信号电平平均值的变化趋势，由于其变化速率比慢衰落大，所以称快衰落。快衰落通常与电磁波的多径传播和移动台的运动有关，又可分为空间选择性快衰落、频率选择性快衰落与时间选择性快衰落。

2. 影响移动通信的主要效应

影响移动通信的效应主要包括阴影效应、远近效应、多径效应和多普勒效应等。

（1）阴影效应

如果无线电磁波在传播路径中遇到起伏的地形、建筑物和高大的树木等障碍物时，就会在电磁波传播的接收区域中产生传播半盲区，在障碍物的后面形成电波的阴影，如图 3-1 所示。移动台在移动过程中通过不同的障碍物和阴影区时，接收天线接收到的信号强度会发生变化，造成信号的衰落。

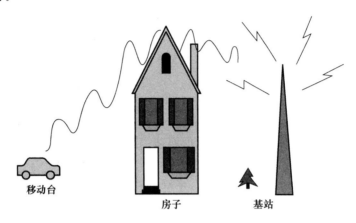

图 3-1　阴影效应

（2）远近效应

由于移动台的随机移动性，移动台与基站之间的距离也是在随机变化，如果各移动台发射信号功率一样，而离基站的距离不等，那么到达基站时信号的强弱则不同，离基站近的信号强，离基站远的信号弱。通信系统中的非线性将进一步加重信号强弱的不平衡性，甚至出现了以强压弱的现象，并使弱者（即离基站较远的用户）产生掉话（通信中断）现象，通常称这一现象为远近效应，如图 3-2 所示。

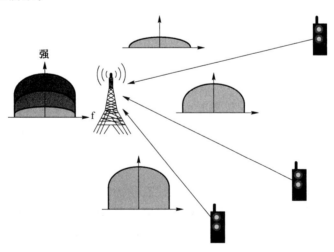

图 3-2　远近效应

（3）多径效应

由于移动台所处地理环境的复杂性，接收到的信号不仅有直射波的主径信号，还有从不同建筑物反射过来以及绕射过来的多条不同路径信号,而且它们到达时的信号强度、到达时间及到达时的载波相位都是不一样的。所接收到的信号是上述各路径信号的矢量和,各路径信号之间可能产生自干扰,这类自干扰称为多径干扰或多径效应,如图 3-3 所示。

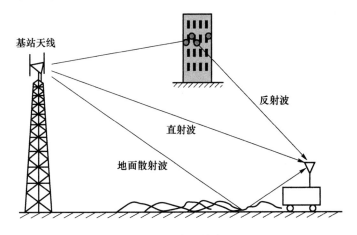

图 3-3　多径效应

（4）多普勒效应

多普勒效应是由于移动台处于高速移动中（例如车载通信时,或坐在高速行驶的车子和飞机上）传播频率的扩散而引起的,其扩散程度与用户运动速度成正比,如图 3-4 所示。

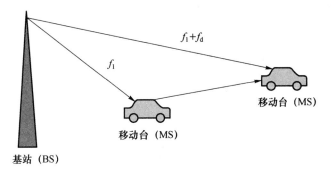

图 3-4　多普勒效应

3.2　移动通信网关键技术

移动通信网应用的关键技术主要包括无线组网技术、双工技术、多址技术、抗干扰与抗衰落技术、扩频技术、调制技术和编码技术等。

3.2.1　无线组网技术

移动通信的无线组网方式分为大区制和小区制两种。

1. 大区制

大区制是移动通信网的区域覆盖方式之一。一般在较大的服务区内设一个基站,负责移动通信的联络与控制,其覆盖范围半径为 30～50 km,天线高度约为几十米至百余米,发射机输出功率也较高。在覆盖区内有许多车载台和手持台,它们可以与基站通信,也可直接通信或通过基站转接通信,如图 3-5 所示。

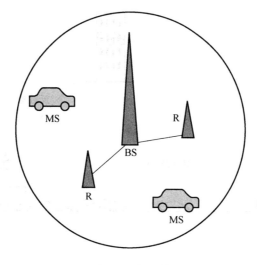

图 3-5　大区制

大区制系统基站建设数量少,基础设施投入少,相应的链路设备投入也少,同时投入的维护成本也少。

2. 小区制

小区制是把整个大范围的服务区划分成许多小区,每个小区设置一个基站,负责本小区各个移动台的联络与控制,各个基站通过移动交换中心相互联系。小区制移动通信也称作蜂窝移动通信,如图 3-6 所示。

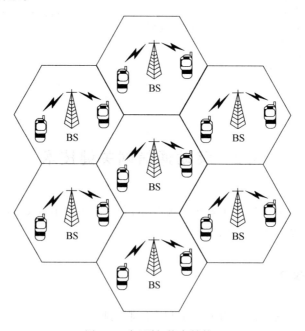

图 3-6　小区制(蜂窝结构)

移动通信所用的频率段是超短波和微波频率段,在此频段,无线电磁波以直线传播为主,传播损耗随距离增大而增大。因此,在小区制中,可以应用频率再用技术,即在相邻小区中使用不同的载波频率,而在非相邻且距离较远的小区中使用相同的载波频率。由于相距较远,基站功率有限,使用相同的频率不会造成明显的同频干扰,这样就提高了频带利用率。小区越小,小区数目越多,整个通信系统的容量就越大。所以,大容量移动通信系统通常采用小区制组网,即采用蜂窝移动通信系统。

3.2.2　双工与多址技术

双工技术和多址技术均为空间信道划分技术。双工技术解决收发(或上下行,或前后向)双向信道之间的区分;多址技术解决多用户之间信道的区分。

1. 双工技术

无线通信的传输方式分单向传输和双向传输。单向传输一端只是发射台,另一端是接收台,信号只能单方向传输。双向传输就是两个方向既可以发射,又可以接收,但根据发射和接收同时与否,又分为半双工和全双工两种工作方式。

(1) 半双工通信

半双工通信是指通信双方电台交替地进行收信和发信,如图 3-7 所示。

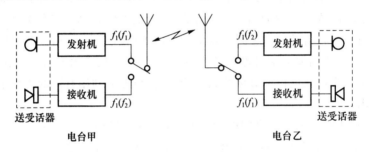

图 3-7　半双工通信方式

(2) 全双工通信

全双工通信是指通信双方可同时进行传输信息的工作方式,如图 3-8 所示。

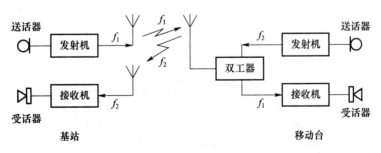

图 3-8　全双工通信方式

在全双工系统中,双工技术解决收发信机之间上下行(前向和反向)划分的问题。双向通信信道可以用频率分开,即频分双工(Frequency Division Duplexing,FDD),也可以用时间分开,即时分双工(Time Division Duplexing,TDD),如图 3-9 所示。

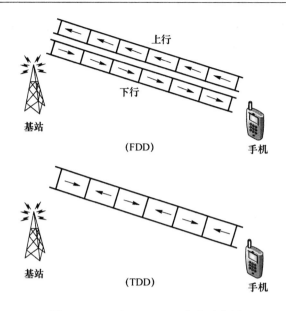

图 3-9　FDD 和 TDD 双工方式示意图

　　FDD 采用两个独立的频率信道分别进行向下传送和向上传送信息,即一个电台的收发信频率不同,且两个相互通信的电台之间收发信频率正好对应相反。为了防止同一电台的发射信号干扰接收机工作,在两个双向信道之间存在一个保护频段(即收发信频率间隔足够)。

　　TDD 的发射和接收信号可以在同一频率信道的不同时隙中进行,彼此之间采用一定的保证时间予以分离。它不需要分配对称频段的频率,并可在每信道内灵活控制、改变发送和接收时段的长短比例。TDD 在进行不对称的数据传输时,可充分利用有限的无线电频谱资源。

2. 多址技术

　　多址技术解决无线接入信道之间的划分方式,目前各移动通信网应用的多址技术主要有频分多址(FDMA)、时分多址(TDMA)和码分多址(CDMA)等。这些多址方式可以单独被使用,也可以被联合使用。

　　(1) FDMA

　　FDMA 把传输频带划分为若干个较窄的且互不重叠的子频带,每个用户分配到一个固定子频带,按频带区分用户。信号调制到该子频带内,各用户信号同时传送,接收时分别按频带提取,从而实现多址通信,如图 3-10 所示。

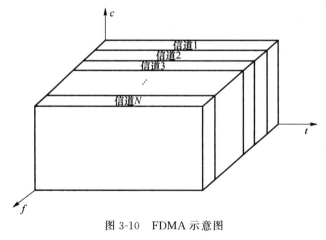

图 3-10　FDMA 示意图

FDMA 具有以下特点：

① FDMA 信道每次只能传送一个用户信号；

② 每信道占用一个载频，相邻载频之间的间隔应满足传输信号带宽的要求；

③ 符号时间比平均延迟时间大，码间干扰小；技术成熟，易于与模拟系统兼容，对信号功率控制要求不严格；

④ 在系统设计中需要周密的频率规划，基站需要多部不同载波频率发射机同时工作，设备多且容易产生信道间的互调干扰；

⑤ 越区切换较为复杂和困难。

（2）TDMA

TDMA 是在给定频带的最高数字信号传送速率的条件下，把传递时间划分为若干时间间隙，即时隙，用户的收发各使用一个指定的时隙，以突发脉冲序列方式接收和发送信号。多个用户依序分别占用时隙，在一个宽带的无线载波上以较高速率传递数字信息，接收并解调后，各用户分别提取相应时隙的信息，按时间区分用户，从而实现多址通信，如图 3-11 所示。

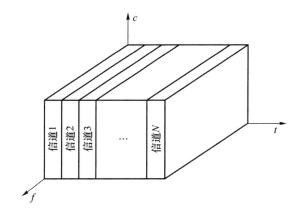

图 3-11   TDMA 示意图

TDMA 具有以下特点：

① 每载频分为多个时隙通路（每一个时隙就是一个通信信道）；

② 每个用户信号组成突发脉冲序列在规定的时隙内发射（移动台信号功率的发射是不连续的）；

③ 数字传输导致了时间色散，使时延扩展量加大，需要采用自适应均衡技术；

④ 为了把一个时隙和另一个时隙分开，需要保护时间。

（3）CDMA

CDMA 方式是用一个带宽远大于信号带宽的高速伪随机编码信号或其他扩频码调制所需传送的信号，使原信号的带宽被拓宽，再经载波调制后发送出去。接收端使用完全相同的扩频码序列，同步后与接收的宽带信号作相关处理，把宽带信号解扩为原始数字信息。不同用户使用不同的码序列，它们占用相同频带，接收机虽然能收到，但不能解出，这样可实现互不干扰的多址通信，这种方式以不同的互相正交的码序列区分用户，故称为"码分多址"，如图 3-12 所示。由于 CDMA 是以扩频为基础的多址方式，所以也称为"扩频多址（SSMA）"。

CDMA 具有以下特点：

① 从频域或时域来观察，多个 CDMA 信号是互相重叠的，即每个用户共享时间和频率；

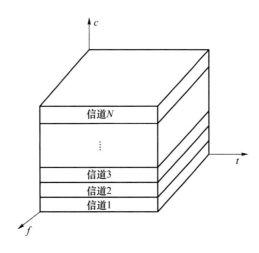

图 3-12 CDMA 示意图

② 每个码序列标志传输一路数字信号,接收机的相关器可以在多个 CDMA 信号选出使用的预定码序列的信号,其他使用不同码序列的信号因为和接收机本地产生的码序列不同而不能被解调;

③ CDMA 是一个多址干扰受限系统,需要严格的功率控制,需要定时同步;

④ 可以实现软容量、软切换,系统容量大;

⑤ 抗衰落、抗多径能力强。

3.2.3 分集技术

所谓分集,是指接收端对所收到的多个衰落特性互相独立(携带同一信息)的信号进行特定的处理,以降低信号衰落的技术。

分集有两重含义:一是分散传输,接收端能获得多个独立的、携带同一信息的衰落信号;二是集中处理,接收机把收到的多个独立的衰落信号进行合并(包括选择与组合)以降低衰落的影响。

1. 分集技术

理论和实验均表明,在空间、频率、时间、极化和角度等方面分离的无线信号都呈现互相独立的衰落特性。

(1)空间分集

空间分集是利用在空间相隔一定距离的多副天线接收信号来实现分集的。在移动通信中,空间的任何变化都可能引发场强的变化。一般空间的间距越大,多径传播的差异也越大,接收场强的相关性就越小。因此,接收端利用天线在不同位置或不同方向上接收到的信号相关性极小的特点,在若干支路上接收载有同一信息的信号,然后通过合并技术再将各个支路信号合并输出,便可实现抗衰落的功能。

空间分集的接收机至少需要两副相隔距离足够远的天线。

(2)频率分集

由于频率间隔大于相关带宽的两个信号所遭受的衰落可以认为是不相关的,因此可以将待发送的信息分别调制在不同载波上发送至信道,用两个以上不同的频率传输同一信息,以实现频率分集。

（3）时间分集

快衰落除具有空间和频率独立性外，还具有时间独立性，即同一信号在不同的时间区间多次重发，只要各次发送的时间间隔足够大，则各次发送信号所出现的衰落将是彼此独立的；接收机将重复收到的同一信号进行合并，就能减小衰落的影响。时间分集主要用于在衰落信道中传输数字信号；另外，时间分集也有利于克服移动信道中由多普勒效应引起的信号衰落现象。

（4）极化分集

由于两个不同极化（垂直极化和水平极化）的电磁波具有独立的衰落特性，因而发送端和接收端可以用两个位置很近但为不同极化的天线分别发送和接收信号，以获得分集效果。

极化分集可以看成空间分集的一种特殊情况，它也要用两副天线（二重分集情况），但仅仅利用了不同极化的电磁波所具有的不相关衰落特性，因而缩短了天线间的距离。在极化分集中，由于射频功率分给两个不同的极化天线，因此发射功率要损失 3 dB。

（5）角度分集

角度分集的做法是使电磁波通过几个不同路径，以不同角度到达接收端，而接收端利用多个方向性尖锐的接收天线能分离出不同方向来的信号分量，由于这些分量具有互相独立的衰落特性，因而可以实现角度分集并获得抗衰落的效果。

2．合并方式

接收端收到 $M(M \geqslant 2)$ 个分集信号后，如何利用这些信号以减小衰落的影响，这就是合并问题。一般均使用线性合并器，把输入的 M 个独立衰落信号相加后合并输出。

选择不同的加权系数，就可构成不同的合并方式。常用的合并方式有以下 3 种。

（1）选择性合并

选择性合并是指检测所有分集支路的信号，以选择其中信噪比最高的一个支路的信号作为合并器的输出。

（2）最大比值合并

最大比值合并是每一支路有一个加权系数（放大器增益），加权的权重依各支路信噪比来分配，信噪比大的支路权重大，信噪比小的支路权重小，然后相加合并。这是一种极佳的合并方式。

（3）等增益合并

等增益合并无须对信号加权，各支路的信号是等增益相加的。等增益合并方式实现比较简单，其性能接近于最大比值合并。

3.2.4　扩频技术

扩频技术是一种信号带宽远大于信息传送带宽的传输方法。发送端扩频时，信号带宽是受某一独立于传送信息的伪随机序列控制的，在接收端采用同步的伪随机序列进行解扩及恢复信息。

扩频通信的技术有两种，即直接序列扩频技术（Direct Sequence Spread Spectrum，DSSS）和跳频扩频技术（Frequency Hopping Spread Spectrum，FHSS）。

1. 直接序列扩频技术

直接序列扩频技术简称直扩技术,是指直接用伪随机序列对已调制或未调制信息的载频进行调制,达到扩展信号频谱的目的。用于直扩技术的伪随机序列码片速率和扩频的调制方式决定了直扩通信系统的信号带宽。

图 3-13 给出了一种典型的直扩通信系统原理方框图。虚线框中的部分分别完成扩频调制与解扩。信源发送的基带数据序列经过编码器后,首先进行射频调制,然后用产生的伪随机序列对已调信号进行直扩调制,扩展频谱后的宽带信号经功放后由天线发射出去。

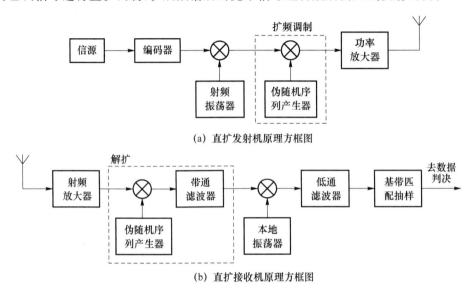

(a) 直扩发射机原理方框图

(b) 直扩接收机原理方框图

图 3-13　直扩系统原理方框图

接收端接收到的信号经过前端射频放大后,用本地伪随机序列对直扩信号完成解扩,然后信号通过窄带带通滤波器去除噪声干扰,再与本地载波相乘进行解调,经过低通滤波、积分抽样后送至数据判决器,恢复出基带数据序列。

在该模型中,射频调制和扩频调制均采用了 BPSK(二进制相移键控)调制方式,扩频的调制是通过直接对载波的调制来实现的。

2. 跳频扩频技术

跳频是发送信号时,载波在一个很宽的频带上从一个窄的频率跳变到另一个频率。一个普通的窄带通信系统,如果其中心频率在不断变化,就是一种跳频通信系统。实际的跳频通信系统的频率变化是由跳频伪随机序列来控制的,因而其频率的变化也遵循一定的规律。虽然在每一个瞬间,系统的信号为窄带的,但是在一段时间内来看,信号表现为宽带的,因此也称为跳频扩频系统,但通常简称为跳频系统。

如图 3-14 所示为跳频系统的组成方框图。发送端用伪随机序列控制频率合成器的输出频率,经过混频后,信号的中心频率就按照跳频频率合成器的频率变化规律来变化。接收端的跳频频率合成器与发送端按照同样的规律跳变,因此在任何一个时刻,接收端跳频频率合成器输出的频率与接收信号正好相差一个中频。这样,混频后就输出了一个稳定的窄带中频信号。此中频信号经过窄带解调后就可以恢复出发送的数据。

跳频系统在每一个频率上的驻留时间的倒数称为跳频速率。当系统跳频速率大于信息符号速率时,该系统称为快跳系统,此时系统在多个频率上依次传送相同的信息,信号的瞬时带宽往往由跳频速率决定。

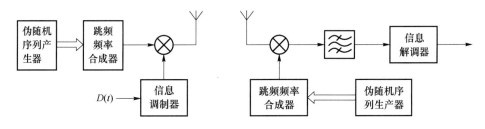

图 3-14　跳频系统的组成方框图

跳频系统的频率随时间变化的规律称为跳频图案,图 3-15 即给出了一种跳频图案。

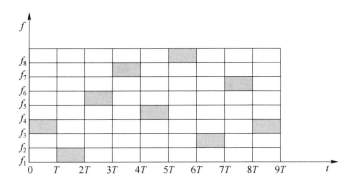

图 3-15　跳频图案示例

该跳频图案中共有 8 个频率点,频率跳变的次序为 f_3、f_1、f_5、f_7、f_4、f_8、f_2、f_6。

实际应用中,跳频图案中频率的点数从几十个到数千个不等。一般认为跳频系统的处理增益就等于跳频点数,如当跳频频率点为 200 个时,其处理增益即为 23dB。而跳频系统完成一次完整跳频过程的时间也很长,在每个跳变周期中,一个频率有可能出现多次。跳频图案中两个相邻频率的最小频率差称为最小频率间隔。跳频系统的当前工作频率和下一时刻工作频率之间的频差的最小值称为最小跳频间隔。实际的最小跳频间隔都大于最小频率间隔,以避免连续几个跳频时刻都受到干扰。

为了尽量避免噪声干扰,跳频系统所采用的频率需要精心设计或采用非重复的频道,并且这些跳频信号必须遵守 FCC 的要求。

采用跳频技术可以减少其他无线电系统的干扰。因为信号在一个预定的频率上只停留很短的一段时间,这就限制了其他信号源产生的辐射功率在一个特定的跳频上干扰通信的可能性。如果跳频信号在一个频率上遇到干扰,就会跳变到另一个频率上重新发送信号。

3.2.5　多输入多输出(MIMO)技术

1. MIMO 的概念

多输入多输出(Multi-Input Multi-Output,MIMO)技术是指在发送端和接收端分别使用多根发送天线和接收天线,使信号通过发送端与接收端的多根天线传送和接收,从而改善通信质量。它能充分利用空间资源,通过多根天线实现多发多收,在不增加频谱资源和天线发射功率的情况下,可以成倍地提高系统信道容量。

MIMO 系统的原理框图如图 3-16 所示。发送端通过空时映射将要发送的数据信号映射到多根天线上发送出去,接收端将各根天线接收到的信号进行空时译码从而恢复出发送端发送的数据信号。

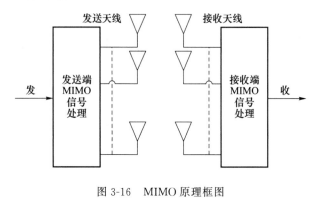

图 3-16　MIMO 原理框图

2. MIMO 技术的优势

MIMO 技术的应用,使空间成为一种可以用于提高性能的资源,并能够增加无线系统的覆盖范围。其主要优势如下:

(1)提高信道的容量。可以利用 MIMO 技术成倍地提高无线信道容量,并且在不增加带宽和天线发送功率的情况下,频谱利用率可以成倍地提高。

(2)提高信道的可靠性。多天线系统的应用使得并行数据流能同时传送,可以显著克服信道的衰落,降低误码率。

3.2.6　正交频分复用(OFDM)技术

1. OFDM 的原理

正交频分复用(Orthogonal Frequency Division Multiplexing,OFDM)是一种多载波调制技术,它将信号分割为 N 个子信号,然后用 N 个子信号分别调制 N 个相互正交的子载波。OFDM 在频域把信道分成许多正交子信道,各子信道间保持正交,频谱相互重叠,这样减少了子信道间干扰。OFDM 采用了快速傅里叶变换(FFT)技术,其允许将频分复用(FDM)的各个子载波重叠排列,同时保持子载波之间的正交性,以避免子载波之间干扰。这样部分重叠的子载波排列可以大大提高频谱效率,OFDM 的频谱如图 3-17 所示。

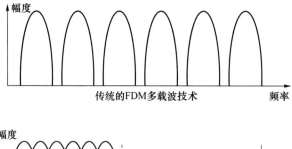

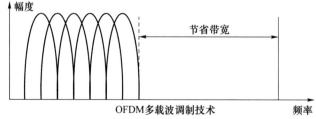

图 3-17　OFDM 的频谱

OFDM 在每个子信道上信号带宽小于信道带宽,虽然整个信道的频率选择性是非平坦的,但是每个子信道是平坦的,大大减少了符号间干扰。此外,通过在 OFDM 中添加循环前缀可增加其抗多径衰落的能力。

OFDM 的原理框图如图 3-18 所示。

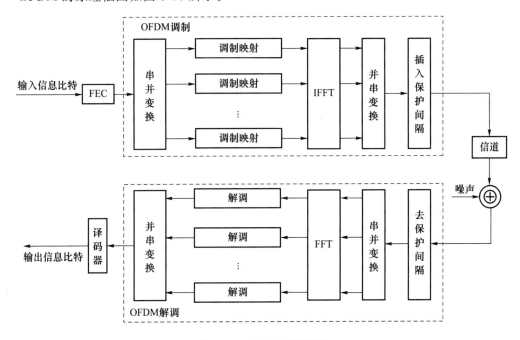

图 3-18　OFDM 原理框图

在发送端,串行高速数据码流经串/并变换变成 N 路低速并行数据码流,对各路数据流进行 QAM 或 QPSK 调制,然后经过 IFFT 变换,再将并行数据转化为串行数据,加上保护间隔(又称"循环前缀"),形成 OFDM 码元。在组帧时,需加入同步序列和信道估计序列,以便接收端进行突发检测、同步和信道估计,最后输出送往信道中传输的信号。

当接收机检测到信号到达时,首先进行同步和信道估计,然后经过去保护间隔、串/并变换,再进行 FFT 变换,此时得到的是 QAM 或 QPSK 已调信号;接着对该信号进行相应的解调,最后经过并/串变换就可得到原始高速数据码流。

2. OFDM 技术的优点

OFDM 技术的主要优点如下。

(1) 频谱效率高

由于 FFT 处理使 OFDM 信号的相邻子载波可以部分重叠,从理论上讲其频谱利用率可以接近 Nyquist 极限。以 OFDM 为基础的多址技术 OFDMA(正交频分多址)可以实现小区内各用户之间的正交性,从而有效地避免了用户间干扰,使得 OFDM 系统可以实现很高的小区容量。

(2) 抗衰落能力强

OFDM 把用户信息通过多个子载波传输,在每个子载波上的信号时间就相应地比同速率的单载波系统上的信号时间长很多倍,使 OFDM 对脉冲噪声和信道快衰落的抵抗力更强。

(3) 适合高速数据传输

OFDM 自适应调制机制使不同的子载波可以按照信道情况和噪声背景的不同使用不同的调制方式。当信道条件好的时候,采用效率高的调制方式;而当信道条件差的时候,则采用抗干扰能力强的调制方式。另外,OFDM 加载算法的采用,使系统可以把更多的数据集中放在条件好的信道上以高速率进行传送。因此,OFDM 技术非常适合高速数据传输。

(4)抗码间干扰能力强

码间干扰是数字通信系统中除噪声干扰外最主要的干扰,它与加性的噪声干扰不同,是一种乘性的干扰。造成码间干扰的原因有很多,实际上,只要传输信道的频带是有限的,就会造成一定的码间干扰。OFDM 由于采用了循环前缀,对抗码间干扰的能力很强。

由于 OFDM 技术具有如上的优点,它已成为下一代移动通信系统核心技术之一。将 OFDM 技术与 MIMO 技术结合,可以在不增加系统带宽的情况下提供更高的数据传输速率、获得更高的频谱效率;同时通过 MIMO 技术的分集特性达到很强的可靠性。

3.2.7　链路自适应技术

实际的无线信道具有两大特点:时变特性和衰落特性,这是由通信双方、反射体、散射体之间的相对运动或者传输介质本身的变化引起的。因此,无线信道的信道容量也是一个时变的随机变量。要最大限度地利用信道容量,只能使系统采用的调制编码方式、差错控制方式等也能适应信道容量变化,也就是具有自适应信道特性的能力,这就是链路自适应技术。

1. 自适应编码调制技术

自适应编码调制(AMC)就是通过改变调制和编码方式并使它们在系统限制范围内和当前的信道条件相适应,以便能最大限度地发送信息,实现比较高的通信速率。

AMC 根据系统的 C/I(载干比)测量或者相似的测量报告决定将采用的编码和调制方式,以适应每一个用户的信道质量,提供高速率传输和高的频谱利用率。对于一个 AMC 系统来说,小区中有利位置上的用户采用的是高速率调制和编码,能够实现更高的下行数据速率,进而提高小区平均吞吐量。

2. 混合自动重传请求

混合自动重传请求(HARQ)也是一种链路自适应的技术,是 ARQ(自动重传请求)和 FEC(前向纠错)相结合的纠错方法。HARQ 是在纠错能力范围内自动纠正错误,超出纠错范围则要求发送端重新发送,既增加了系统的可靠性,又提高了系统的传输效率。HARQ 能够自动地适应信道条件的变化,并且对测量误差和时延不敏感。

AMC 和 HARQ 两者结合起来可以得到最好的效果:AMC 提供粗略的数据速率选择,而 HARQ 可以根据数据信道条件对数据速率进行较精细的调整,从而更大限度地利用信道容量。

3.3　常用移动通信系统

随着移动通信应用范围的扩大,移动通信系统的类型也越来越多,如蜂窝移动通信系统、集群移动通信系统和移动卫星通信系统等。下面重点介绍应用比较广泛的几种蜂窝移动通信系统。

3.3.1　蜂窝移动通信系统的发展简史

1. 第一代蜂窝移动通信系统的诞生

20 世纪 70 年代中期至 20 世纪 80 年代中期,是蜂窝移动通信系统诞生与蓬勃发展的阶段。

随着移动通信业务的发展,用户数的增长和频率资源有限的矛盾越来越尖锐,为此美国贝尔实验室于 20 世纪 70 年代初提出了蜂窝系统的理论。在此基础上,美国于 20 世纪 80 年代初首先研究出先进移动电话系统(Advanced Mobile Phone System,AMPS),并投入商用。随后英国也于 1983 年制定了 TACS(Total Access Communication System,全接入通信系统)标准,而且被世界上许多国家所采用。其他的蜂窝移动通信系统还有日本的 NTT 系统、西德的 C-450 系统、瑞典等北欧四国的 NMT-450 系统等,这些系统被称为第一代蜂窝移动通信系统。

第一代蜂窝移动通信系统均为模拟蜂窝移动通信系统,它虽然取得了很大成功,但也暴露了一些问题。例如,标准多样不兼容、频谱利用率低、移动设备复杂、费用较高、业务种类受限制以及通话易被窃听等,更为主要的问题是其容量已不能满足日益增长的移动用户需求。解决这些问题的办法是开发新一代数字蜂窝移动通信系统。

2. 第二代蜂窝移动通信系统的诞生

数字无线传输的频谱利用率高,可大大提高系统容量。另外,数字网能提供语音、数据多种业务服务,并与综合业务数字网(ISDN)等兼容。20 世纪 80 年代中期到 20 世纪 90 年代中期,是数字蜂窝移动通信系统诞生、移动通信产业的成熟期。

1982 年,欧洲邮政和电信行政会议(CEPT)开始制定泛欧数字蜂窝系统标准,1991 年 GSM 数字蜂窝移动通信系统投入商用,后被世界上众多国家所采用,并成为世界上拥有移动用户数最多的移动通信系统。除 GSM 系统外,还有美国的 IS-54、IS-95,以及日本的 PDC 等数字蜂窝移动通信系统,统称第二代蜂窝移动通信系统,其主要用于进行语音通信和低速数据通信。

3. 第三代蜂窝移动通信系统的诞生

21 世纪初,第三代蜂窝移动通信系统诞生。

随着多媒体通信的兴起,Internet 和信息高速公路的普及,移动通信业务已不能只局限于语音通信和低速数据通信,为此国际电信联盟(ITU)着手制定了新一代蜂窝移动通信标准。2000 年,名为 IMT-2000 的第三代蜂窝移动通信标准正式颁布,欧洲提出的 WCDMA、美国提出的 cdma2000,以及我国提出的 TD-SCDMA 均被 ITU 正式确定为第三代移动通信标准。

第三代移动通信体现了跨网络、跨领域、跨技术的个人通信特征,可在全球范围提供移动终端的无缝漫游,具有支持高速多媒体业务的能力(最高速率达 2 Mbit/s),并便于过渡及演进,在许多国家和地区开通运营。

4. 第四代蜂窝移动通信系统的诞生及演进

为了保证 3G 移动通信的持续竞争力,移动通信业界提出了新的市场需求,要求进一步加强 3G 技术,提供更强大的数据业务能力,向用户提供更好的服务,同时具有与其他技术进行竞争的实力。因此,3GPP(第三代合作伙伴计划)和 3GPP2 相应启动了 3G 技术长期演进(Long Term Evolution,LTE)和空中接口演进(Air Interface Evolution,AIE)。2007 年 2 月,3GPP2 将新的空中接口标准命名为超移动宽带(Ultra Mobile Broadband,UMB),并于 2007

年4月正式颁布。2008年年底,美国高通公司停止了UMB无线技术的研发,专注于LTE的开发。至此,全世界关于后3G/4G技术的走向,已经基本集中于LTE。

按照3GPP组织的工作流程,3GPP LTE标准化项目基本上可以分为两个阶段,2004年12月到2006年9月为研究项目(SI)阶段,进行技术可行性研究,并提交各种可行性研究报告;2006年9月到2007年9月为工作项目(WI)阶段,进行系统技术标准的具体制定和编写,完成核心技术的规范工作,并提交具体的技术规范。在2009年到2010年推出成熟的商用产品。

3GPP LTE地面无线接入网络技术规范已通过审批,被纳入3GPP R8版本中,2009年3月份的会议基本完成了R8版本。相比于传统的移动通信网络,LTE在无线接入技术和网络结构上发生了重大变化。

从2010年起,移动通信的发展进入4G和下一代移动通信系统(5G)的阶段。LTE移动通信系统相对于3G标准在各个方面都有了不少提升,具有相当明显的4G技术特征,但并不能完全满足IMT-Advanced(高级国际移动通信系统)提出的全部技术要求,因此LTE不属于4G标准。为了实现IMT-Advanced的技术要求,在完成了LTE(R8)版本后,3GPP标准化组织在LTE规范的第二个版本(R9)中引入了附加功能,支持多播传输、网络辅助定位业务及在下行链路上波束赋形的增强。2010年年底完成的LTE(R10)版本的主要目标之一是确保LTE无线接入技术能够完全满足IMT-Advanced的技术要求,此版本称为增强型长期演进(LTE-Advanced,LTE-A)。

LTE-A关注于提供更高的能力,具体体现在:增加了峰值数据率,下行3 Gbit/s,上行1.5 Gbit/s;频谱效率从R8的16 bit/s/Hz提高到30 bit/s/Hz;同一时刻活跃的用户数、小区边缘性能都有很大提高。

LTE-A的第一个版本R10已被ITU接纳为4G国际标准,之后LTE-A又相继形成R11、R12、R13演进版本,后续版本继续向提升网络容量、增强业务能力、更灵活使用频谱等方面发展。

5. 第五代蜂窝移动通信系统的诞生

4G技术和网络的快速演进直接推动了5G标准和技术发展。从技术特征、标准演进和产业发展角度分析,5G存在新空口和4G演进空口两条技术路线。新空口路线主要面向新场景和新频段进行全新的空口设计,不考虑与4G框架的兼容,通过新的技术方案设计和引入创新技术来满足4G演进路线无法满足的业务需求及挑战,特别是各种物联网场景及高频段需求。4G演进路线通过在现有4G框架基础上引入增强型新技术,在保证兼容性的同时实现现有系统性能的进一步提升,在一定程度上满足5G场景与业务需求。

此外,WLAN已成为移动通信的重要补充,主要在热点地区提供数据分流。下一代WLAN标准(802.11ax)制定工作已经于2014年年初启动,计划于2019年完成。面向2020年及未来,下一代WLAN将与5G深度融合,共同为用户提供服务。

制定全球统一的5G标准已成为业界共同的呼声,ITU已启动了面向5G标准的研究工作,并明确了IMT-2020(5G)工作计划,3GPP作为国际移动通信行业的主要标准组织,将承担5G国际标准技术内容的制定工作。3GPP R14阶段被认为是启动5G标准研究的最佳时机,R15阶段可启动5G标准工作项目,R16及以后将对5G标准进行完善增强。

3.3.2　第二代移动通信系统

应用范围最广泛的第二代移动通信系统是 GSM 数字蜂窝移动通信系统,以及在此基础上升级改进的 GPRS 系统,下面分别加以介绍。

1. GSM 系统

欧洲各国为了建立全欧统一的数字蜂窝移动通信系统,在 1982 年成立了移动通信特别小组(GSM),提出了开发数字蜂窝移动通信系统的目标,在进行大量研究、实验、现场测试、比较论证的基础上,于 1988 年制定出 GSM 标准,并在 1991 年率先将 GSM 系统投入商用。随后 GSM 系统在整个欧洲、大洋洲以及其他许多的国家和地区得到了普及,成为覆盖面最大、用户数最多的数字蜂窝移动通信系统。

(1) 系统组成

GSM 数字蜂窝移动通信(电话)系统的主要组成部分有移动台(MS)、基站子系统(BSS)和网络子系统(NSS)等,如图 3-19 所示。

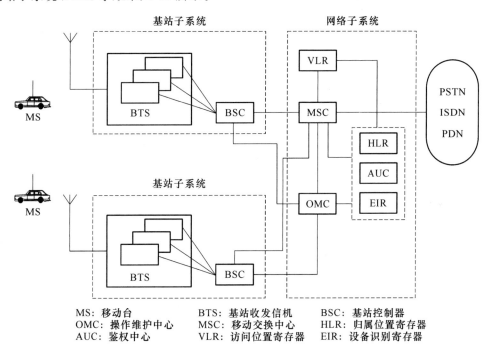

MS: 移动台　　　　　BTS: 基站收发信机　　BSC: 基站控制器
OMC: 操作维护中心　　MSC: 移动交换中心　　HLR: 归属位置寄存器
AUC: 鉴权中心　　　　VLR: 访问位置寄存器　　EIR: 设备识别寄存器

图 3-19　GSM 数字蜂窝移动通信(电话)系统结构示意图

① 网络子系统

网络子系统(NSS)主要具有交换功能以及用于进行用户数据与移动管理、安全管理等所需的数据库功能,它由移动交换中心(MSC)和操作维护中心(OMC)以及归属位置寄存器(HLR)、访问位置寄存器(VLR)、鉴权中心(AUC)和设备识别寄存器(EIR)等组成。

② 基站子系统

基站子系统(BSS)由基站收发信台(BTS)和基站控制器(BSC)组成。该子系统由 MSC 控制,通过无线信道完成与移动台(MS)的通信,主要负责无线信号的收发以及无线资源管理等功能。

③ 移动台

移动台(MS)即便携台(手机)或车载台,它包括移动终端(MT)和用户识别模块(SIM 卡)两部分,其中移动终端可完成话音编码、信道编码、信息加密、信息调制和解调以及信息发射和接收等功能;SIM 卡则存有确认用户身份所需的认证信息以及与网络和用户有关的管理数据。

(2) 系统接口

GSM 系统在制定技术规范时对其子系统之间及各功能实体之间的接口和协议作了比较具体的定义,使不同的设备供应商提供的 GSM 系统基础设备能够符合统一的 GSM 技术规范,而达到互通、组网的目的。

GSM 系统接口示意图如图 3-20 所示,系统内部的主要接口有 Um,Abis,A,B,C,D,E,F 及 G 等。

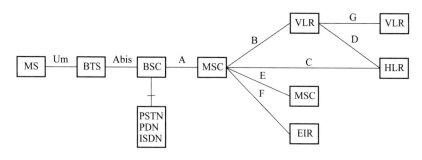

图 3-20   GSM 系统接口示意图

其中无线空中接口(Um 接口)是系统最重要的接口,规定了移动台(MS)与 BTS 间的物理链路特性和接口协议,包括 GSM 系统无线传输特性、接口信道定义等。

(3) GSM 系统无线传输特性

① 工作频段

GSM 系统包括 900 MHz 和 1 800 MHz 两个频段。早期使用的是 GSM900 MHz 频段,随着业务量的不断增长,1 800 MHz 频段投入使用。后来,在许多地方这两个频段的网络同时存在,构成"双频"网络。

GSM 使用的 900 MHz、1 800 MHz 频段如表 3-1 所示。

表 3-1   GSM 使用的 900 MHz、1 800 MHz 频段

比较	900 MHz 频段(E-GSM)	1 800 MHz 频段
频率范围	890~915 MHz(移动台发,基站收) 925~960 MHz(移动台收,基站发)	1 710~1 785 MHz(移动台发,基站收) 1 805~1 880 MHz(移动台发,基站收)
频带宽度	25 MHz	75 MHz
信道宽度	200 kHz	200 kHz
频道序号	1~124	512~885
中心频率	$f_U=890.2+(N-1)\times0.2$ $f_D=f_U+45$ $N=1\sim124$,频率的单位为 MHz	$f_U=1\,710.2+(N-512)\times0.2$ $f_D=f_U+95$ $N=512\sim885$,频率的单位为 MHz

在我国,上述两个频段又被分给了中国移动和中国联通两家移动运营商。

② 多址方式

GSM 蜂窝系统采用时分多址/频分多址、频分双工(TDMA/FDMA/FDD)制式。频道间隔 200 kHz,每个频道采用时分多址接入方式,共分为 8 个时隙,时隙宽为 0.577 ms。8 个时隙构成一个 TDMA 帧,帧长为 4.615 ms。当采用全速率话音编码时,每个频道提供 8 个时分信道;如果将来采用半速率话音编码,则每个频道将能容纳 16 个半速率信道,从而达到提高频率利用率、增大系统容量的目的。收发采用不同的频率,一对双工载波上下行链路各用一个时隙构成一个双向物理信道,根据需要分配给不同的用户使用。移动台在特定的频率上和特定的时隙内,以突发方式向基站传输信息,基站在相应的频率上和相应的时隙内,以时分复用的方式向各个移动台传输信息。

③ 频率配置

GSM 蜂窝电话系统多采用 4 小区 3 扇区(4×3)的频率配置和频率复用方案,即把所有可用频率分成 4 大组 12 个小组,分配给 4 个无线小区而形成一个单位无线区群,每个无线小区又分为 3 个扇区,然后再由单位无线区群彼此邻接排布,覆盖整个服务区域,如图 3-21 所示。当采用跳频技术时,多采用 3×3 频率复用方式。

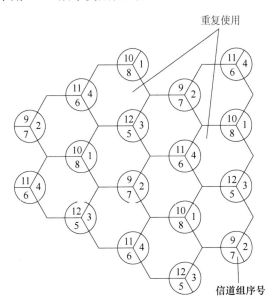

图 3-21 4×3 频率复用

2. GPRS 系统

(1) GPRS 的产生

虽然 GSM 系统在全球范围内取得了超乎想象的成功,但 GSM 系统的最高数据传输速率为 9.6 kbit/s,且只能完成电路型数据交换,远不能满足迅速发展的移动数据通信的需要。因此,欧洲电信标准委员会(ETSI)又推出了通用分组无线业务(General Packet Radio Service,GPRS)技术。GPRS 网络在原 GSM 网络的基础上叠加支持高速分组数据业务的网络,并对 GSM 无线网络设备进行升级,从而利用现有的 GSM 无线覆盖提供高速分组数据业务。为 GSM 系统向第三代宽带移动通信系统 UMTS(Universal Mobile Telecommunications System,通用移动通信系统)的平滑过渡奠定了基础,因而 GPRS 系统又被称为 2.5G 系统。

GPRS 技术较完美地结合了移动通信技术和数据通信技术,尤其是 Internet 技术,是 GSM 网络和数据通信发展融合的必然结果。GPRS 系统采用分组交换技术,可以让多个用户共享某些固定的信道资源,也可以让一个用户占用多达 8 个时隙。如果把空中接口上的 TDMA 帧中的 8 个时隙捆绑用来传输数据,可以提供高达 171.2 kbit/s 的无线数据接入,并可向用户提供高性价比业务并具有灵活的资费策略。而且 GPRS 网络能够在保证话音业务质量的同时,利用空闲的无线信道资源提供分组数据业务,并可对它采用灵活的业务调度策略,大大提高了 GSM 网络的资源利用率。

(2) GPRS 网络结构

GPRS 网络结构简图如图 3-22 所示。

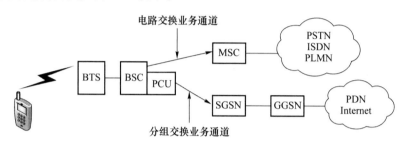

图 3-22　GPRS 网络结构简图

GPRS 网络是基于现有的 GSM 网络实现分组数据业务的。GSM 是专为电路型交换而设计的,现有的 GSM 网络不足以提供支持分组数据路由的功能,因此 GPRS 必须在现有的 GSM 网络的基础上增加新的网络实例,如 GPRS 网关支持节点(Gateway GPRS Supporting Node,GGSN)、GPRS 服务支持节点(Serving GSN,SGSN)和分组控制单元(Packet Control Unit,PCU)等,并对部分原 GSM 网络设备进行升级,以满足分组数据业务的交换与传输。与原 GSM 网络相比,新增或升级的设备有以下一些。

① 服务支持节点

服务支持节点(SGSN)的主要功能是对 MS 进行鉴权、移动性管理和进行路由选择,建立 MS 到 GGSN 的传输通道,接收 BSS 传送来的 MS 分组数据,通过 GPRS 骨干网传送给 GGSN 或反向工作,并进行计费和业务统计。

② 网关支持节点

网关支持节点(GGSN)主要起网关作用,充当与外部多种不同的数据网的相连,如 ISDN、PSPDN 及 LAN 等。对于外部网络它就是一个路由器,因而也称为 GPRS 路由器。GGSN 接收 MS 发送的分组数据包并进行协议转换,从而把这些分组数据包传送到远端的 TCP/IP 或 X.25 网络。或进行相反的操作。另外,GGSN 还具有地址分配和计费等功能。

③ 分组控制单元

分组控制单元(PCU)通常位于 BSC 中,用于处理数据业务,将分组数据业务在 BSC 处从 GSM 话音业务中分离出来,在 BTS 和 SGSN 间传送。PCU 增加了分组功能,可控制无线链路,并允许多个用户占用同一无线资源。

④ 原 GSM 网络设备升级

GPRS 网络使用原 GSM 基站,但基站要进行软件更新:GPRS 要增加新的移动性管理程序,通过路由器实现 GPRS 骨干网互连;GSM 网络要进行软件更新和增加新的 MAP 信令和 GPRS 信令等。

⑤ GPRS 终端

GPRS 网络必须采用新的 GPRS 终端。GPRS 移动台有 A,B 和 C 三种类型。

- A 类:可同时提供 GPRS 服务和电路交换承载业务的能力。即在同一时间内既可进行的 GSM 话音业务又可以接收 GPRS 数据包。
- B 类:可同时侦听 GPRS 和 GSM 系统的寻呼信息,同时附着于 GPRS 和 GSM 系统,但同一时刻只能支持其中的一种业务。
- C 类:要么支持 GSM 网络,要么支持 GPRS 网络,通过人工方式进行网络选择更换。

(3) GPRS 系统的特点

GPRS 系统具有以下特点。

① 传输速率快

GPRS 系统支持 4 种编码方式并采用多时隙(最多 8 个时隙)合并传输技术,使数据速率最高可达 171 kbit/s,而初期速率为 9~50 kbit/s。

② 可灵活支持多种数据应用

GPRS 系统可根据应用的类型和网络资源的实际情况、网络质量,灵活选择服务质量参数,从而使 GPRS 系统不仅支持频繁的、少量突发型数据业务,而且支持大数据量的突发业务,并且支持上行和下行的非对称传输,提供 Internet 所能提供的一切功能,应用非常广泛。

③ 网络接入速度快

GPRS 网络本身就是一个分组型数据网,支持 IP,因此它与数据网络建立连接的时间仅几秒钟,且支持一个用户占用多个信道,提供较高的接入速率,远快于电路型数据业务。

④ 可长时间在线连接

由于分组型传输并不固定占用信道,因此用户可以长时间保持与外部数据网的连接("永远在线"),而不必进行频繁的连接和断开操作。

⑤ 计费更加合理

GPRS 系统可以按数据流量进行计费,可节省用户上网费用。

⑥ 高效地利用网络资源,降低通信成本

GPRS 系统在无线信道、网络传输信道的分配上采用动态复用方式,支持多用户共享一个信道(每个时隙允许最多 8 个用户共享)或单个用户独占同一载频上的 1~8 个时隙的机制。并且仅在有数据通信时占用物理信道资源,因此大大提高了频率资源和网络传输资源的利用率,降低了通信成本。

⑦ 利用现有的无线网络覆盖,提高网络建设速度,降低了建设成本

在无线接口,GPRS 系统采用与 GSM 系统相同的物理信道,定义了新的用于分组数据传输的逻辑信道。可设置专用的分组数据信道,也可按需动态占用话音信道,实现数据业务与话音业务的动态调度,提高无线资源的利用率。因此 GPRS 系统可利用现有的 GSM 系统无线覆盖,提高网络建设速度,降低建设成本,提高网络资源利用率。

⑧ GPRS 的核心网络顺应通信网络的发展趋势,为 GSM 网络向第三代移动通信网演进打下基础

GPRS 核心网络采用了 IP 技术,一方面可与高速发展的 IP 网(Internet)实现无缝连接,另一方面可顺应通信网的分组化发展趋势,是移动网和 IP 网的结合,可提供固定 IP 网支持的所有业务,在 GPRS 核心网基础上逐步向第三代移动通信网核心网演进。

3.3.3 第三代移动通信系统

由上述可知,第三代移动通信系统包括 WCDMA 系统、cdma2000 系统和 TD-SCDMA 系统,下面分别加以介绍。

1. WCDMA 系统

(1) WCDMA 的网络结构与接口

通用移动通信系统(UMTS)的网络结构如图 3-23 所示(欧洲提出的 3G 标准是 WCDMA,而欧洲对 3G 的代名词是 UMTS,所以 UMTS 一直是与 WCDMA 等同的词),其包括的网元和接口功能如下。

① 用户设备(UE)

UE 通过 Uu 接口与无线接入网相连,完成人与网络间的交互,与网络进行信令和数据交换。UE 用来识别用户身份,并为用户提供各种业务功能,如普通语音、数据通信、移动多媒体、Internet 应用等。UE 主要由移动设备(Mobile Equipment,ME)和通用用户识别模块(Universal Subscriber Identity Module,USIM)两部分组成。Cu 接口是 USIM 和 ME 之间的接口,Cu 接口采用标准接口。

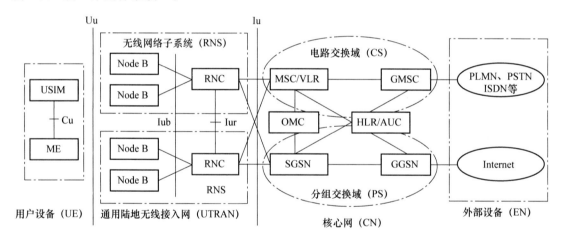

图 3-23 UMTS 的网络结构

② 通用地面无线接入网(Universal Terrestrial Radio Access Network,UTRAN)

UTRAN 位于两个开放接口 Uu 和 Iu 之间,完成所有与无线有关的功能。UTRAN 的主要功能有宏分集处理、移动性管理、系统的接入控制、功率控制、信道编码控制、无线信道的加密与解密、无线资源配置、无线信道的建立和释放等。

UTRAN 由一个或几个无线网络子系统(Radio Network Subsystem,RNS)组成,RNS 负责所属各小区的资源管理。每个 RNS 包括一个无线网络控制器(Radio Network Controller,RNC)、一个或几个 Node B(即通常所称的基站,GSM 系统中对应的设备为 BTS)。

- RNC 主要完成连接的建立和断开、切换、宏分集合并和无线资源管理控制等功能。
- Node B 的主要功能是 Uu 接口物理层的处理。

UTRAN 接口均为开放的标准接口,Uu 接口是 WCDMA 系统的无线接口,Iu 接口是连接 UTRAN 和核心网(CN)的接口。Iub 接口是连接 Node B 与 RNC 的接口。Iur 接口是

RNC 之间连接的接口,是 UMTS 系统特有的接口,用于对 UTRAN 中移动台的移动管理。

③ 核心网

核心网负责内部所有的语音呼叫、数据连接和交换,以及与其他网络的连接和路由选择的实现。不同协议版本的核心网之间存在一定的差异。

R99 版本的核心网完全继承了 GSM/GPRS 核心网的结构,由电路交换域(Circuit Switched,CS)和分组交换域(Packet Switched,PS)组成,兼容 2G 无线接入和 WCDMA 无线终端接入。CS 域负责电路型业务,由 GMSC、MSC 和 VLR 等功能实体组成。PS 域实现移动数据分组业务,由 SGSN 和 GGSN 组成,而 HLR、AUC 等功能实体由电路域和分组域共用。

R4 版本在电路域提出了承载独立的核心网,运用分层设计的思想,实现业务逻辑与控制、承载之间的分离,引入了软交换技术,达到了 CS 域传输和 PS 域分组传输的相互独立和统一,保证网络层的协议能独立于不同的传输方式(ATM、IP、STM 等传输方式)。

R5 版本则叠加了 IP 多媒体子系统,包括提供 IP 多媒体业务的所有实体。

R6 以后的版本,网络结构方面变化不大,主要是对已有功能的增强,或增加一些新的功能。

④ 外部网络

核心网的 CS 域通过 GMSC 与外部网络相连,如 PSTN、ISDN 及其他公共陆地移动网(Public Land Mobile Network,PLMN)。

核心网的 PS 通过 GGSN 与外部的 Internet 及其他 PDN 等相连。

(2) WCDMA 系统的关键技术

WCDMA 系统的关键技术如下。

① 双工方式和工作频段

WCDMA 支持两种基本的双工工作方式:FDD 和 TDD。

在 FDD 模式下,上行链路和下行链路分别使用两个独立的 5MHz 的载频,发射和接收频率间隔分别为 190MHz 和 80MHz。当然,也可以在现有的频段或别的频段使用其他的收发频率间隔。

在 TDD 模式下,只使用一个 5MHz 的载频,上、下行信道不是成对的,上、下行链路之间分时共享同一载频。

② 多址方式

WCDMA 是一个宽带直扩码分多址系统,通过用户数据与扩频码相乘,从而把用户信息比特扩展到更宽的带宽上去。

WCDMA 系统中,数据流用正交可变扩频码(Orthogonal Variable Spreading Factor,OVSF)来扩频,扩频后的码片速率为 3.84Mchip/s。扩频后的数据流使用 Gold 码为数据加扰,Gold 码具有很好的互相关特性,适合用来区分小区和用户。WCDMA 系统中,Gold 码在下行链路区分小区,在上行链路区分用户。

③ 功率控制

快速、准确的功率控制是保证 WCDMA 系统性能的基本要求。

功率控制解决的主要问题是远近效应,通过调整发射机的发射功率,使得信号到达接收机时,信号强度基本相等。为了能够及时地调整发射功率,需要快速地反馈,从而减少系统多址干扰,同时也降低了传输功率,可有效地满足抗衰落的要求。WCDMA 系统采用的快速功率控制速率为 1 500 次/s,称为内环功率控制,同时应用在上行链路和下行链路,控制步长 0.25～4dB 可变。

④ 切换

切换的目的是当 UE 在网络中移动时保持无线链路的连续性和无线链路的质量。WCDMA 系统支持软切换、更软切换、硬切换和无线接入系统间的切换，也可以是同频小区间的软切换、同频小区内扇区间的更软切换、同一无线接入系统内不同载频间的硬切换和不同无线接入系统间的切换。

此外，WCDMA 空中接口还采用一些其他的技术，如自适应天线、多用户检测、下行发射分集、分集接收和分层式小区结构等来提高整个系统的性能。

2. cdma2000 系统

cdma2000 系统的一个载波带宽为 1.25 MHz。若系统分别独立使用每个载波，则称为 cdma2000 1x 系统；若系统将 3 个载波捆绑使用，则称为 cdma2000 3x 系统。cdma2000 1x 系统的空中接口技术称为 1x 无线传输技术(Radio Transmission Technology，RTT)，cdma2000 3x 系统的空中接口技术称为 3x RTT，3x RTT 属于多载波技术。下面重点介绍 cdma2000 1x 系统的网络结构。

(1) cdma2000 1x 系统的网络组成

基于 ANSI-41 核心网的 cdma2000 1x 系统的网络结构如图 3-24 所示，网络结构包括如下 4 个部分：

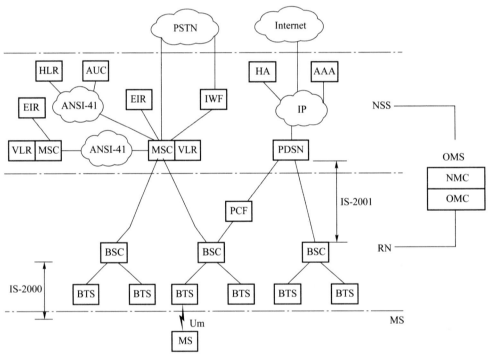

BTS：基站收发信机　　　　　IWF：互操作功能
BSC：基站控制器　　　　　　PDSN：分组数据服务器
PCF：分组控制功能　　　　　MSC/VLR：移动交换中心/拜访位置寄存器
HA：归属代理　　　　　　　HLR/AUC：归属位置寄存器/鉴权中心
EIR：设备识别寄存器　　　　AAA：鉴权、授权与计账服务器

图 3-24　cdma2000 1x 系统的网络结构

① 移动台(MS)：通过空中接口为用户提供服务的设备。按照不同的射频能力，移动台可

以分为车载台、手提式及手机 3 种类型。

② 无线网络(Radio Network,RN):为移动用户提供服务的无线接入点,实现无线信息传输到有线信息传输的互换,完成无线资源的管理和控制,并与网络交换系统交换信息,RN 包括 BTS、BSC 和分组控制功能(Packet Control Function,PCF)。

③ 网络交换系统(Network Switching System,NSS):分为电路域和分组域两部分,为移动用户提供基于电路交换和分组交换的业务,所有的业务都在无线网络中分流。核心网电路域与 IS-95 一样,包括 MSC/VLR 和 HLR/AUC 等网元。网络结构中核心网分组域新增的网元为分组数据服务节点(Packet Data Serving Node,PDSN)、归属代理(Home Agent,HA)、鉴权、授权与计账(Authentication Authorization Accounting,AAA)服务器。

④ 操作维护系统(Operation Maintenance System,OMS):提供在远端操作、管理和维护 CDMA 网络的能力,包括 NMC 和 OMC 两部分。

(2) 新增模块及功能

相对于 IS-95 系统,cdma2000 1x 网络中新增的模块及功能如下:

① PCF 通常作为无线网络设备设置于 BSC 内,也可以与 BSC 同址外置。作为实现分组业务所必备的功能单元,PCF 主要用来建立、保持和终结与 PDSN 的连接,与 PDSN 之间进行互操作支持休眠切换,用来保持无线资源状态(如激活、休眠等),缓存和转发由 PDSN 到达的分组数据,请求无线资源管理等。

② PDSN 是连接 RN 和分组数据网的接入网关。主要功能是提供移动 IP 服务,使用户可以访问公共数据网或专有数据网。PDSN 可以为每一个用户终端建立、终止 PPP 连接,以向用户提供分组数据业务。PDSN 与 RADIUS 服务器配合向分组数据用户提供认证功能、授权和计费功能。PDSN 从 AAA 服务器接收用户的特性参数,从而区分不同业务和不同安全机制。

③ HA 提供用户漫游时的 IP 地址分配、路由选择和数据加密等功能,主要负责用户分组数据业务的移动管理和注册认证,包括鉴别来自移动台的移动 IP 的注册信息,将来自外部网络的分组数据包发送到外地代理(Foreign Agent,FA),通过加密服务建立、保持或终止 FA 与 PDSN 之间的通信,接收从 AAA 服务器得到的用户身份信息,为移动用户分配动态或静态的归属 IP 地址等。

④ AAA 服务器主要负责管理分组交换网的移动用户的权限,开通的业务,提供身份认证、授权以及计费服务。由于 AAA 服务器主要采用的协议为 RADIUS,所以 AAA 服务器有时也被称为 RADIUS 服务器。

3. TD-SCDMA 系统

TD-SCDMA 标准是中国信息产业部电信科学研究院在国家主管部门的支持下,根据多年研究提出的具有一定特色的第三代移动通信系统标准。TD-SCDMA 于 2001 年 3 月被第三代移动通信合作伙伴项目组织(3GPP)列为第三代移动通信采用的 5 种技术中的 3 大主流技术标准之一,与 UMTS 和 IMT-2000 的建议完全融合,其标准包含在 3GPP 的 R4 版本中。

TD-SCDMA 核心网与 WCDMA 核心网基本相同,主要区别在于无线接入网络部分。与 WCDMA 和 cdma2000 标准比较,TD-SCDMA 的特点主要体现在以下几个方面。

(1) 混合多址方式

TD-SCDMA 系统采用混合多址接入方式。TD-SCDMA 无线传输方案是 FDMA、TDMA 和 CDMA 3 种基本多址技术的结合应用,如图 3-25(a)所示,图 3-25(b)所示为 WCDMA/

cdma2000 多址方式示意图。鉴于智能天线与联合检测技术相结合应用,TD-SCDMA 系统相当于引入了空分多址技术,所以也可以认为 TD-SCDMA 系统综合运用了 TDMA/CDMA/FDMA/SDMA 多址接入技术。TD-SCDMA 采用的混合多址方式降低了小区间的干扰,允许更为密集的频谱复用,提高了传输容量和频谱利用率,增加了规划的灵活性,支持单载波和多载波方式。

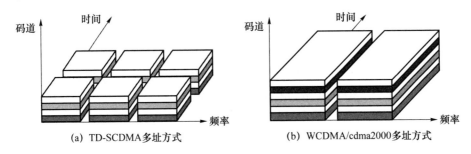

(a) TD-SCDMA 多址方式   (b) WCDMA/cdma2000 多址方式

图 3-25   TD-SCDMA 和 WCDMA/cdma2000 多址方式

(2) TDD 双工方式

TD-SCDMA 采用 TDD 双工方式。在 TDD 模式下,通过周期性地转换传输方向,允许在同一个载波上交替地进行上、下行链路传输。TDD 方案的优势在于,可以改变上、下行链路间转换点的位置,当进行对称业务时,选择对称的转换点位置;当进行非对称业务时,可在一个适当的范围内选择转换点位置。这样,对于对称和非对称两种业务,TDD 模式都可提供最佳的频谱利用率和业务容量,特别适合移动 Internet 业务。

TD-SCDMA 的信号带宽为 1.28 MHz,载波间隔为 1.6 MHz,码片速率为 1.28 Mchip/s。采用 TDD 方式,仅需单载波 1.6 MHz 的频带就可提供速率达 2Mbit/s 的 3G 数据业务。若带宽为 5 MHz 则支持 3 个载波,使频率规划更灵活,频谱利用更充分,组网能力更强,其频谱利用率远远高于采用 FDD 方式的其他 3G 技术。

(3) TD-SCDMA 核心网络

TD-SCDMA 核心网络是基于 GSM/GPRS 网络的演进,并保持与 GSM、GPRS 网络兼容。TD-SCDMA 支持多种通信接口,与 WCDMA 的 Iu、Iub、Iur 等多种接口相同,可以单独组网或作为无线接入网和 WCDMA 混合组网,具有较好的网络兼容性和灵活的组网方式。

(4) TD-SCDMA 网络中的关键技术

TD-SCDMA 作为 CDMA TDD 的一种,具备 TDD 的所有优点,如混合多址方式、上下行链路特性的一致、时隙按上下行链路所需数据量进行动态分配等。TD-SCDMA 独特的帧结构保证了它可以采用一些先进的物理层技术(主要有智能天线技术、联合检测技术、上行同步、接力切换和动态信道分配等),从而提高系统的性能。这些关键技术也是 TD-SCDMA 和其他 3G 标准竞争的核心竞争力。

3.3.4 LTE 移动通信系统

LTE 是 3GPP 主导的一种先进的空中接口技术,被认为是准 4G 技术。它区别于以往的移动通信系统,完全是为了分组交换业务而优化设计的,其无线接入网的空中接口技术以及核心网的网络结构都发生了较大的变化。

1. 3GPP LTE 的主要特点

（1）支持 1.25～20 MHz 带宽，提供上行 50 Mbit/s、下行 100 Mbit/s 的峰值数据速率。

（2）提高小区边缘的比特率，改善小区边缘用户的性能。

（3）频谱效率达到 3GPP R6 版本中频谱效率的 2～4 倍。

（4）降低系统延迟，用户面延迟（单向）小于 5 ms，控制面延迟小于 100 ms。

（5）支持与现有 3GPP 和非 3GPP 系统的互操作。

（6）支持增强型的广播多播业务。

（7）实现合理的终端复杂度、成本和耗电。

（8）支持增强的 IP 多媒体子系统和核心网。

（9）只支持分组交换的结构和完全共享的无线信道，取消 CS 域，CS 域业务在 PS 域实现，如采用 VoIP。

（10）以尽可能相似的技术同时支持成对和非成对频段。

（11）支持运营商间的简单邻频共存和邻区域共存。

2. LTE/SAE 的网络结构

与支持电路交换模式的蜂窝系统不同，LTE 被设计成只支持分组交换业务。LTE 的目的是在用户终端（UE）和分组数据网络（PDN）之间建立无缝的 IP 连接，使得终端用户上的应用程序在移动切换时不会中断运行。虽然确切地说，LTE 这个术语包含的是无线接入部分经由 E-UTRAN（演进的 UTRAN）的演进，但它也同时伴随着非无线部分的网络演进，非无线部分的网络演进被称为"系统架构演进（System Architecture Evolution，SAE）"，包括演进的分组核心网（Evolved Packet Core Network，EPC）。

LTE/SAE 的整个网络结构如图 3-26 所示。

图中包含了演进的分组核心网（Evolved Packet Core Network，EPC）和演进的通用地面无线接入网络（Evolved UTRAN，E-UTRAN），而且还包含了 3G 系统的核心网和 UTRAN（结构图只画出了信令接口）。在 3G 系统中，电路交换核心网和分组交换核心网分别连接电话网和互联网，IMS 位于分组交换核心网之上，提供互联网接口，通过媒体网关连接公共电话网。

（1）E-UTRAN 的结构及接口

① E-UTRAN 的结构及主要网元的功能

传统的 3GPP 接入网 UTRAN 由无线收发器（Node B）和 RNC 组成，如图 3-26 所示。Node B 的功能相对比较简单，主要负责无线信号的发射和接收；RNC 负责无线资源的配置和管理，1 个 RNC 控制多个 Node B，网络结构为星形结构。另外为了支持宏分集（不同 RNC 的基站间切换），在 RNC 之间定义了 Iur 接口。

E-UTRAN 无线接入网的结构比较简单，只包含 1 个网络节点 eNodeB，取消了 RNC，eNodeB 直接通过 S1 接口与核心网相连，原来 RNC 的功能被重新分配给 eNodeB 和核心网中的移动管理实体（Mobility Management Entity，MME）或是服务网关实体（Serving Gateway entities，S-GW）。

LTE 的 eNodeB 除具有原来 Node B 的功能外，还承担了传统 3GPP 接入网中 RNC 的大部分功能，如无线资源控制、调度、无线准入、无线承载控制、移动性管理和小区间无线资源管理等。eNodeB 和 eNodeB 之间采用网格的方式直接互连。

② E-UTRAN 主要的开放接口

E-UTRAN 主要的开放接口有 X2 接口、S1 接口和 LTE-Uu 接口。

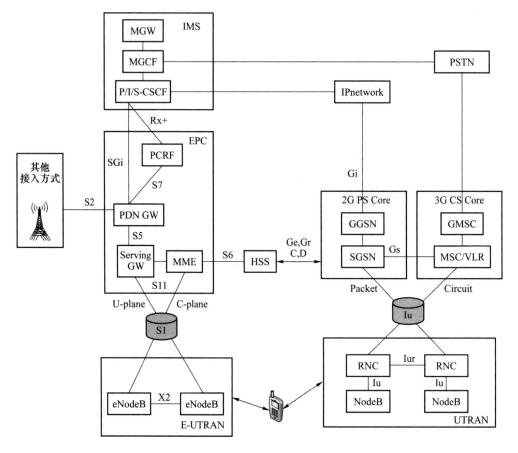

图 3-26　LTE/SAE 的网络结构

- X2 接口:实现 eNodeB 之间的互连(所有的 eNodeB 可能都会相互连接)。定义 X2 接口的主要目的是减少由于终端的移动引起的数据丢失,即当终端从一个 eNodeB 移动到另一个 eNodeB 时,存储在原来 eNodeB 中的数据可以通过 X2 接口被转发到正在为终端服务的 eNodeB 上。
- S1 接口:该接口是 MME/S-GW 与 eNodeB 之间的接口,即连接 E-UTRAN 与 CN,只支持分组交换。
- LTE-Uu 接口:该接口是 UE 与 E-UTRAN 之间的无线接口。

(2)核心网结构

在 LTE 中,演进的分组核心网(EPC)主要包括移动管理实体(MME)、服务网关(S-GW)、PDN 网关(P-GW)、策略和计费规则实体(PCRF)和归属用户服务器(HSS)等。各部分的功能如下。

① MME

MME 是处理 UE 和核心网之间的信令交互的控制节点,其主要功能可分为两类:与承载有关的管理功能(包括建立、维护和释放承载)和与连接管理有关的功能(包括在 UE 和网络之间建立连接、安全机制)。

② S-GW

S-GW 的主要功能为:3GPP 间的移动性管理,建立移动安全机制;在 E-UTRAN 的 Idle 模式下,下行分组缓冲和网络初始化;授权侦听;分组路由和前向转移;在 UE 和 PDN 间、运营商之间交换用户和 QoS 类别标识的有关计费信息。

③ P-GW

P-GW 负责用户的分组过滤,授权侦听,UE 的 IP 地址分配,上、下行服务管理和计费,基于总最大位速率(Aggregate Maximum Bit Rate,AMBR)的下行速率控制。

④ PCRF

策略控制的主要功能是决定如何使用可用的资源,计费规则实体主要负责用户的计费信息管理。

⑤ HSS

归属用户服务器(HSS)是 3G 和 LTE 中的核心节点,主要存储用户的注册信息,由归属位置寄存器(HLR)和鉴权中心(AUC)组成。HLR 中主要存储所管辖用户的签约数据及移动用户的位置信息,可为至某终端的呼叫提供路由信息。AUC 存储用以保护移动用户通信不受侵犯的必要信息。

3. LTE 的工作频段

(1) R8 版的 LTE 的工作频段

LTE 的工作频段既可以部署在现有的 IMT 频带,也可以部署在可能被识别的其他频带之上。从规范的角度来看,不同频带的差异主要是因为具体的射频要求的不同,如允许的大发送功率、允许或限制的带外泄露等。为了使 LTE 可以工作在成对和非成对频谱下,就需要双工操作方式具有一定的灵活性。LTE 同时支持 FDD 和 TDD 的双工方式。R8 版的 LTE 规范定义了 FDD 和 TDD 频带,分别如表 3-2 和表 3-3 所示。

表 3-2　LTE 的 FDD 工作频带

频带	上行范围/MHz	下行范围/MHz	主要区域
1	1 920~1 980	2 110~2 170	欧洲、亚洲
2	1 850~1 910	1 930~1 990	美国、亚洲
3	1 710~1 785	1 805~1 880	欧洲、亚洲、美国
4	1 710~1 755	2 110~2 155	美国
5	824~849	869~894	美国
6	830~840	875~885	日本(只有 UTRA)
7	2 500~2 570	2 620~2 690	欧洲、亚洲
8	880~915	925~960	欧洲、亚洲
9	1 749.9~1 784.9	1 844.9~1 879.9	日本
10	1 710~1 770	2 110~2 170	美国
11	1 427.9~1 447.9	1 475.9~1 495.9	日本
12	698~716	728~746	美国
13	777~787	746~756	美国
14	788~798	758~768	美国
17	704~716	734~746	美国
18	815~830	860~875	日本
19	830~845	875~890	日本
20	832~862	791~821	欧洲
21	1 447.9~1 462.9	1 495.9~1 510.9	日本

表 3-3　LTE 的 TDD 工作频带

频带	频率范围/MHz	主要区域
33	1 900～1 920	欧洲、亚洲(不包括日本)
34	2 010～2 025	欧洲、亚洲
35	1 850～1 910	美国
36	1 930～1 990	美国
37	1 910～1 930	—
38	2 570～2 620	欧洲
39	1 880～1 920	中国
40	2 300～2 400	欧洲、亚洲
41	2 496～2 690	美国

（2）中国的 LTE 工作频段

工作在不同频带的 LTE 本身对无线接口设计并没有什么特殊需求,然而对射频需求和如何定义存在一些要求。中国的 LTE 工作频段根据不同的运营商和不同的工作方式进行了规划。

① 中国的 TD-LTE 工作频段

2013 年 11 月 19 日,世界电信展期间,在"TD-LTE 技术与频谱研讨会"上,各家运营商 TD-LTE 的工作频段分配如下:

- 中国移动,1 880～1 900 MHz,2 320～2 370 MHz,2 575～2 635 MHz。
- 中国联通,2 300～2 320 MHz,2 555～2 575 MHz。
- 中国电信,2 370～2 390 MHz,2 635～2 655 MHz。

TD-LTE 工作频段的分布如图 3-27 所示。

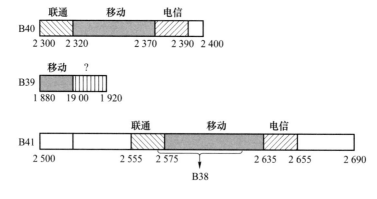

图 3-27　中国的 TD-LTE 工作频段分布

② 中国的 FDD LTE 工作频段

中国的 FDD LTE 可供分配的频段都集中在 2GHz 附近,也就是 B1 和 B3 频段,使用情况如图 3-28 所示。

B1 频段,目前用于 3G,其中低端的 20 MHz 分配给了中国电信的 3G 网络,中间的 20 MHz 分配给了中国联通的 WCDMA 网络,高端的 20MHz 标记为 IMT,代表是未来要分给

FDD LTE 系统或者 WCDMA 系统使用的。标记为卫星 IMT 的用于卫星通信,暂且不会用于地面通信。

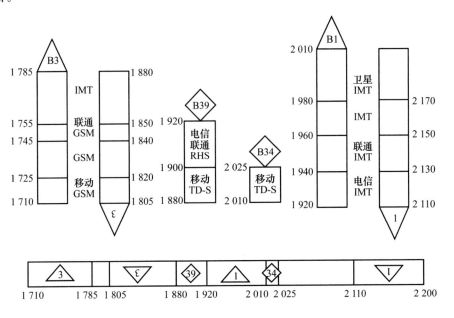

图 3-28 FDD LTE 网络的工作频段

B3 频段,目前用于 2G,其中低端的 15 MHz 分配给了中国移动的 GSM1800 网络,中间的 10 MHz 分配给了中国联通的 GSM1800 网络,两者之间有 20 MHz 没有明确分配,但是已经被各地的移动和联通的 GSM 网络使用了。B3 高端的 30 MHz 标记为 IMT,代表是未来要分给 FDD LTE 系统或者 WCDMA 系统使用的。

3.3.5 第五代移动通信系统

1. 发展背景

随着移动互联网的发展,新的服务和应用层出不穷,全球移动宽带用户不断增加,移动数据流量迅猛增长,这给网络带来严峻的挑战,主要体现在以下几个方面:

(1) 如果按照之前移动通信网络的发展状况,容量难以支持成百倍甚至千倍流量的增长,网络能耗和比特成本难以承受。

(2) 流量增长必然带来对频谱的进一步需求,而移动通信频谱稀缺,可用频谱呈大跨度、碎片化分布,难以实现频谱的高效使用。

(3) 要提升网络容量,必须智能高效利用网络资源,针对业务和用户的个性进行智能优化。

(4) 未来网络必然是一个多网并存的异构移动网络,要提升网络容量,必须解决高效管理各个网络、简化互操作、增强用户体验的问题。

为了迎接上述挑战,满足日益增长的移动流量需求,亟须发展新一代移动通信网络,即 5G。

概括地说,5G 的发展主要有两个驱动力:一是,以长期演进技术为代表的第四代移动通信系统(4G)已全面商用,对下一代移动通信技术的讨论提上日程;二是,移动数据的需求爆炸式增长,现有移动通信系统难以满足未来需求,急需研发新一代移动通信系统。

当前,全球范围内有很多组织在进行 5G 需求、标准的研究,比较活跃的有欧盟的 METIS、5G-PPP、中国的 IMT-2020(5G)推进组、韩国的 5G 论坛、日本的 ARIB 2020、美洲的 北美 4G 等都对 5G 的需求、标准化发展做出了巨大的贡献。ITU-R 在 5D 工作组的领导下, 在 2012 年提出了 5G 移动通信空中接口的要求并制订了相应的工作计划与时间表。根据 ITU-R 的建议,将在 2020 年完成"IMT-2020 技术规范"。

2. 5G 的特点

与早期的 2G、3G 和 4G 一样,5G 是数字蜂窝移动通信网络,5G 网络的特点如下:

(1)数据传输速率远远高于以前的蜂窝移动通信网络,最高可达 10 Gbit/s,以满足高清视频、虚拟现实等大数据量传输。

(2)较低的网络延迟(更快的响应时间),空中接口时延低于 1 ms,满足自动驾驶、远程医疗等实时应用。

(3)超大网络容量,提供千亿台设备的连接能力,满足物联网通信。

(4)频谱效率要比 LTE 系统提升 10 倍以上。

(5)连续广域覆盖和高移动性下,用户体验速率达到 100 Mbit/s。

(6)流量密度和连接密度大幅度提高。

(7)系统协同化,智能化水平提升,表现为多用户、多点、多天线、多小区的协同组网,以及网络间灵活地自动调整。

(8)能耗和运营成本降低。5G 无线网络的"软"配置设计,将是未来该技术的重要研究、探索方向,网络资源可以由运营商根据动态的业务流量变化而实时调整,这样,可以有效降低能耗和网络资源运营成本。

以上是 5G 区别于前几代移动通信的关键,是移动通信从以技术为中心逐步向以用户为中心转变的结果。

3. 5G 关键技术

为了提升 5G 移动通信技术的业务支撑能力,其在网络技术方面和无线传输技术方面势必会有新的突破。在网络技术方面,将采用更智能、更灵活的组网结构和网络架构,比如采用控制与转发相互分离的软件来定义网络架构、异构超密集的部署等。在无线传输技术方面,将会着重于提升频谱资源利用效率和挖掘频谱资源使用潜能,如新型多址接入技术、全频谱接入、多天线技术、编码调制技术等。

(1)超密集组网

超密集异构网络是 5G 网络提高数据流量的关键技术。通过减小小区半径,增加基站部署密度,密集部署的网络拉近了终端与节点间的距离,使得网络的功率和频谱效率大幅度提高,同时也扩大了网络覆盖范围,扩展了系统容量,并且增强了业务在不同接入技术和各覆盖层次间的灵活性。

虽然超密集异构网络架构在 5G 中有很大的发展前景,但是节点间距离的减少,越发密集的网络部署将使得网络拓扑更加复杂,从而容易出现与现有移动通信系统不兼容的问题,而且还要解决频率干扰问题。考虑到频率干扰、站址资源和部署成本,超密集组网可在局部热点区域实现百倍量级的容量提升。干扰管理与抑制、小区虚拟化技术、接入与回传联合设计等是超密集组网的重要研究方向。

（2）新型多址技术

通过发送信号在空/时/频/码域的叠加传输来实现多种场景下系统频谱效率和接入能力的显著提升。另外,新型多址技术可实现免调度传输,将显著降低信令开销,缩短接入时延,节省终端功耗。目前业界提出的技术方案主要包括基于多维调制和稀疏码扩频的稀疏码分多址（Sparse Code Multiple Access,SCMA）技术、基于复数多元码及增强叠加编码的多用户共享接入（Multi-User Shared Access,MUSA）技术、基于非正交特征图样的图样分割多址（PDMA）技术以及基于功率叠加的非正交多址（Non-Orthogonal Multiple Access,NOMA）技术。

（3）全频谱接入

通过有效利用各类移动通信频谱（包含高低频段、授权与非授权频谱、对称与非对称频谱、连续与非连续频谱等）资源来提升数据传输速率和系统容量。6GHz 以下频段因其较好的信道传播特性可作为 5G 的优选频段,6～100 GHz 高频段具有更加丰富的空闲频谱资源,可作为 5G 的辅助频段。信道测量与建模、低频和高频统一设计、高频接入回传一体化以及高频器件是全频谱接入技术面临的主要挑战。

此外,基于滤波的正交频分复用（Filtered-OFDM,F-OFDM）、滤波器组多载波（Filter-Bank Multi-Carrier,FBMC）、全双工、灵活双工、终端直通（Device-to-Device,D2D）、多元低密度奇偶检验（Q-ary LDPC）码、网络编码、极化码等也被认为是 5G 重要的潜在无线关键技术。

3.4　移动通信网发展趋势

近年,移动通信技术的快速发展主要表现为:在世界范围内呈现网络化和数字化的发展特点;移动通信生产发展迅猛,规模增大,能力增强,技术突飞猛进,管理水平也逐步提高。

移动通信网发展趋势主要体现在以下几个方面。

1. 未来的网络构架

技术的发展和市场需求的变化、市场竞争的加剧以及市场管理政策的放松将使计算机网、电信网、电视网等加快融合为一体,宽带 IP 技术成为三网融合的支撑和结合点。未来的网络将向宽带化、智能化、个人化方向发展,形成统一的综合宽带通信网,并逐步演进为由核心骨干层和接入层组成、业务与网络分离的构架。

2. 个人多媒体通信

对随时随地话音通信的追求使早期移动通信走向成功。移动通信的商业价值和用户市场得到了证明,全球移动市场以超凡的速度增长。移动通信演进的下一阶段是向无线宽带数据以及个人移动多媒体转移,这一进展已经开始,并将成为未来重要的增长点。

未来的移动通信网将会越来越智能化,功能也将会越来越多样化,多媒体技术则将飞速发展。多媒体信息同传、无线数据高速传输、动态影像传送、无线网络游戏、语音同步翻译、手机钱包等多媒体技术的应用将会越来越成熟。

3. 网络技术的宽带化

在电信业历史上,移动通信可能是技术和市场发展最快的领域。业务、技术、市场三者之间是一种互动的关系,伴随着用户对数据、多媒体业务需求的增加,网络业务向数据化、分组化发展,移动通信网络必然走向宽带化。

4. 网络技术的智能化

移动通信需求的不断增长以及新技术在移动通信网中的广泛应用,促使移动通信网络得到了迅速发展。移动网络由单纯地传递和交换信息,逐步向存储和处理信息的智能化发展,移动智能网由此而生。移动智能网是在移动通信网络中引入智能网功能实体,以完成对移动呼叫的智能控制的一种网络,是一种开放性的智能平台,它使电信业务经营者能够方便、快速、经济、有效地提供客户所需的各类电信新业务,使客户对网络有更强的控制功能,能够方便灵活地获得所需的信息。

小　　结

(1) 移动通信就是指通信的一方或双方在移动中(或暂时停留在某一非预定的位置上)进行信息传输和交换的通信方式。支持移动通信功能的网络称为移动通信网。

移动通信网的特点主要有:移动通信网的电波传播环境复杂;移动通信网的噪声和干扰比较严重;移动通信网可利用的频谱资源非常有限等。

移动通信网可以从不同的角度分类。按信号形式可分为模拟移动通信网和数字移动通信网;按业务类型可分为电话移动通信网、数据移动通信网和多媒体移动通信网;按多址方式可分为频分多址移动通信网、时分多址移动通信网和码分多址移动通信网;按工作方式可分为单工移动通信网、半双工移动通信网、全双工移动通信网;按使用对象可分为民用设备移动通信网和军用设备移动通信网;按使用环境可分为陆地移动通信网、海上移动通信网和空中移动通信网;按服务范围可分为专用移动通信网和公用移动通信网。

(2) 电磁波在无线信道中的损耗主要包括:路径传播损耗、慢衰落和快衰落。影响移动通信的效应主要包括阴影效应、远近效应、多径效应和多普勒效应等。

(3) 移动通信网应用的关键技术主要包括无线组网技术、双工技术、多址技术、抗干扰与抗衰落技术、扩频技术和调制技术等。

移动通信的无线组网方式分为大区制和小区制两种;双工技术包括频分双工(FDD)和时分双工(TDD)。

移动通信网应用的多址技术主要有频分多址(FDMA)、时分多址(TDMA)和码分多址(CDMA)等。

移动通信的分集技术有空间分集、频率分集、时间分集、极化分集和角度分集;合并方式有选择性合并、最大比值合并、等增益合并。

扩频技术有两种:直接序列扩频技术(DSSS)和跳频扩频技术(FHSS)。

多输入多输出(MIMO)技术是指在发送端和接收端分别使用多根发送天线和接收天线,使信号通过发送端与接收端的多根天线传送和接收,从而改善通信质量,成倍地提高系统信道容量。

正交频分复用(OFDM)是一种多载波调制技术,它在频域把信道分成许多正交子信道,各子信道间保持正交,频谱相互重叠,这样减少了子信道间干扰,可以大大提高频谱效率。

若要最大限度地利用信道容量,需使系统采用的调制编码方式、差错控制方式等也能适应信道容量变化,这就是链路自适应技术。包括自适应调制和编码技术和快速混合自动重传。

(4) 随着移动通信业务的不断发展,蜂窝移动通信系统已经从第一代发展到第五代移动通信系统。第一代移动通信系统为模拟蜂窝移动通信系统。

（5）应用范围最广泛的第二代移动通信系统是 GSM 数字蜂窝移动通信系统，其主要组成部分有移动台（MS）、基站子系统（BSS）和网络子系统（NSS）等。GSM 系统使用 900 MHz 和 1 800 MHz 两个频段；采用时分多址/频分多址、频分双工（TDMA/FDMA/FDD）制式。

GPRS 网络在原 GSM 网络的基础上叠加支持高速分组数据业务的网络，并对 GSM 无线网络设备进行升级，从而利用现有的 GSM 无线覆盖提供高速分组数据业务。与原 GSM 网络相比，GPRS 网络新增或升级的设备有服务支持节点（SGSN）、网关支持节点（GGSN）、分组控制单元（PCU）。

（6）第三代移动通信系统包括 WCDMA 系统、cdma2000 系统和 TD-SCDMA 系统。

WCDMA（UMTS）的网络结构包括：用户设备（UE）、通用地面无线接入网（UTRAN）、核心网。WCDMA 是一个宽带直扩码分多址系统，支持两种基本的双工工作方式：FDD 和 TDD。

cdma2000 1x 系统的网络结构包括 4 部分：移动台（MS）、无线网络（RN）、网络交换系统（NSS）、操作维护系统（OMS）。

TD-SCDMA 核心网与 WCDMA 核心网基本相同，主要区别在于无线接入网络部分。TD-SCDMA 系统采用混合多址接入方式、TDD 双工方式。

（7）LTE 是 3GPP 主导的一种先进的空中接口技术，被认为是准 4G 技术。它区别于以往的移动通信系统，完全是为了分组交换业务而优化设计的。

LTE/SAE 的整个网络结构包含了演进的分组核心网（EPC）和演进的通用地面无线接入网络（E-UTRAN）。

EPC 主要包括移动管理实体（MME）、服务网关（S-GW）、PDN 网关（P-GW）、策略和计费规则实体（PCRF）和归属用户服务器（HSS）等。

E-UTRAN 无线接入网的结构比较简单，只包含 1 个网络节点 eNodeB，取消了 RNC，eNodeB 直接通过 S1 接口与核心网相连，原来 RNC 的功能被重新分配给了 eNodeB 和核心网中的移动管理实体（MME）或是服务网关（S-GW）。

（8）第五代移动通信系统（5G）的主要特点有：数据传输速率远远高于以前的蜂窝移动通信网络，最高可达 10 Gbit/s；较低的网络延迟，空中接口时延低于 1 ms；超大的网络容量，提供千亿设备的连接能力；频谱效率要比 LTE 系统提升 10 倍以上；连续广域覆盖和高移动性下，用户体验速率达到 100Mbit/s；流量密度和连接密度大幅度提高；系统协同化、智能化水平提升；能耗和运营成本降低。

为了提升 5G 移动通信技术的业务支撑能力，在网络技术方面，将采用更智能、更灵活的组网结构和网络架构，比如采用控制与转发相互分离的软件来定义网络架构、异构超密集的部署等。在无线传输技术方面，将会着重于提升频谱资源利用效率和挖掘频谱资源使用潜能，比如新型多址接入技术、全频谱接入、多天线技术、编码调制技术等。

（9）移动通信网发展趋势主要体现在以下几个方面：未来的网络构架、个人多媒体通信、网络技术的宽带化和网络技术的智能化。

习　题

3-1　移动通信网的特点有哪些？

3-2　简述移动通信网的分类情况。

3-3　影响移动通信的主要效应有哪些？

3-4　移动通信网应用的多址技术主要有哪些？

3-5　移动通信的分集技术有哪些？

3-6　GSM 数字蜂窝移动通信系统的主要的组成部分有哪些？

3-7　第三代移动通信系统包括哪几种？

3-8　在 LTE 中，EPC 主要包括哪几部分？

3-9　5G 的主要特点有哪些？

3-10　移动通信网发展趋势主要体现在哪几个方面？

第4章　IP 网络

近些年来,以 IP 技术为基础的通信网飞速发展,用户数量和业务应用迅猛增长。本章介绍以 IP 技术为基础的通信网的相关内容,主要包括:

- IP 网络基本概念;
- TCP/IP 参考模型;
- 局域网;
- 宽带 IP 城域网;
- 路由器技术与路由选择协议。

4.1　IP 网络基本概念

4.1.1　IP 网络的概念

1. IP 网络的概念

Internet 是由世界范围内众多计算机网络(包括各种局域网、城域网和广域网)通过路由器和通信线路连接汇合而成的一个网络集合体,它是全球最大的、开放的计算机互联网。互联网意味着全世界采用统一的网络互连协议,即采用 TCP/IP 协议的计算机都能互相通信,所以说,Internet 是基于 TCP/IP 协议的网间网,也称为 IP 网络。

从网络通信的观点看,Internet 是一个以 TCP/IP 协议将各个国家、各个部门和各种机构的内部网络连接起来的数据通信网,世界任何一个地方的计算机用户只要连在 Internet 上,就可以相互通信;从信息资源的观点看,Internet 是一个集各个部门、各个领域内各种信息资源为一体的信息资源网。Internet 上的信息资源浩如烟海,其内容涉及政治、经济、文化、科学、娱乐等各个方面。将这些信息按照特定的方式组织起来,存储在 Internet 上分布在世界各地的数千万台计算机中,人们可以利用各种搜索工具来检索这些信息。

由路由器和窄带通信线路互联起来的 Internet 是一个窄带 IP 网络,这样的网络只能传送一些文字和简单图形信息,无法有效地传送图像、视频、音频和多媒体等宽带业务,目前 IP 网络已经向宽带方向发展,即发展为宽带 IP 网络。

2. 宽带 IP 网络的概念

所谓宽带 IP 网络是指 Internet 的交换设备和路由设备、中继通信线路、用户接入设备和用户终端设备都是宽带的,通常中继线上传信速率为几至几十 Gbit/s,用户接入速率可达 1～100 Mbit/s。在这样一个宽带 IP 网络上能传送各种音视频和多媒体等宽带业务,同时支持当前的窄带业务,它集成与发展了当前的网络技术、IP 技术,并向下一代网络方向发展。

需要说明的是,目前的 IP 网络一般为宽带 IP 网络,简称 IP 网络。

4.1.2 IP 网络的特点

IP 网络具有以下几个特点:

(1) TCP/IP 协议是 IP 网络的基础与核心。

(2) 通过最大程度的资源共享,可以满足不同用户的需要,IP 网络的每个参与者既是信息资源的创建者,也是使用者。

(3) "开放"是 IP 网络建立和发展中执行的一贯策略,对于开发者和用户极少限制,使它不仅拥有极其庞大的用户队伍,也拥有众多的开发者。

(4) 网络用户透明使用 IP 网络,不需要了解网络底层的物理结构。

(5) IP 网络宽带化,具有宽带传输技术、宽带接入技术和高速路由器技术。

(6) IP 网络将当今计算机领域网络技术、多媒体技术和超文本技术三大技术融为一体,为用户提供极为丰富的信息资源和十分友好的用户操作界面。

4.1.3 IP 网络的关键技术

IP 网络的关键技术主要包括骨干传输技术、宽带接入技术和高速路由器技术。

1. 骨干传输技术

IP 网络的传输技术是指 IP 网络核心部分路由器之间的传输技术,即路由器之间传输 IP 数据报的方式,也称为 IP 网络的骨干传输技术。目前常用的骨干传输技术主要有 IP over ATM(POA)、IP over SDH/MSTP 和 IP over DWDM/OTN 等(SDH、MSTP、DWDM 和 OTN 等传输技术详见第 5 章)。

(1) IP over ATM

IP over ATM(POA)是 IP 技术与 ATM 技术的结合,它是在 IP 网路由器之间采用 ATM 网传输 IP 数据报。

(2) IP over SDH/MSTP

IP over SDH(POS)是 IP 技术与 SDH 技术的结合,是在 IP 网路由器之间采用 SDH 网传输 IP 数据报。

SDH 传输网主要用于传输 TDM 业务,然而随着 IP 网的迅猛发展,对多业务需求(特别是数据业务)的呼声越来越高,为了能够承载 IP、以太网等业务,IP 网路由器之间采用基于 SDH 的多业务传送平台(MSTP)。

(3) IP over DWDM/OTN

IP over DWDM 是 IP 与 DWDM 技术相结合的标志。首先在发送端对不同波长的光信号进行复用,然后将复用信号送入一根光纤中传输,在接收端再利用解复用器将各不同波长的光信号分开,送入相应的终端,从而实现 IP 数据报在多波长光路上的传输。

当今,通信网络已经进入全业务运营时代,对传送带宽的需求越来越大,因此,需要一种能提供大颗粒业务传送和交叉调度的新型光网络。光传送网(OTN)继承并拓展了已有传送网络的众多优势特征,是目前面向宽带客户数据业务驱动的全新的最佳传送技术之一。在 IP 网路由器之间采用 OTN 传输 IP 数据报,能够提供海量带宽以适应大容量大颗粒业务,同时必须具备高生存性、高可靠性,而且可以进行快速灵活的业务调度和完善便捷的网络维护管理。

2. 宽带接入技术

IP 网络的宽带接入技术主要有混合光纤/同轴电缆(HFC)接入网、FTTx＋LAN 接入网、以太网无源光网络(EPON)/吉比特无源光网络(GPON),以及无线宽带接入网(详见第 6 章)。

4.2　TCP/IP 参考模型

分层模型包括各层功能和各层协议描述两方面的内容。每一层提供特定的功能和相应的协议,层与层之间相对独立,当需要改变某一层的功能时,不会影响其他层。采用分层技术,可以简化系统的设计和实现,并能提高系统的可靠性和灵活性。

计算机网络最早采用的是开放系统互连参考模型(OSI-RM),IP 网络也同样采用分层体系结构,即 TCP/IP 参考模型。

为了使大家更好地理解 TCP/IP 参考模型,在讨论 TCP/IP 参考模型之前,首先介绍一下 OSI 参考模型。

4.2.1　OSI 参考模型

1. OSI 参考模型的概念

为了使不同类型的计算机能互连,以便相互通信和资源共享。1984 年国际标准化组织(ISO)公布了开放系统互连参考模型(Open System Interconnection Reference Model,OSI-RM)建议,简称 OSI 参考模型。

OSI 参考模型是将计算机之间进行数据通信全过程的所有功能逻辑上分成若干层,每一层对应有一些功能,完成每一层功能时应遵照相应的协议。即各层功能和协议的集合构成了 OSI 参考模型。

2. OSI-RM 的分层结构

OSI 参考模型共分 7 层,这 7 个功能层自下而上分别是:

① 物理层;

② 链路层;

③ 网络层;

④ 运输层;

⑤ 会话层;

⑥ 表示层;

⑦ 应用层。

图 4-1 表示了两个计算机通过交换网络(假设为分组交换网——包括若干分组交换机以及连接它们的链路)相互连接和它们对应的 OSI 参考模型分层的例子。

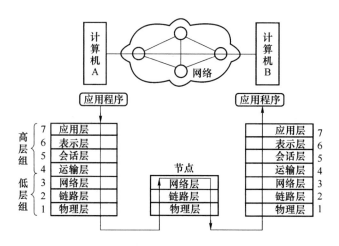

图 4-1　OSI 参考模型分层结构

其中计算机的功能和协议逻辑上分为 7 层；而分组交换机仅起通信中继和交换的作用,其功能和协议只有 3 层。通常把 1～3 层称为低层或下 3 层,它是由计算机和分组交换网络共同执行的功能,而把 4～7 层称为高层,它是计算机 A 和计算机 B 共同执行的功能。

通信过程是:发端信息从上到下依次完成各层功能,收端从下到上依次完成各层功能,如图 4-1 中箭头所示。

3. 各层功能概述

（1）物理层

物理层并不是物理媒体本身,它是开放系统利用物理媒体实现物理连接的功能描述和执行连接的规程。物理层提供用于建立、保持和断开物理连接的机械的、电气的、功能的和规程的手段。简而言之,物理层提供有关同步和全双工比特流在物理媒体上的传输手段。

物理层传送数据的基本单位是比特,典型的协议有 RS232C,RS449/422/423,V. 24,V. 28,X. 20 和 X. 21 等。

（2）数据链路层

OSI 参考模型数据链路层(简称链路层)的功能主要有:

① 负责数据链路(数据链路包括传输信道和两端的链路控制装置)的建立、维持和拆除。

② 差错控制。

③ 流量控制。

数据链路层传送数据的基本单位是帧,常用的协议有基本型传输控制规程和高级数据链路控制规程（HDLC）。

（3）网络层

在计算机通信网中进行通信的两个系统之间可能要经过多个节点和链路,也可能还要经过若干个通信子网。网络层负责将高层传送下来的信息分组进行必要的路由选择、差错控制、流量控制等处理,使通信网中的发送端的运输层传下来的数据能够准确无误地找到接收端,并交付给其运输层。

网络层传送数据的基本单位是分组,其协议是 X. 25 分组级协议。

（4）运输层

运输层也称计算机—计算机层,实现用户的端到端的或进程之间数据的透明传送。具体来说其功能包括端到端的顺序控制、流量控制、差错控制及监督服务质量。

运输层传送数据的基本单位是报文。

（5）会话层

为了两个进程之间的协作，必须在两个进程之间建立一个逻辑上的连接，这种逻辑上的连接称为会话。会话层作为用户进入运输层的接口，负责进程间建立会话和终止会话，并且控制会话期间的对话。提供诸如会话建立时会话双方资格的核实和验证，由哪一方支付通信费用，及对话方向的交替管理、故障点定位和恢复等各种服务。它提供一种经过组织的方法在用户之间交换数据。

会话层及以上各层中，数据的传送单位一般都称为报文，但与运输层的报文有本质的不同。

（6）表示层

表示层提供数据的表示方法，其主要功能有：代码转换、数据格式转换、数据加密与解密、数据压缩与恢复等。

（7）应用层

应用层是 OSI 参考模型的最高层，它直接面向用户以满足用户的不同需求，是利用网络资源唯一向应用进程直接提供服务的一层。

应用层的功能是确定应用进程之间通信的性质，以满足用户的需要。同时应用层还要负责用户信息的语义表示，并在两个通信用户之间进行语义匹配。

4.2.2　TCP/IP 参考模型

1. TCP/IP 参考模型的分层

TCP/IP 参考模型及与 OSI 参考模型的对应关系如图 4-2 所示。

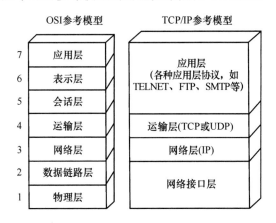

图 4-2　TCP/IP 参考模型及与 OSI 参考模型的对应关系

由图 4-2 可见，TCP/IP 参考模型包括 4 层。

- 网络接口层——对应 OSI 参考模型的物理层和数据链路层。
- 网络层——对应 OSI 参考模型的网络层。
- 运输层——对应 OSI 参考模型的运输层。
- 应用层——对应 OSI 参考模型的 5、6、7 层。

值得强调的是,TCP/IP 参考模型并不包括物理层,网络接口层下面是物理网络。

2. TCP/IP 参考模型各层功能及协议

（1）应用层

TCP/IP 应用层的作用是为用户提供访问 Internet 的高层应用服务,如文件传送、远程登录、电子邮件、WWW 服务等。为了便于传输与接收数据信息,应用层要对数据进行格式化。

应用层的协议就是一组应用高层协议,即一组应用程序,主要有文件传送协议(FTP)、远程终端协议(TELNET)、简单邮件传输协议(SMTP)、超文本传送协议(HTTP)等。

（2）运输层

TCP/IP 运输层的作用是提供应用程序间（端到端）的通信服务,确保源主机传送的数据正确到达目的主机。

运输层提供了两个协议:

① 传输控制协议(TCP):负责提供高可靠的、面向连接的数据传送服务,主要用于一次传送大量报文,如文件传送等。

② 用户数据报协议(UDP):负责提供高效率的、无连接的服务,用于一次传送少量的报文,如数据查询等。

运输层的数据传送单位是 TCP 报文段或 UDP 报文(统称为报文段)。

（3）网络层

网络层的作用是提供主机间的数据传送能力,其数据传送单位是 IP 数据报。

网络层的核心协议是 IP,IP 非常简单,它提供的是不可靠、无连接的 IP 数据报传送服务。

网络层的辅助协议是协助 IP 更好地完成数据报传送,主要有:

① 地址转换协议(ARP)——用于将 IP 地址转换成物理地址。连在网络中的每一台主机都要有一个物理地址,物理地址也叫硬件地址,即 MAC 地址,它固化在计算机的网卡上。

② 逆向地址转换协议(RARP)——与 ARP 的功能相反,用于物理地址转换成 IP 地址。

③ Internet 控制报文协议(ICMP)——用于报告差错和传送控制信息,其控制功能包括差错控制、拥塞控制和路由控制等。

④ Internet 组管理协议(IGMP)——IP 多播用到的协议,利用 IGMP 使路由器知道多播组成员的信息。

（4）网络接口层

网络接口层的数据传送单位是物理网络帧(简称物理帧或帧)。

网络接口层主要功能为:

① 发端负责接收来自网络层的 IP 数据报,将其封装成物理帧并且通过特定的网络进行传输;

② 收端从网络上接收物理帧,抽出 IP 数据报,上交给网络层。

网络接口层没有规定具体的协议。请读者注意,TCP/IP 参考模型的网络接口层对应 OSI 参考模型的物理层和数据链路层,不同的物理网络对应不同的网络接口层协议。

有关 TCP/IP 模型的各层协议,这里还有几个问题需要说明:

• TCP/IP 是一个协议集,IP 和 TCP 是其中两个重要的协议。

• 严格地说,应用程序并不是 TCP/IP 协议的一部分,用户可以在运输层之上,建立自己的专用程序。但设计使用这些专用应用程序要用到 TCP/IP 协议,所以将它们作为 TCP/IP 协议的内容,其实它们不属于 TCP/IP 协议。

- 一般将网络层协议采用 IP 的通信网称为基于 IP 的通信网,包括以太网、宽带 IP 城域网等。

4.3　局　域　网

目前实际应用的局域网均为以太网,所以这里介绍的具体是以太网。

4.3.1　传统以太网

1. 传统以太网的概念

以太网(Ethernet)是总线形局域网的一种典型应用,它是美国施乐(Xerox)公司于 1975 年研制成功的。它以无源的电缆作为总线来传送数据信息,并以曾经在历史上表示传播电磁波的以太(Ether)来命名。1980 年,施乐公司与数字(Digital)装备公司以及英特尔(Intel)公司合作,提出了以太网的规范(ETHE 80,即 DIX Ethernet V1 标准),成为世界上第一个局域网产品的规范,1982 年修改为第二版,即 DIX Ethernet V2 标准,IEEE 802.3 标准是以 DIX Ethernet V2 标准为基础的。

严格地说,以太网应当是指符合 DIX Ethernet V2 标准的局域网,但是 DIX Ethernet V2 标准与 IEEE 802.3 标准只有很小的差别(DIX Ethernet V2 标准在链路层不划分 LLC 子层,只有 MAC 子层),因此可以将 IEEE 802.3 局域网简称为以太网。

传统以太网具有以下典型的特征:

(1) 采用灵活的无连接的工作方式;

(2) 采用曼彻斯特编码作为线路传输码型;

(3) 传统以太网属于共享式局域网,即传输介质作为各站点共享的资源;

(4) 共享式局域网要进行介质访问控制,以太网的介质访问控制方式为载波监听和冲突检测(CSMA/CD)技术。

2. CSMA/CD 控制方法

CSMA/CD 是一种争用型协议,是以竞争方式来获得总线访问权的。

CSMA(Carrier Sense Multiple Access)代表载波监听多路访问。它是"先听后发",也就是各站在发送前先检测总线是否空闲,当测得总线空闲后,再考虑发送本站信号。各站均按此规律检测、发送,形成多站共同访问总线的通信形式,故把这种方法称为载波监听多路访问(实际上采用基带传输的总线局域网,总线上根本不存在什么"载波",各站可检测到的是其他站所发送的二进制代码。但大家习惯上称这种检测为"载波监听")。

CD(Collision Detection)表示冲突检测,即"边发边听",各站点在发送信息帧的同时,继续监听总线,当监听到有冲突发生时(即有其他站也监听到总线空闲,也在发送数据),便立即停止发送信息。

归纳起来 CSMA/CD 的控制方法为:

(1) 一个站要发送信息,首先对总线进行监听,看介质上是否有其他站发送的信息存在。如果介质是空闲的,则可以发送信息。

(2) 在发送信息帧的同时,继续监听总线,即"边发边听"。当检测到有冲突发生时,便立即停止发送,并发出报警信号,告知其他各工作站已发生冲突,防止它们再发送新的信息介入冲突(此措施称为强化冲突)。若发送完成后,尚未检测到冲突,则发送成功。

(3) 检测到冲突的站发出报警信号后,退让一段随机时间,然后再试。

3. 以太网标准

(1) 局域网参考模型

局域网参考模型如图 4-3 所示,为了比较对照,将 OSI 参考模型画在旁边。

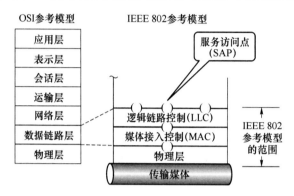

图 4-3　局域网参考模型

由于局域网只是一个通信网络,所以它没有第四层及以上的层次,按理说只具备面向通信的低 3 层功能,但是由于网络层的主要功能是进行路由选择,而局域网不存在中间交换,不要求路由选择,也就不单独设网络层。所以局域网参考模型中只包括 OSI 参考模型的最低两层,即物理层和数据链路层。

值得指出的是:进行网络互连时,需要涉及第三层甚至更高层功能;另外,就局域网本身的协议来说,只有低 2 层功能,实际上要完成通信全过程,还要借助于终端设备的第四层及高 3 层功能。

① 物理层

物理层主要的功能为:

- 负责比特流的曼彻斯特编码与译码(局域网一般采用曼彻斯特码传输);
- 进行同步用的前同步码(后述)的产生与去除;
- 比特流的传输与接收。

② 数据链路层

局域网的数据链路层划分为两个子层:介质访问控制或媒体接入控制(Medium Access Control,MAC)子层和逻辑链路控制(Logical Link Control,LLC)子层。

- 媒体接入控制子层——数据链路层中与媒体接入有关的部分都集中在 MAC 子层,MAC 子层主要负责介质访问控制,其具体功能为:将上层交下来的数据封装成帧进行发送(接收时进行相反的过程,即帧拆卸)、比特差错检测和寻址等。
- 逻辑链路控制子层——数据链路层中与媒体接入无关的部分都集中在 LLC 子层,LLC 子层的主要功能有:建立和释放逻辑链路层的逻辑连接、提供与高层的接口、差错控制及给帧加上序号等。

不同类型的局域网,其 LLC 子层协议都是相同的,所以说局域网对 LLC 子层是透明的。而只有下到 MAC 子层才看见了所连接的是采用什么标准的局域网,即不同类型的局域网

MAC 子层的标准不同。

（2）以太网标准

局域网所采用的标准是 IEEE 802 标准。IEEE 指的是美国电气和电子工程师学会,它于 1980 年 2 月成立了 IEEE 计算机学会,即 IEEE 802 委员会,专门研究和制定有关局域网的各种标准。

其中,IEEE 802.2 是有关 LLC 子层的协议,IEEE 802.3 是以太网 MAC 子层和物理层标准。

4. 以太网的 MAC 子层协议

（1）以太网的 MAC 子层功能

MAC 子层有两个主要功能。

① 数据封装和解封

发送端进行数据封装,包括将 LLC 子层送下来的 LLC 帧加上首部和尾部构成 MAC 帧,生成编址和校验码等。

接收端进行数据解封,包括地址识别、帧校验码的检验和帧拆卸,即去掉 MAC 帧的首部和尾部,而将 LLC 帧传送给 LLC 子层。

② 介质访问管理

发送介质访问管理包括:

- 载波监听;

- 冲突的检测和强化;

- 冲突退避和重发。

接收介质访问管理负责检测到达的帧是否有错（这里可能出现两种错误:一个是帧的长度大于规定的帧最大长度;二是帧的长度不是 8bit 的整倍数）,过滤冲突的信号（凡是其长度小于允许的最小帧长度的帧,都认为是冲突的信号而予以过滤）。

（2）MAC 地址（硬件地址）

IEEE 802 标准为局域网规定了一种 48bit 的全球地址,即 MAC 地址（MAC 帧的地址）,它是指局域网上的每一台计算机所插入的网卡上固化在 ROM 中的地址,所以也叫硬件地址或物理地址。

MAC 地址的前 3 个字节由 IEEE 的注册管理委员会 RAC 负责分配,凡是生产局域网网卡的厂家都必须向 IEEE 的 RAC 购买由这 3 个字节构成的一个号（即地址块）,这个号的正式名称是机构唯一标识符 OUI。地址字段的后 3 个字节由厂家自行指派,称为扩展标识符。一个地址块可生成 2^{24} 个不同的地址,用这种方式得到的 48bit 地址称为 MAC-48 或 EUI-48。

IEEE 802.3 的 MAC 地址字段的示意图如图 4-4 所示。

IEEE 规定地址字段的第一个字节的最低位为 I/G 比特（表示 Individual/Group）,当 I/G 比特为 0 时,地址字段表示一个单个地址;当 I/G 比特为 1 时,地址字段表示组地址,用来进行多播。考虑到也许有人不愿意向 IEEE 的 RAC 购买机构唯一标识符 OUI,IEEE 将地址字段的第一个字节的第 2 位（从低往高数）规定为 G/L 比特（表示 Global/Local）,当 G/L 比特为 1 时是全球管理（厂商向 IEEE 购买的 OUI 属于全球管理）;当 G/L 比特为 0 时是本地管理,用户可任意分配网络上的地址。采用本地管理时,MAC 地址一般为 2 个字节。需要说明的是,目前一般不使用 G/L 比特。

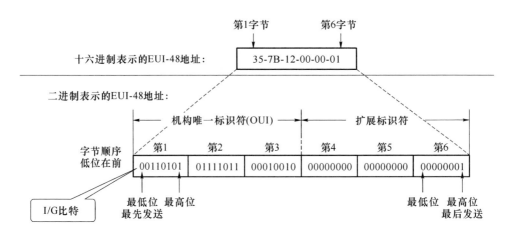

图 4-4　IEEE 标准规定的 MAC 地址字段

（3）MAC 帧格式

目前以太网有两个标准：IEEE 802.3 标准和 DIX Ethernet V2 标准。DIX Ethernet V2 标准的链路层不再设 LLC 子层，TCP/IP 体系一般使用 DIX Ethernet V2 标准。

以太网 MAC 帧格式有两种标准：IEEE 802.3 标准和 DIX Ethernet V2 标准。

① IEEE 802.3 标准规定的 MAC 子层帧结构

IEEE 802.3 标准规定的 MAC 子层帧结构如图 4-5 所示。

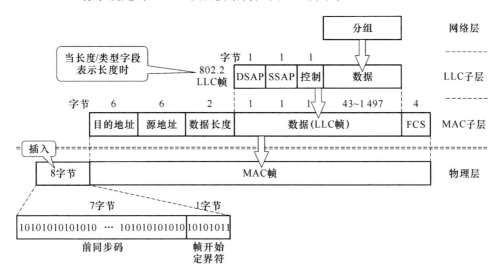

图 4-5　IEEE 802.3 标准规定的 MAC 子层帧结构

各字段的作用为：

- 地址字段——地址字段包括目的 MAC 地址字段和源 MAC 地址字段，都是 6 个字节。
- 数据长度字段——数据长度字段是 2 字节，它以字节为单位指出后面的数据字段长度。
- 数据字段与填充字段（PAD）——数据字段就是 LLC 子层交下来的 LLC 帧，其长度是可变的，但最短为 46 字节，最长为 1 500 字节。MAC 帧的首部和尾部共 18 字节，所以此时整个 MAC 帧的长度为 64～1 518 字节。如果 LLC 帧（即 MAC 帧的数据字段）的长度小于 64 字节，则应填充一些信息（内容不限）。

- 帧检验(FCS)字段——FCS 对 MAC 帧进行差错校验,FCS 采用的是循环冗余校验(CRC),长度为 4 字节。
- 前导码与帧起始定界符——由图 4-5 可以看出,在传输媒体上实际传送的要比 MAC 帧还多 8 个字节,即前导码与帧起始定界符。它们的作用是这样的:

当一个站在刚开始接收 MAC 帧时,可能尚未与到达的比特流达成同步,由此导致 MAC 帧的最前面的若干比特无法接收,而使得整个 MAC 帧成为无用的帧。为了解决这个问题,MAC 帧向下传到物理层时还要在帧的前面插入 8 个字节,它包括两个字段。第一个字段是前导码(PA),共有 7 个字节,编码为 1010……,即 1 和 0 交替出现,其作用是使接收端实现比特同步前接收本字段,避免破坏完整的 MAC 帧。第二个字段是帧起始定界符(SFD)字段,它为 1 个字节,编码是 10101011,表示一个帧的开始。

② DIX Ethernet V2 标准的 MAC 帧格式

TCP/IP 体系经常使用 DIX Ethernet V2 标准的 MAC 帧格式,此时局域网参考模型中的链路层不再划分 LLC 子层,即链路层只有 MAC 子层。DIX Ethernet V2 标准的 MAC 帧格式如图 4-6 所示。

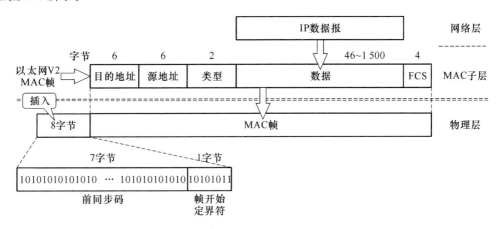

图 4-6　DIX Ethernet V2 标准的 MAC 帧格式

DIX Ethernet V2 标准的 MAC 帧格式由 5 个字段组成,它与 IEEE 802.3 标准的 MAC 帧格式除类型字段外,其他各字段的作用相同。

类型字段用来标志上一层使用的是什么协议,以便把收到的 MAC 帧的数据上交给上一层的这个协议。

另外,当采用 DIX Ethernet V2 标准的 MAC 帧格式时,其数据部分装入的不再是 LLC 帧(此时链路层不再分 LLC 子层),而是网络层的分组或 IP 数据报。

5. 10 BASE-T 以太网

最早的以太网是粗缆以太网,这种以粗同轴电缆作为总线的总线形 LAN,后来被命名为 10 BASE 5 以太网。19 世纪 80 年代初又发展了细缆以太网,即 10 BA5E 2 以太网。为了改善细缆以太网的缺点,接着又研制了 UTP(非屏蔽双绞线)以太网,即 10 BASE-T 以太网以及光缆以太网 10 BASE-F 等,其中应用最广泛的是 10 BASE-T,下面重点加以介绍。

1990 年,IEEE 通过 10 BASE-T 的标准 IEEE 802.3i,它是一个崭新的以太网标准。

(1) 10 BASE-T 以太网的拓扑结构

10 BASE-T 以太网采用非屏蔽双绞线将站点以星形拓扑结构连到一个集线器上,如

图 4-7 所示。

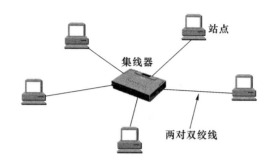

图 4-7 10 BASE-T 拓扑结构示意图

图中的集线器为一般集线器(简称集线器),它就像一个多端口转发器,每个端口都具有发送和接收数据的能力。但一个时间只允许接收来自一个端口的数据,可以向所有其他端口转发。当每个端口收到终端发来的数据时,就转发到所有其他端口,在转发数据之前,每个端口都对它进行再生、整形,并重新定时。集线器往往含有中继器的功能,它工作在物理层。另外,图 4-7 连接工作站的位置也可连接服务器。

集线器是使用电子器件来模拟实际电缆线的工作,因此整个系统仍然像一个传统的以太网那样运行。即采用一般集线器连接的以太网物理上是星形拓扑结构,但从逻辑上看是一个总线形网(一般集线器可看作是一个总线),各工作站仍然竞争使用总线。所以这种局域网仍然是共享式网络,它也采用 CSMA/CD 规则竞争发送。

另外,对 10 BASE-T 以太网有几点说明:

① 10 BASE-T 使用两对非屏蔽双绞线,一对线发送数据,另一对线接收数据。

② 集线器与站点之间的最大距离为 100 m。

③ 一个集线器所连的站点最多可以有 30 个(实际目前只能达 24 个)。

④ 和其他以太网物理层标准一样,10 BASE-T 也使用曼彻斯特编码。

⑤ 集线器的可靠性很高,堆叠式集线器(包括 4～8 个集线器)一般都有少量的容错能力和网管功能。

⑥ 可以把多个集线器连成多级星形结构的网络,这样就可以使更多的工作站连接成一个较大的局域网(集线器与集线器之间的最大距离为 100 m),如图 4-8 所示。10 BASE-T 一般最多允许有 4 个中继器(中继器的功能往往含在集线器里)级联。

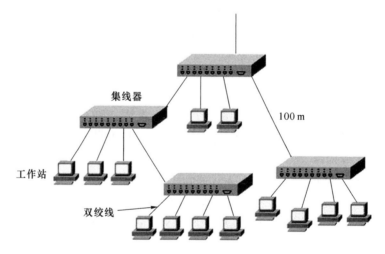

图 4-8 多个集线器连成的多级星形结构的网络

⑦ 若图 4-8 中的集线器改为交换集线器，此以太网则为交换式以太网（详情后述）。

（2）10 BASE-T 以太网的组成

10 BASE-T 以太网由集线器、工作站、服务器、网卡、中继器和双绞线等组成。

4.3.2　高速以太网

一般称速率大于或等于 100 Mbit/s 的以太网为高速以太网，目前应用的有 100 BASE-T 快速以太网、千兆位以太网和 10 Gbit/s 以太网等，下面分别加以介绍。

1. 100 BASE-T 快速以太网

1993 年出现了由 Intel 和 3COM 公司大力支持的 100 BASE-T 快速以太网。1995 年 IEEE 正式通过快速以太网/100 BASE-T 标准，即 IEEE 802.3u 标准。

（1）100 BASE-T 的特点

① 传输速率高

100 BASE-T 的传输速率可达 100 Mbit/s。

② 沿用了 10 BASE-T 的 MAC 协议

100 BASE-T 采用了与 10 BASE-T 相同的 MAC 协议，其好处是能够方便地付出很小的代价便可将现有的 10 BASE-T 以太网升级为 100 BASE-T 以太网。

③ 可以采用共享式或交换式连接方式

10 BASE-T 和 100 BASE-T 两种以太网均可采用以下两种连接方式。

· 共享式连接方式

将所有的站点连接到一个集线器上，使这些站点共享 10 M 或 100 M 的带宽。这种连接方式的优点是费用较低，但每个站点所分得的频带较窄。

· 交换式连接方式

所谓交换式连接方式是将所有的站点都连接到一个交换集线器上。这种连接方式的优点是每个站点都能独享 10 M 或 100 M 的带宽，但连接费用较高（此种连接方式相当于交换式以太网）。采用交换式连接方式时可支持全双工操作模式而无访问冲突。

④ 适应性强

10 BASE-T 以太网装置只能工作于 10 Mbit/s 这个单一速率上，而 100 BASE-T 以太网的设备可同时工作于 10 Mbit/s 和 100 Mbit/s 速率上。所以 100 BASE-T 网卡能自动识别网络设备的传输速率是 10 Mbit/s 还是 100 Mbit/s，并能与之适应。也就是说此网卡既可作为 100 BASE-T 网卡，又可降格为 10 BASE-T 网卡使用。

⑤ 经济性好

快速以太网的传输速率是一般以太网的 10 倍，但其价格只是一般以太网的 2 倍（甚至更低），即性能价格比高。

⑥ 网络范围变小

由于传输速率升高，导致信号衰减增大，所以 100 BASE-T 比 10 BASE-T 的网络范围小。

（2）100 BASE-T 的标准

100 BASE-T 快速以太网的标准为 IEEE 802.3u，是现有以太网 IEEE 802.3 标准的扩展。

① MAC 子层标准

100 BASE-T 快速以太网的 MAC 子层标准与 10 BASE-T 的 MAC 子层标准相同。所以,100 BASE-T 的帧格式、帧携带的数据量、介质访问控制机制、差错控制方式及信息管理等,均与 10 BASE-T 的相同。

② 物理层标准

IEEE 802.3u 规定了 100 BASE-T 的 4 种物理层标准。

(a) 100 BASE-TX

100 BASE-TX 是使用 2 对 5 类非屏蔽双绞线(UTP)或屏蔽双绞线(STP)、传输速率为 100 Mbit/s 的快速以太网。100 BASE-TX 有以下几个要点:

- 使用 2 对 5 类非屏蔽双绞线(UTP)或屏蔽双绞线(STP),其中一对用于发送数据信号,另一对用于接收数据信号。
- 最大网段长度 100 m。
- 100 BASE-TX 采用 4B/5B 编码方法,以 125 MHz 的串行数据流来传送数据。实际上,100 BASE-TX 使用"多电平传输 3(MLT-3)"编码方法来降低信号频率。MLT-3 编码方法是把 125 MHz 的信号除以 3 后而建立起 41.6 MHz 的数据传输频率,这就有可能使用 5 类线。100 BASE-TX 由于频率较高而要求使用较高质量的电缆。
- 100 BASE-TX 提供了独立的发送和接收信号通道,所以能够支持可选的全双工操作模式。

(b) 100 BASE-FX

100 BASE-FX 是使用光缆作为传输介质的快速以太网,有以下几个要点:

- 100 BASE-FX 可以使用 2 对多模(MM)或单模(SM)光缆,一对用于发送数据信号,另一对用于接收数据信号。
- 支持可选的全双工操作方式。
- 光缆连接的最大网段长度因不同情况而异,对使用多模光缆的两个网络开关或开关与适配器连接的情况允许 412 m 长的链路,如果此链路是全双工型,则此数字可增加到 2 000 m。对质量高的单模光缆允许 10 km 或更长的全双工式连接。100 BASE-FX 中继器网段长度一般为 150 m,但实际上与所用中继器的类型和数量有关。
- 100 BASE-FX 使用与 100 BASE-TX 相同的 4D/5B 编码方法。

(c)100 BASE-T4

100 BASE-T4 是使用 4 对 3、4 或 5 类 UTP 的快速以太网,其要点为:

- 100 BASE-T4 可使用 4 对音频级或数据级 3、4 或 5 类 UTP,信号频率为 25 MHz。3 对线用来同时传送数据,而第 4 对线用作冲突检测时的接收信道。
- 100 BASE-T4 的最大网段长度为 100 m。
- 采用 8B/6T 编码方法,就是将 8 位一组的数据(8B)变成 6 个三进制模式(6T)的信号在双绞线上发送。该编码法比曼彻斯特编码法要高级得多。
- 100 BASE-T4 没有单独专用的发送和接收线,所以不可能进行全双工操作。

(d) 100 BASE-T2

100 BASE-T4 有两个缺点:一个是要求使用 4 对 3、4 或 5 类 UTP,而某些设施只有 2 对线可以使用;另一个是它不能实现全双工。IEEE 于 1997 年 3 月公布了 802.3Y 标准,即 100 BASE-T2 标准。100 BASE-T2 快速以太网有以下几个要点:

- 采用 2 对音频或数据级 3 类、4 类或 5 类 UTP,其中一对用于发送数据信号,另一对用于接收数据信号。
- 100 BASE-T2 的最大网段长度是 100 m。
- 100 BASE-T2 采用一种比较复杂的五电平编码方案,称为 PAM5X5,即将 MII 接口接收的 4 位半字节数据翻译成 5 个电平的脉冲幅度调制系统。
- 支持全双工操作。

(3) 100 BASE-T 快速以太网的组成

快速以太网和一般以太网的组成是相同的,即由工作站、网卡、集线器、中继器、传输介质及服务器等组成。

① 工作站

接入 100 BASE-T 快速以太网的工作站必须是较高档的微机,因为接入快速以太网的微机必须具有 PCI 或 EISA 总线。而低档的微机所用的老式的 ISA 总线不能支持 100 Mbit/s 的传输速率。

② 网卡

快速以太网的网卡有两种:一种是既可支持 100 Mbit/s 也可支持 10 Mbit/s 的传输速率;另一种是只能支持 100 Mbit/s 的传输速率。

③ 集线器

100 Mbit/s 的集线器是 100 BASE-T 以太网的关键部件,可分为一般的集线器和交换式集线器,一般的集线器可带有中继器的功能。

④ 中继器

100 BASE-T 以太网中继器的功能与 10 BASE-T 中的相同,即对某一端口接收到的弱信号再生放大后,发往另一端口。由于在 100 BASE-T 中,网络信号速率已加快 10 倍,最多只能由 2 个快速以太网中继器级联在一起。

⑤ 传输介质

100 BASE-T 快速以太网的传输介质可以采用 3、4、5 类 UTP、STP 以及光纤。

(4) 100 BASE-T 快速以太网的拓扑结构

100 BASE-T 快速以太网基本保持了 10 BASE-T 以太网的网络拓扑结构,即所有的站点都连到集线器上,在一个网络中最多允许有两个中继器。

2. 千兆位以太网

(1) 千兆位以太网的要点

千兆位以太网是一种能在站点间以 1 000 Mbit/s(1Gbit/s)的速率传送数据的网络。IEEE 于 1996 年开始研究制定千兆位以太网的标准,即 IEEE 802.3z 标准,此后不断加以修改完善,1998 年 IEEE 802.3z 标准正式成为千兆位以太网标准。千兆位以太网的要点如下:

① 千兆位以太网的运行速度比 100 Mbit/s 快速以太网快 10 倍,可提供 1 Gbit/s 的基本带宽。

② 千兆位以太网采用星形拓扑结构。

③ 千兆位以太网使用和 10 Mbit/s、100 Mbit/s 以太网同样的以太网帧,与 10 BASE-T 和 100 BASE-T 技术向后兼容。

④ 当工作在半双工(共享介质)模式下,它使用和其他半双工以太网相同的 CSMA/CD 介质访问控制机制(其中作了一些修改以优化 1 Gbit/s 速度的半双工操作)。

⑤ 支持全双工操作模式。大部分千兆位以太网交换器端口将以全双工模式工作,以获得交换器间的最佳性能。

⑥ 千兆位以太网允许使用单个中继器。千兆位以太网中继器像其他以太网中继器那样能够恢复信号计时和振幅,并且具有隔离发生冲突过多的端口以及检测并中断不正常的超时发送的功能。

⑦ 千兆位以太网采用 8B/10B 编码方案,即把每 8 位数据净荷编码成 10 位线路编码,其中多余的位用于错误检查。8B/10B 编码方案产生 20% 的信号编码开销,这表示千兆位以太网实际上必须以 1.25GBaud 的速率在电缆上发送信号,以达到 1 000 Mbit/s 的数据率。

(2)千兆位以太网的物理层标准

千兆位以太网的物理层标准有 4 种。

① 1000 BASE-LX(IEEE 802.3z 标准)

"LX"中的"L"代表"长(Long)",因此它也被称为长波激光(LWL)光纤网段。1000 BASE-LX 网段基于的是波长为 1 270~1 355 nm(一般为 1 300 nm)的光纤激光传输器,它可以被耦合到单模或多模光纤中。当使用纤芯直径为 62.5 μm 和 50 μm 的多模光纤时,传输距离为 550 m。使用纤芯直径为 10 μm 的单模光纤时,可提供传输距离长达 5 km 的光纤链路。

1000 BASE-LX 的线路信号码型为 8B/10B 编码。

② 1000 BASE-SX(IEEE 802.3z 标准)

"SX"中的"S"代表"短(Short)",因此它也被称为短波激光(SWL)光纤网段。1000 BASE-SX 网段基于波长为 770~860 nm(一般为 850 nm)的光纤激光传输器,它可以被耦合到多模光纤中。使用纤芯直径为 62.5 μm 和 50 μm 的多模光纤时,传输距离分别为 275 m 和 550 m。

1000 BASE-SX 的线路信号码型是 8B/10B 编码。

③ 1000 BASE-CX(IEEE 802.3z 标准)

1000 BASE-CX 网段由一根基于高质量 STP 的短跳接电缆组成,电缆段最长为 25 m。10000 BASE-CX 的线路信号码型也是 8B/10B 编码。

以上介绍的 1000 BASE-LX、1000 BASE-SX 和 10 BASE-CX 可通称为 10 BASE-X。

④ 1000 BASE-T(IEEE 802.3ab 标准)

1000 BASE-T 使用 4 对 5 类 UTP,电缆最长为 100 m。线路信号码型是 PAM5X5 编码。

值得说明的是,千兆位以太网为了满足对速率和可靠性的要求,其物理介质优先使用光纤。

3. 10 Gbit/s 以太网

IEEE 于 1999 年 3 月年开始从事 10Gbit/s 以太网的研究,其正式标准是 IEEE 802.3ae 标准,它在 2002 年 6 月完成。

(1)10 Gbit/s 以太网的特点

① 数据传输速率是 10 Gbit/s。

② 传输介质为多模或单模光纤。

③ 10 Gbit/s 以太网使用与 10 Mbit/s、100 Mbit/s 和 1 Gbit/s 以太网完全相同的帧格式。

④ 线路信号码型采用 8B/10B 和 MB810 两种类型编码。

⑤ 10 Gbit/s 以太网只工作在全双工方式,显然没有争用问题,也就不必使用 CSMA/CD 协议。

（2）10 Gbit/s 以太网的物理层标准

吉比特以太网的物理层标准包括局域网物理层标准和广域网物理层标准。

① 局域网物理层标准（LAN PHY）

局域网物理层标准规定的数据传输速率是 10 Gbit/s。具体包括以下几种。

· 10000 BASE-ER

10000 BASE-ER 的传输介质是波长为 1 550 nm 的单模光纤，最大网段长度为 10 km，采用 64B/66B 线路码型。

· 10000 BASE-LR

10000 BASE-LR 的传输介质是波长为 1 310 nm 的单模光纤，最大网段长度为 10 km，也采用 64B/66B 线路码型。

· 10000 BASE-SR

10000 BASE-SR 的传输介质是波长为 850 nm 的多模光纤串行接口，最大网段长度采用 62.5 μm 多模光纤时为 28 m/160 MHz·km，35 m/200 MHz·km；采用 50 μm 多模光纤时为 69、86、300 m/0.4 GHz·km。10000 BASE-SR 仍采用 64B/66B 线路码型。

② 广域网物理层标准（WAN PHY）

为了使 10 吉比特以太网的帧能够插入 SDH 的 STM-64 帧的有效载荷中，就要使用可选的广域网物理层，其数据速率为 9.953 28 Gbit/s（约 10 Gbit/s）。具体包括以下几种。

· 10000 BASE-EW

10000 BASE-EW 的传输介质是波长为 1 550 nm 的单模光纤，最大网段长度为 10 km，采用 64B/66B 线路码型。

· 10000 BASE-L4

10000 BASE-L4 的传输介质为 1 310 nm 多模/单模光纤 4 信道宽波分复用（WWDM）串行接口，最大网段长度采用 62.5 μm 多模光纤时为 300 m/500 MHz·km；采用 50 μm 多模光纤时为 240 m/400 MHz·km、300 m/500 MHz·km；采用单模光纤时为 10 km。10000 BASE-L4 选用 8B/10B 线路码型。

· 10000 BASE-SW

10000 BASE-SW 的传输介质是波长为 850 nm 的多模光纤串行接口/WAN 接口，最大网段长度采用 62.5 μm 多模光纤时为 28 m/160 MHz·km、35 m/200 MHz·km；采用 50 μm 多模光纤时为 69、86、300 m/0.4 GHz·km。10000 BASE-SW 采用 64B/66B 线路码型。

4.3.3　交换式以太网

1. 交换式以太网的基本概念

对于共享式以太网，其介质的容量（数据传输能力）被网上的各个站点共享。例如，采用 CSMA/CD 的 10 Mbit/s 以太网中，各个站点共享一条 10 Mbit/s 的通道，这带来了许多问题。如网络负荷重时，由于冲突和重发的大量发生，网络效率急剧下降，这使得网络的实际流通量很难超过 2.5 Mbit/s，同时由于站点何时能抢占到信道带有一定的随机性，使得 CSMA/CD 以太网不适于传送时间性要求强的业务。交换式以太网的出现解决了这个问题。

（1）交换式以太网的概念

交换式以太网所有站点都连接到一个以太网交换机上，如图 4-9 所示。

以太网交换机具有交换功能,它们的特点是:所有端口平时都不连通,当工作站需要通信时,以太网交换机能同时连通许多对端口,使每一对端口都能像独占通信媒体那样无冲突地传输数据,通信完成后断开连接。由于消除了公共的通信媒体,每个站点独自使用一条链路,不存在冲突问题,可以提高用户的平均数据传输速率,即容量得以扩大。

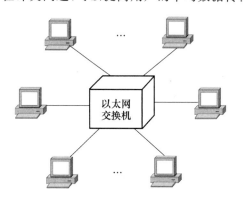

图 4-9　交换式以太网示意图

交换式以太网采用星形拓扑结构,其优点是十分容易扩展,而且每个用户的带宽并不因为互连的设备增多而降低。

交换式以太网无论是从物理上,还是逻辑上都是星形拓扑结构,多台以太网交换机可以串接,连成多级星形结构。

（2）交换式以太网的功能

交换式以太网可向用户提供共享式以太网不能实现的一些功能,主要包括以下几个方面。

① 隔离冲突域

在共享式以太网中,使用 CSMA/CD 方法来进行介质访问控制。如果两个或更多站点同时检测到信道空闲而有帧准备发送,它们将发生冲突。一组竞争信道访问的站点称为冲突域,如图 4-10 所示。显然同一个冲突域中的站点竞争信道,便会导致冲突和退避。而不同冲突域的站点不会竞争公共信道,它们则不会产生冲突。

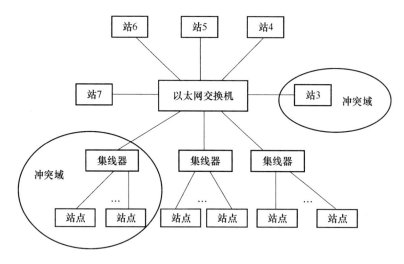

图 4-10　冲突域示意图

在交换式以太网中,每个交换机端口就对应一个冲突域,端口就是冲突域终点。由于交换机具有交换功能,不同端口的站点之间不会产生冲突。如果每个端口只连接一台计算机站点,那么在任何一对站点间都不会有冲突。若一个端口连接一个共享式以太网,那么在该端口的所有站点之间会产生冲突,但该端口的站点和交换机其他端口的站点之间将不会产生冲突。因此,交换机隔离了每个端口的冲突域。

② 扩展距离

交换机可以扩展 LAN 的距离。每个交换机端口可以连接不同的 LAN,因此每个端口都可以达到不同 LAN 技术所要求的最大距离,而与连到其他交换机端口 LAN 的长度无关。

③ 增加总容量

在共享式以太网中,其容量(无论是 10 Mbit/s、100 Mbit/s,还是 1 000 Mit/s)是由所有接入设备分享。而在交换式以太网中,由于交换机的每个端口具有专用容量,交换式以太网总容量随着交换机的端口数量增加而增加。所以交换机提供的数据传输容量比共享式以太网大得多。例如,设以太网交换机和用户连接的带宽(或速率)为 M,用户数为 N,则网络总的可用带宽(或速率)为 $N \times M$。

④ 数据率灵活性

对于共享式以太网,不同以太网可采用不同数据率,但连接到同一共享式以太网的所有设备必须使用同样的数据率。而对于交换式以太网,交换机的每个端口可以使用不同的数据率,所以可以以不同数据率部署站点,非常灵活。

2. 以太网交换机的分类

按所执行的功能不同,以太网交换机可以分成以下两种。

(1) 二层交换

如果交换机按网桥构造,执行桥接功能,由于网桥的功能属于 OSI 参考模型的第二层,所以此时的交换机属于二层交换。二层交换是根据 MAC 地址转发数据,交换速度快,但控制功能弱,没有路由选择功能。

(3) 三层交换

如果交换机具备路由能力,而路由器的功能属于 OSI 参考模型的第三层,此时的交换机属于三层交换。三层交换是根据 IP 地址转发数据,具有路由选择功能。三层交换是二层交换与路由功能的有机组合。

4.3.4 虚拟局域网

1. 虚拟局域网(VLAN)的概念

VLAN 是为解决以太网的广播问题和安全性而提出的一种技术,其标准为 IEEE 802.1Q。VLAN 把同一物理局域网内的不同用户逻辑地划分成不同的广播域,每一个 VLAN 都包含一组有着相同需求的计算机工作站,与物理上形成的 LAN 有着相同的属性。由于它是从逻辑上划分,而不是从物理上划分,属于一个 VLAN 的工作站可以在不同物理 LAN 网段。

交换式局域网的发展是 VLAN 产生的基础,VLAN 通常在交换机上实现,在以太网 MAC 帧中增加 VLAN 标签来给以太网帧分类,具有相同 VLAN 标签的以太网帧在同一个广播域中传送。

一个 VLAN 内的用户不能和其他 VLAN 内的用户直接通信,如果不同 VLAN 之间要进行通信,则需通过路由器或三层交换机等三层设备。

2. 划分 VLAN 的好处

由于 VLAN 可以分离广播域,一个 VLAN 内部的广播和单播流量都不会转发到其他 VLAN 中,从而有助于控制流量、防止广播风暴。划分 VLAN 的好处主要包括以下几点。

(1) 提高网络的整体性能

网络上大量的广播流量对该广播域中的站点的性能会产生消极影响,可见广播域的分段有利于提高网络的整体性能。

（2）成本效率高

如果网络需要,VLAN 技术可以完成分离广播域的工作,而无须添置昂贵的硬件。

（3）网络安全性好

VLAN 技术可使得物理上属于同一个拓扑而逻辑拓扑并不一致的两组设备的流量完全分离,保证了网络的安全性。

（4）可简化网络的管理

VLAN 为网络管理带来了方便,因为有相似网络需求的用户将共享同一个 VLAN。

3. 划分 VLAN 的方法

划分 VLAN 的方法主要有以下几种。

（1）根据端口划分 VLAN

根据端口划分 VLAN 是按照局域网交换机端口定义 VLAN 成员。VLAN 从逻辑上把局域网交换机的端口划分开来,也就是把终端系统划分为不同的部分,各部分相对独立,在功能上模拟了传统的局域网。

以交换机端口来划分 VLAN 成员,其配置过程简单明了。因此,这种根据端口来划分 VLAN 的方式是目前最常用的一种方式。

（2）根据 MAC 地址划分 VLAN

根据 MAC 地址划分 VLAN 是用终端系统的 MAC 地址来定义 VLAN。MAC 地址固定于工作站的网络接口卡内,所以说 MAC 地址是与硬件密切相关的地址。正因为如此,MAC 地址定义的 VLAN 允许工作站移动到网络其他物理网段,而自动保持原来的 VLAN 成员资格(因为它的 MAC 地址没变)。所以说基于 MAC 定义的 VLAN 可视为基于用户的 VLAN。这种 VLAN 要求所有的用户在初始阶段必须配置到至少一个 VLAN 中,初始配置由人工完成,随后就可以自动跟踪用户。

（3）根据 IP 地址划分 VLAN

根据 IP 地址划分 VLAN 也叫三层 VLAN,它是用协议类型(如果支持多协议)或网络层地址(例如 IP 的子网地址)来定义 VLAN 成员资格。

（4）VLAN 的标准

现在使用最广泛的 VLAN 标准是 IEEE 802.1Q,许多厂家的交换机/路由器产品都支持此标准。

IEEE 802.1Q 标准规定的 VLAN 帧格式如图 4-11 所示。

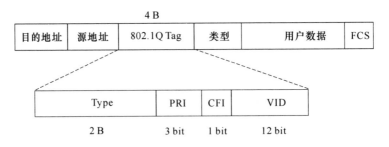

图 4-11　IEEE 802.1Q 标准的 VLAN 帧格式

在以太网 MAC 帧中增加 VLAN 标签(Tag)就构成了 VLAN 帧。IEEE 802.1Q Tag 的长度是 4B(Byte,字节),它位于 MAC 帧中源 MAC 地址和类型之间。IEEE 802.1Q Tag 包含

4 个字段。

①　类型(Type)：长度为 2B,表示 VLAN 帧类型,此字段取固定值 0x8100,若不支持 IEEE 802.1Q 的设备收到 IEEE 802.1Q 帧,则将其丢弃。

②　优先级指示(Priority Indication,PRI)：长度为 3bit,表示以太网帧的优先级,取值范围是 0~7,数值越大,优先级越高。当交换机/路由器发生传输拥塞时,优先发送优先级高的数据帧。

③　标准格式指示(Canonical Format Indicator,CFI)：长度为 1bit,表示 MAC 地址是否是经典格式。CFI 为 0 说明是经典格式,CFI 为 1 表示为非经典格式。该字段用于区分以太网帧、FDDI 帧和令牌环网帧,在以太网帧中,CFI 取值为 0。

④　VLAN 标识符(VLAN IDentifier,VID)：长度为 12bit,取值范围是 0~4 095,其中 0 和 4 095 是保留值,不能给用户使用。使用 VLAN ID 来划分不同的 VLAN。

4.4　宽带 IP 城域网

4.4.1　宽带 IP 城域网基本概念

1. 宽带 IP 城域网的概念

城域网是指介于广域网和局域网之间,在城市及郊区范围内实现信息传输与交换的一种网络。

IP 城域网是电信运营商或 Internet 服务提供商(ISP)在城域范围内建设的城市 IP 骨干网络。

宽带 IP 城域网是一个以 IP 和 SDH、ATM 等技术为基础,集数据、语音、视频服务于一体的高带宽、多功能、多业务接入的城域多媒体通信网络。

宽带 IP 城域网基于宽带技术,以电信网的可管理性、可扩充性为基础,在城市的范围内汇聚宽、窄带用户的接入,面向满足集团用户(政府、企业等)、个人用户对各种宽带多媒体业务(互联网访问、虚拟专网等)需求的综合宽带网络,是电信网络的重要组成部分,向上与骨干网络互连。

从传输上来讲,宽带 IP 城域网兼容现有的 SDH 平台、光纤直连平台,为现有的 PSTN(公众交换电话网)、移动网络、计算机通信网络和其他通信网络提供业务承载功能;从交换和接入来讲,宽带 IP 城域网为数据、话音、图像提供可以互连互通的统一平台;从网络体系结构来讲,宽带 IP 城域网综合传统 TDM(时分复用)电信网络完善的网络管理和 Internet 开放互连的优点,采用业务与网络相分离的思想来实现统一的网络,用以管理和控制多种现有的电信业务,使之易于生成新的增值业务。

一个宽带 IP 城域网应该是"基础设施""应用系统""信息系统"3 方面内容的综合。

- 基础设施——包括数据交换设备、城域传输设备、接入设备和业务平台设备。
- 应用系统——由基本服务和增值服务两部分组成,这些服务如同高速公路上的各种车辆,为用户运载各种信息。
- 信息系统——包括环绕科技、金融、教育、财政和商业等数据的各种信息系统。

2. 宽带 IP 城域网的特点

由宽带 IP 城域网的概念可以归纳出,它具有以下几个特点。

(1) 技术多样,采用 IP 作为核心技术

宽带 IP 城域网是一个集 IP 和 SDH、ATM、DWDM 等技术为一体的网络,而且以 IP 技术为核心。

(2) 基于宽带技术

宽带 IP 城域网采用宽带传输技术、接入技术,以及高速路由技术,为用户提供各种宽带业务。

(3) 接入技术多样化、接入方式灵活

用户可以采用各种宽、窄带接入技术接入宽带 IP 城域网。

(4) 覆盖面广

从网络覆盖范围来看,宽带 IP 城域网比局域网的覆盖范围大得多;从涉及的网络种类来说,宽带 IP 城域网是一个包括计算机网、传输网、接入网等的综合网络。

(5) 强调业务功能和服务质量

宽带 IP 城域网可满足集团用户(政府、企业等)、个人用户的各种需求,为他们提供各种业务的接入。另外采取一些必要的措施保证服务质量,而且可以依据业务不同而有不同的服务等级。

(6) 投资量大

相对于局域网而言,要建设一个覆盖整个城市的宽带 IP 城域网,需增加一些相应的设备,因而投资量较大。

3. 宽带 IP 城域网提供的业务

宽带 IP 城域网以承载多业务的光传送网为开放的基础平台,在其上通过路由器、交换机等设备构建数据网络骨干层,通过各类网关、接入设备实现以下业务的接入:

- 话音业务;
- 数据业务;
- 图像业务;
- 多媒体业务;
- IP 电话业务;
- 各种增值业务;
- 智能业务等。

宽带 IP 城域网还可与各运营商的长途骨干网互通形成本地综合业务网络,承担城域范围内集团用户、商用大楼、智能小区的业务接入和电路出租业务等。

4.4.2　宽带 IP 城域网的分层结构

为了便于网络的管理、维护和扩展,网络必须有合理的层次结构。根据目前的技术现状和发展趋势,一般将宽带 IP 城域网的结构分为 3 层:核心层、汇聚层和接入层。宽带 IP 城域网分层结构示意图如图 4-12 所示(此图只是举例说明)。

1. 核心层

(1) 核心层的作用

核心层的作用主要是负责进行数据的快速转发以及整个城域网路由表的维护,同时实现与 IP 广域骨干网的互联,提供城市的高速 IP 数据出口。

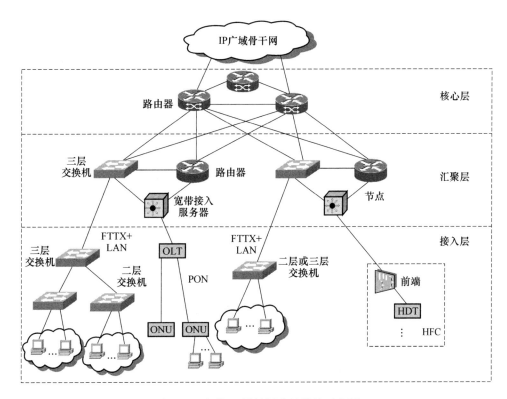

图 4-12　宽带 IP 城域网分层结构示意图

（2）核心层节点

核心层节点设备需采用以 IP 技术为核心的设备，要求具有很强的路由能力，主要提供千兆比以上速率的 IP 接口，如 POS、Gigabit Ethernet。核心层节点设备包括路由器和具有三层功能的高端交换机等，一般采用高端路由器。

城域网核心层节点应设置在城区内，其位置选择应结合业务分布、局房条件、出局光纤布放情况等综合考虑，优先选择原有骨干 IP 网络节点设备所在局点，其他节点应尽量选择在目标交换局所在局点。

核心层节点数量，大城市一般控制在 3～6 个之间，其他城市控制在 2～4 个之间。

（3）核心层的网络结构

核心层的网络结构重点考虑可靠性和可扩展性，核心层节点间原则上采用网状或半网状连接。考虑城域网出口的安全，建议每个城域网选择两个核心层节点与骨干 IP 网路由器实现连接。

2. 汇聚层

（1）汇聚层的功能

汇聚层的功能主要包括：

① 汇聚接入节点，解决接入节点到核心层节点间光纤资源紧张的问题。

② 实现接入用户的可管理性，当接入层节点设备不能保证用户流量控制时，需要由汇聚层设备提供用户流量控制及其他策略管理功能。

③ 除基本的数据转发业务外，汇聚层还必须能够提供必要的服务层面的功能，包括带宽的控制、数据流 QoS 优先级的管理、安全性的控制、IP 地址翻译 NAT 等功能。

（2）汇聚层的典型设备

汇聚层的典型设备有三层交换机、中高端路由器以及宽带接入服务器等。

宽带接入服务器(BAS)主要负责宽带接入用户的认证、地址管理、路由、计费、业务控制、安全和 QoS 保障等。

（3）汇聚层的网络结构

核心层节点与汇聚层节点采用星形连接,在光纤数量可以保证的情况下每个汇聚层节点最好能够与两个核心层节点相连。

汇聚层节点的数量和位置的选定与当地的光纤和业务开展状况相关,一般在城市的远郊和所辖县城设置汇聚层节点。

3. 接入层

接入层的作用是负责提供各种类型用户的接入,在有需要时提供用户流量控制功能。

宽带 IP 城域网接入层常用的宽带接入技术主要有:HFC、FTTx＋LAN、EPON/GPON 和无线宽带接入等。

在选择接入方式时,要综合考虑各种接入方式的优缺点及当地的具体情况。目前已经建好的宽带 IP 城域网,几种接入方式中用得较多的是 EPON/GPON、FTTx＋LAN 接入方式(如图 4-12 所示)。

以上介绍了宽带 IP 城域网的分层结构,这里有几点说明:

① 图 4-12 只是宽带 IP 城域网分层结构的一个示意图,宽带 IP 城域网的组网是非常灵活的,不同的城市应该根据各自的实际情况考虑如何组网,比如核心层采用多少个高端路由器,汇聚层需要多少个节点,汇聚层节点如何与核心层路由器之间连接,接入层采用何种接入技术等。

② 目前一般的宽带 IP 城域网均规划为核心层、汇聚层和接入层 3 层结构,但对于规模不大的城域网,可视具体情况将核心层与汇聚层合并。

③ 组建宽带 IP 城域网的方案有两种:一种是采用高速路由器为核心层设备,采用路由器和高速三层交换机作为汇聚层设备(如图 4-12 所示);另一种是核心层和汇聚层设备均采用高速三层交换机。由于三层交换机的路由功能较弱,所以目前组建宽带 IP 城域网一般采用的是第一种方案。

④ 在宽带 IP 城域网的分层结构中,核心层和汇聚层路由器之间(或路由器与交换机之间)的传输技术称为骨干传输技术。宽带 IP 城域网的骨干传输技术主要有 IP over ATM (POA)、IP over SDH/MSTP 和 IP over DWDM/OTN 和千兆以太网等。

⑤ 宽带 IP 城域网还有业务控制层和业务管理层,它们并非是独立存在的,而是从核心层、汇聚层和接入层 3 个层次中抽象出来的,实际上是存在于这 3 个层次之中。

业务控制层主要负责用户接入管理、用户策略控制、用户差别化服务。对网络提供的各种业务进行控制和管理,实现对各类业务的接入、区分、带宽分配、流量控制以及 ISP 的动态选择等。

业务管理层提供统一的网络管理与业务管理、统一业务描述格式,根据业务开展的需要,实现业务的分级分权及网络管理,提供网络综合设备的拓扑、故障、配置、计费、性能和安全的统一管理。

4.5　路由器技术与路由选择协议

IP 网是遵照 TCP/IP 协议将世界范围内众多计算机网络(包括各种局域网、城域网和广域网)互连在一起,而互连设备主要采用的是路由器。路由器(Router)是在网络层实现网络互连,可实现网络层、链路层和物理层协议转换。

4.5.1　路由器的基本构成

路由器是一种具有多个输入端口和多个输出端口的专用计算机,其任务是对传输的分组进行路由选择并转发分组(网络层的数据传送单位是 X.25 分组或 IP 数据报,以后统称为分组)。

图 4-13 给出了一种典型的路由器的基本构成框图。

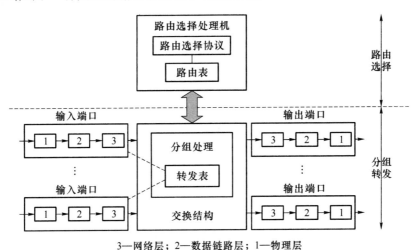

3—网络层；2—数据链路层；1—物理层

图 4-13　典型的路由器的结构

由图可见,整个路由器的结构可划分为两大部分:路由选择部分和分组转发部分。

这里首先要说明"转发"和"路由选择"的区别:

- "转发"是路由器根据转发表将用户的分组从合适的端口转发出去。"路由选择"是按照某种路由选择算法,根据网络拓扑、流量等的变化情况,动态地改变所选择的路由。
- 路由表是根据路由选择算法构造出的,而转发表是从路由表得出的。

为了简单起见,我们在讨论路由选择的原理时,一般不去区分转发表和路由表的区别。在了解了"转发"和"路由选择"的概念后,下面介绍路由器两大组成部分的作用。

(1) 路由选择部分

路由选择部分主要由路由选择处理机构成,其功能是根据所采取的路由选择协议建立路由表,同时经常或定期地和相邻路由器交换路由信息而不断地更新和维护路由表。

(2) 分组转发部分

分组转发部分包括 3 个组成部分:输入端口、输出端口和交换结构。

一个路由器的输入端口和输出端口就做在路由器的线路接口卡上。输入端口和输出端口的功能逻辑上均包括 3 层:物理层、数据链路层和网络层(以 OSI 参考模型为例),用图 4-13 方框中的 1,2 和 3 分别表示。

① 输入端口

输入端口对线路上收到的分组的处理过程如图 4-14 所示。

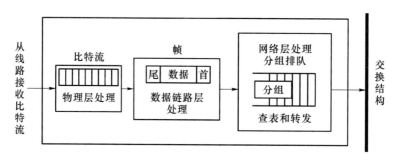

图 4-14　输入端口对线路上收到的分组的处理过程

输入端口的物理层收到比特流,数据链路层识别出一个个帧,完成相应的控制功能后,剥去帧的首部和尾部后,将分组送到网络层的队列中排队等待处理(当一个分组正在查找转发表时,后面又紧跟着从这个输入端口收到另一个分组,这个后到的分组就必须在队列中排队等待,这会产生一定的时延)。

为了使交换功能分散化,一般将复制的转发表放在每一个输入端口中,则输入端口具备查表转发功能。

② 输出端口

输出端口对分组的处理过程如图 4-15 所示。

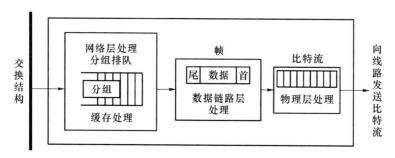

图 4-15　输出端口对分组的处理过程

输出端口对交换结构传送过来的分组(可能要进行分组格式的转换)先进行缓存处理,数据链路层处理模块将分组加上链路层的首部和尾部(相当于进行了链路层帧格式的转换),然后交给物理层后发送到外部线路(物理层也相应地进行了协议转换)。

从以上的讨论可以看出,分组在路由器的输入端口和输出端口都可能会在队列中排队等待处理。若分组处理的速率赶不上分组进入队列的速率,则队列的存储空间最终必将被占满,这就使后面再进入队列的分组由于没有存储空间而只能被丢弃(路由器中的输入或输出队列产生溢出是造成分组丢失的重要原因)。为了尽量减少排队等待时延,路由器必须以线速转发分组。

③ 交换结构

交换结构的作用是将分组从一个输入端口转移到某个合适的输出端口,其交换方式有 3 种:通过存储器、总线进行交换和通过纵横交换结构进行交换,如图 4-16 所示。图中假设这 3

种方式都是将输入端口 I_1 收到的分组转发到输出端口 O_2。

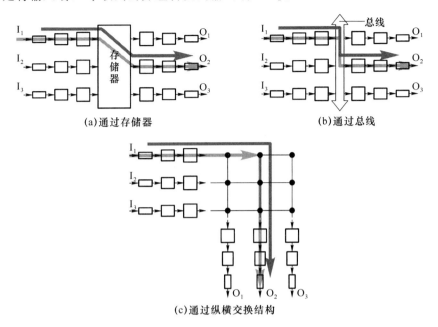

(a)通过存储器　　　　　(b)通过总线

(c)通过纵横交换结构

图 4-16　三种常用的交换方法

图(a)是通过存储器进行交换的示意图。这种方式进来的分组被存储在共享存储器中,然后从分组首部提取目的地址,查找路由表(目的地址的查找和分组在存储器中的缓存都是在输入端口中进行的),再将分组转发到合适的输出端口的缓存中。此交换方式提高了交换容量,但是开关的速度受限于存储器的存取速度。

图(b)是通过总线进行交换的示意图。它是通过一条总线来连接所有输入和输出端口,分组从输入端口通过共享的总线直接传送到合适的输出端口,而不需要路由选择处理机的干预。这种方式的优点是简单方便,缺点是其交换容量受限于总线的容量,而且可能会存在阻塞现象。因为总线是共享的,在同一时间只能有一个分组在总线上传送,当分组到达输入端口时若发现总线忙,则被阻塞而不能通过交换结构,要在输入端口排队等待。不过现代技术已经可以将总线的带宽提高到每秒吉比特的速率,相对解决了这些问题。

图(c)是通过纵横交换结构进行交换的示意图。纵横交换结构有 $2N$ 条总线,形成具备 $N \times N$ 个交叉点的交叉开关。如果某一个交叉开关是闭合的,则可以使相应的输入端口和输出端口相连接。当输入端口收到一个分组时,就将它发送到与该输入端口相连的水平总线上。若通向所要转发的输出端口的垂直总线是空闲的,则在这个结点将垂直总线与水平总线接通,然后将该分组转发到这个输出端口,这个过程是在调度器的控制下进行的。通过纵横交换结构进行交换同样会有阻塞,假如分组想去往的垂直总线已被占用(有另一个分组正在转发到同一个输出端口),则后到达的分组就被阻塞,必须在输入端口排队。

4.5.2　路由器的基本功能

路由器具有以下一些基本功能。

(1) 选择最佳传输路由

路由器涉及 OSI-RM 的低 3 层。当分组到达路由器,先在组合队列中排队,路由器依次从队列中取出分组,查看分组中的目的地址,然后再查路由表。一般到达目的站点前可能有多条路由,路由器应按某种路由选择策略,从中选出一条最佳路由,将分组转发出去。

当网络拓扑发生变化时,路由器还可自动调整路由表,并使所选择的路由仍然是最佳的。这一功能还可很好地均衡网络中的信息流量,避免出现网络拥挤现象。

(2) 实现 IP、ICMP、TCP、UDP 等互联网协议

作为 IP 网的核心设备,路由器应该可以实现 IP、ICMP、TCP、UDP 等 IP 网协议。

(3) 流量控制和差错指示

在路由器中具有较大容量的缓冲区,能控制收发双方间的数据流量,使两者更加匹配。而且当分组出现差错时,路由器能够辨认差错并发送 ICMP 差错报文报告必要的差错信息。

(4) 分段和重新组装功能

由路由器所连接的多个网络,它们所采用的分组大小可能不同,需要分段和重组。

(5) 提供网络管理和系统支持机制

该功能包括存储/上载配置、诊断、升级、状态报告、异常情况报告及控制等。

4.5.3 路由器的基本类型

(1) 按能力划分

按能力划分,路由器可分为中高端路由器和低端路由器。背板交换能力大于或等于 50 Gbit/s 的路由器称为中高端路由器,而背板交换能力在 50 Gbit/s 以下的路由器称为低端路由器。

(2) 按结构划分

按结构划分,路由器可分为模块化结构路由器和非模块化结构路由器。中高端路由器一般为模块化结构,低端路由器则为非模块化结构。

(3) 按位置划分

按位置划分,路由器可分为核心路由器和接入路由器。核心路由器位于网络中心,通常使用中高端路由器,是模块化结构。它要求快速的包交换能力与高速的网络接口。接入路由器位于网络边缘,通常使用低端路由器,是非模块化结构。它要求相对低速的端口以及较强的接入控制能力。

(4) 按功能划分

按功能划分,路由器可分为通用路由器和专用路由器。一般所说的路由器为通用路由器。专用路由器通常为实现某种特定功能对路由器接口、硬件等作专门优化。

(5) 按性能划分

按性能划分,路由器可分为线速路由器和非线速路由器。路由器输入端口的处理速率能够跟上线路将分组传送到路由器的速率称为线速路由器,否则是非线速路由器。一般高端路由器是线速路由器,而低端路由器是非线速路由器。但是,目前一些新的宽带接入路由器也有线速转发能力。

4.5.4 IP 网的路由选择协议概述

1. IP 网的路由选择协议的特点

(1) 自治系统(AS)的概念

由于 IP 网规模庞大,为了路由选择的方便和简化,一般将整个 IP 网划分为许多较小的区

域,称为自治系统(AS)。

每个自治系统内部采用的路由选择协议可以不同,自治系统根据自身的情况有权决定采用哪种路由选择协议。

(2) IP 网的路由选择协议的特点

IP 网的路由选择协议具有以下几个特点:

① IP 网的路由选择属于自适应的(即动态的)。可以依靠当前网络的状态信息进行决策,从而使路由选择结果在一定程度上适应网络拓扑与网络通信量的变化。

② IP 网路由选择是分布式路由选择。每一个路由器通过定期地与相邻节点交换路由选择的状态信息来修改各自的路由表,这样使整个网络的路由选择经常处于一种动态变化的状况。

③ IP 网采用分层次的路由选择协议,即分自治系统内部和自治系统外部路由选择协议。

2. IP 网的路由选择协议分类

IP 网的路由选择协议划分为两大类:内部网关协议(IGP)和外部网关协议(EGP)。

(1) 内部网关协议

内部网关协议是在一个自治系统内部使用的路由选择协议。具体的协议有路由信息协议(RIP)、开放最短路径优先(OSPF)协议和中间系统到中间系统(IS-IS)协议等。

(2) 外部网关协议

外部网关协议是两个自治系统(使用不同的内部网关协议)之间使用的路由选择协议。目前使用最多的是边界网关协议(BGP)(即 BGP-4)。

注意此处的网关实际指的是路由器。

图 4-17 显示了自治系统和内部网关协议、外部网关协议的关系。为了简单起见,图中自治系统内部各路由器之间的网络用一条链路表示。

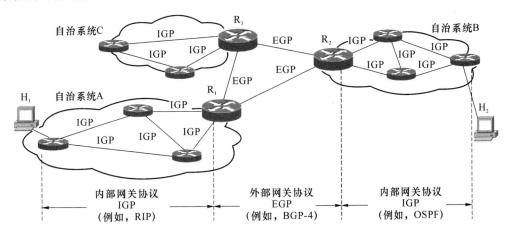

图 4-17　自治系统和内部网关协议、外部网关协议

图 4-17 示意了 3 个自治系统相连,各自治系统内部使用内部网关协议 IGP。例如,自治系统 A 使用的是 RIP,自治系统 B 使用的是 OSPF 协议。自治系统之间则采用外部网关协议 EGP,如 BGP-4。每个自治系统均有至少 1 个路由器,除运行本自治系统内部网关协议外,还运行自治系统间的外部网关协议,如图 4-17 中的路由器 R_1、R_2、R_3。

4.5.5 内部网关协议

1. 路由信息协议(RIP)

(1) RIP 的概念

RIP 是一种分布式的基于距离向量的路由选择协议,它要求网络中的每一个路由器都要维护从自己到其他每一个目的网络的最短距离记录。

RIP 中"距离"(也称为"跳数")的定义为:

- 从一个路由器到直接连接的网络的距离定义为1。
- 从一个路由器到非直接连接的网络的距离定义为所经过的路由器数加1。(每经过一个路由器,跳数就加1)

RIP 所谓的"最短距离"指的是选择具有最少路由器的路由。RIP 允许一条路径最多只能包含 15 个路由器。"距离"的最大值为 16 时即相当于不可达。

(2) 路由表的建立和更新

RIP 路由表中的主要信息是到某个网络的最短距离及应经过的下一跳路由器地址。

路由器在刚刚开始启动工作时,只知道到直接连接的网络的距离(此距离定义为1)。以后,每一个路由器只和相邻路由器交换并更新路由信息,交换的信息是当前本路由器所知道的全部信息,即自己的路由表(具体是到本自治系统中所有网络的最短距离,以及沿此最短路径到每个网络应经过的下一跳路由器)。路由表更新的原则是找出到达某个网络的最短距离。

网络中所有的路由器经过路由表的若干次更新后,它们最终都会知道到达本自治系统中任何一个网络的最短距离和哪一个路由器是下一跳路由器。

另外,为了适应网络拓扑等情况的变化,路由器应按固定的时间间隔交换路由信息(如每隔 30 秒),以及时修改更新路由表。

(3) RIP 的优缺点

RIP 的优点是实现简单,开销较小。但其存在以下一些缺点:

① 当网络出现故障时,要经过比较长的时间才能将此信息传送到所有的路由器,即坏消息传播得慢。

② 因为 RIP"距离"的最大值限制为15,所以也影响了网络的规模。

③ 由于路由器之间交换的路由信息是路由器中的完整路由表,随着网络规模的扩大,开销必然会增加。

总之,RIP 适合规模较小的网络。为了克服 RIP 的缺点,1989 年开发了另一种内部网关协议——开放最短路径优先协议。

2. 开放最短路径优先(OSPF)协议

(1) OSPF 协议的要点

OSPF 协议是分布式的链路状态协议。"链路状态"是说明本路由器都和哪些路由器相邻,以及该链路的"度量"。"度量"的含义是广泛的,它可表示距离、时延、费用、带宽等。

归纳起来,OSPF 协议有以下几个要点:

① 当链路状态发生变化时,OSPF 协议使用洪泛法向本自治系统中的所有路由器发送信息,即每个路由器都向所有其他相邻路由器发送信息(但不再发送给刚刚发来信息的那个路由器)。所发送的信息就是与本路由器相邻的所有路由器的链路状态。

② 各路由器之间频繁地交换链路状态信息,所有的路由器最终都能建立一个链路状态数据库(Link State DataBase,LSDB),它与全网的拓扑结构图相对应。每一个路由器使用链路状态数据库中的数据,利用最短路径优先(Shortest Path First,SPF)算法,可计算出到达任意目的地的路由,构造出自己的路由表。

③ OSPF 协议还规定每隔一段时间,如 30 分钟,要刷新一次数据库中的链路状态,以确保链路状态数据库的同步(即每个路由器所具有的全网拓扑结构图都是一样的)。

（2）OSPF 协议的区域

① OSPF 协议的区域划分

对于规模较大的网络,OSPF 协议通常将一个自治系统进一步划分为若干个区域(Area),将利用洪泛法交换链路状态信息的范围局限于每一个区域而不是整个的自治系统,减少了整个网络上的通信量。而且该区域的 OSPF 路由器只保存本区域的链路状态,每个路由器的链路状态数据库都可以保持合理的大小,路由计算的时间、报文数量也都不会过大。

在区域划分时,设一个区域为骨干区域(Backbone Area),其他区域为常规区域（Normal Area）。区域的命名可以采用整数数字,如 1、2、3 等,也可以采用 IP 地址的形式,如 0.0.0.1、0.0.0.2 等,区域 0(或者为 0.0.0.0)代表骨干区域。

所有的常规区域必须直接与骨干区域相连（物理或者逻辑连接）,常规区域只能与骨干区域交换 LSA(Link State Advertisement,链路状态通告),常规区域与常规区域之间即使直连也不能互换 LSA。例如,图 4-18 中 Area1、Area2、Area3、Area4 只能与 Area0 互换 LSA,然后再由 Area0 转发,Area0 就像是一个中转站。

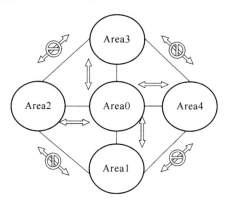

图 4-18　OSPF 区域划分示意图

② OSPF 路由器类型

根据一台路由器的多个接口归属的区域不同,路由器可以分为以下几种类型。

• 内部路由器(Internal Router,IR):内部路由器属于单个区域,该路由器所有接口都属于同一个区域。

• 区域边界路由器(Area Border Router,ABR):区域边界路由器属于多个区域,即该路由器的接口不都属于一个区域,ABR 可以将一个区域的链路状态通告(LSA)汇总后转发至另一个区域。

• 自治系统边界路由器(Autonomous System Boundary Router,ASBR):OSPF 路由器能将外部路由协议重分布进 OSPF 协议(重分布是指在采用不同路由协议的自治系统之间交换和通告路由选择信息),则称为 ASBR。但是如果只是将 OSPF 协议重分布进其他路由协议,则不能称为 ASBR。

OSPF 协议中的路由器类型如图 4-19 所示。

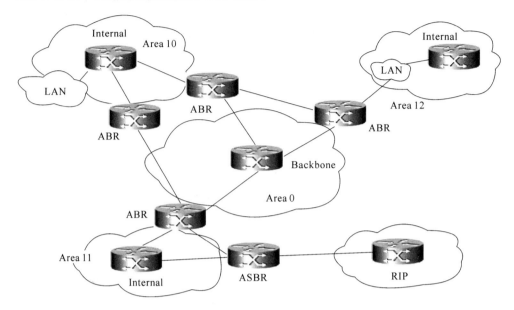

图 4-19　OSPF 协议中的路由器类型

（3）OSPF 协议的工作原理

OSPF 协议的工作原理可以分成 3 步：建立邻接关系、链路状态信息泛洪和计算路径。

① 建立邻接关系

OSPF 路由器通过互相发送问候（Hello）报文，验证参数后建立邻接关系。

② 链路状态信息泛洪

OSPF 链路状态信息泛洪（也称为洪泛）过程为：通过 IP 数据报的组播对各种链路状态通告（LSA）进行泛洪（OSPF 协议的 LSA 报文是封装在 IP 数据报中的），LSA 用于描述 OSPF 接口上的信息，包括接口上的 IP 地址、子网掩码、网络类型、链路度量值（Cost）等。

OSPF 路由器是将自己所知道的链路状态全部发给邻居（即相邻路由器），邻居将收到的链路状态全部放入 LSDB（Link State DataBase，链路状态数据库），同时再发给自己的所有邻居，在传递过程中，不对链路状态进行更改。通过这样的过程，最终网络中全部 OSPF 路由器都拥有本网络所有的链路状态，并且根据此链路状态能描绘出相同的全网拓扑图。

③ 计算路径

一个路由器完成链路状态数据库的构建和更新后，根据链路状态数据库的信息运行 SPF 算法（Dijkstra 算法），找到网络中每个目的地的最短路径，并建立路由表。

到达目标网络如果有多条开销相同的路径，OSPF 协议可以同时选多条路径进行负载均衡（最多允许同时选 6 条链路）。

（4）OSPF 协议的特点

OSPF 协议的主要特点如下：

① 由于一个路由器的链路状态只涉及与相邻路由器的连通状态，与整个 IP 网的规模并无直接关系，因此 OSPF 适合规模较大的网络。

② OSPF 协议是动态算法，能自动和快速地适应网络环境的变化。具体说就是链路状态数据库能较快地进行更新，使各个路由器能及时更新其路由表。

③ OSPF 协议没有"坏消息传播得慢"的问题,其响应网络变化的时间小于 100ms。

④ OSPF 协议支持基于服务类型的路由选择。OSPF 可根据 IP 数据报的不同服务类型将不同的链路设置成不同的代价,即对于不同类型的业务可计算出不同的路由。

⑤ 如果到同一个目的网络有多条相同代价的路径,OSPF 协议可以将通信量分配给这几条路径——多路径间的负载平衡。

⑥ 有良好的安全性。OSPF 协议规定,路由器之间交换的任何信息都必须经过鉴别,OSPF 协议支持多种认证机制,而且允许各个区域间的认证机制可以不同,这样就保证了只有可依赖的路由器才能广播路由信息。

3. IS-IS 协议

(1) IS-IS 协议的概念

IS-IS 协议是中间系统(相当于 IP 网中的路由器)间的路由协议,与 OSPF 协议一样,IS-IS 协议也是一种链路状态路由协议,由路由器收集其所在网络区域上各路由器的链路状态信息,生成链路状态数据库(LSDB),利用最短路径优先(SPF)算法,计算到网络中每个目的地的最短路径。

(2) IS-IS 协议的分层

① IS-IS 协议的分层路由域

IS-IS 协议允许将整个路由域分为多个区域,其路由选择是分层次(区域)的,IS-IS 协议的分层路由域如图 4-20 所示。

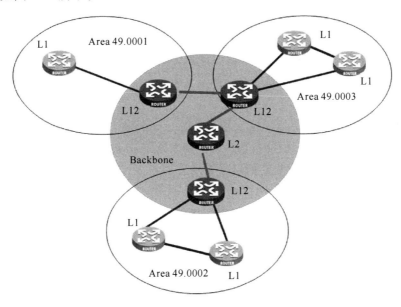

图 4-20　IS-IS 协议的分层路由域

IS-IS 协议的路由选择分为如下两个区域等级。

- Level-1:普通区域(Area)称为 Level-1(或 L1),由 L1 路由器组成。Level-1 路由选择是负责区域内的路由选择。

- Level-2:骨干区域(Backbone)称为 Level-2(或 L2),由所有的 L2(及 L12)路由器组成。Level-2 路由选择是在 IS-IS 区域之间进行的,路由器通过 L2 路由选择获悉 L1路由选择区域的位置信息,并建立一个到达其他区域的路由表。

值得说明的是,一个 IS-IS 协议的路由域可以包含多个 Level-1 区域,但只有一个 Level-2 区域。

② IS-IS 路由器类型

由于 IS-IS 协议负责 Level-1 和 Level-2 等级的路由,IS-IS 路由器等级(或称 IS-IS 路由器类型)可以分为三种:L1 路由器、L2 路由器和 L12 路由器。

- L1 路由器——属于同一个区域并参与 Level-1 路由选择的路由器称为 L1 路由器,类似于 OSPF 中的非骨干内部路由器。L1 路由器选择负责收集本区域内的路由信息,只关心本区域的拓扑结构,它将去往其他区域的数据包发送到最近的 L12 路由器上。

- L2 路由器——L2 路由器(也称为骨干路由器)是属于不同区域的路由器,它类似于 OSPF 中的骨干路由器,负责收集区域间的路径信息,通过实现 Level-2 路由选择来交换路由信息。

- L12 路由器——同时执行 Level-1 和 Level-2 路由选择功能的路由器为 L12 路由器,L12 路由器类似于 OSPF 中的区域边界路由器(ABR),它的主要职责是搜集本区域内的路由信息,然后将其发送给其他区域的 L12 路由器或 L2 路由器;同样,它也负责接收从其他区域的 L2 路由器或 L12 路由器发来的区域外路由信息。

所有 L12 路由器与 L2 路由器组成了整个网络的骨干(Backbone)。需要注意的是,对于 IS-IS 协议来说,骨干必须是连续的,也就是说具有 Level-2(L2)路由选择功能的路由器(L2 路由器或 L12 路由器)必须是物理上相连的。

(3) IS-IS 协议的工作原理

与 OSPF 协议类似。IS-IS 协议的工作原理也分成 3 步:建立邻接关系、泛洪链路状态信息和计算路径。

① 建立邻接关系

两台运行 IS-IS 协议的路由器在交互协议报文实现路由功能之前必须首先建立邻接关系,当接口启动 IS-IS 协议路由选择时,路由器立即发送 Hello 数据包,同时开始监听 Hello 数据包,寻找任何连接的邻接体,并与它们形成邻接关系。

② 链路状态信息泛洪

邻接关系建立后,链路状态信息开始交换,即链路状态数据包(Link State PDU,LSP)的扩散——泛洪,IS-IS 协议的泛洪过程与 OSPF 类似。

③ 计算路径

IS-IS 协议与 OSPF 一样基于 Dijkstra 算法进行最小生成树计算,找到网络中每个目的地的最短路径(最小 Cost)。

(4) IS-IS 协议与 OSPF 协议对比

① IS-IS 协议与 OSPF 协议的相同点

虽然 IS-IS 协议与 OSPF 协议在结构上有着差异,但从 IS-IS 协议与 OSPF 协议的功能上讲,它们之间存在着许多相似之处。

- IS-IS 协议与 OSPF 协议同属于链路状态路由协议,它们都是为了满足加快网络的收敛速度、提高网络的稳定性、灵活性、扩展性等需求而开发出来的高性能的路由选择协议。

- IS-IS 协议与 OSPF 协议都使用链路状态数据库收集网络中的链路状态信息,链路状态数据库存放的是网络的拓扑结构图,而且区域中的所有路由器都共享一个完全一致的链路状态数据库。IS-IS 协议与 OSPF 协议都使用泛洪的机制来扩散路由器的链路状态信息。

- IS-IS 协议与 OSPF 协议同样都是采用 SPF 算法(Dijkstra 算法)来根据链路状态数据库计算最佳路径。

- IS-IS 协议与 OSPF 协议同样都采用了分层的区域结构来描述整个路由域,即骨干区域和非骨干区域(普通区域)。

- 基于两层的分级区域结构,所有非骨干区域间的数据流都要通过骨干区域进行传输,以便防止区域间路由选择的环路。

② IS-IS 协议与 OSPF 协议的主要区别

OSPF 协议的骨干区域就是区域 0(Area 0),Area 0 是一个实际的区域,区域边界位于路由器上,也就是 ABR 上。

IS-IS 协议与 OSPF 协议最大的区别就是 IS-IS 协议的区域边界位于链路上。IS-IS 协议的骨干区域是由所有的具有 L2 路由选择功能的路由器(L2 路由器或 L12 路由器)组成的,而且必须是物理上连续的,可以说 IS-IS 协议的骨干区域是一个虚拟的区域。由于 IS-IS 协议的骨干区域是虚拟的,所以更加利于扩展,灵活性更强。当需要扩展骨干时,只需添加 L12 路由器或 L2 路由器即可。

4.5.6　外部网关协议

1. BGP 的概念及特征

(1) BGP 的概念

边界网关协议(BGP)是不同自治系统的路由器之间交换路由信息的协议,BGP V4(BGP 版本 4,或者叫 BGP4,习惯简称 BGP)是目前使用的唯一的一种外部网关协议(EGP)。

BGP 是一种路径向量路由选择协议,其路由度量方法可以是一个任意单位的数,它指明某一个特定路径中供参考的程度。可参考的程度可以基于任何数字准则,如最终系统计数(计数越小时路径越佳)、数据链路的类型(链路是否稳定、速度是否快和可靠性是否高等)及其他一些因素。

因为 Internet 的规模庞大,自治系统之间的路由选择非常复杂,要寻找最佳路由很不容易实现。而且,自治系统之间的路由选择还要考虑一些与政治、经济和安全有关的策略。所以 BGP 与内部网关协议(IGP)不同,它只能是力求寻找一条能够到达目的网络且比较好的路由,而并非要寻找一条最佳路由。

(2) BGP 的特征

BGP 并没有发现和计算路由的功能,而是着重于控制路由的传播和选择最好的路由。另外,BGP 是基于 IGP 之上的,进行 BGP 路由传播的两台路由器首先要 IGP 可达,并且建立起 TCP 连接。

BGP 的基本特征是:

① 不生成路由,只传播路由。

② 可扩展性好,可以运载附加在路由后的任何信息作为可选的 BGP 属性,丰富的路由过滤和路由策略功能,实行灵活的控制。

③ BGP 是唯一支持大量路由的路由协议,具有强大的组网能力。

2. BGP 路由器与 AS 路径

BGP 的基本功能是交换网络的可达性信息,建立 AS 路径列表,从而构建出一幅 AS 和 AS 间的网络连接图,以进行路由选择。

(1) BGP 路由器

BGP 是通过 BGP 路由器(也称为 BGP Speaker)来交换自治系统之间网络的可达性信息的。每一个自治系统要确定至少一个路由器作为该自治系统的 BGP 路由器,一般就是自治系统边界路由器。

BGP 路由器和自治系统(AS)的关系如图 4-21 所示。

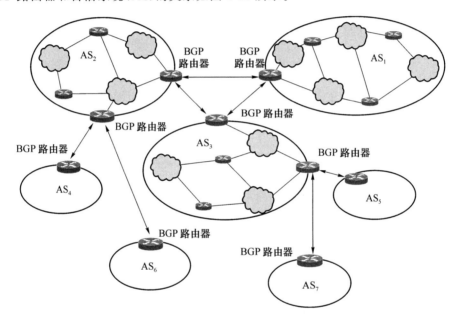

图 4-21 BGP 路由器和自治系统的关系示意图

由图 4-21 可见,一个自治系统可能会有几个 BGP 路由器,且一个自治系统的某个 BGP 路由器可能会与其他几个自治系统相连。每个 BGP 路由器除运行 BGP 外,还要运行该系统所使用的内部网关协议(IGP)。

(2) AS 路径(AS-Path)

BGP 路由器互相交换网络可达性的信息(就是要到达某个网络所要经过的一系列自治系统)后,各 BGP 路由器根据所采用的策略就可从收到的路由信息中找出到达各自治系统的比较好的路由,即构造出自治系统的连通图,图 4-22 所示的是对应图 4-21 的自治系统连通图。

3. BGP 工作原理

(1) 建立 BGP 连接

BGP 连接是建立在 TCP 连接之上的,TCP 端口号为 179。使用 TCP 连接交换路由信息的两个 BGP 路由器,彼此成为对方的邻站或对等体(Peer)。BGP 并不像 IGP 一样能够自动发现邻居和路由,需要人工配置 BGP 对等体。

BGP 连接有两种类型。

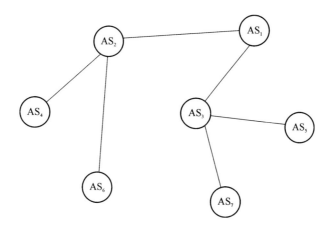

图 4-22 自治系统的连通图

① IBGP：若两个交换 BGP 报文的对等体属于同一个自治系统，则这两个对等体就是 IBGP(Internal BGP)对等体，图 4-23 中的 B 和 D 即为 IBGP 对等体。虽然 BGP 是运行于 AS 之间的路由协议，但是一个 AS 内的不同边界路由器之间也要建立 BGP 连接，以实现路由信息在全网的传递。IBGP 对等体之间不一定物理相连，但必须要逻辑相连。

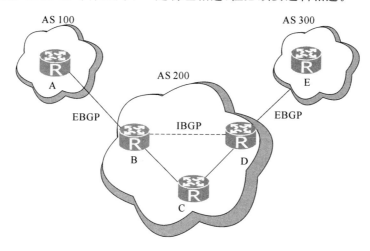

图 4-23 IBGP 和 EBGP 示意图

② EBGP：若两个交换 BGP 报文的对等体属于不同的自治系统，它们就是 EBGP (External BGP)对等体，如图 4-23 中的 A 和 B。EBGP 对等体之间一般要实现物理连接，EBGP 则建立在互连的接口上。

（2）注入路由

路由器之间建立 BGP 邻居关系之后，就可以相互交换 BGP 路由。BGP 路由器会同时拥有两张路由表：一张是 IGP 路由表，其路由信息只能从 IGP 和手工配置获得，并且只能传递给运行 IGP 的网络；另外一张就是运行 BGP 之后创建的路由表，称为 BGP 路由表。

在初始状态下，BGP 路由表为空，没有任何路由，要让 BGP 传递相应的路由信息，只能先将该路由导入 BGP 路由表，之后才能在 BGP 邻居之间传递。将路由导入 BGP 路由表，主要有两种方式：

① 将 BGP 路由器所在 AS 中 IGP 路由表中的路由手工导入 BGP 路由表，路由注入称为

Network 方式(路由的源属性为 IGP)。

② BGP 路由表中引入其他 AS 使用的路由协议(IS-IS 协议、OSPF 协议等)的路由信息,路由注入称为 Import 方式(路由的源属性为 Incomplete)。

(3) 路由通告

BGP 路由器将自已获取的 BGP 路由告诉别的 BGP 对等体称为路由通告,BGP 的路由通告应遵循相应的原则。

(4) 路由更新

在 BGP 刚刚运行时,BGP 的邻站是交换整个的 BGP 路由表。以后在路由发生变化时,只需要更新有变化的部分(增加、修改、删除的路由信息),即 BGP 不要求对整个路由表进行周期性刷新。这大大减少了 BGP 传播路由时所占用的带宽和路由器的处理开销。

小　　结

(1) Internet 是基于 TCP/IP 协议的网间网,也称为 IP 网络,即 TCP/IP 协议是 IP 网络的基础与核心。

IP 网络具有几个特点,其中最主要的特点为:TCP/IP 协议是 IP 网络的基础与核心。

IP 网络的关键技术主要包括骨干传输技术、宽带接入技术和高速路由器技术。

(2) OSI 参考模型共分 7 层:物理层、数据链路层、网络层、运输层、会话层、表示层、应用层。

TCP/IP 模型分 4 层,它与 OSI 参考模型的对应关系为:网络接口层对应 OSI 参考模型的物理层和数据链路层;网络层对应 OSI 参考模型的网络层;运输层对应 OSI 参考模型的运输层;应用层对应 OSI 参考模型的 5、6、7 层。

应用层的协议就是一组应用高层协议,即一组应用程序,主要有文件传送协议(FTP)、远程终端协议(TELNET)、简单邮件传输协议(SMTP)、超文本传送协议(HTTP)等;运输层的协议有传输控制协议(TCP)和用户数据报协议(UDP),运输层的数据传送单位是 TCP 报文段或 UDP 报文;网络层的核心协议是 IP,其辅助协议有 ARP、RARP、ICMP 等,网络层的数据传送单位是 IP 数据报;网络接口层没有规定具体的协议,网络接口层数据传送单位是物理帧。

(3) 以太网是基于 IP 的通信网。传统以太网属于共享式局域网,介质访问控制方法采用的是载波监听和冲突检测(CSMA/CD)技术。CSMA 代表载波监听多路访问,它是"先听后发";CD 表示冲突检测,即"边发边听"。

IEEE 802 标准为局域网规定了一种 48 bit 的全球地址,即 MAC 地址。它是指局域网上的每一台计算机所插入的网卡上固化在 ROM 中的地址,所以也叫硬件地址或物理地址。

以太网 MAC 帧格式有两种标准:IEEE 802.3 标准和 DIX Ethernet V2 标准。TCP/IP 体系经常使用 DIX Ethernet V2 标准的 MAC 帧格式,此时局域网参考模型中的链路层不再划分 LLC 子层,即链路层只有 MAC 子层。

传统以太网具体包括四种:10 BASE 5(粗缆以太网)、10 BA5E 2(细缆以太网)、10 BASE-T(双绞线以太网)和 10BASE-F(光缆以太网),其中 10 BASE-T 以太网应用最为广泛。

10 BASE-T 使用两对非屏蔽双绞线,一对线发送数据,另一对线接收数据;采用一般集线器连接的以太网物理上是星形拓扑结构,但从逻辑上看是一个总线形网,各工作站仍然竞争使用总线。

(4) 高速以太网有 100 BASE-T、千兆位以太网和 10 吉比特以太网。

100 BASE-T 快速以太网的特点是:传输速率高、沿用了 10 BASE-T 的 MAC 协议、可以采用共享式或交换式连接方式、适应性强、经济性好和网络范围变小。

100 BASE-T 快速以太网的标准为 IEEE 802.3u,规定了 100 BASE-T 的 3 种物理层标准:100 BASE-TX、100 BASE-FX 和 100 BASE-T4。

千兆位以太网的标准是 IEEE 802.3z 标准。它使用和 10Mbit/s、100Mbit/s 以太网同样的以太网帧,与 10 BASE-T 和 100 BASE-T 技术向后兼容;当工作在半双工模式下,它使用 CSMA/CD 介质访问控制机制;支持全双工操作模式;允许使用单个中继器。

千兆位以太网的物理层有两类标准:1000 BASE-X(IEEE 802.3z 标准,基于光纤通道)、1000 BASE-T(IEEE 802.3ab 标准,使用 4 对 5 类 UTP)。

10 吉比特以太网的标准是 IEEE 802.3ae 标准,其特点是:与 10 Mbit/s,100 Mbit/s 和 1 Gbit/s 以太网的帧格式完全相同;保留了 IEEE 802.3 标准规定的以太网最小和最大帧长,便于升级;不再使用铜线而只使用光纤作为传输媒体;只工作在全双工方式,因此没有争用问题,也不使用 CSMA/CD 协议。

吉比特以太网的物理层标准包括局域网物理层标准和广域网物理层标准。

(5) 交换式以太网是所有站点都连接到一个以太网交换机上,各站点独享带宽。交换式局域网的主要功能有:隔离冲突域、扩展距离、增加总容量和数据率灵活性。

以太网交换机按所执行的功能不同,可以分成两种:

- 二层交换——具有网桥功能,根据 MAC 地址转发数据,交换速度快,但控制功能弱,没有路由选择功能。
- 三层交换——具备路由功能,根据 IP 地址转发数据,具有路由选择功能。三层交换是二层交换与路由功能的有机组合。

(6) 宽带 IP 城域网是一个以 IP 和 SDH、ATM 等技术为基础,集数据、语音、视频服务于一体的高带宽、多功能、多业务接入的城域多媒体通信网络。

(7) 为了便于网络的管理、维护和扩展,一般将城域网的结构分为 3 层:核心层、汇聚层和接入层。

核心层的作用主要是负责进行数据的快速转发以及整个城域网路由表的维护,同时实现与 IP 广域骨干网的互联,提供城市的高速 IP 数据出口。核心层的设备一般采用高端路由器,网络结构采用网状或半网状连接。

汇聚层的功能主要包括:汇聚接入节点;实现接入用户的可管理性,提供用户流量控制及其他策略管理功能;提供必要的服务层面的功能,包括带宽的控制、数据流 QoS 优先级的管理、安全性的控制、IP 地址翻译 NAT 等功能。汇聚层的典型设备有高中端路由器、三层交换机以及宽带接入服务器等。核心层节点与汇聚层节点采用星形连接。

接入层的作用是负责提供各种类型用户的接入,在有需要时提供用户流量控制功能。

宽带 IP 城域网还有业务控制层和业务管理层,它们并非是独立存在的,而是从核心层、汇聚层和接入层 3 个层次中抽象出来的而实际上是存在于这 3 个层次之中。

(8) 路由器是 Internet 的核心设备,它是在网络层实现网络互连,可实现网络层、链路层和物理层协议转换。

路由器的结构可划分为两大部分:路由选择部分和分组转发部分。分组转发部分包括输入端口、输出端口和交换结构。

路由器的基本功能有:选择最佳传输路由、能支持多种协议的路由选择、流量控制、分段和重新组装功能、网络管理功能等。

路由器可从不同的角度分类:按能力可分为中高端路由器和中低端路由器;按结构可分为模块化结构路由器和非模块化结构路由器;按位置可分为核心路由器和接入路由器;按功能可分为通用路由器和专用路由器;按性能可分为线速路由器和非线速路由器。

(9) IP 网的路由选择属于自适应的(即动态的),是分布式路由选择,采用分层次的路由选择协议,即分自治系统内部和自治系统外部路由选择协议。

IP 网的路由选择协议可划分为两大类:内部网关协议(IGP,具体有 RIP、OSPF 协议和IS-IS 协议等)和外部网关协议(EGP,使用最多的是 BGP)。

(10) RIP 是一种分布式的基于距离向量的路由选择协议,它要求网络中的每一个路由器都要维护从自己到其他每一个目的网络的最短距离记录。

RIP 路由表中的主要信息是到某个网络的最短距离及应经过的下一跳路由器地址。

RIP 的优点是实现简单,开销较小。RTP 的缺点是:当网络出现故障时,要经过比较长的时间才能将此信息传送到所有的路由器;RIP 限制了网络的规模;由于路由器之间交换的路由信息是路由器中的完整路由表,所以随着网络规模的扩大,开销也就增加。

(11) OSPF 协议是分布式的链路状态协议。"链路状态"是说明本路由器都和哪些路由器相邻,以及该链路的"度量"(表示距离、时延、费用等)。

OSPF 协议的特点有:适合规模较大的网络,能自动和快速地适应网络环境的变化,没有"坏消息传播得慢"的问题,OSPF 协议对于不同类型的业务可计算出不同的路由,可以进行多路径间的负载平衡,OSPF 协议有分级支持能力,有良好的安全性。

(12) IS-IS 协议是中间系统(相当于 IP 网中的路由器)间的路由协议,与 OSPF 协议一样,IS-IS 协议也是一种链路状态路由协议,由路由器收集其所在网络区域上各路由器的链路状态信息,生成链路状态数据库(LSDB),利用最短路径优先(SPF)算法,计算到网络中每个目的地的最短路径。

(13) BGP 是不同自治系统的路由器之间交换路由信息的协议,它是一种路径向量路由选择协议。BGP 与内部网关协议不同,它只能是力求寻找一条能够到达目的网络且比较好的路由,而并非要寻找一条最佳路由。

BGP 的基本特征是:不生成路由,只传播路由;可扩展性好,可以运载附加在路由后的任何信息作为可选的 BGP 属性,丰富的路由过滤和路由策略功能,实行灵活的控制;BGP 是唯一支持大量路由的路由协议,具有强大的组网能力。

习　　题

4-1　IP 网络具有哪几个特点?

4-2　画图说明 TCP/IP 参考模型与 OSI 参考模型的对应关系。

4-3　简述 TCP/IP 模型各层的主要功能及协议。

4-4　传统以太网典型的特征有哪些?

4-5　简述 CSMA/CD 的控制方法。

4-6　100 BASE-T 快速以太网的特点有哪些?

4-7　以太网交换机分成哪几种? 各自的特点是什么?

4-8　划分 VLAN 的方法主要有哪几种?

4-9　宽带 IP 城域网分成哪几层? 各层的作用分别是什么?

4-10　路由器的基本功能有哪些?

4-11　简述路由器的基本类型。

4-12　IP 网的路由选择协议划分为哪几类?

4-13　RIP 的优缺点有哪些?

4-14　OSPF 协议的特点是什么?

4-15　IS-IS 路由器类型有哪几种?

4-16　BGP 的基本特征是什么?

第5章 传 输 网

传输网为业务网提供端到端的可靠的大容量的信息传送通道,是现代通信网的重要组成部分,是通信行业迅速发展的基础,是"宽带中国"战略的基石。

本章首先概括介绍传输网的基本概念及传输网的分类,然后详细论述各种传输网,主要内容包括:

- 传输网概述;
- SDH 传输网;
- MSTP 传输网;
- DWDM 传输网;
- 光传送网(OTN);
- 自动交换光网络(ASON);
- 分组传送网(PTN)与 IP RAN;
- 微波通信系统;
- 卫星通信系统。

5.1 传输网概述

5.1.1 传输网基本概念

1. 传输网的定义

近年来,随着通信和计算机技术的结合,业务变得丰富多样,业务网逐步出现分离和多样化,而传输则越来越远离上层的用户业务,即传输网逐渐沉到了底层。

传输网是用作传送通道的网络,一般架构在业务网(公共电话交换网、基础数据网、移动通信网、IP 网等)和支撑网之下,用来提供信号传送和转换的网络,属于上述各种网络的基础网。

2. 传输网的组成

传输网由各种传输线路和传输设备组成。

(1) 传输线路(传输介质)

传输线路完成信号的传递,可分为有线传输线路和无线传输线路两大类。有线传输线路主要包括双绞线、同轴电缆、光纤(光缆)等;无线传输线路是指传输电磁波的自由空间。

（2）传输设备

传输设备完成信号的处理功能，实现信息的可靠发送、整合、收敛、转发等。不同的传输网，其传输设备类型及具体功能有所区别。

3. 传输网在电信网中的地位

第 1 章已述及，电信网按照构成及功能划分，大体上可分为业务网、传输网和支撑网。

传输网是整个电信网络的基础，承载各种业务网，使不同节点和不同业务网之间能够互相连接在一起，最终构成一个连通各处的网络，为语音业务、宽带数据业务以及 IP 多媒体业务等提供通道和多种传送方式，满足用户对各种业务的需求。

可以说，没有传输网就无法构成电信网，传输网的稳定程度、质量优劣，直接影响到电信网的总体实力。

5.1.2　传输网分类

传输网可以从不同的角度分类。

1. 按所传输的信号形式分

按所传输的信号形式分，传输网可分为：

- 模拟传输网——网中传输的是模拟信号。
- 数字传输网——网中传输的是数字信号。

2. 按所处的位置和作用分

按所处的位置和作用分，传输网可分为：

- 长途（干线）传输网——包括国际长途传输网、省际长途传输网、省内长途传输网。
- 本地传输网——涵盖城域传输网，一般分为核心层、汇聚层和接入层。

3. 按采用的传输介质分

按采用的传输介质分，传输网可分为有线传输网和无线传输网。

（1）有线传输网

顾名思义，有线传输网是利用有线传输介质传输信号的网络，包括电缆传输网、光纤（光缆）传输网、国际海缆传输网。

其中光纤传输网（简称光传输网）可提供大容量、长距离、高可靠的传输手段，是应用最广泛的有线传输网；而且在所有传输网中，光传输网技术发展最快、种类最多。

目前，已建设的光传输网主要有 SDH 传输网、MSTP 传输网、DWDM 传输网、光传送网（OTN）、自动交换光网络（ASON）、分组传送网（PTN）和 IP RAN 等。

（2）无线传输网

无线传输是指信号通过自由空间信道以电磁波的形式传播。不同波段的无线电波的传播特性与传输容量是不同的，在电信传输网中，通常利用微波来实现长距离、大容量的传输。

无线传输网（习惯称为无线通信系统）主要包括微波通信系统和卫星通信系统等。

① 微波通信是利用微波频段（300 MHz～300 GHz）的电磁波来传输信息的通信。微波在空间沿直线视距范围传播，中继距离为 50 km 左右，适于在地形复杂的情况下使用。

② 卫星通信是在地球站之间利用人造卫星作为中继站的通信方式，是微波接力通信的一种特殊形式，它可以向地球上任何地方发送信息。

在有线传输技术不断发展的同时，无线传输技术以其灵活方便的功能特点，广泛应用于电信网的各个领域,无线传输网是对有线传输网不可缺少的补充。

5.2 SDH 传输网

20 世纪 80 年代,为了克服准同步数字体系(PDH)的弱点,产生了利用高速大容量光纤传输技术和智能网络技术的新传输体制——同步数字体系(SDH);90 年代中期,SDH 成为光传输网的主力。

虽然随着光纤通信技术的发展和业务需求的增长,后来逐步建设了更具优势的各种光传输网络,如 MSTP 传输网、DWDM 传输网、光传送网(OTN)以及自动交换光网络(ASON)等,但是设施完善、遍布各地的 SDH 传输网还会持续应用一段时间,而且 SDH 传输网的相关内容是各种光网络的基础。

5.2.1 SDH 的基本概念

1. SDH 传输网的概念

SDH 传输网是由一些 SDH 的基本网络单元(NE)组成的,在光纤上进行同步信息传输、复用、分插和交叉连接的网络。

SDH 传输网的概念中包含以下几个要点:

(1) SDH 传输网有全世界统一的网络节点接口(NNI),从而简化了信号的互通以及信号的传输、复用、交叉连接等过程。

(2) SDH 传输网有一套标准化的信息结构等级,称为同步传递模块,并具有一种块状帧结构,允许安排丰富的开销比特用于网络的运行、管理和维护(OAM)。

(3) SDH 传输网有一套特殊的复用映射结构,允许现存准同步数字体系(PDH)、同步数字体系和 B-ISDN 的信号都能纳入其帧结构中传输,即具有兼容性和广泛的适应性。

(4) SDH 网大量采用软件进行网络配置和控制,增加新功能和新特性非常方便,适合将来不断发展的需要。

(5) SDH 将标准的光接口综合进各种不同的网络单元,使光接口成为开放型的接口,可以在光路上实现横向兼容,各厂家产品都可在光路上互通。

(6) SDH 网的基本网络单元(简称网元)有终端复用器(TM)、分插复用器(ADM)、再生中继器(REG)和数字交叉连接(DXC)设备。

2. SDH 的优缺点

(1) SDH 的优点

SDH 与准同步数字体系(PDH)相比,其优点主要体现在如下几个方面:

① 有全世界统一的数字信号速率和帧结构标准。SDH 把北美、日本和欧洲、中国流行的两大准同步数字体系(三个地区性标准)在 STM-1 等级上获得统一,第一次实现了数字传输体制上的世界性标准。

② 采用同步复用方式和灵活的复用映射结构,净负荷与网络是同步的。

③ SDH 帧结构中安排了丰富的开销比特,因而使得网络的 OAM 能力大大加强。

④ SDH 网具有标准的光接口。

⑤ SDH 与现有的 PDH 网络完全兼容。SDH 可兼容 PDH 的各种速率,同时还能方便地容纳各种新业务信号。

⑥ SDH 以字节为单位复用,其信号结构的设计考虑了网络传输和交换的最佳性。

（2）SDH 的缺点

SDH 的主要缺点如下:

① 频带利用率不如传统的 PDH。

② 大规模使用软件控制和将业务量集中在少数几个高速链路和交叉节点上,这些关键部位如果出现问题,可能导致网络的重大故障,甚至造成全网瘫痪。

尽管 SDH 有这些不足,但它比传统的 PDH 有着明显的优越性,所以最终取代了 PDH。

3. SDH 的速率体系

同步数字体系(SDH)最基本的模块信号(即同步传递模块)是 STM-1,其速率为 155.520 Mbit/s。更高等级的 STM-N 信号是将基本模块信号 STM-1 同步复用、按字节间插的结果(这是产生 STM-N 信号的方法之一)。其中 N 是正整数,目前国际标准化 N 的取值为 1、4、16、64、256。

ITU-T G.707 标准规范的 SDH 速率体系如表 5-1 所示。

表 5-1　SDH 速率体系

等级	STM-1	STM-4	STM-16	STM-64	STM-256
速率/(Mbit·s^{-1})	155.520	622.080	2 488.320	9 953.280	3 9813.12

5.2.2　SDH 的基本网络单元

1. 终端复用器

终端复用器(TM)如图 5-1 所示(图中速率是以 STM-1 等级为例)。

TM 位于 SDH 传输网的终端(网络末端),主要任务是将低速支路信号纳入 STM-N 帧结构,并经电/光转换成为 STM-N 光线路信号,其逆过程正好相反。TM 的具体功能如下:

（1）在发送端能将各 PDH 支路信号等复用进 STM-N 帧结构,在接收端进行分接。

（2）在发送端将若干个 STM-N 信号复用为一个 STM-$M(M>N)$ 信号(如将 4 个 STM-1 复用成一个 STM-4),在接收端将一个 STM-M 信号分成若干个 STM-$N(M>N)$ 信号。

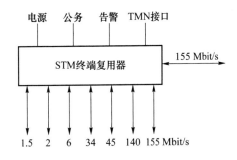

图 5-1　STM-1 终端复用器

（3）TM 还具备电/光(光/电)转换功能。

2. 分插复用器

分插复用器(ADM)如图 5-2 所示(图中速率同样是以 STM-1 等级为例)。

ADM 位于 SDH 传输网的沿途,它将同步复用和数字交叉连接功能综合于一体,具有灵活地分插任意支路信号的能力。ADM 的具体功能如下:

（1）具有支路—群路(即上/下支路)能力。ADM 可上下的支路,既可以是 PDH 支路信号,也可以是较低等级的 STM-N 信号。ADM 同 TM 一样也具有光/电(电/光)转换功能。

(2) 具有群路—群路(即直通)的连接能力。

(3) 具有数字交叉连接功能,即将 DXC 功能融于 ADM 中。

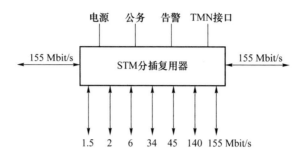

图 5-2　STM-1 分插复用器

3. 再生中继器

再生中继器(REG)如图 5-3(a)所示。

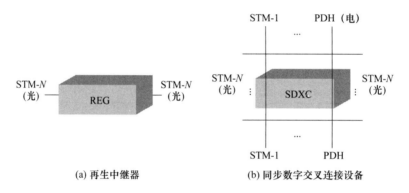

(a) 再生中继器　　　　(b) 同步数字交叉连接设备

图 5-3　再生中继器和同步数字交叉连接设备

再生中继器的作用是将光纤长距离传输后受到较大衰减及色散畸变的光脉冲信号转换成电信号后进行放大整形、再定时,再生为规划的电脉冲信号,再调制光源变换为光脉冲信号送入光纤继续传输,以延长传输距离。

4. 数字交叉连接设备

数字交叉连接(DXC)设备如图 5-3(b)所示。

DXC 设备的作用是实现支路之间的交叉连接。SDH 网络中的 DXC 设备也称为同步数字交叉连接(SDXC)设备,它是一种具有一个或多个 PDH 或 SDH 信号端口并至少可以对任何端口速率(和/或其子速率信号)与其他端口速率(和/或其子速率信号)进行可控连接和再连接的设备。

从功能上看,SDXC 设备是一种兼有复用、配线、保护/恢复、监控和网管的多功能传输设备,可以为网络提供迅速有效的连接和网络保护/恢复功能,并能经济有效地提供各种业务。

以上介绍了 SDH 传输网的几种基本网络单元,它们在 SDH 传输网中的使用(连接)方法之一如图 5-4 所示。

图 5-4 顺便标出了实际系统组成中的通道、复用段和再生段。

- 通道——终端复用器(TM)之间称为通道。
- 复用段——终端复用器(TM)与分插复用器(ADM)(或 DXC 设备)之间称为复用段,

两个 ADM/DXC 设备之间也称为复用段。

- 再生段——再生中继器(REG)与终端复用器(TM)之间、REG 与 ADM/DXC 设备之间、两个 REG 之间均称为再生段。

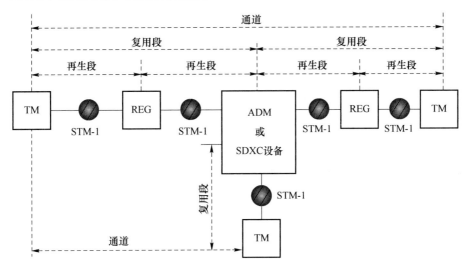

图 5-4　基本网络单元在 SDH 传输网中的应用

5.2.3　SDH 的帧结构

SDH 的帧结构必须适应同步数字复用、交叉连接等功能,同时也希望支路信号在一帧中均匀分布、有规律,以便接入和取出。ITU-T 最终采纳了一种以字节为单位的矩形块状(或称页状)帧结构,如图 5-5 所示。

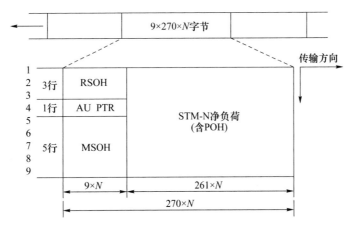

图 5-5　SDH 帧结构

STM-N 帧由 $270 \times N$ 列 9 行组成,帧长度为 $270 \times N \times 9$ 个字节或 $270 \times N \times 9 \times 8$ 个比特,帧周期为 125 μs(即一帧的时间)。

对于 STM-1 而言,帧长度为 $270 \times 9 = 2\,430$ 字节,相当于 19 440bit,帧周期为 125 μs,由此可算出其比特速率为 $270 \times 9 \times 8/(125 \times 10^{-6}) = 155.520$ Mbit/s。

这种块状(页状)的帧结构中各字节的传输是从左到右、由上而下按行进行的,即从第 1 行最左边字节开始,从左向右传完第 1 行,再依次传第 2、3 行等,直至整个 $9 \times 270 \times N$ 个字节都传送完再转入下一帧,如此一帧一帧地传送,每秒共传 8 000 帧。

由图 5-5 可见,整个 SDH 帧结构可分为 3 个主要区域。

(1)段开销区域

段开销(Section Overhead,SOH)是指 STM-N 帧结构中为了保证信息净负荷正常、灵活传送所必需的附加字节,即供网络运行、管理和维护(OAM)使用的字节。段开销区域用于传送 OAM 字节,帧结构的左边 $9 \times N$ 列 8 行(除去第 4 行)分配给段开销用。

段开销可以进一步划分为再生段开销(RSOH,占第 1～3 行)和复用段开销(MSOH,占第 5～9 行)。

(2)净负荷区域

净负荷(Payload)区域是帧结构中存放各种信息负载的地方(其中信息净负荷第一字节在此区域中的位置不固定)。图 5-5 中横向第 $10 \times N \sim 270 \times N$ 列,纵向第 1 行到第 9 行的 2 349 $\times N$ 个字节都属此区域。其中含有少量的通道开销(POH)字节,用于监视、管理和控制通道性能,其余负载业务信息。

(3)管理单元指针区域

管理单元指针(AU PTR)用来指示信息净负荷的第一个字节在 STM-N 帧中的准确位置,以便在接收端能正确地分解。在图 5-5 帧结构中第 4 行左边的 $9 \times N$ 列为管理单元指针区域,分配给管理单元指针用。

5.2.4 SDH 的复用映射结构

ITU-T G.709 建议的 SDH 的一般复用映射结构(简称复用结构)是由一些基本复用单元组成的、有若干中间复用步骤的复用结构。具体地说,SDH 复用结构规定将 PDH 支路信号纳入(复用进)STM-N 帧的过程。

在 ITU-T G.709 建议的复用映射结构中,从一个有效负荷到 STM-N 帧的复用路线不是唯一的,对于一个国家或地区则必须使复用路线唯一化。下面简单介绍我国的 SDH 复用映射结构。

1. 我国的 SDH 复用映射结构

我国的光同步传输网技术体制规定以 2 Mbit/s 为基础的 PDH 系列作为 SDH 的有效负荷并选用 AU-4 复用路线,其复用映射结构如图 5-6 所示。

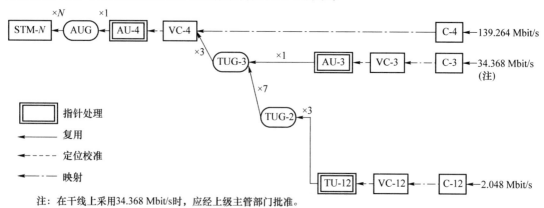

注: 在干线上采用34.368 Mbit/s时,应经上级主管部门批准。

图 5-6 我国的复用映射结构

SDH 的复用映射结构中的基本复用单元包括容器（C）、虚容器（VC）、支路单元（TU）、支路单元组（TUG）、管理单元（AU）和管理单元组（AUG）。

由于篇幅所限，各种基本复用单元的作用在此不作具体介绍。但为了使读者对 PDH 支路信号纳入 STM-N 帧的过程有个大概的了解，同时为后面学习 MSTP 传输网的内容打下基础，所以下面以 139.264 Mbit/s 支路信号复用映射成 STM-N 帧为例，简要说明整个复用映射过程，如图 5-7 所示（请结合图 5-6 学习下面内容）。

（1）将标称速率为 139.264 Mbit/s 的支路信号（实际上各支路信号的速率可能有些偏差）装进容器 C-4 进行速率调整，C-4 有 9 行 260 列（参见图 5-7(a)）；C-4 加上 9 个字节的高阶通道开销（POH）后，便构成了虚容器 VC-4（参见图 5-7(b)），以上过程称为映射。

（2）VC-4 加上管理单元指针 AU-4 PTR（占 9 个字节）构成了管理单元 AU-4（参见图 5-7(c)）。VC-4 首字节在 AU-4 中的位置不固定，管理单元指针 AU-4 PTR 用于指示和确定 VC-4 的起点在 AU-4 净负荷中的位置，这个过程称为定位。

（3）单个 AU-4 直接置入管理单元组 AUG（参见图 5-7(c)），再由 N 个 AUG 进行字节间插、并加上段开销（RSOH 和 MSOH）便构成了 STM-N 信号（参见图 5-7(d)），以上过程称为复用。

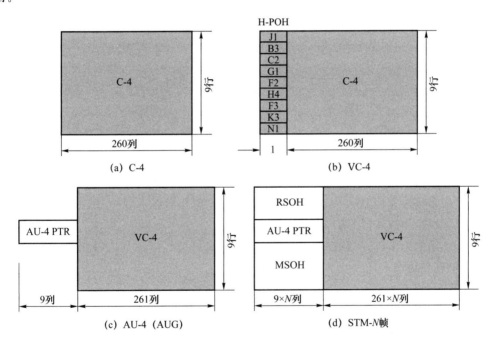

图 5-7 139.264 Mbit/s 支路信号复用映射过程

2. 支路信号复用进 STM-N 帧的步骤

综上所述，各种业务信号纳入（复用进）STM-N 帧的过程都要经历映射、定位（需要指针调整）和复用三个步骤。

（1）映射是使各支路信号适配进虚容器的过程。即各种速率的 PDH 信号先分别装入相应的容器 C 进行速率调整，之后再加上低阶或高阶通道开销（POH）形成虚容器 VC。

（2）定位是以附加于 VC 上的支路单元指针（TU PTR）指示和确定低阶 VC 的起点在 TU 净负荷中的位置（图 5-6 中 VC-12 和 VC-3 属于低阶 VC）；或以附加于 VC 上的管理单元

指针(AU PTR)指示和确定高阶 VC 的起点在 AU 净负荷中的位置(图 5-6 中 VC-4 属于高阶 VC)。

(3)复用是以字节交错间插方式把 TU 组织进高阶 VC 或把 AU 组织进 STM-N 帧的过程。

5.2.5 SDH 传输网的拓扑结构

SDH 传输网主要有线形、星形、树形、环形、网孔形(及网状网)5 种基本拓扑结构,如图 5-8 所示。

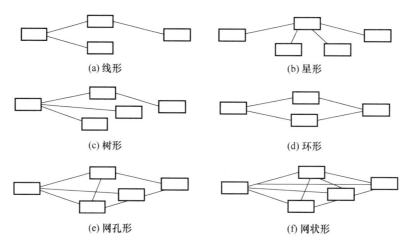

(a) 线形   (b) 星形

(c) 树形   (d) 环形

(e) 网孔形   (f) 网状形

图 5-8 SDH 传输网基本拓扑结构

1. 线形拓扑结构

线形拓扑结构(也称为链形拓扑结构)如图 5-8(a)所示。SDH 传输网在线形拓扑结构的两端节点上配备终端复用器(TM),而在中间节点上配备分插复用器(ADM),为了延长距离,节点间可以加再生中继器(REG)。

线形拓扑结构简单,一次性投资小,容量大,具有良好的经济效益,因此很多地区采用此种结构建设 SDH 传输网。

2. 星形拓扑结构

星形拓扑结构如图 5-8(b)所示。一般在枢纽节点(中心节点)配置数字交叉连接(DXC)设备以提供多方向的连接,而在其他节点上配置终端复用器(TM)。

3. 树形拓扑结构

树形拓扑结构可以看成是线形拓扑和星形拓扑的结合,如图 5-8(c)所示。通常在这种网络结构中,连接 3 个以上方向的节点应配置 DXC 设备,其他节点可配置 TM 或 ADM。

4. 环形拓扑结构

环形拓扑结构如图 5-8(d)所示。一般在环形拓扑结构的各节点上配置分插复用器(ADM),也可以选用数字交叉连接(DXC)设备。但 DXC 设备成本较高,故通常使用在线路交汇处(为了实现多支路之间迅速有效的连接功能,两环交汇处的节点应配置为 DXC 设备)。

环形拓扑结构简单,而且在系统出现故障时,具有自愈功能,生存性强,因而环形网络结构在实际中得到广泛应用。

5. 网孔形及网状网拓扑结构

网孔形拓扑结构如图 5-8(e)所示,网状网拓扑结构如图 5-8(f)所示。

网孔形及网状网拓扑结构的节点配置为 DXC 设备,可为任意两节点间提供两条以上的路由。这样,一旦网络出现某种故障,则可通过 DXC 设备的交叉连接功能,对受故障影响的业务进行迂回处理,以保证通信的正常进行。

网孔形及网状网拓扑结构的可靠性高,但由于目前 DXC 设备价格昂贵,如果网络中采用此设备进行高度互连,则会使光缆线路的投资成本增大,因而这种网络结构一般在业务量大且密度相对集中时采用。

几种拓扑结构各有其优缺点,在具体选择时,应综合考虑网络的生存性、网络配置的容易性,网络结构是否适于新业务的引进等多种实际因素和具体情况。一般来说,省际长途传输网适于采用网孔形或网状网;省内长途传输网采用网孔形或网状网结构,也可以采用环形网结构;本地传输网的网络结构则以环形为主,辅之以网孔形和链形。

5.2.6　SDH 传输网的网络保护

SDH 传输网的一个突出优势是具有自愈功能,利用其可以进行网络保护。所谓自愈就是无须人为干预,网络就能在极短时间内从失效故障中自动恢复所携带的业务,使用户感觉不到网络已出了故障。其基本原理是使网络具备备用(替代)路由,并重新确立通信的能力。

SDH 传输网目前主要采用的网络保护方式有线路保护倒换、环形网保护和子网连接保护等,下面分别加以介绍。

1. 线路保护倒换

线路保护倒换一般用于链形网,可以采用以下两种保护方式。

(1) 1＋1 保护方式

1＋1 保护方式采用并发优收,即主用光纤(工作段)和备用光纤(保护段)在发送端永久地连在一起(桥接),信号同时发往主用光纤和备用光纤,在接收端择优选择接收性能良好的信号(一般接收主用光纤信号);当主用光纤出故障时,再改为接收备用光纤的信号。

(2) 1:n 保护方式

所谓 1:n 保护方式是 1 根备用光纤(保护段)由 n 根主用光纤(工作段)共用,正常情况下,信号只发往主用光纤,备用光纤空闲,当其中任意一根主用光纤出现故障时,信号均可倒换至备用光纤(一般 n 的取值范围为 1~14)。

1:1 保护方式是 1:n 保护方式的一个特例。1 根主用光纤(工作段)配备 1 根备用光纤(保护段),正常情况下,信号只发往主用光纤,备用光纤空闲;当主用光纤出现故障,信号可倒换至备用光纤。

2. 环形网保护

采用环形网实现自愈的方式称为自愈环。环形网的节点一般采用 ADM,利用 ADM 的分插能力和智能构成的自愈环是 SDH 的特色之一。

(1) SDH 自愈环的分类

自愈环的分类方法(也称为结构种类)有以下 3 种。

① 按环中每个节点插入支路信号在环中流动的方向来分,可以分为单向环和双向环。单向环是指所有业务信号按同一方向在环中传输;双向环是指入环的支路信号按一个方向传输,

而由该支路信号分路节点返回的支路信号按相反的方向传输。

② 按保换倒换的层次来分,可以分为通道保护环和复用段保护环。前者业务量的保护是以通道为基础的,它是利用通道告警指示信号(AIS)决定是否应进行倒换;后者业务量的保护是以复用段为基础的,当复用段出故障时,复用段的业务信号都转向保护环。

③ 按环中每一对节点间所用光纤的最小数量来分,可以分为二纤环和四纤环。

综合考虑,SDH 自愈环分为 5 种:二纤单向通道保护(倒换)环、二纤双向通道保护环、二纤单向复用段保护环、二纤双向复用段保护环和四纤双向复用段保护环。

(2) 几种典型的自愈环

SDH 自愈环中应用较广泛的是二纤单向通道保护环和二纤双向复用段保护环,下面重点分析这两种自愈环。

① 二纤单向通道保护环

二纤单向通道保护环如图 5-9(a)所示。

二纤单向通道保护环由两根光纤实现,其中一根用于传业务信号,称 S1 光纤(主用光纤),另一根用于保护,称 P1 光纤(备用光纤)。它采用 1+1 保护方式,即利用 S1 光纤和 P1 光纤同时携带业务信号并分别沿两个方向传输,但接收端只择优选择其中的一路信号。

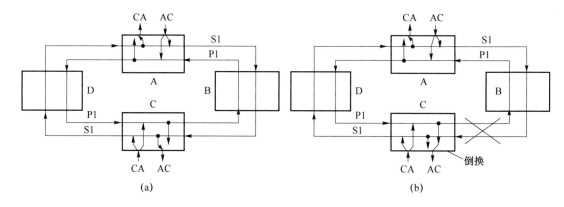

图 5-9　二纤单向通道保护环

例如,节点 A 至节点 C 进行通信(AC),将业务信号同时馈入 S1 光纤和 P1 光纤,S1 光纤沿顺时针将信号传送到节点 C,而 P1 光纤则沿逆时针将信号也传送到节点 C。接收端分路节点 C 同时收到两个方向来的支路信号,按照分路通道信号的优劣决定选哪一路作为分路信号。正常情况下,以 S1 光纤送来信号为主信号,因此节点 C 接收来自 S1 光纤的信号。节点 C 至节点 A 的通信(CA)同理。

当 BC 节点间光缆被切断时,两根光纤同时被切断,如图 5-9(b)所示。

在节点 C,由于 S1 光纤传输的信号 AC 丢失,则按通道选优准则,倒换开关由 S1 光纤转至 P1 光纤,改为接收 P1 光纤的信号,使通信得以维持。一旦排除故障,开关再返回原来位置,而节点 C 至节点 A 的信号(CA)仍经主用光纤到达,不受影响。

② 二纤双向复用段保护环

二纤双向复用段保护环是在四纤双向复用段保护环基础上改进得来的。节点 A 至节点 C 的主用光纤 S1 是顺时针传输业务信号,备用光纤 P1 是逆时针传输信号;节点 C 至节点 A 的主用光纤 S2 是逆时针传输业务信号,备用光纤 P2 是顺时针传输信号。

二纤双向复用段保护环采用了时隙交换(TSI)技术,使 S1 光纤和 P2 光纤上的信号都置于一根光纤(称 S1/P2 光纤),利用 S1/P2 光纤的一半时隙(例如,时隙 1 到 M)传 S1 光纤的业务信号,另一半时隙(时隙 $M+1$ 到 N,其中 $M \leqslant N/2$)传 P2 光纤的保护信号。同样 S2 光纤和 P1 光纤上的信号也利用时隙交换技术置于一根光纤(称 S2/P1 光纤)上。由此,四纤环可以简化为二纤环。二纤双向复用段保护环如图 5-10(a)所示。

二纤双向复用段保护环采用 1:1 保护方式,所有节点在支路信号分插功能前的每一高速线路上都有一保护倒换开关。

正常情况下,节点 A 至节点 C 的通信(AC):在节点 A,将业务信号发往主用光纤 S1(即占用 S1/P2 光纤的业务时隙),备用光纤 P1 空闲。业务信号 AC 占用 S1 沿顺时针方向经过节点 B 到达节点 C,落地分路(接收)。节点 C 至节点 A 的通信(CA):在节点 C,将业务信号发往主用光纤 S2(即占用 S2/P1 光纤的业务时隙),备用光纤 P2 空闲。业务信号 CA 占用 S2 沿逆时针方向经过节点 B 到达节点 A,落地分路(接收)。

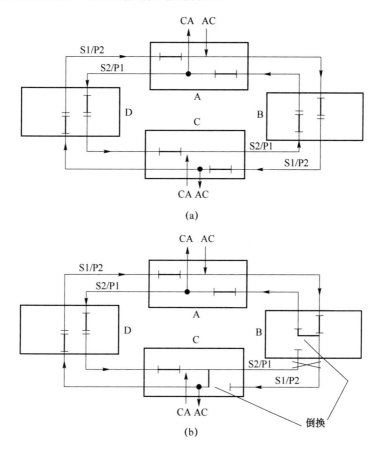

图 5-10　二纤双向复用段保护环

当 BC 节点间光缆被切断,与切断点相邻的节点 B 和节点 C 遵循自动保护倒换(APS)协议执行环回功能,利用倒换开关将 S1/P2 光纤与 S2/P1 光纤连通,如图 5-10(b)所示。

节点 A 至节点 C 的通信(AC):在节点 A,将业务信号发往主用光纤(业务光纤)S1,即占用 S1/P2 光纤的业务时隙,沿顺时针方向到达节点 B;在节点 B,利用倒换开关将业务信号倒换到备用光纤(保护光纤)P1,即占用 S2/P1 光纤的保护时隙,沿逆时针方向经过节点 A、D 到达节点 C;在节点 C,利用倒换开关将业务信号倒换到主用光纤 S1,即占用 S1/P2 光纤的业务时隙,达到正确接收的目的。

节点 C 至节点 A 的通信(CA):在节点 C,将业务信号发往主用光纤(业务光纤)S2,即占用 S2/P1 光纤的业务时隙,然后利用倒换开关将业务信号倒换到备用光纤(保护光纤)P2,即占用 S1/P2 光纤的保护时隙,沿顺时针方向经过节点 D 和 A 到达节点 B;在节点 B,利用倒换开关将业务信号倒换到主用光纤 S2,即占用 S2/P1 光纤的业务时隙,沿逆时针方向到达节点 A,被节点 A 正确接收。

当故障排除后,倒换开关将返回到原来的位置。

3. 子网连接保护

子网连接保护(SNCP)倒换机理类似于通道倒换,如图 5-11 所示。SNCP 采用"并发选收"的保护倒换规则,业务在工作子网和保护子网连接上同时传送。当工作子网连接失效或性能劣化到某一规定的水平时,子网连接的接收端依据优选准则选择保护子网连接上的信号。倒换时一般采取单向倒换方式,因而不需要 APS 协议。

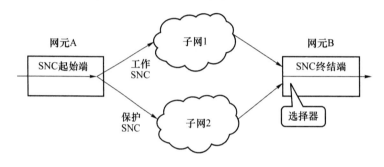

图 5-11　子网连接保护

SNCP 具有以下特点:

(1) 可适用于各种网络拓扑,倒换速度快。

(2) SNCP 在配置方面具有很大的灵活性,特别适用于不断变化、对未来传输需求不能预测的、根据需要可以灵活增加连接的网络。

(3) SNCP 能支持不同厂家的设备混合组网。

(4) SNCP 需要判断整个工作通道的故障与否,对设备的性能要求很高。

5.2.7　SDH 传输网的应用

1. SDH 传输网在电话网及 ATM 网中的应用

早期电话网交换机之间的传输手段采用的是 PDH 系统。由于 SDH 的优势,从 20 世纪 90 年代中期开始,许多城市(地区)电话网交换机之间的传输网基本上都采用 SDH 传输网,这是 SDH 传输网最早、最广泛的应用。

另外,ATM 网交换机之间信元的主要传输方式之一是基于 SDH,即将 ATM 信元映射进 SDH 帧结构中,利用 SDH 网进行传输。

2. SDH 技术在光纤接入网中的应用

光纤接入网根据传输设施中是否采用有源器件,分为有源光网络(AON)和无源光网络(PON)。有源光网络的传输设施中采用了有源器件,它属于点到多点光通信系统,通常用于电信接入网,其传输体制有 PDH 和 SDH,目前一般采用 SDH,网络结构通常为环形。

3. SDH 传输网在宽带 IP 网络中的应用

宽带 IP 网络路由器之间传输 IP 数据报的方式称为骨干传输技术,目前常用的有 IP over SDH/MSTP、IP over DWDM/OTN 等。其中 IP over SDH 主要应用于宽带 IP 城域网的接入层和汇聚层。

IP over SDH(POS)是 IP 技术与 SDH 技术的结合,在 IP 网路由器之间采用 SDH 网传输 IP 数据报。具体地说,IP over SDH 是将 IP 数据报通过点到点协议(PPP)映射到 SDH 帧结构中,然后在 SDH 网中传输。SDH 网为 IP 数据报提供点到点的链路连接,而 IP 数据报的寻址由路由器来完成。

5.3　MSTP 传输网

SDH 传输网主要用于传输 TDM 业务,然而随着 IP 网的迅猛发展,对多业务需求(特别是数据业务)的呼声越来越高,为了能够承载 IP、以太网等业务,基于 SDH 的多业务传送平台(MSTP)则应运而生。

5.3.1　MSTP 的基本概念

1. MSTP 的概念

MSTP 是指基于 SDH,同时实现 TDM、ATM、以太网等业务接入、处理和传送,提供统一网管的多业务传送平台。它将 SDH 的高可靠性、ATM 严格的 QoS 和统计时分复用以及 IP 网络的带宽共享等特征集于一身,可以针对不同 QoS 业务提供最佳传送方式。

以 SDH 为基础的 MSTP 方案的出发点是充分利用大家所熟悉和信任的 SDH 技术,特别是其保护恢复能力,加以改造以适应多业务应用。具体实现方法为:在传统的 SDH 传输平台上集成二层以太网、ATM 等处理能力,将 SDH 对实时业务的有效承载能力和网络二层(如以太网、ATM、弹性分组环等)乃至三层技术所具有的数据业务处理能力有机结合起来,以增强传送节点对多类型业务的综合承载能力。

2. MSTP 的功能模型

MSTP 的功能模型如图 5-12 所示。

MSTP 的功能模型包含了 MSTP 全部的功能模块。实际网络中,根据需要对若干功能模块进行组合,可以配置成与 SDH 的任何一种网元作用类似的 MSTP 设备。

(1) MSTP 的接口类型

基于 SDH 技术的 MSTP 所能提供的接口类型如下。

① 电接口类型

电接口类型包括 PDH 的 2 Mbit/s、34 Mbit/s、140 Mbit/s 等速率类型;155 Mbit/s 的 STM-1 电接口;ATM 电接口;10/100 Mbit/s 以太网电接口等。

② 光接口类型

光接口类型主要有 STM-N 速率光接口、吉比特以太网光接口等。

(2) MSTP 支持的业务

基于 SDH 的 MSTP 设备具有标准的 SDH 功能、ATM 处理功能、IP/以太网处理功能等,

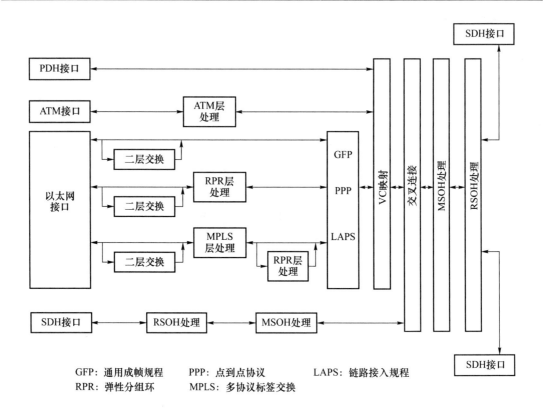

GFP：通用成帧规程　　PPP：点到点协议　　LAPS：链路接入规程
RPR：弹性分组环　　　MPLS：多协议标签交换

图 5-12　MSTP 的功能模型

支持的业务有以下几种。

① TDM 业务

MSTP 节点应能够满足 SDH 网元的基本功能，可实现 SDH 与 PDH 信号（TDM 业务）的映射、复用，同时又能够满足级联的业务要求，并提供级联条件下的 VC 通道的交叉处理能力。

② ATM 业务

MSTP 设备中具有 ATM 的用户接口，增加了 ATM 层处理模块，以提供 ATM 业务。

③ 以太网业务

MSTP 设备中存在两种以太网业务的适配方式，即透传方式和采用二层交换功能的以太网业务适配方式（详见后述）。

（3）内嵌 MPLS 和 RPR 技术的 MSTP

① 内嵌 MPLS 技术的 MSTP

多协议标签交换（MPLS）是一种在开放的通信网上利用标签引导数据高效传输的新技术，它吸收了 ATM 高速交换的优点，并引入面向连接的控制技术，在网络边缘处首先实现第三层路由功能，而在 MPLS 核心网中则采用第二层交换。是一种将标签交换转发和网络层路由技术集于一身的路由与交换技术平台。（有关 MPLS 技术的内容详见 11.4.2）

在 MSTP 中应用 MPLS 技术（MSTP 的功能模型中内嵌 MPLS 处理模块）是为了提高 MSTP 承载以太网业务的灵活性和带宽使用效率的同时，更有效地保证各类业务所需的 QoS，并进一步扩展 MSTP 的联网能力和适用范围。

② 内嵌 RPR 技术的 MSTP

弹性分组环（RPR）技术是一种基于分组交换的光纤传输技术（或者说基于以太网和 SDH

技术的分组交换机制),它采用环形组网方式,能够传送数据、语音、图像等多媒体业务,并能提供 QoS 分类、环网保护等功能。

在 MSTP 中应用 RPR 技术(MSTP 的功能模型中内嵌 RPR 处理模块)的主要目的在于提高承载以太网业务的性能。

3. MSTP 的特点

MSTP 具有以下几个特点。

(1) 继承了 SDH 技术的诸多优点

MSTP 继承了 SDH 技术良好的网络保护倒换性能、对 TDM 业务较好的支持能力等。

(2) 支持多种物理接口

由于 MSTP 设备负责多种业务的接入、汇聚和传输,所以 MSTP 必须支持多种物理接口。

(3) 支持多种协议

MSTP 对多种业务的支持要求其必须具有对多种协议的支持能力。

(4) 提供集成的数字交叉连接功能

MSTP 可以在网络边缘完成大部分数字交叉连接功能,从而节省传输带宽以及省去网络核心层中昂贵的数字交叉连接设备端口。

(5) 具有动态带宽分配和链路高效建立能力

在 MSTP 中可根据业务和用户的即时带宽需求,利用级联技术进行带宽分配和链路配置、维护与管理。

(6) 能提供综合网络管理功能

MSTP 提供对不同协议层的综合管理,便于网络的维护和管理。

5.3.2　MSTP 的级联技术

MSTP 为了有效承载数据业务,如以太网的 10 Mbit/s、100 Mbit/s 和 1 000 Mbit/s(简称 GE)速率的宽带数据业务,需要采用 VC 级联的方式。ITU-T G.707 标准对 VC 级联进行了详细规范。

1. 级联的概念

级联是将多个(X 个)虚容器(VC)组合起来,形成一个容量更大的组合容器的过程。在一定的机制下,组合容器(容量为单个 VC 容量的 X 倍的新容器)可以当作仍然保持比特序列完整性的单个容器使用,以满足大容量数据业务传输的要求。

2. 级联的分类

级联可以分为连续级联(也称为相邻级联)和虚级联,其概念及表示如表 5-2 所示。

表 5-2　连续级联和虚级联

分类	概念	表示
连续级联 (相邻级联)	将同一 STM-N 帧中相邻的 VC 级联,并作为一个整体在相同的路径上进行传送。	VC-n-Xc
虚级联	将多个独立的不一定相邻的 VC(可能位于不同的 STM-N 帧)级联,不同的 VC 可以像未级联一样分别沿不同路径传输,最后在接收端重新组合成为连续的带宽。	VC-n-Xv

其中:VC 表示虚容器;n 表示参与级联的 VC 的级别;X 表示参与级联的 VC 的数目;c 表示连续级联;v 表示虚级联。

5.3.3 以太网业务的封装协议

由图 5-12 可见,以太网数据帧需要首先经过 GFP/LAPS/PPP 封装后,才能映射进虚容器(VC),再经过一些相应的变换,最后复用成 STM-N 信号。

MSTP 中将以太网数据帧封装映射到 SDH 帧时经常使用 3 种协议:第一种是 POS(IP over SDH)使用的点对点协议(PPP);第二种是武汉邮电科学研究院代表中国向 ITU-T 提出的链路接入规程(LAPS);第三种是朗讯科技公司和北方电讯网络公司提出的通用成帧规程(GFP)。

其中,GFP 具有简单、效率高、可靠性高等明显优势,所以应用范围最广泛。下面简单介绍 GFP 的作用和映射模式。

1. GFP 的作用

通用成帧规程(GFP)是一种先进的数据信号适配、映射技术,可以透明地将上层的各种数据信号封装为可以在 SDH 传输网/OTN 中有效传输的信号。它不但可以在字节同步的链路中传送可变长度的数据包,而且可以传送固定长度的数据块。GFP 具有较高的数据封装效率,可满足多业务传输的要求,因此 GFP 适用于高速传输链路。

2. GFP 的映射模式

GFP 可映射多种数据类型,即可以将多种数据帧(如以太网 MAC 帧、PPP 帧等)映射进 GFP 帧。GFP 定义了两种映射模式:帧映射和透明映射。

(1)帧映射

帧映射模式没有固定的帧长,通常接收到完整的一帧后才进行封装处理,适合处理长度可变的 PPP 帧或以太网 MAC 帧。在这种模式下,需要对整个帧进行缓冲来确定帧长度,因而会致使延时时间增加,但这种方式实现简单。

(2)透明映射

透明映射模式有固定的帧长度或固定比特率,可及时处理接收到的业务流量,而不用等待整个帧都收到,适合处理实时业务。

透明映射和帧映射的 GFP 帧结构完全相同,所不同的是帧映射的 GFP 帧净荷区长度可变,最小为 4 字节,最大为 65 535 字节;而透明映射的 GFP 帧为固定长度。

5.3.4 以太网业务在 MSTP 中的实现

基于 SDH 的多业务传送平台(MSTP)技术的提出,主要就是为了传输以太网业务。以太网业务在 MSTP 中的实现有两种方式:透传方式和采用二层交换功能的以太网业务适配方式。

1. 透传方式

透传方式是将来自以太网接口的信号不经过二层交换功能模块,直接进行协议封装和速率适配后映射到 SDH 的虚容器(VC)中,然后通过 SDH 网进行点到点传送。

在此种承载方式中,MSTP 节点并没有解析以太网数据帧(MAC 帧)的内容,即没有读取

MAC 地址以进行交换。透传方式的 MSTP 功能模型如图 5-13 所示。

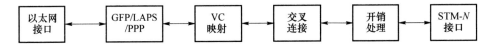

图 5-13 透传方式的 MSTP 功能模型

图 5-13 中信号的处理及变换过程(由左至右)简单叙述如下:

- 以太网接口输出的以太网数据帧(MAC 帧)首先经过 GFP 封装成 GFP 帧(封装协议一般采用 GFP);
- VC 映射模块将 GFP 帧映射成 VC(以 VC-4 为例);
- 若干个 VC-4 经过交叉连接后(输出还是各 VC-4),各 VC-4 加上 AU PTR 构成 AU-4、AUG,N 个 AUG 进行字节间插(图中省略了完成此功能的模块),然后送入开销处理功能模块;
- 在开销处理功能模块中加上复用段开销(MSOH)和再生段开销(RSOH)便构成了 STM-N 信号,送往 STM-N 接口。

透传方式特别是采用 GFP 封装的透传方式满足一般情况下的以太网传送功能,处理简单透明。但由于透传功能缺乏对以太网的二层处理能力,存在对以太网的数据没有二层的业务保护功能、汇聚节点的数目受到限制、组网灵活性不足等问题。

2. 采用二层交换功能的以太网业务适配方式

以太网二层交换机工作在 OSI 参考模型的数据链路层,具有桥接功能,根据 MAC 地址转发数据。其特点是交换速度快,但控制功能弱,没有路由选择功能。

采用二层交换功能的以太网业务适配方式是指在一个或多个用户侧的以太网物理接口与多个独立的网络侧的 VC 通道之间,实现基于以太网链路层的数据帧交换,即经过以太网二层交换。基于二层交换的 MSTP 功能模型如图 5-14 所示。

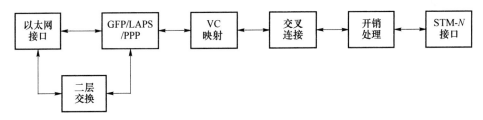

图 5-14 基于二层交换的 MSTP 功能模型

MSTP 融合以太网二层交换功能,可以有效地对多个以太网用户的接入进行本地汇聚,从而提高网络的带宽利用率和用户接入能力。

5.3.5 MSTP 传输网的应用

MSTP 吸收了以太网、ATM、MPLS、RPR 等技术的优点,在 SDH 技术基础上,对业务接口进行了丰富,并且在其业务接口板中增加了以太网、ATM、MPLS、RPR 等处理功能,使之能够基于 SDH 网络支持多种数据业务的传送,所以 MSTP 在 IP 网中获得了广泛的应用。

基于 SDH 的 MSTP 主要应用于宽带 IP 城域网的各个层面,承载多种业务,但特别适合于承载以 TDM 业务为主的混合型业务流。

当 MSTP 设备用于实现宽带 IP 城域网接入功能时(即应用在接入层),一般采用线形和环形拓扑结构;当其应用在宽带 IP 城域网的核心层和汇聚层时,通常采用多环互连的形式。MSTP 在宽带 IP 城域网中的组网应用如图 5-15 所示。

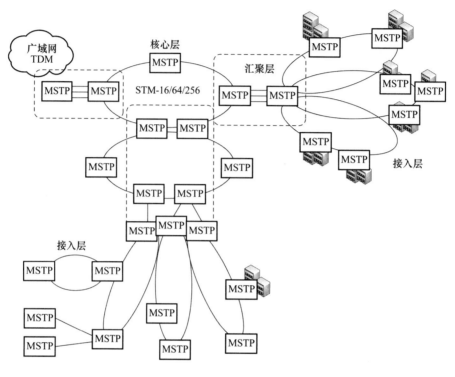

图 5-15　MSTP 在宽带 IP 城域网中的组网应用示意图

目前 MSTP 主要应用在宽带 IP 城域网的汇聚层和接入层。

MSTP 应用在宽带 IP 城域网的汇聚层,完成多种类型业务从接入层到核心层的汇聚和收敛;MSTP 应用在接入层时,负责将不同类型城域网用户所需的各类业务接入城域网中。

5.4　DWDM 传输网

随着光纤通信技术的发展及各种宽带业务对网络容量需求的不断增加,为了更充分地利用光纤的频带资源,提出了波分复用的概念,实现在单根光纤内同时传送多个不同波长的光信号。波分复用技术是未来光网络的基石。

5.4.1　DWDM 的基本概念

1. 波分复用的概念及原理

波分复用(WDM)是利用一根光纤可以同时传输多个不同波长的光载波的特点,把光纤可能应用的波长范围划分为若干个波段,每个波段用做一个独立的信道传输一种预定波长。即 WDM 是在单根光纤内同时传送多个不同波长的光载波,使得光纤通信系统的容量得以倍增的一种技术。

波分复用系统原理示意图如图 5-16 所示。

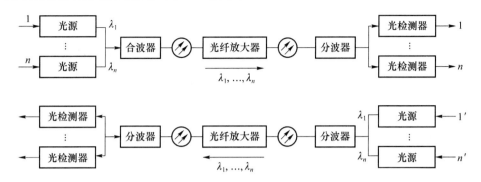

图 5-16 波分复用系统原理示意图

波分复用系统各部分的作用如下：

（1）光源：将各支路信号（电信号）调制到不同波长的光载波上，完成电/光转换。

（2）波分复用器（合波器）：将不同波长的光信号合在一起。

（3）光纤放大器：对多个波长的光信号进行放大，提升衰减的光信号、延长光纤传输距离。

（4）波分解复用器（分波器）：分开各波长的光信号。

（5）光检测器：对不同波长的光载波信号进行解调，还原为各支路信号（电信号）。

需要说明的是，波分复用系统早期使用 1 310/1 550 nm 的 2 波长系统，后来随着 1 550 nm 窗口掺铒光纤放大器（EDFA）的商用化（EDFA 能够对 1 550 nm 波长窗口的光信号进行放大，详情后述），波分复用系统开始采用 1 550 nm 窗口传送多路光载波信号。

2．密集波分复用的概念

波分复用（WDM）根据复用的波长间隔的大小，可分为稀疏波分复用（CWDM）和密集波分复用（DWDM）。

- CWDM 系统的波长间隔为几十纳米（一般为 20 nm）。
- DWDM 系统在 1 550 nm 窗口附近波长间隔只有 0.8～2 nm，甚至小于 0.8 nm（目前一般为 0.2～1.2 nm）。

DWDM 系统在同一根光纤中传输的光载波路数更多，通信容量成倍地得到提高，但其信道间隔小（WDM 系统中，每个波长对应占一个逻辑信道），在实现上所存在的技术难点也比一般的波分复用大些。

3．DWDM 技术的优点

（1）光波分复用器结构简单、体积小、可靠性高

目前实用的光波分复用器是一个无源纤维光学器件，由于不含电源，因而器件具有结构简单、体积小、可靠、易于和光纤耦合等特点。

（2）充分利用光纤带宽资源，超大容量传输

在一些实用的光传输网（如 SDH 网），仅传输一个波长的光信号，其只占据了光纤频谱带宽中极窄的一部分，远远没能充分利用光纤的传输带宽。而 DWDM 技术使单纤传输容量增加几倍至几十倍，充分地利用了光纤带宽资源。

（3）提供透明的传送信道，具有多业务接入能力

波分复用信道的各波长相互独立并对数据格式透明（与信号速率及电调制方式无关），可同时承载多种格式的业务信号，如 SDH、ATM、IP 等。而且将来升级扩容、引入新业务极其方

便,在 DWDM 系统中只要增加一个附加波长就可以引入任意所需的新业务形式,是一种理想的网络扩容手段。

(4) 利用 EDFA 实现超长距离传输

掺铒光纤放大器(EDFA)具有高增益、宽带宽、低噪声等优点,其增益曲线比较平坦的部分几乎覆盖了整个 DWDM 系统的工作波长范围,因此利用一个 EDFA 即可实现对 DWDM 系统的波分复用信号进行放大,以实现系统的超长距离传输,可节省大量中继设备、降低成本。

(5) 可更灵活地进行组网,适应未来光网络建设的要求

由于使用 DWDM 技术,可以在不改变光缆设施的条件下,调整光网络的结构,因而组网设计中极具灵活性和自由度,便于对网络功能和应用范围进行扩展。

4. DWDM 系统的工作方式

(1) 双纤单向传输

双纤单向传输就是一根光纤只完成一个方向光信号的传输,反向光信号的传输由另一根光纤来完成。因此,同一波长在两个方向可以重复利用,DWDM 的双纤单向传输方式如图 5-17 所示。

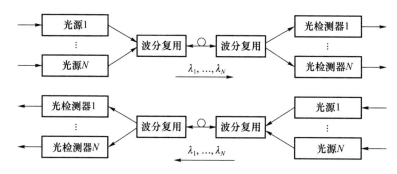

图 5-17　DWDM 的双纤单向传输方式

双纤单向传输方式的优点是在同一根光纤上所有光信道的光波传输方向一致,对于同一个终端设备,收、发波长可以占用一个相同的波长。但缺点是需要两根光纤实现双向传输,光纤资源利用率较低。

目前实用的 DWDM 系统一般采用双纤单向传输方式。

(2) 单纤双向传输

单纤双向传输是在一根光纤中实现两个方向光信号的同时传输,两个方向的光信号应安排在不同的波长上,如图 5-18 所示。

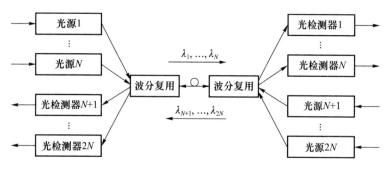

图 5-18　DWDM 的单纤双向传输方式

　　单纤双向传输方式的优点是允许单根光纤携带全双工信道,通常可以比单向传输节约一半光纤器件。但是该系统需要采用特殊的措施,以防止双向信道波长的干扰。

5.4.2　DWDM 系统工作波长

　　ITU-T G.692 建议 DWDM 系统以 193.1 THz(对应的波长为 1 552.52 nm)为绝对参考频率(即标称中心频率的绝对参考点),不同波长的频率间隔应为 100 GHz 的整数倍(波长间隔约为 0.8 nm 的整数倍)或 50 GHz 的整数倍(波长间隔约为 0.4 nm 的整数倍),频率范围为192.1～196.1 THz,即工作波长范围为 1 528.77～1 560.61 nm(约为 1 530～1 561 nm)。

　　DWDM 系统中所采用的信道间隔(波长间隔)越小,光纤的通信容量就越大,系统的利用率也越高。若不同波长的频率间隔为 100 GHz 的整数倍时,复用的波数为 40 波;不同波长的频率间隔为 50 GHz 的整数倍时,复用的波数为 80 波。

　　为了保证不同 DWDM 系统之间的横向兼容性,必须对各个信道的中心频率进行标准化。对于使用 G.652 和 G.655 光纤的 DWDM 系统,G.692 标准给出了 1 550 nm 窗口附近的标准中心波长和中心频率的建议值,表 5-3 列出了其中一部分。

表 5-3　G.692 标准中心波长和标准中心频率(部分)

序号	标准中心频率/THz(50 GHz 间隔)	标准中频率/THz(100 GHz 间隔)	标准中心波长/nm
1	196.10	196.10	1 528.77
2	196.05	—	1 529.16
3	196.00	196.00	1 529.55
4	195.95	—	1 529.94
5	195.90	195.90	1 530.33
6	195.85	—	1 530.72
7	195.80	195.80	1 531.12
8	195.75	—	1 531.51
9	195.70	195.70	1 531.90
10	195.65	—	1 532.29
11	195.60	195.60	1 532.68
12	195.55	—	1 533.07
13	195.50	195.50	1 533.47
14	195.45	—	1 533.86
15	195.40	195.40	1 534.25
16	195.35	—	1 534.64
17	195.30	195.30	1 535.04
18	195.25	—	1 535.43
19	195.20	195.20	1 535.82
20	195.15	—	1 536.22

5.4.3 DWDM 系统的组成

1. 典型的 DWDM 系统

典型的 DWDM 系统(单向)组成如图 5-19 所示。

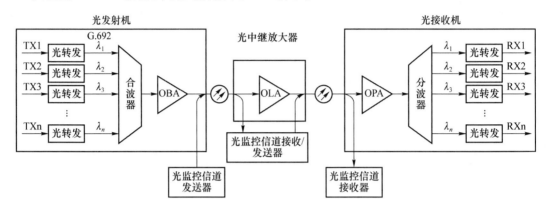

图 5-19　DWDM 系统组成示意图

DWDM 系统由发送/接收光复用终端单元(即光发射机/光接收机)和中继线路放大单元组成。

- 发送光复用终端单元(光发射机)主要包括光源(不接 SDH 系统的、单独的 DWDM 系统需要光源)、光转发器(光波长转换器 OTU)、合波器(光波分复用器)和光后置放大器(OBA)等。
- 中继线路放大单元包括光线路放大器(OLA)(光中继放大器)、光纤线路和光监控信道(OSC)接收/发送器等。
- 接收光复用终端单元(光接收机)主要包括光前置放大器(OPA)、分波器(光波分解复用器)、光转发器和光检测器(不接 SDH 系统的、单独的 DWDM 系统需要光检测器)等。

下面分别介绍 DWDM 系统中光波长转换器(OTU)、光波分复用器/解复用器、光放大器以及光监控信道(OSC)的相应内容。

2. 光波长转换器(OTU)

DWDM 系统主要承载的业务信号是 SDH 信号。SDH 与 DWDM 是客户层与服务层的关系,SDH 系统用于承载业务,DWDM 系统为 SDH 系统提供传输通道。所以在实际应用中,常常将 SDH 系统接入 DWDM 系统。

OTU 的基本功能是完成 G.957 标准(SDH 光接口非规范的波长标准)到 G.692 标准(DWDM 光接口标准)的波长转换的功能,使得 SDH 系统能够接入 DWDM 系统,如图 5-20所示。

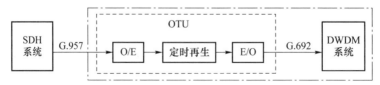

图 5-20　OTU 的功能示意图

另外,OTU 还可以根据需要增加定时再生的功能。没有定时再生电路的 OTU 实际上只是完成波长转换,适用于传输距离较短,仅以波长转换为目的的情况,一般用在 DWDM 网络边缘满足 SDH 系统的接入。

3. 波分复用器件

DWDM 系统的核心部件是光波分复用器(合波器)和光波分解复用器(分波器),统称为波分复用器件,其特性好坏在很大程度上决定了整个系统的性能。

光波分复用器(合波器)的作用是将不同波长的光载波信号汇合在一起,用一根光纤传输;光波分解复用器(分波器)的作用是对各种波长的光载波信号进行分离。分波器与合波器双向互逆。

4. 光放大器

(1) 光放大器的作用

光放大器的作用是提升衰减的光信号、延长光纤的传输距离,它不需要光/电/光转换过程,可以对单个或多个波长的光信号直接放大;而且光放大器支持任何比特率和信号格式,即光放大器对任何比特率以及信号格式都是透明的。

光放大器有若干种,现在实用的 DWDM 系统都采用掺铒光纤放大器(EDFA)。

(2) 掺铒光纤放大器(EDFA)的简单原理

铒(Er)是一种稀土元素,在制造光纤过程中,向其掺入一定量的三价铒离子,便形成了掺铒光纤(EDF)。向在掺铒光纤中传输的光信号中注入泵浦光,使之吸收泵浦信号能量,可实现信号光在掺铒光纤的传输过程中不断被放大的功能。当具有 1 550 nm 波长的光信号通过这段掺铒光纤时,可被放大。

通常 EDFA 所使用的泵浦光源的发光波长为 980 nm 或 1 480 nm,其泵浦效率高于其他波长。

(3) 掺铒光纤放大器(EDFA)的应用

根据光放大器在系统中的位置和作用,可以有光后置放大器(OBA)、光线路放大器(OLA)和光前置放大器(OPA)三种应用方式(参见图 5-19)。

① 光后置放大器(OBA)

将光放大器接在光发送机(光发射机)中的合波器后,用于对合波后的光信号进行放大,以提高光发送机的发送功率,增加传输距离,这种放大器也称为功率放大器。

② 光线路放大器(OLA)

将光线路放大器(即光中继放大器)代替光电光混合中继器,用于补偿线路的传输损耗,适用于多信道光波系统,可以节约大量的设备投资。

③ 光前置放大器(OPA)

将光放大器接在光接收机中的分波器前,用于对光信号放大,以提高接收机的灵敏度和信噪比。

5. 光监控信道(OSC)

(1) DWDM 系统光监控信道的作用

掺铒光纤放大器(EDFA)用作光后置放大器(OBA)或光前置放大器(OPA)时,发送/接收光复用终端单元自身用的光监控信道(OSC)模块就可用于对 DWDM 系统进行监控。而对于用作光线路放大器(OLA)的 EDFA 的监控管理,就必须采用单独的光信道来传输监控管理信息(即增加一个新的波长来传输监控管理信息),这个额外的监控信道就是光监控信道(OSC)。

（2）DWDM 系统的监控方式

DWDM 系统的监控方式有两种：带内波长监控和带外波长监控。一般采用带外波长监控。

所谓带外波长监控就是 ITU-T 建议采用一个特定波长（用 λ_s 表示）作为光监控信道，传送监控管理信息，此波长位于 EDFA 增益带宽之外，所以称为带外波长监控技术。λ_s 可选 1 310 nm、1 480 nm 及 1 510 nm，优选 1 510 nm。

带外监控信号不能通过 EDFA，必须在 EDFA 前取出，在 EDFA 之后插入。具体为：在光发射机中利用耦合器将光监控信道发送器输出的光监控信号（波长为 λ_s 的光信号）插入多波道业务信号（主信道）之中；为了能获得相应的监控管理信息，在线路中的 EDFA 前取出波长为 λ_s 的监控信号，送入光监控信道接收器，在 EDFA 后再插入波长为 λ_s 的监控信号，直至接收端；在接收端所接收的各波长信号中分离出监控信号（λ_s），送入光监控信道接收器进行监控。

显然，在 DWDM 系统的整个传送过程中，光监控信道（OSC）没有参与放大，但在每一个站点，都被终结和再生了。

5.4.4 DWDM 传输网的关键设备

DWDM 传输网的关键设备主要包括光终端复用器（OTM）、光分插复用器（OADM）和光交叉连接（OXC）设备。其中光分插复用器（OADM）和光交叉连接（OXC）设备属于 DWDM 传输网的节点设备。

1. 光终端复用器

光终端复用器（OTM）包含复用/解复用模块、光波长转换模块、光放大模块、光监控信道（OSC）模块以及其他辅助处理模块。

OTM 在 DWDM 系统中作为线路终端传送单元，其主要功能如下。

（1）波分复用/解复用

OTM 在发送端完成光波分复用器（合波器）的功能；在接收端完成光波分解复用器（分波器）的功能。

（2）光波长转换

在发送端将 G.957 标准的波长转换成符合 G.692 规定的接口波长标准，接收端完成相反的变换。

（3）光信号放大

在发送端对合波后的光信号进行放大（光后置放大），提高光信号的发送功率，以延长传输距离；在接收端对接收到的光信号进行放大（光前置放大），以提高接收机的灵敏度和信噪比。

（4）光监控信道的插入和取出

在发送端光后置放大之后，将波长为 λ_s 的光监控信道插入到主信道之中；在接收端光前置放大之前，取出（分离出）光监控信道。

2. 光分插复用器

光分插复用器（OADM）的功能类似于 SDH 传输网中的分插复用器（ADM），只是它可以直接以光波信号为操作对象，利用光波分复用技术在光域上实现波长信道的上下。

OADM 可以从多波长信道中有选择地下路某一波长的光信号，同时上路包含了新信息的该波长的光信号,而不影响其他波长信道的传输。OADM 对于实现灵活的 DWDM 组网和业务上下具有至关重要的作用。

OADM 一般设置为链形网的中间节点及环形网的节点,其主要功能如下。

(1) 波长上下

波长上下是指要求给定波长的光信号从对应端口输出或插入,并且每次操作不应造成直通波长质量的劣化,给直通波长介入的衰减要低。

(2) 波长转换

若要使与 DWDM 标准波长相同以及不同的波长信号都能通过 DWDM 网络进行传输,要求 OADM 具有波长转换能力。OADM 的波长转换功能,既包括标准波长的转换(建立环路保护时,需将主用波长中所传输信号转换到备用波长中),还包括将外来的非标准波长信号转换成标准波长,使之能够利用相应波长的信道实现信息的传输。

(3) 业务保护

提供复用段和通道保护倒换功能,支持各种自愈环。

(4) 光中继放大和功率平衡

OADM 可通过光放大单元来补偿光线路衰减和 OADM 插入损耗所带来的光功率损耗;功率平衡是在合成多波信号前对各个信道进行功率上的调节。

(5) 管理功能

OADM 具有对每个上、下的波长进行监控等功能。

3. 光交叉连接设备

光交叉连接(OXC)设备的功能类似于 SDH 传输网中的数字交叉连接(DXC)设备,只不过是以光波信号为操作对象在光域上实现交叉连接的,无须进行光/电、电/光转换和电信号处理。

光交叉连接(OXC)设备具有如下主要功能:

(1) 路由和交叉连接功能:将来自不同链路的相同波长或不同波长的信号进行交叉连接。

(2) 连接和带宽管理功能:能够响应各种带宽请求,寻找合适的波长信道,为到来的业务量建立连接。

(3) 上、下路功能。

(4) 保护和恢复功能:可提供对链路和节点失效的保护和恢复能力。

(5) 波长转换功能。

(6) 波长汇聚功能:可以将不同速率或者相同速率的、去往相同方向的低速波长信号进行汇聚,形成一个更高速率的波长信号在网络中传输。

(7) 管理功能:光交叉连接设备具有对进、出节点的每个波长进行监控的功能等。

5.4.5　DWDM 传输网的组网方式及应用

1. DWDM 传输网的组网方式

DWDM 传输网的组网方式(指组网结构)包括点到点组网、链形组网、环形组网和网状网组网。

(1) 点到点组网

点到点组网是最普遍、最简单的一种方式,它不需要光分插复用器(OADM),只由光终端复用器(OTM)和光线路放大器(OLA)组成,如图 5-21 所示。

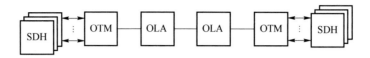

图 5-21　DWDM 点到点组网

点到点组网的特点是结构简单、成本低,增加光纤带宽利用率,但缺乏灵活性。

(2) 链形组网

链形组网是在光终端复用器(OTM)之间设置光分插复用器(OADM),如图 5-22 所示。

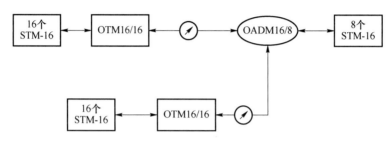

图 5-22　DWDM 链形组网

链形组网的特点与点到点组网类似,其结构简单、成本较低,另外可以实现灵活的波长上下业务,而且便于采用线路保护方式进行业务保护,但若主备用光纤同缆复用,则当光缆完全中断时,此种保护功能失效。

(3) 环形组网

环形组网如图 5-23 所示,其节点一般设置为光分插复用器(OADM)。

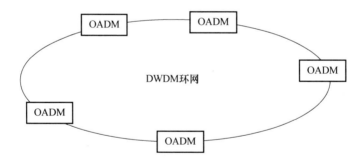

图 5-23　DWDM 环形组网

环形组网的特点为:一次性投资要比链形网络大,但其结构也简单,而且在系统出现故障时,可采用基于波长的自愈环,实现快速保护。

在实际 DWDM 组网中,可根据情况采用多环相交的结构,如图 5-24 所示。

多环相交组网结构的优点是在几个环的相交节点可使用 OXC 设备,更为灵活地配置网络,但成本比节点均设置为 OADM 的环形网增大。

(4) 网状网组网

网状网组网如图 5-25 所示,每个节点上均需设置一个 OXC 设备。

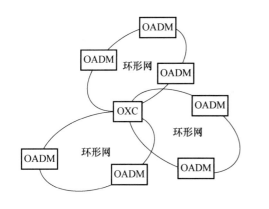

图 5-24　DWDM 多环相交的组网

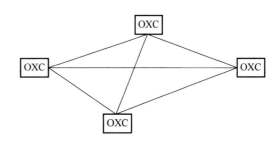

图 5-25　DWDM 网状网组网

网状网组网的特点是可靠性高,生存性强(利用 OXC 设备通过重选路由实现);但由于 OXC 设备价格昂贵,投资成本较大。所以这种拓扑结构适合在业务量大且密度相对集中地区采用。

以上介绍的 DWDM 的几种组网方式,在实际应用中,应综合考虑各种因素酌情选择。

随着 IP 业务的迅猛发展,IP 网络的规模和容量随之迅速增大,为了满足业务需求,基础承载网的建设将逐渐采用以可重构光分插复用器(ROADM)(详见 5.5.5)为标志的光层灵活组网技术,使 DWDM 传输网从简单的点到点过渡到环网和多环相交的组网结构,最终实现网状网组网。

2. DWDM 传输网的应用

DWDM 技术由于其自身的优势,在 IP 网中得到越来越广泛的应用。DWDM 网络可作为 IP 路由器之间的传输网,但由于 DWDM 要求高性能的器件,价格较高,所以一般用于 IP 骨干网,包括省级干线网络和本地/城域传输网核心层。

(1) IP over DWDM 的概念

IP over DWDM 是 IP 与 DWDM 技术相结合的标志,它是在 IP 网路由器之间采用 DWDM 网传输 IP 数据报。

在 IP over DWDM 网络中,路由器通过 OADM、OXC 设备等直接连至 DWDM 光纤,由这些设备控制波长接入、交叉连接、选路和保护等。

(2) IP over DWDM 的网络结构

IP over DWDM 的网络结构一般有两种情况。

小型 IP over DWDM 的网络结构是路由器之间由 OADM 组成环形网,适用于业务量较少或密度相对分散地区。

大型 IP over DWDM 网络结构如图 5-26 所示。

图中路由器之间是由 OXC 设备和 OADM 构成的大型 DWDM 光网络,其核心部分采用网状网结构,边缘部分采用若干个环形结构(通过 OXC 设备与核心部分网络相连),此种网络结构适用于业务量较大且密度相对集中地区。

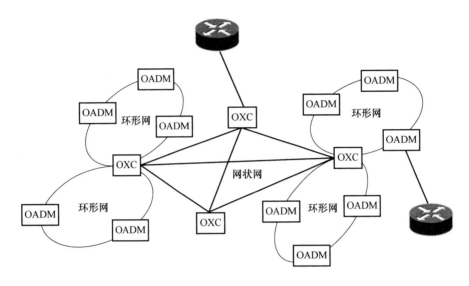

图 5-26　大型 IP over DWDM 网络结构

5.5　光传送网

当今,通信网络已经进入全业务运营时代,对传送带宽的需求越来越大,因此,需要一种能提供大颗粒业务传送和交叉调度的新型光网络。光传送网(OTN)继承并拓展了已有传送网络的众多优势特征,是目前面向宽带客户数据业务驱动的全新的最佳传送技术之一,代表着光网络未来的发展趋势。

5.5.1　OTN 的基本概念

1. OTN 的产生背景

传统的 SDH 传输网,由于受电信号处理速率的限制,传输带宽不超过 40G,与早期的DWDM 网络结合后,信道传输带宽得到扩展,但早期 DWDM 网络只能提供点对点的光传输,组网和对光信号传输的维护监测能力不足。

为克服 SDH 传输网以及早期 DWDM 网络的缺陷,以满足宽带业务需求,国际电信联盟(ITU-T)于 1998 年提出了基于大颗粒业务带宽进行组网、调度和传送的新型技术——光传送网(OTN)的概念。

2. OTN 的概念

所谓光传送网(OTN),从功能上看,就是在光域内实现业务信号的传送、复用、路由选择和监控,并保证其性能指标和生存性。它的出发点是子网内全光透明,而在子网边界采用 O/E和 E/O 技术。OTN 可以支持多种上层业务或协议,如 SDH、ATM、以太网、IP 等,是适应各种通信网络演进的理想基础传送网络。

从技术本质上而言,OTN 技术是对已有的 SDH 和 DWDM 技术的传统优势进行了更为有效的继承和组合,既可以像 DWDM 网络那样提供超大容量的带宽,又可以像 SDH 传输网那样可运营可管理;并考虑了大颗粒传送和端到端维护等新的需求,将业务信号的处理和传送分别在电域和光域内进行;而且扩展了与业务传送需求相适应的组网功能。

从设备类型上来看,OTN 设备相当于将 SDH 和 DWDM 传输网设备融合为一种设备,同时拓展了原有设备类型的优势功能。OTN 的关键设备包括:光终端复用器(OTM)、电交叉连接设备、光交叉连接设备(具体采用 ROADM)、光电混合交叉连接设备(详见后述)。

OTN 设计的初衷是希望将 SDH 作为净负荷完全封装到 OTN 中;DWDM 相当于是 OTN 的一个子集。

3. OTN 的特点

OTN 技术已成为当今最热门的传输技术之一,其主要特点如下。

(1) 可提供多种客户信号的封装和透明传输

基于 G.709 标准的 OTN 帧结构可以支持多种客户信号的映射和透明传输,如 SDH、ATM、以太网业务等。

(2) 大颗粒的带宽复用和交叉调度能力

- 基于电层的交叉调度:OTN 可实现电层的基于单个 ODUk 颗粒的交叉连接($k=1$, 2,3,对应的客户信号速率分别为 2.5 Gbit/s、10 Gbit/s、40 Gbit/s;ODUk 的概念后述)。
- 基于光层的波长交叉调度:光层的带宽颗粒是波长,即 OTN 可实现基于单个波长的交叉连接。在光层上是利用可重构光分插复用器(ROADM)来实现波长业务的调度,基于子波长和波长多层面调度,从而实现更精细的带宽管理,提高调度效率及网络带宽利用率。

(3) 提供强大的保护恢复能力

OTN 在电层和光层可支持不同的保护恢复技术:

- 在电层支持基于 ODUk 的子网连接保护(SNCP)和环网保护等;
- 在光层支持基于波长的线性保护和环网保护等。

(4) 强大的开销和维护管理能力

OTN 定义了丰富的开销字节,大大增强了数据监视能力,可提供 6 层嵌套串联连接监视(TCM)功能,以便实现端到端和多个分段的同时性能监视。

(5) 增强了组网能力

通过 OTN 的帧结构、ODUk 交叉连接和多粒度 ROADM 的引入大大增强了光传送网的组网能力。

5.5.2 OTN 的分层模型

1. 光通道、光复用段和光传输段的概念

为了帮助读者理解 OTN 的分层模型,在此首先介绍光通道、光复用段、光传输段的概念。

这里只考虑一个光域子网(即不加再生器)的情况,光通道、光复用段、光传输段的简单理解如图 5-27 所示。

图 5-27(a)是点到点组网时光通道、光复用段、光传输段的示意图,若考虑中间设置 ROADM 或 OADM(即链形组网),则光通道、光复用段、光传输段的示意图参见图 5-27(b)。

由图 5-27 可见:

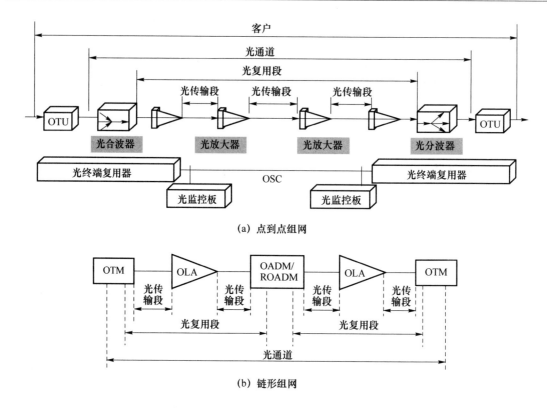

(a) 点到点组网

(b) 链形组网

图 5-27　光通道、光复用段、光传输段示意图

- 光通道——收发两端光波长转换器(OTU)之间(不包括 OTU)称为光通道。
- 光复用段——对于点到点组网,发端 OTM 中的合波器输出点与收端 OTM 中的分波器输入点之间称为光复用段(如图 5-27(a)所示);对于链形组网,发端 OTM 中的合波器与 ROADM/OADM 之间、ROADM/OADM 与收端 OTM 中的分波器之间称为光复用段(如图 5-27(b)所示)。
- 光传输段——OTM 与光线路放大器(OLA)之间、OLA 与 ROADM/OADM 之间、两个相邻 OLA 之间均称为光传输段。

2. OTN 的分层模型

OTN 的分层模型是将其功能逻辑上分层,G.872 建议的 OTN 的分层模型(也称为分层结构)如图 5-28 所示。

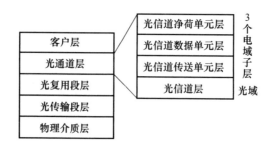

图 5-28　G.872 建议的 OTN 分层模型

客户层产生各种客户信号。OTN 分层结构包括光通道(OCh)层、光复用段(OMS)层、光

传输段(OTS)层和物理介质层。

光通道(OCh)层又进一步分为光信道净荷单元(OPU)层、光信道数据单元(ODU)层、光信道传送单元(OTU)层(3个电域子层)和光信道(OCh)层(光域子层)。(注意:这里的OTU代表光信道传送单元,请不要与光波长转换器OTU混淆,要根据上下文加以区分。)

OTN分层模型的各层功能如下。

(1)光通道(OCh)层

光通道(OCh)层负责进行路由选择和波长分配,从而可灵活地安排光通道连接、光通道开销处理以及监控功能等;当网络出现故障时,能够按照系统所提供的保护功能重新建立路由或完成保护倒换操作。各子层的具体功能为:

- 光信道净荷单元(OPU)层——用于客户信号的适配。
- 光信道数据单元(ODU)层——用于支持光通道的维护和运行(TCM管理、自动保护倒换等)。
- 光信道传送单元(OTU)层——用于支持一个或多个光通道连接的传送运行功能。
- 光信道(OCh)层——完成电/光(电/光)变换,负责光通道的故障管理和维护等。

(2)光复用段(OMS)层

光复用段(OMS)层主要负责为两个相邻波长复用器之间的多波长信号提供连接功能,包括波分复用(解复用)、光复用段开销处理和光复用段监控功能。光复用段开销处理功能是用来保证多波长复用段所传输信息的完整性的功能,而光复用段监控功能则是对光复用段进行操作、维护和管理的保障。

(3)光传输段(OTS)层

光传输段(OTS)层为各种不同类型的光传输介质(如G.652、G.655光纤等)上所携带的光信号提供传输功能,包括光传输段开销处理功能和光传输段监控功能。光传输段开销处理功能是用来保证光传输段所传输信息的完整性,而光传输段监控功能则是对光传输段进行操作、管理和维护的重要保障。

(4)物理介质层

物理介质层完成与各种光纤物理介质传送有关的功能。

5.5.3 OTN 的接口信息结构

1. OTN 的分域

OTN从水平方向可分为不同的管理域,其中单个管理域可以由单个设备商的OTN设备组成,也可由运营商的某个光网络或光域子网组成,如图5-29所示。

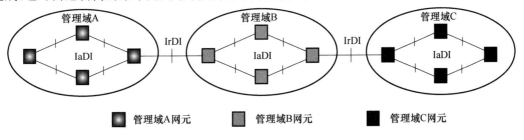

图 5-29 OTN 的分域

不同管理域之间的物理连接称为域间接口(IrDI),域内的物理连接称为域内接口(IaDI)。

2. OTN 的接口信息结构种类

用于支持 OTN 接口(OTN 设备与光传输线路之间的接口)的信息结构被称为光传送模块 OTM-n,分为两种结构:完整功能 OTM 接口信息结构——OTM-n.m,简化功能 OTM 接口信息结构——OTM-nr.m 和 OTM-0.m。

OTN 的接口信息结构如表 5-4 所示。

表 5-4 OTN 的接口信息结构

种类	作用	符号含义
完整功能 OTM 接口:OTM-n.m	用作同一管理域内各节点之间的域内中继连接接口 IaDI(自身的波分设备之间互连),无法和其他厂家波分设备互通。	n:接口支持的波长数,(例如,n=40,n=80),n 为 0 表示 1 个波长;m:接口支持的比特率或比特率集合;
简化功能 OTM 接口:OTM-nr.m 和 OTM-0.m	用作不同管理域间各节点之间的域间中继连接接口 IrDI,即用于和其他厂家的波分设备互连。	r:简化功能;OTM-0.m 不需要标记 r,(1 个波长的情况只能是简化功能)。

3. OTN 分层模型中各层的信息结构

OTN 分层模型中各层的信息结构如图 5-30 所示。

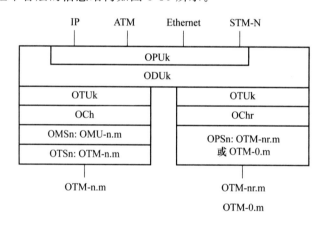

图 5-30 OTN 分层模型中各层的信息结构

客户层产生各种客户信号(如 IP/MPLS、ATM、以太网、SDH 信号),下面分别介绍对应于完整功能 OTM 接口和简化功能 OTM 接口 OTN 分层模型中各层的信息结构。

(1) 完整功能 OTM 接口

对应于完整功能 OTM 接口,OTN 分层模型中各层的信息结构如下:

- 光信道净荷单元(OPU)层的信息结构——光信道(通道)净荷单元 OPUk(电信号)。
- 光信道数据单元(ODU)层的信息结构——光信道(通道)数据单元 ODUk(电信号)。
- 光信道传送单元(OTU)层的信息结构——完全标准化的光信道(通道)传送单元 OTUk(电信号)。
- 光信道(OCh)层的信息结构——光信道(通道)单元 OCh(光信号)。
- 光复用段(OMS)层的信息结构——光复用段(OMS)单元 OMU-n.m(光信号),可以简单理解为 OMU-n.m 包含 n 个 OCh(实际变换过程及关系较为复杂)。

- 光传输段（OTS）层的信息结构——光传输段（OTS）单元 OTM-n.m（光信号，即完整功能 OTM 接口信息结构）。

其中：$k=1$，对应的客户信号速率为 2.5 Gbit/s；$k=2$，对应的客户信号速率为 10 Gbit/s；$k=3$，对应的客户信号速率为 40 Gbit/s。

（2）简化功能 OTM 接口

对应于简化功能 OTM 接口，OTN 分层模型中各层的信息结构如下：

- 光信道净荷单元（OPU）层的信息结构——光信道（通道）净荷单元 OPUk（电信号）。
- 光信道数据单元（ODU）层的信息结构——光信道（通道）数据单元 ODUk（电信号）。
- 光信道传送单元（OTU）层的信息结构——完全标准化的光信道（通道）传送单元 OTUk（电信号）。
- 光信道（OCh）层的信息结构——光信道（通道）单元 OChr（光信号）。
- 光物理段（OPS）层的信息结构——简化功能 OTM 接口的光物理段（OPS）层对应着完整功能 OTM 接口的光复用段（OMS）层和光传输段（OTS）层，其信息结构为 OTM-nr.m 或 OTM-0.m（光信号，即简化功能 OTM 接口信息结构）。

5.5.4　OTN 的帧结构

早期的波分设备没有统一的帧格式，客户信号直接在波长上传输。导致波分设备必须能检测客户信号和线路信号的质量，这就要求在客户节点和线路节点都要识别所有类型客户信号的帧格式，并执行相应的性能检测，最终导致性能检测需要花很高的成本；而且客户信号直接传输时无法执行业务汇聚，极大地浪费光纤的带宽。

OTN 统一的帧格式有了波分设备专用开销，从而能利用这些开销提高波分设备的维护管理能力。

从狭义的角度说，OTN 帧就是光通道传送单元 OTUk 帧，OTUk 帧是 OTN 信号在电层的帧格式，光传送模块 OTM-n 可以理解为 n 个 OTUk 同时传送。

OTUk（$k=1,2,3$）帧为基于字节的 4 行 4 080 列的块状结构，如图 5-31 所示。

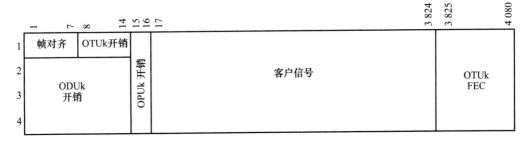

图 5-31　OTUk 帧结构

- 第 15 到 3 824 列为 OPUk，其中第 15 和 16 列为 OPUk 开销区域，第 17 到 3 824 列为 OPUk 净荷区域。客户信号位于 OPUk 净荷区域，即客户信号占 4 行 3 808 列，OPUk 占 4 行 3 810 列。
- ODUk 约占 4 行 3 824 列，由 ODUk 开销和 OPUk 组成，其中左下角第 2 至 4 行的第 1 至 14 列为 ODUk 开销区域。（实际上，第 1 行的第 1 至 14 列不属于 ODUk，为帧对齐和 OTUk 开销区域)。

- 第 1 行的第 8 至 14 列为 OTUk 开销区域,帧的右侧第 3 825 到 4 080 共 256 列为 FEC 区域,再加上 ODUk 构成 OTUk。
- 帧定位(帧对齐)开销区域位于帧头的第 1 行、第 1 至 7 列。

OTU1/2/3 所对应的客户信号速率分别为 2.5 G/10 G/40 Gbit/s。值得强调的是,各级别的 OTUk 的帧结构相同,但帧周期不同,级别越高,则帧频率和速率也就越高(帧周期越短)。

另外需要说明的是:ODUk 帧是 OTUk 帧的一部分,是电层处理时用到的帧格式,例如电层交叉连接是在 ODUk 上实现的。

5.5.5 OTN 的关键设备

OTN 的关键设备主要包括:具有 OTN 接口的光终端复用器、电交叉连接设备、光交叉连接设备和光电混合交叉连接设备。

1. 光终端复用器(OTM)

具有 OTN 接口的光终端复用器(OTM)指支持电层(ODUk)和光层(OCh)复用的 DWDM 设备,其功能模型如图 5-32 所示。

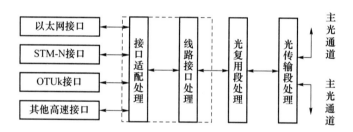

图 5-32 光终端复用器(OTM)的功能模型

图 5-32 中各功能模块的简单功能为:

(1) 接口适配处理模块完成 OTN 分层模型中 OPU 子层和 ODU 子层功能,线路接口处理模块完成 OTU 子层和 OCh 子层功能。接口适配处理和线路接口处理模块合在一起称为光通道处理模块,完成光通道层功能。

(2) 光复用段处理模块完成光复用段层功能。

(3) 光传输段处理模块完成光传输段层功能。

归纳起来,光终端复用器(OTM)的主要作用是:将各种客户信号通过接口适配处理、线路接口处理、光复用段处理和光传输段处理,形成完整功能接口的信息结构 OTMn.m(或完成相反的变换)。

2. 电交叉连接设备

电交叉连接设备为基于单个 ODUk 颗粒的交叉连接设备,支持任意 ODUk 到任意波长的交叉连接,可以实现业务的端口到端口灵活调度。电交叉连接设备的功能模型如图 5-33 所示。

电交叉连接设备的主要功能如下。

(1) 接口能力

可以为 SDH 网、ATM 网、以太网等多种业务网络提供传输接口,并能提供标准的 OTN

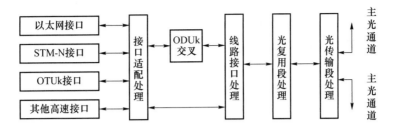

图 5-33　电交叉连接设备的功能模型

IrDI(域间接口),以连接其他 OTN 设备。

(2) 交叉能力

提供 ODUk 调度能力,支持一个或多个级别 ODUk 电路调度,实现基于 ODUk 颗粒的交叉连接。

(3) 保护能力

提供 ODUk 通道保护恢复能力。

(4) 管理能力

提供端到端的 ODUk 通道的配置和性能/告警监视功能。

(5) 智能功能

支持 GMPLS(通用多协议标签交换)控制平面,实现 ODUk 通道自动建立、自动发现和恢复等智能功能。

3. 光交叉连接设备

OTN 的光交叉连接设备具体采用的是可重构光分插复用器(ROADM),为基于单个波长的交叉连接(支持 OCh 的光交叉),支持任意波长到任意端口的指配,配合可调谐光波长转换器(OTU),实现光网络波长自由上下。光交叉连接设备的功能模型如图 5-34 所示。

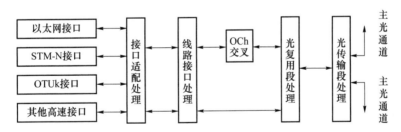

图 5-34　光交叉连接设备的功能模型

光交叉连接设备的主要功能如下。

(1) 接口能力

可以为 SDH 网、ATM 网、以太网等多种业务网络提供传输接口,并能提供标准的 OTN IrDI(域间接口),以连接其他 OTN 设备。

(2) 交叉能力

提供 OCh 调度能力,支持多方向的波长任意重构,支持任意方向的波长上下。

(3) 保护能力

提供 OCh 通道保护恢复能力。

(4) 管理能力

提供端到端 OCh 通道的配置和性能/告警监视功能。

（5）智能功能

支持 GMPLS 控制平面,实现 OCh 通道自动建立,自动发现和恢复等智能功能。

4. 光电混合交叉连接设备

光电混合交叉设备是支持 ODUk 的电交叉连接与支持 OCh 的光交叉连接设备,可同时提供 ODUk 电层与 OCh 光层调度能力。其功能模型如图 5-35 所示。

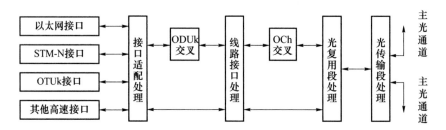

图 5-35　光电混合交叉设备的功能模型

光电混合交叉连接设备的主要功能如下。

（1）接口能力

可以为 SDH 网、ATM 网、以太网等多种业务网络提供传输接口,并能提供标准的 OTN IrDI(域间接口),以连接其他 OTN 设备。

（2）交叉能力

提供 OCh 调度能力,具备 ROADM 功能,支持多方向的波长任意重构,支持任意方向的波长上下;提供 ODUk 调度能力,支持一个或者多个级别 ODUk 电路调度。

（3）保护能力

提供 ODUk、OCh 通道保护恢复协调能力,在进行保护和恢复时不发生冲突。

（4）管理能力

提供端到端的 ODUk、OCh 通道的配置和性能/告警监视功能。

（5）智能功能

支持 GMPLS 控制平面,实现 ODUk、OCh 通道自动建立,自动发现和恢复等智能功能。

5.5.6　OTN 的保护方式

OTN 提供的组网和保护功能是保证高层业务 QoS 的关键措施之一。其保护方式分为:线性保护、子网连接保护(SNCP)和环网保护等。

1. 线性保护

线性保护具体包括:光线路保护(OLP)、光复用段保护(OMSP)和光通道保护(OCP)3 种。

这 3 种线路保护方式之间的区别在于保护的范围不同。其保护倒换原理与 SDH 传输网的线路保护方式相同。

2. 子网连接保护

子网连接保护(SNCP)是一种专用的点倒点的保护机制,可用在任何一种物理拓扑结构(环形、网状和混合结构等)的网络中,可以对部分或全部网络节点实行保护。子网连接保护主要采用基于 ODUk 的 1+1 保护方式,其保护倒换原理同样与 SDH 传输网的子网连接保护原理一样。

3．环网保护

环网保护包括光层保护和电层保护两种(其保护原理与 SDH 的环网保护类似):

- 光层保护——采用光波长(OCh)共享环保护(1∶1 保护)。
- 电层保护——采用 ODUk 共享环保护(1∶1 保护)。

由于篇幅所限,在此对各种保护的原理不再作具体介绍。

5.5.7 OTN 的应用及发展趋势

1．OTN 的应用

OTN 的组网结构与 DWDM 传输网的组网结构相同,主要有点到点、链形、环形和网状网组网,应用比较多的是环形和网状网结构。

目前,网络及业务的 IP 化、新业务的开展及宽带用户的迅速增加,IP 业务通过 POS 或者以太网接口直接上载到现有 DWDM 网络,将面临组网、保护和维护管理等方面的缺陷。DWDM 网络需要逐渐升级过渡到 OTN,而基于 OTN 技术的组网则应逐渐占据传送网主导地位。

IP over OTN 的承载模式可实现子网连接保护(SNCP)、类似 SDH 的环网保护、Mesh 网保护等多种网络保护方式,其保护能力与 SDH 相当,而且设备复杂度及成本也大大降低。

对于干线传送网(省内干线和省际干线)和本地/城域传送网核心层而言,客户业务的特点主要为分布型,客户信号的带宽粒度较大,基于 ODUk 和波长调度的需求明显,OTN 技术特点应用的优势比较适宜发挥。因此,目前 OTN 技术的应用主要侧重于干线网络(省际干线和省内干线)和本地/城域传送网核心层,其组网方案一般采用网状网与环形相结合或复杂环形结构。

需要强调的是,随着 OTN 标准不断成熟,支持的业务种类越来越丰富,对带宽的要求越来越高,以 80×100 Gbit/s DWDM 为主的骨干传输技术(100 Gbit/s OTN)快速发展,并已在干线网络和本地/城域传送网核心层规模建设。100 Gbit/s OTN 的全面使用可实现大管道的精细运营,确保网络的安全可靠,并进行多业务的高效承载。

2．OTN 的发展趋势

近年来,宽带数据业务、IPTV、视频业务的迅速发展对骨干传送网提出了新的要求。光传送网应该能够提供海量带宽以适应大容量大颗粒业务,同时必须具备高生存性、高可靠性,而且可以进行快速灵活的业务调度和完善便捷的网络维护管理。

光传送网的发展趋势包括高速大容量长距离传输、大容量 OTN 光电交叉、融合的多业务传送、智能化网络管理和控制等。

(1)高速大容量长距离传输

目前,互联网用户数、应用种类、带宽需求等都呈现出爆炸式的增长,特别是由于移动互联网、物联网和云计算等新型宽带应用的强力驱动,迫切需要光传送网具有更高的容量。

网络运营商在规模部署 100 Gbit/s OTN 的同时,引入灵活的 ODUflex 颗粒,以适应客户业务的宽带需求。在超 100 Gbit/s 高速率光网络时代,业界将主要关注单波长 400 Gbit/s 和

1 Tbit/s 两种速率的设备应用。

（2）大容量 OTN 光电交叉

OTN 目前最大交叉容量可达 25 Tbit/s，为进一步满足大颗粒电路的调度和保护需求，下一步将开发交叉容量达 50 Tbit/s 左右的大容量 OTN 设备。

（3）融合的多业务传送

为实现高质量的多业务承载，需要开发融合多种技术的多业务传送设备，发展 POTN 技术。

POTN 技术实质上是光传送网（OTN）与以太网、分组传送网（PTN）等多种技术的融合，它不仅具有 ODU 等大颗粒的交换能力，同时也具有分组的处理能力等。

（4）智能化网络管理和控制

在 OTN 中采用 ASON/GMPLS 控制平面，即构成基于 OTN 的 ASON。基于 OTN 的智能光网络可通过控制平面自动实现连接配置管理，从而使光传送网能够动态分配和灵活控制带宽资源、快速生成业务、提供 Mesh 网的保护与恢复、提供网络动态扩展扩容能力、提供多种服务等级。

后期将引入 PCE（路径计算单元）技术，完善 ASON 功能，并逐步向软件定义网络（SDN）演进。

5.6　自动交换光网络

在通信业务需求不断提高的背景下，光传送网的智能化将会给网络的运营、管理和维护等方面带来一系列的变革，使光网络获得前所未有的灵活性和可升级能力，同时具有更完善的保护和恢复功能，从而进一步提高通信质量、降低网络运维费用。具备标准化智能的自动交换光网络（ASON）代表了下一代光网络的发展方向。

5.6.1　ASON 的概念与特点

1. ASON 的概念

ITU-T 在 2000 年 3 月正式提出了自动交换光网络（ASON）的概念。

所谓 ASON，是指在 ASON 信令网控制下完成光传送网内光网络连接的自动建立、交换（指交叉连接）的新型网络。ASON 在光传送网络中引入了控制平面，以实现网络资源的实时按需分配，具有动态连接的能力，实现光通道的流量管理和控制，而且有利于及时提供各种新的增值业务。ASON 可以支持多种业务类型，能够为客户提供更快、更灵活的组网方式。

传统的光网络只包括传送平面和管理平面，ASON 最突出的特征是在传送网中引入了独立的智能控制平面，控制平面通过信令的交互完成对传送平面的控制。ASON 是融交换和传送为一体的、具备标准化智能的新一代光传送网。

ASON 的控制平面既适用于光传送网（OTN），也适用于 SDH 传输网，是作为传送网统一的控制平面。ASON 以 OTN 为基础发展而来，其概念和思想可以应用于不同的传送网技术。ASON 与 SDH 网、OTN 的关系如图 5-36 所示。

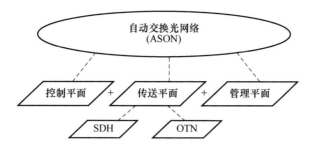

图 5-36　ASON 与 SDH 网、OTN 的关系

2. ASON 的特点

与现有的光传输网相比，ASON 具有以下特点：

（1）在光层实现动态业务分配，能根据业务需要提供带宽，是面向业务的网络。可实现实时的流量工程控制，网络可根据用户的需要实时动态地调整网络的逻辑拓扑结构以避免拥塞现象，从而实现网络资源的优化配置。

（2）实现了控制平面与传送平面的分离，使所传送的客户信号的速率和采用的协议彼此独立，这样可支持多种客户层信号，适应多种业务类型。

（3）能实现路由重构，具有端到端的网络监控和保护恢复能力，保证其生存性。

（4）具有分布式处理能力。使网元具有智能化的特性，实现分布式管理，而且结构透明，与所采用的技术无关，有利于网络的逐步演进。

（5）可为用户提供新的业务类型，如按需带宽业务、光虚拟专用网（OVPN）等。

（6）能对所传输的业务进行优先级管理、路由选择和链路管理等。

5.6.2　ASON 的体系结构

ASON 的体系结构主要体现在具有 ASON 特色的 3 个平面、3 个接口以及所支持的 3 种连接类型，如图 5-37 所示（图中主要显示了 ASON 的 3 个平面及它们之间的接口）。

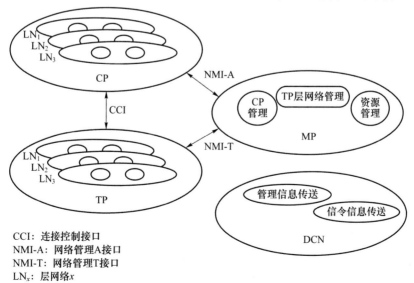

CCI：连接控制接口
NMI-A：网络管理A接口
NMI-T：网络管理T接口
LN_x：层网络x

图 5-37　ASON 的体系结构

1. ASON 的 3 个平面

ASON 包括 3 个平面:传送平面(TP)、控制平面(CP)和管理平面(MP)。

(1)传送平面

传送平面(TP)由一系列传送实体(光节点和链路)构成,是业务传送的通道。主要完成连接/拆线、路由与交叉连接、传送等功能,为用户提供从一个端点到另一个端点的双向或单向信息传送,同时,还要传送一些控制和网络管理信息。

基于 OTN 基础上的 ASON 的光节点(网元)主要包括光分插复用器(OADM)、光交叉连接(OXC)设备和可重构光分插复用器(ROADM)等。

传送平面的功能是在控制平面和管理平面的作用之下完成的,控制平面和管理平面都能对传送平面的资源进行操作,这些操作动作是通过传送平面与控制平面、管理平面之间的接口实现的。

(2)控制平面

控制平面是 ASON 的核心平面,控制平面由分布于各个 ASON 节点设备中的控制网元组成,而控制网元又主要由路由选择、信令转发以及资源管理等功能模块构成,各个控制网元相互联系共同构成信令网络,用来传送控制信令信息。

控制平面负责完成网络连接的动态建立以及网络资源的动态分配。其控制功能包括:呼叫控制、呼叫许可控制、连接管理、连接控制、连接许可控制、选路功能等。

(3)管理平面

管理平面(MP)完成控制平面、传送平面和整个系统的维护功能,它负责所有平面之间的协调和配合,能够进行配置和管理端到端连接,其主要功能是建立、确认和监视光通道,并在需要时对其进行保护和恢复。

ASON 的控制平面并不是要代替管理平面,它与管理平面相辅相成。控制平面的核心是实现对业务呼叫和连接的有效实时配置和控制,而管理平面则提供性能监测和管理。

图 5-37 中的数据通信网(DCN)是用于传送控制平面与管理平面中的路由、信令以及管理信息的网络。

在 ASON 中,3 个平面之间的信息交互是通过 3 个接口实现的。

2. ASON 的接口类型

为了更好地描述 3 个平面之间的工作协作关系,ASON 定义了几个逻辑接口,包括用户网络接口(UNI)、内部网络节点接口(I-NNI)、外部网络节点接口(E-NNI)、连接控制接口(CCI)、网络管理接口(NMI)等,ASON 的接口类型如图 5-38 所示。

(1)ASON 3 个平面之间的接口

ASON 最主要的接口是 3 个平面之间的交互接口,它们为:连接控制接口(CCI)、网络管理 A 接口(NMI-A)和网络管理 T 接口(NMI-T)。

① 连接控制接口

在 ASON 体系结构中,控制平面和传送平面之间的接口称为连接控制接口(CCI)。通过 CCI 可传送连接控制信息,建立传送平面网元之间的连接。

② 网络管理 A 接口

在 ASON 体系结构中,管理平面和控制平面之间的接口称为网络管理 A 接口(NMI-A)。通过 NMI-A,管理平面对控制平面进行管理,主要是对路由、信令和链路管理功能模块进行监视和管理。

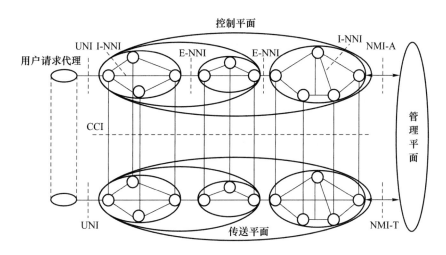

图 5-38　ASON 的接口类型

③ 网络管理 T 接口

在 ASON 体系结构中,管理平面和传送平面之间的接口称为网络管理 T 接口(NMI-T)。管理平面通过 NMI-T 实现对传送网络资源基本的配置管理、性能管理(日常维护过程中的性能监测)和故障管理等。

(2)ASON 的其他接口

① 用户网络接口

用户网络接口(UNI)是用户设备与 ASON 之间的接口,用户设备通过该接口动态地请求获取、撤销、修改具有一定特性的光带宽连接资源。

② 网络节点接口

网络节点接口包括内部网络节点接口(I-NNI)与外部网络节点接口(E-NNI)。

内部网络节点接口(I-NNI)是指 ASON 中同一管理域中的内部双向信令节点接口,它负责提供连接建立与控制功能。

外部网络节点接口(E-NNI)是 ASON 中不同管理域之间的外部节点接口,E-NNI 上交互的信息包含网络可达性、网络地址概要、认证信息和策略功能信息等,而不是完整的网络拓扑/路由信息。

3. ASON 的连接类型

根据不同的连接需求以及连接请求对象的不同,ASON 定义了 3 种连接类型:永久连接(PC)、交换连接(SC)和软永久连接(SPC)。

(1) 永久连接

① 永久连接的概念

永久连接由用户(连接端点)通过用户网络接口(UNI)直接向管理平面提出请求,由管理平面根据连接请求以及网络可用资源情况预先计算并确定永久连接的路径,然后通过网络管理 T 接口(NMI-T)向网元发送交叉连接命令进行统一配置,最终通过传送平面完成连接建立。永久连接建立过程如图 5-39 所示。

② 永久连接的特点

永久连接建立后的服务时间相对较长,不是频繁地更改连接状态,而且没有控制平面的参与,是静态的。

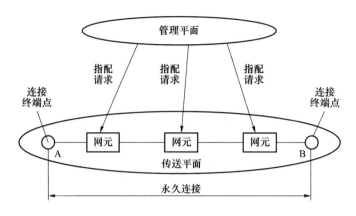

图 5-39　ASON 中的永久连接

（2）交换连接

① 交换连接的概念

交换连接是由通信的终端系统(或连接端点)向控制平面发起请求命令,然后由控制平面通过信令和协议控制传送平面建立端到端的连接。交换连接方式由控制面内信令元件间动态交换信令信息,是一种实时的连接建立过程。交换连接建立过程如图 5-40 所示。

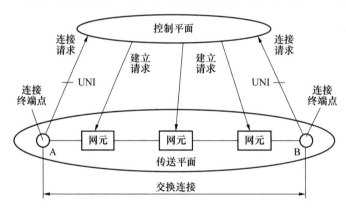

图 5-40　ASON 中的交换连接

② 交换连接的特点

ASON 的 3 种连接类型中最为灵活的是交换连接,它满足快速、动态的要求,符合流量工程的标准,体现了 ASON 自动交换的本质特点。

（3）软永久连接

① 软永久连接的概念

软永久连接介于上述两种连接方式之间,由管理平面和控制平面共同完成。在网络的边缘提供永久连接,该连接由管理平面来实现;在网络内部提供交换连接,该连接由管理平面向控制平面发起请求,然后由控制平面来实现。软永久连接建立过程如图 5-41 所示。

② 软永久连接的特点

软永久连接的特点介于永久连接和交换连接之间。

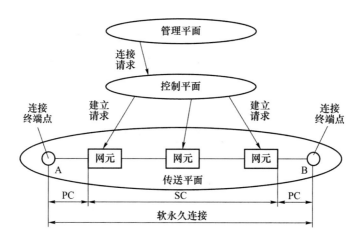

图 5-41　ASON 中的软永久连接

5.6.3　ASON 的分层网络结构

网络分层结构主要涉及省际、省内、本地光传送网的组织结构和网络扁平化。针对电信运营商光传送网现有的 3 层网络结构和未来网络扁平化的发展趋势，目前 ASON 可采用 3 层组网的模式，即和现有运营商的网络分层保持一致。ASON 的分层网络结构示意图如图 5-42 所示。

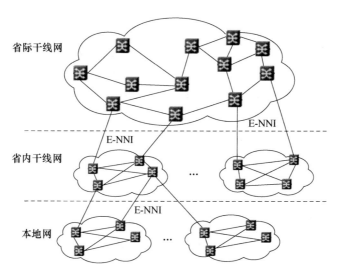

图 5-42　ASON 的分层网络结构示意图

ASON 分为 3 个网络层面，即 ASON 省际干线网、省内干线网和本地网。各层网络独立组织控制域，网络之间通过 E-NNI(外部网络节点接口)互联，以实现跨层的端到端调度。

ASON 省际干线网除包括现有的省会节点外，还可以将国际出口节点、省内网的第二出口节点、业务需求较大的部分沿海发达城市的节点纳入，进行统一的调度管理。其网络结构为网状网和复杂环形。

ASON 省内干线网覆盖各省内的主干节点，一般采用网状网和单控制域结构，为省内主要城市间提供传输电路,连接各本地 ASON。

本地/城域光传送网建设 ASON,应根据城市或地区的规模及业务发展的情况。现阶段 ASON 主要应用在特大型或者大型城市的本地/城域核心层,以网状网结构为主,初期也可采用环形网结构。

5.7　分组传送网与 IP RAN

目前互联网技术与应用迅猛发展,通信业务加速 IP 化、宽带化、综合化、智能化,分组传送网(PTN)/IP RAN 凭借丰富的业务承载类型、强大的带宽扩展能力、完备的服务质量保障能力,成为本地传输网的一种选择。

5.7.1　概述

1. 无线接入网络的概念

无线接入网络(RAN)也称为移动回传网,在 2G 时代是指 BTS(基站)到 BSC(基站控制器)之间的网络;在 3G 时代指 NodeB(节点 B,也就是基站)到 RNC(无线接入控制器)之间的网络;在 LTE 阶段是指 eNodeB(演进型 NodeB,即基站)至 EPC(核心网)之间以及基站与基站之间的网络。LTE 系统中,eNodeB 与 EPC 之间的接口为 S1,eNodeB(基站)与 eNodeB 之间接口为 X2。

2. PTN/IP RAN 产生背景

2G 时代的移动回传网主要承载 TDM 语音业务,此时数据通信需求较低,接口主要为 E1 接口,因此采用 SDH 技术承载 2G RAN 网络即可满足要求。3G 时代初期,数据业务逐渐增加,每个基站的数据传输速率一般保持在 $10 \sim 20$ Mbit/s,此时采用基于 SDH 的 MSTP 技术承载 3G RAN 网络可满足要求。然而当 3G 进入 HSDPA 阶段,业务颗粒度向 100 Mbit/s 发展,业务接口由 E1 向 FE 变化时,由于 MSTP 传输网的 IP 化仅停留在接口方面,其内核仍旧是时分交叉连接复用,不具备统计复用功能,且其不同接口间的带宽不能共享,带宽利用率低,因而不能满足 IP 化业务带宽突发性、高峰均值比的特点。

随着 3G 网络向 LTE 的演进,移动网络的 ALL IP 的发展趋势越来越明显,LTE RAN 的分组化传送需求大大增加。在 IP 化的大趋势下,国内运营商采用分组技术的选择不尽相同。目前中国移动回传网络建设以 PTN 为主,中国电信以 IP RAN 为主,中国联通大规模建设 IP RAN,同时部分引入 PTN。

5.7.2　分组传送网

1. PTN 的概念

PTN(Packet Transport Network)是分组传送网的简称,基于分组的交换核心是 PTN 技术最本质的特点。

PTN 是指这样一种光传送网络架构和具体技术:在 IP 业务和底层光传输介质之间架构的一个层面,它针对分组业务流量的突发性和统计复用传送的要求而设计,以分组业务为核心并支持多业务提供;PTN 具有适合各种粗细颗粒业务、端到端的组网能力,提供了更加适合于 IP 业务特性的"柔性"传输管道;同时秉承光传输的电信网络传统优势,包括高可用性和可靠性、高效的带宽管理机制和流量工程、可扩展、较高的安全性等。简单来讲,可以将 PTN 理解为是一种以分组为传送单位,承载电信级以太网业务为主,兼容 TDM、ATM 和快速以太网等业务的综合传送技术。

2. PTN 的特点

为了适应分组业务的传送,PTN 除保留传统 SDH 传输网的一些基本特征外,还引入了针对分组业务的一些特征。PTN 具体特点如下:

(1) 通过分层和分域提供了良好的网络可扩展性;

(2) 具有电信级的 OAM 能力,支持多层次的 OAM 及其嵌套,实现快速的故障定位、故障管理和性能管理等;

(3) 可靠的网络生存性,支持快速的保护倒换;

(4) 不仅可以利用网络管理系统配置业务,还可以通过智能控制面灵活地提供业务;

(5) 针对分组业务的突发性,支持基于分组的统计复用功能;

(6) 提供面向分组业务的 QoS 机制,同时利用面向连接的网络提供可靠的 QoS 保障;

(7) 支持运营级以太网业务,通过电路仿真机制支持 TDM、ATM 等传统业务;

(8) 通过分组网络的同步技术提供频率同步和时间同步。

3. PTN 的实现技术

目前,PTN 的实现技术主要有两种:基于以太网面向连接的分组传送技术(PBT)和基于 MPLS 面向连接的分组传送技术(T-MPLS/MPLS-TP)。

T-MPLS 技术作为由 ITU-T 标准化的电信级、跨运营商的包交换传送技术,从目前产业化的角度看,T-MPLS 技术比 PBT 技术拥有更多的厂商和运营商支持。

T-MPLS 称为传送-多协议标签交换,是基于 MPLS 的面向连接的分组传送技术。T-MPLS 标准最初由 ITU-T 于 2005 年 5 月起开发,是 ITU-T 从传送网的需求入手,结合 MPLS 技术开发的一系列标准。2008 年 4 月,ITU-T 与 IETF 成立联合工作组(JWT),共同进行 T-MPLS 标准的开发,将 T-MPLS 和 MPLS 技术进行融合。IETF 改进现有 MPLS 技术,吸收 T-MPLS 中的 OAM、保护和管理等传送技术,并将技术更名为 MPLS-TP(Transport Profile,传送框架)以增强其对传送需求的支持。

MPLS-TP 是 MPLS 的一个子集,它利用 MPLS 的标签栈和标签进行数据转发。MPLS-TP 是面向连接的 MPLS,建立端到端的连接;去掉了 MPLS 中与 IP 相关的功能,支持端到端的 OAM 机制以及保护倒换,如果用一个公式表示,则可表示为 MPLS-TP=MPLS-IP+OAM。

4. PTN 的业务承载

(1) MPLS VPN 的概念与分类

虚拟专用网(VPN)是一种通过对网络数据的封包或加密传输,在公共网络上传输私有数据、达到私有网络的安全级别,从而利用公众网络构筑企业专网的组网技术。

隧道技术是构建 VPN 的关键技术,它用来在公共网络上仿真一条点到点的通路,实现两个节点间的安全通信,使数据包在公共网络上的专用隧道内传输。

利用 MPLS 技术建立的 VPN 就是 MPLS VPN,按照实现层次分为两种:

• 二层 VPN(MPLS L2 VPN):可以在不同 VPN 用户(站点)之间建立二层的连接。

- 三层 VPN(MPLS L3 VPN):MPLS 三层 VPN 使用路由协议 BGP 通过运营商骨干网在运营商网络边缘路由器(PE 路由器)之间发布 VPN 路由信息,使用 MPLS 技术在 VPN 之间传送 VPN 业务。

(2) PTN 的业务承载方式

端到端伪线仿真(PWE3)属于点到点方式的 L2 VPN,建立的是一个点到点的通道,在分组传送网的两台 PE 路由器中,通过隧道模拟用户边缘路由器(CE 路由器)端的各种二层业务,使 CE 路由器端的二层数据在分组传送网中透明传递。

PTN 使用 PWE3 技术提供多种业务的统一承载,可支持运营级以太网业务、TDM 业务、ATM 业务等。

5. PTN 设备基本功能

PTN 设备基本功能模块如图 5-43 所示。

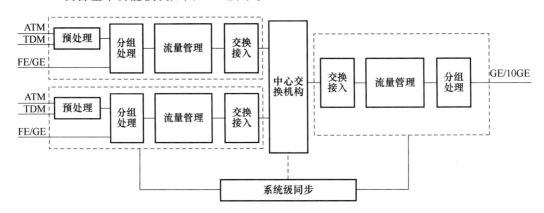

图 5-43　PTN 设备基本功能模块

PTN 设备中,各模块功能如下:

(1) 预处理模块:实现对 TDM、ATM、以太网业务进行预处理,如 TDM 业务的封包处理等。

(2) 分组处理模块:实现报文的处理。例如,MAC 地址学习,传统的 IP/MPLS 设备还需要实现 IP 地址的查表功能等。

(3) 流量管理模块:进行流量管理,实现业务流的 QoS 策略。

(4) 交换接入模块:将报文按交换矩阵的要求进行封装、发送。

(5) 中心交换机构模块:实现业务的交换。

6. PTN 组网模式

在现网结构的基础上,将 PTN 设备引入城域传输网,总体上可分为混合组网、独立组网和联合组网 3 种模式,下面分别进行介绍。

(1) 混合组网模式

混合组网模式是指在原有的 SDH/MSTP 网络层面上,为满足接入点 IP 业务的需求,部分接入点通过板卡升级或替换为 PTN 设备,与 SDH/MSTP 混合组网,并逐步演进成全 PTN 化的网络模式。

混合组网模式有利于 SDH/MSTP 网络向全 PTN 的平滑演进,允许不同阶段、不同设备、不同类型环路的共存,投资分步进行,风险较小。但在网络演进初期,由于 PTN 设备必须兼顾 SDH 功能,因此无法发挥 PTN 内核 IP 化的优势,而在网络发展后期,又涉及大量业务割接,大大增加网络维护的压力。

鉴于此,混合组网模式比较适合现网资源缺乏(如局房机位紧张、电源容量受限、光缆路由不具备条件)导致无法单独组建 PTN,或者因为投资所限必须分步实施 PTN 建设的区域。

(2)独立组网模式

独立组网模式是指新建分组传送平面,单独规划,从接入层至核心层全部采用 PTN 设备,与原有的 SDH/MSTP 网络长期共存、共同维护的模式。该模式下,PTN 独立组网的接入层采用 GE 或 10GE 环,汇聚层以上采用 10GE 或 100GE 环,各层面间以相交环的形式进行组网。原有 MSTP 网络继续承载传统的 2G 业务,新增的 IP 化业务则由 PTN 承载。独立组网模式示意图如图 5-44 所示。

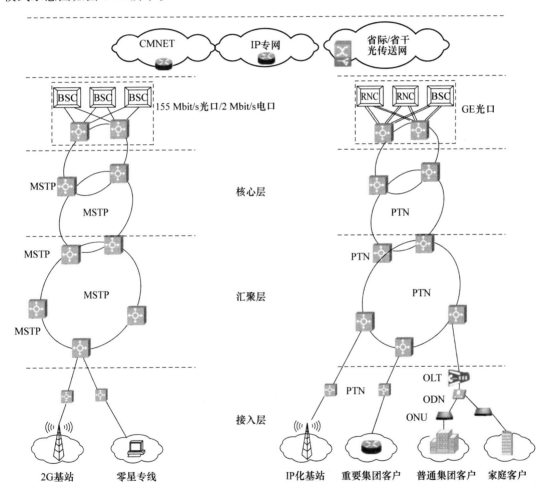

图 5-44　独立组网模式示意图

独立组网模式的网络结构清晰,易于实现端到端的业务管理和维护,符合无线网络 IP 化发展需求。但由于需要新建独立的 PTN,从而占用大量的网络资源,一次性投资较大。且与 SDH/MSTP 网络具有多级组网速率不同,PTN 目前只有 GE、10GE 两级组网速率,当组建二级以上的 PTN 时会引发其中一层环路带宽资源消耗过快或者大量闲置的问题。此外,当 PTN 应用于大型城域网时,由于 RNC 节点较多时,一方面 PTN 骨干层节点与所有 RNC 节点相连导致环路节点过多,利用率下降;另一方面,环路上任一节点业务量增加需要扩容时,整体环路都需要扩容,导致扩容成本较高。

鉴于此,独立组网模式适合于 IP 化进程较快,且现网资源能满足 PTN 单独建网需求的区域。在此基础上,独立组网模式比较适用于在核心节点数量较少的中小型城域网内组建二级 PTN,或者作为在 IP over DWDM/OTN 没有建设且短期内无法覆盖到位的过渡组网方案。

(3)联合组网模式

联合组网模式是指汇聚/接入层采用 PTN 组网,核心/骨干层利用 IP over DWDM/OTN 将上联业务调度至 PTN 所属业务落地机房的模式。联合组网模式示意图如图 5-45 所示。

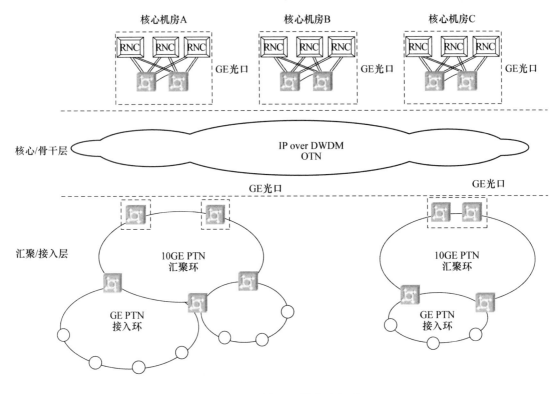

图 5-45　联合组网模式示意图

该模式下,汇聚层中虚框所指的骨干节点 PTN 设备,通过 GE 光口仅与所属 RNC 节点的核心机房 PTN 交叉落地设备相连,而不与其他汇聚环的骨干节点 PTN 设备以及其他 RNC 节点的 PTN 交叉落地设备相连,从而极大简化了骨干节点与核心节点之间的网络组建。IP over DWDM/OTN 不仅仅是一种承载手段,而且通过它能够对骨干节点上联的 GE 业务与所属交叉落地设备之间进行调度,其上联 GE 通道的数量可以根据该 PTN 中实际接入的业务总数按需配置,避免了独立组网模式中,某节点业务容量升级引起的环路上所有节点设备必须升级的情况,节省了网络投资。

鉴于此,联合组网模式适用于有多个 RNC 机房、网络规模较大的大中型城域网。在有 IP over DWDM/OTN 资源的区域,均建议采用联合组网的方式进行城域 PTN 的建设。

5.7.3　IP RAN

1. IP RAN 的概念

广义的 IP RAN(IP Radio Acess Network)是实现 RAN 的 IP 化传送技术的总称,指采用 IP 技术实现无线接入网的数据回传,即无线接入网 IP 化。目前普遍将采用 IP/MPLS 技术的 RAN 承载方式称为 IP RAN(IP RAN 的狭义概念)。

IP RAN 的设备形态是具备多种业务接口的突出 IP/MPLS/VPN 能力的新型路由器。

IP RAN 的定位体现在以下几个方面。

(1) 应用范围

IP RAN 是城域网内以基站回传为主的、能满足综合业务承载的路由器解决方案。

(2) 技术核心

IP RAN 是路由器架构,采用 IP/MPLS 技术的路由协议、信令协议,动态建立路由、转发路径,执行故障检测和保护,兼容静态方式。

(3) 业务承载方式

IP RAN 承载的业务主要包括基站回传业务及集团客户业务等,采用 MPLS VPN 承载、标签转发。

2. IP RAN 的特点

IP RAN 具有以下特点:

(1) 采用路由器架构,IP 三层转发和 MPLS 二层转发相结合,支持动态路由;

(2) 可与 IP 城域网对接互通,两张网络融合度高;

(3) 接入方式灵活,可支持传统业务和多种以太网业务,既可提供 L2 VPN,也可以提供 L3 VPN 业务;

(4) 具备完善的二、三层保护技术和精细化的 QoS 解决方案;

(5) 提高了 OAM 及同步等能力。

3. IP RAN 的分层结构

与其他本地传输网一样,IP RAN 也采用分层结构,分为接入层、汇聚层和核心层,有些小型的 IP RAN 可以将汇聚层与核心层合二为一称为核心汇聚层。IP RAN 分层结构示意图如图 5-46 所示。

(1) 接入层

IP RAN 接入层的主要作用是负责 2G/3G/4G 基站业务、集团客户业务等接入。

接入层设备:中国电信称之为 A 设备(IP RAN 接入路由器);中国联通称之为基站侧网关(Cell Site Gateway,CSG)。

接入层组网结构主要有环形、树形双归和链形。一般采用环形结构,光缆网不具备环形条件而采用链形结构时,应尽量避免 3 个节点以上的长链结构。

(2) 汇聚层

IP RAN 汇聚层主要负责接入层业务的汇集和转发。

汇聚层设备:中国电信称之为 B 设备(IP RAN 汇聚路由器);中国联通称之为汇聚侧网关(Aggregation Site Gateway,ASG)。

汇聚层可以采用口字形、树形双归和环形与两个核心设备相连。如果采用环形结构,每个汇聚环上的节点数量通常规定不超过 6 个(即 4 个汇聚设备＋2 个核心设备)。网络组织应尽量减少业务在汇聚层经过的跳数,提高业务转发效率和设备利用率,简化路由管理。

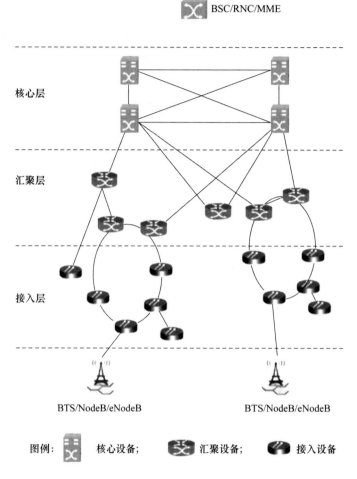

图 5-46　IP RAN 分层结构示意图

(3)核心层

IP RAN 核心层主要负责汇聚层业务转发,通过各类 CE 设备与 BSC/RNC/MME 对接,以及与其他网络互连。

BSC CE 是接入 BSC/RNC 的路由设备;EPC CE 是用于接入 LTE 的 EPC(演进的分组核心网)中 MME 的路由设备(为了简化,图 5-46 未画出 CE 设备)。

核心层设备:中国电信称之为边界路由器(Edge Router,ER)(相对于中国电信下一代承载网 CN2,中国电信将 IP RAN 的核心层设备称为 ER);中国联通称之为无线侧业务网关(Radio Service Gateway,RSG)。

核心层设备的数量一般控制在 2～4 个,设备之间宜采用网状网(Mesh)结构,或树形双归、口字形,以保证可靠性,提高业务转发效率。

4. IP RAN 的业务承载

IP RAN 实际部署时,一般采用分层 VPN 实现对业务的承载,通常是以边缘汇聚设备为衔接点,分两段实现 VPN。

（1）LTE S1 业务承载

LTE 承载的基站业务均为以太数据业务（即 PS 业务）。LTE S1 业务流量通过接入设备到核心设备之间部署层次化的 L2 VPN/L3 VPN，实现业务控制传输。LTE S1 业务承载方案如图 5-47 所示。

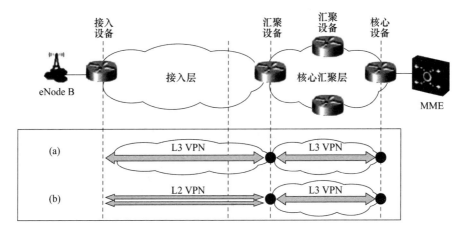

图 5-47　LTE S1 业务承载方案

方案（a）采用层次化 L3 VPN 的方式，接入设备与汇聚设备间采用一段 L3 VPN，核心汇聚层采用另一段 L3 VPN，两段 L3 VPN 的衔接点在边缘汇聚设备。

方案（b）采用 L2 VPN＋L3 VPN 的方式，LTE 基站业务以 L2 VPN 的方式接入（即接入设备与边缘汇聚设备间采用 L2 VPN 方式承载业务），在边缘汇聚设备通过 L2/L3 桥接进入 L3 VPN。

（2）3G 基站的以太业务承载

Node B 上的 3G 以太数据业务与 LTE S1 业务承载方式相同。

（3）2G/3G TDM 业务承载方案

2G/3G 基站和 BSC/RNC 之间的 TDM 业务（CS 业务）在接入设备上通过 PWE3（端到端伪线仿真）进行业务承载。

2G/3G TDM 业务承载方案如图 5-48 所示。接入设备与汇聚设备间采用一段 PW（伪线仿真），核心汇聚层采用另一段 PW（伪线仿真）。

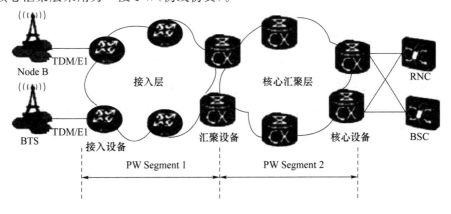

图 5-48　2G/3GTDM 业务承载方案

5. IP RAN 组网方案

(1)中国电信 IP RAN 组网方案

① 依托城域骨干网组建 IP RAN 方案

中国电信具有国内规模最大的数据网络,网络资源丰富。所以在建网初期,中国电信依托城域骨干网建设 IP RAN 综合接入网,其中包含接入 A 和汇聚 B 两个层次,由城域网完成核心层网络的承载。其网络架构如图 5-49 所示。

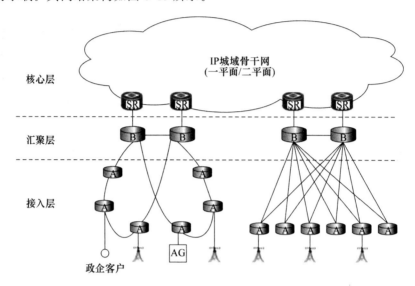

图 5-49 依托城域骨干网搭建 IP RAN 的网络架构

接入层由 A 设备(IP RAN 接入路由器)组成,汇聚层由 B 设备(IP RAN 汇聚路由器)组成;核心层依托城域骨干网的 SR(业务路由器)/CR(核心路由器)进行搭建,实现汇聚设备间的互访。

依托城域骨干网组建 IP RAN 方案的优点是可以利用现有 IP 城域网的网络资源,建网速度快,节省投资。但是组网复杂,经过城域网跳数和业务路径不易明确;而且有些城域网设备陈旧,不能满足 LTE 的新要求。

② 新建核心 RAN ER 的 IP RAN 组网方案

由于依托城域骨干网组建 IP RAN 存在上述缺点,近期中国电信提出全部新建核心 RAN ER 的 IP RAN 组网方案。该方案的优点是移动回传网络扁平化,业务经过跳数和路由规划简易清晰,因此逐步成为优选方案。

(2)中国联通 IP RAN 组网方案

由于中国联通自身网络特点,分组传送网络采取端到端新建,不考虑 IP 城域网的利旧,即中国联通在原有城域网基础上新建一张端到端的分组业务承载网。在分组传送网络的核心层、汇聚层采用 IP RAN,接入层设备对 IP RAN、PTN 不作限制,但所有设备均需支持 IP/MPLS 协议,实现经济、可靠的高带宽业务接入和传送。

5.8 微波通信系统

由微波发信机、收信机、天馈线系统、多路复用设备及用户终端设备等组成的通信系统,我们称之为微波通信系统。

5.8.1　无线通信基本概念

1．无线通信的概念

无线通信是一种利用空间作为信道，以电磁波的形式传播信息的通信方式。根据电磁波传播的特性，无线电波又分为超长波、长波、中波、短波、超短波、微波等若干波段。

2．无线电通信的电波传播模式

电波在空间传播时会产生各种传播模式，无线电通信中主要的电波传播模式有地表波、天波和空间波 3 种，如图 5-50 所示。

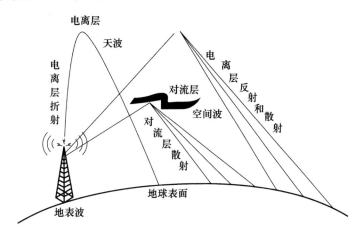

图 5-50　电波传播模式

地表波是指沿地球表面传播的电波传播模式。长波、中波一般采用这种传播方式。天线直接架设在地面。

天波是利用电离层的折射、反射和散射作用进行的电波传播模式。短波通信采用的正是这种电波传播模式。

空间波是指在大气对流层中进行传播的电波传播模式。在电波的传播过程中，会出现反射、折射和散射等现象。长途微波传输和移动通信中均采用这种视距通信方式。

卫星通信链路和长途微波视距传播链路的电波传播可近似为自由空间传播。

天线是一种变换器，它把传输线上传播的导行波，变换成在无界介质（通常是自由空间）中传播的电磁波，或者进行相反的变换。天线是电波在这两种传播介质中传播的接口，是通信路径中重要的一部分。在无线电设备中天线用来发射或接收电磁波的部件。

在发端，发射天线的任务是将沿着传输线传输的电磁能转换成在空间传播的电磁波。天线的任务就是将这些电磁能量辐射到空间中去。

在收端，空间传播的电磁波引起天线中的导线产生电流，能量就从这些电磁波中转移到与接收天线相连接的传输线中，并被送进接收机。

天线是无源器件，因此，发射天线所辐射的功率不可能比发射机进入天线的功率更大。实际上，由于损耗的存在，前者总是比后者要小。

天线是互易的（具有可逆性），即同一天线既可用作发射天线，也可用作接收天线。同一天线作为发射或接收的基本特性参数是相同的。

5.8.2　微波中继通信

1. 微波中继通信的概念

微波通信是在第二次世界大战后开始使用的一种无线电通信技术。它是使用波长在 1 mm～1 m 的电磁波进行的通信,频率范围为 300 MHz～300 GHz,可细分为特高频(UHF)/分米波频段、超高频(SHF)/厘米波频段和极高频(EHF)/毫米波频段。当收发两点间直线距离内无障碍,不需要通过固体传输介质,就可以使用微波传送信号。因其视距传输特性,当微波通信用于地面上远距离长途通信时,需要采用中继(接力)传输方式,我们称其为微波中继(接力)通信。数字微波中继通信与卫星通信、光纤通信一起被看作是当今三大传输手段。

微波中继通信是利用微波作为载波并采用中继(接力)方式在地面上进行的无线电通信。由于卫星通信实际上也是在微波频段采用中继(接力)方式通信,只不过它的中继站设在卫星上而已,所以,为了与卫星通信区分,这里所说的微波中继通信是限定在地面上的。

A、B 两地间的远距离地面微波中继通信系统的中继示意图如图 5-51 所示。

对于地面上的远距离微波通信,采用中继方式的直接原因有两个:

一是微波传播具有视距传输特性,即电磁波沿直线传播,而地球表面是个曲面,因此若在两地间直接通信,因天线架高有限,当通信距离超过一定数值时,电磁波传播将受到地面的阻挡。为了延长通信距离,需要在通信两地之间设立若干中继站,进行电磁波转接。

二是微波传播有损耗,在远距离通信时有必要采用中继方式对信号逐段接收、放大和发送。

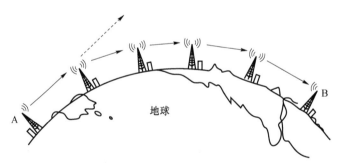

图 5-51　微波中继通信的中继示意图

目前,世界上许多国家都把微波中继通信作为其通信网的主要传输手段之一。微波中继通信主要用来传送长途电话信号、宽频带信号(如电视信号)、数据信号、移动通信系统基站与移动核心网设备之间的信号等,还可用于通向孤岛等特殊地形的通信线路,以及内河船舶电话系统等移动通信的入网线路。微波中继通信在军事上可构成专向通信,或用于野战通信网的干线通信和支线通信。

2. 微波中继通信的特点

微波中继通信有以下特点:

(1) 通信频段的频带宽。微波频段占用的频带约 300 GHz,占用的频带越宽,可容纳同时工作的无线电设备越多,通信容量也越大。一套微波通信设备可以容纳几千甚至上万条话路同时工作,或传输电视图像信号等宽频带信号。

(2) 受外界干扰的影响小。工业干扰、天电干扰及太阳黑子的活动对微波频段通信的影响小(当通信频率高于 100 MHz 时,这些干扰对通信的影响极小),但它们严重影响短波以下频段的通信。因此,微波中继通信较稳定和可靠。

(3) 通信灵活性较大。微波中继通信采用中继方式,可以实现地面上的远距离通信,并且可以跨越沼泽、江河、湖泊和高山等特殊地理环境。在遭遇地震、洪水、战争等灾祸时,通信的建立、撤收和转移都较容易,这些方面比电缆通信具有更大的灵活性。

(4) 天线增益高、方向性强。当天线面积给定时,天线增益与工作波长的平方成反比,由于通信的工作波长短,因而容易制成高增益天线,降低发信机的输出功率。另外,微波电磁波具有直线传播特性,可以利用微波天线把电磁波聚集成很窄的波束,使微波天线具有很强的方向性,减少通信中的相互干扰。

(5) 投资少、建设快。在通信容量和质量基本相同的条件下,按话路公里计算,微波中继通信线路的建设费用不到同轴电缆通信线路的一半,还可以节省大量有色金属,建设周期也比后者短。

5.9 卫星通信系统

卫星通信是地球站之间利用通信卫星转发信号的无线电通信。目前全世界有超过 200 多个国家和地区应用地球静止轨道上的通信卫星,提供 80% 的洲际通信和 100% 的国际电视转播,以及开通部分国内或区域的通信和电视广播业务。

5.9.1 卫星通信频段的划分

卫星通信中,工作频段的选择直接影响整个卫星通信系统的通信容量、质量、可靠性、设备的复杂程度和成本的高低,并且还将影响到与其他通信系统的协调。

目前,大部分国际通信卫星尤其是商业卫星使用 4/6 GHz 频段,上行为 5.925~6.425 GHz,下行为 3.7~4.2 GHz,转发器带宽可达 500 MHz。国内区域性通信卫星多数也用该频段。许多国家的政府和军事卫星用 7/8 GHz,上行为 7.9~8.4 GHz,下行为 7.25~7.75 GHz,这样与民用卫星通信系统在频率上分开,避免互相干扰。

由于 4/6 GHz 通信卫星的拥挤,以及与地面网干扰问题,目前已开发与使用了 11/14 GHz 频段。在这频段上,上行采用 14~14.5 GHz,下行 11.7~12.2 GHz,或 10.95~11.2 GHz,以及 11.45~11.7 GHz,并已用于民用卫星通信和广播卫星业务。

20/30 GHz 频段也已开始使用,上行频率为 27.5~31 GHz,下行频率为 17.7~21.2 GHz。该频段的可用带宽可增大到 3.5 GHz,为 4/6 GHz 时 500 MHz 的 7 倍。该频段卫星通信系统可为高速卫星通信、千兆比特级宽带数字传输、高清晰度电视(HDTV)、卫星新闻采集(SNG)、VSAT 业务、直接到家庭(DTH)业务及个人卫星通信等新业务提供一种新的手段,因此有很大吸引力。

5.9.2 卫星通信的特点

卫星通信具有以下主要特点:

（1）通信距离远，建站成本与通信距离无关。一颗静止卫星可以覆盖地球表面积的 42.4%，最大的通信距离可达 18 000 km 左右。原则上，只需三颗卫星适当配置，就可建立除地球两极附近地区以外的全球不间断通信。

（2）以广播方式工作，便于实现多址联接。

（3）通信容量大，能传送的业务类型多。

（4）可以自发自收，进行监测。

5.9.3 卫星通信系统的组成

卫星通信系统是由空间分系统、通信地球站、跟踪遥测及指令分系统和监控管理分系统四大部分组成，如图 5-52 所示。其中有的直接用来进行通信，有的用来保障通信的进行。

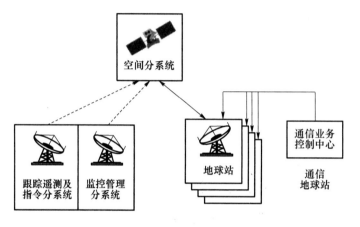

图 5-52 卫星通信系统的基本组成

（1）跟踪遥测及指令分系统

跟踪遥测及指令分系统的任务是对卫星进行跟踪测量，控制其准确进入静止轨道上的指定位置；待卫星正常运行后，要定期对卫星进行轨道修正和位置保持。

（2）监控管理分系统

监控管理分系统的任务是对定点的卫星在业务开通前、后进行通信性能的监测和控制，例如对卫星转发器功率、卫星天线增益以及各地球站发射的功率、射频频率和带宽等基本通信监控，以保证正常通信。

（3）空间分系统

通信卫星（空间分系统）内的主体是通信装置，其保障部分则有星体上的遥测指令、控制系统和能源（包括太阳能电池和蓄电池）装置等。通信卫星主要是起无线电中继站的作用，它是靠星上通信装置中的转发器（微波收、发信机）和天线来完成的。一个卫星的通信装置可以包括一个或多个转发器，每个转发器能同时接收和转发多个地球站的信号。显然，当每个转发器所能提供的功率和带宽一定时，转发器越多，卫星通信容量就越大。

（4）通信地球站

地球站是微波无线电收、发信台（站），用户通过它们接入卫星线路，进行通信。

小　　结

（1）传输网是用作为传送通道的网络，一般架构在业务网（公共电话交换网、基础数据网、移动通信网、IP 网等）和支撑网之下，用来提供信号传送和转换的网络，属于上述各种网络的基础网。

传输网由各种传输线路和传输设备组成。传输线路完成信号的传递，可分为有线传输线路和无线传输线路两大类。传输设备完成信号的处理功能，实现信息的可靠发送、整合、收敛、转发等。

传输网可以从不同的角度分类。按所传输的信号形式可分为模拟传输网和数字传输网；按所处的位置和作用可分为长途传输网（包括国际长途传输网、省际长途传输网、省内长途传输网）和本地传输网；按采用的传输介质可分为有线传输网和无线传输网。

（2）SDH 传输网是由一些 SDH 的基本网络单元（NE）组成的，在光纤上进行同步信息传输、复用、分插和交叉连接的网络。

SDH 最核心的 3 条优点是：同步复用、标准的光接口和强大的网络管理能力。

ITU-T G.707 标准规范的 SDH 速率体系为 STM-N（$N=1,4,16,64,256$），STM-1 的速率为 155.520 Mbit/s，更高等级的 STM-N 的速率依次为 4 倍的关系。

SDH 网的基本网络单元（简称网元）有终端复用器（TM）、分插复用器（ADM）、再生中继器（REG）和数字交叉连接（DXC）设备。

STM-N 帧由 $270 \times N$ 列 9 行组成，帧长度为 $270 \times N \times 9$ 个字节，帧周期为 125 μs。整个 STM-N 帧结构可分为 3 个主要区域：段开销（SOH）区域、净负荷（Payload）区域和管理单元指针（AU PTR）区域。

TU-T G.709 建议的 SDH 的一般复用映射结构是由一些基本复用单元组成的、有若干中间复用步骤的复用结构。SDH 的复用映射结构中的基本复用单元包括容器（C）、虚容器（VC）、支路单元（TU）、支路单元组（TUG）、管理单元（AU）和管理单元组（AUG）。各种业务信号纳入（复用进）STM-N 帧的过程都要经历映射、定位（需要指针调整）和复用 3 个步骤。

SDH 传输网主要有线形、星形、树形、环形、网孔形（及网状网）5 种基本拓扑结构。几种拓扑结构各有其优缺点，分别适用于不同的场合。

SDH 传输网目前主要采用的网络保护方式有线路保护倒换、环形网保护和子网连接保护等。线路保护倒换一般用于链形网，可以采用两种保护方式：1+1 保护方式、1:1（1:n）保护方式。SDH 自愈环分为 5 种：二纤单向通道保护（倒换）环、二纤双向通道保护环、二纤单向复用段保护环、二纤双向复用段保护环和四纤双向复用段保护环。应用较广泛的是二纤单向通道保护环和二纤双向复用段保护环。子网连接保护（SNCP）倒换采用"并发选收"的保护倒换规则，倒换时一般采取单向倒换方式，因而不需要 APS 协议。

（3）MSTP 是指基于 SDH，同时实现 TDM、ATM、以太网等业务接入、处理和传送，提供统一网管的多业务传送平台。

MSTP 的功能模型包含了 MSTP 全部的功能模块。MSTP 支持的业务有：TDM 业务、ATM 业务和以太网业务。

MSTP 具有的特点有:继承了 SDH 技术的诸多优点;支持多种物理接口;支持多种协议;提供集成的数字交叉连接功能;具有动态带宽分配和链路高效建立能力;能提供综合网络管理功能。

MSTP 为了有效承载数据业务,需要采用 VC 级联的方式。级联是将多个(X 个)虚容器(VC)组合起来,形成一个容量更大的组合容器的过程。级联可以分为连续级联(也称为相邻级联)和虚级联。

MSTP 中将以太网数据帧封装映射到 SDH 帧时经常使用 3 种协议:点对点协议(PPP)、链路接入规程(LAPS)和通用成帧规程(GFP)。其中,GFP 具有简单、效率高、可靠性高等明显优势,应用范围最广泛。

以太网业务在 MSTP 中的实现有两种方式:透传方式和采用二层交换功能的以太网业务适配方式。

(4) 波分复用(WDM)是在单根光纤内同时传送多个不同波长的光载波(采用 1 550 nm 窗口传送多路光载波信号),使得光纤通信系统的容量得以倍增的一种技术。

波分复用(WDM)根据复用的波长间隔的大小,可分为稀疏波分复用(CWDM)和密集波分复用(DWDM)。CWDM 系统的波长间隔为几十 nm(一般为 20 nm);DWDM 系统在 1 550 nm 窗口附近波长间隔只有 0.8～2 nm,甚至小于 0.8 nm(目前一般为 0.2～1.2 nm)。

DWDM 技术的优点有:光波分复用器结构简单、体积小、可靠性高;可充分利用光纤带宽资源,超大容量传输等。

DWDM 系统的工作方式有双纤单向传输和单纤双向传输。

ITU-T G.692 建议 DWDM 系统不同波长的频率间隔应为 100 GHz 整数倍(波长间隔约为 0.8 nm 的整数倍)或 50 GHz 整数倍(波长间隔约为 0.4 nm 的整数倍),频率范围为 192.1 THz～196.1 THz,即工作波长范围为 1 528.77～1 560.61 nm。

DWDM 系统由发送/接收光复用终端单元(即光发射机/光接收机)和中继线路放大单元组成。其中发送光复用终端单元(光发射机)主要包括光源、光波长转换器(OTU)、合波器和光后置放大器(OBA)等;中继线路放大单元包括光线路放大器(OLA)、光纤线路和光监控信道(OSC)接收/发送器等;接收光复用终端单元(光接收机)主要包括光前置放大器(OPA)、分波器、光转发器和光检测器等。

OTU 的基本功能是完成 G.957 标准到 G.692 标准的波长转换的功能,使得 SDH 系统能够接入 DWDM 系统。

合波器的作用是将不同波长的光载波信号汇合在一起,用一根光纤传输;分波器的作用是对各种波长的光载波信号进行分离。

光放大器的作用是提升衰减的光信号、延长光纤的传输距离。现在实用的 DWDM 系统都采用掺铒光纤放大器(EDFA)。根据光放大器在系统中的位置和作用,可以有光后置放大器(OBA)、光线路放大器(OLA)和光前置放大器(OPA)3 种应用方式。

DWDM 传输网的关键设备主要包括光终端复用器(OTM)、光分插复用器(OADM)和光交叉连接(OXC)设备。

DWDM 传输网的组网方式(指组网结构)包括点到点组网、链形组网、环形组网和网状网组网。DWDM 传输网一般用于 IP 骨干网,包括省级干线网络和本地/城域传输网核心层。

（5）从功能上看,光传送网(OTN)就是在光域内实现业务信号的传送、复用、路由选择和监控,并保证其性能指标和生存性。其出发点是子网内全光透明,而在子网边界采用 O/E 和 E/O 技术。OTN 可以支持多种上层业务或协议,如 SDH、ATM、以太网、IP 等,是适应各种通信网络演进的理想基础传送网络。

OTN 技术的主要特点有:可提供多种客户信号的封装和透明传输,大颗粒的带宽复用和交叉调度能力,提供强大的保护恢复能力,强大的开销和维护管理能力,增强了组网能力。

G.872 建议的 OTN 的分层模型包括光通道(OCh)层、光复用段(OMS)层、光传输段(OTS)层和物理介质层。光通道(OCh)层又进一步分为光信道净荷单元(OPU)层、光信道数据单元(ODU)层、光信道传送单元(OTU)层(3 个电域子层)和光信道(OCh)层(光域子层)。

用于支持 OTN 接口的信息结构被称为光传送模块 OTM-n,分为两种结构:完整功能 OTM 接口信息结构——OTM-n.m;简化功能 OTM 接口信息结构——OTM-nr.m 和 OTM-0.m。

从狭义的角度说,OTN 帧就是光通道传送单元 OTUk 帧,是 OTN 信号在电层的帧格式。OTUk($k=1,2,3$)帧为基于字节的 4 行 4 080 列的块状结构,OTU1/2/3 所对应的客户信号速率分别为 2.5 G/10 G/40 Gbit/s。各级别的 OTUk 的帧结构相同,但帧周期不同,级别越高,则帧频率和速率也就越高(帧周期越短)。

OTN 的关键设备主要包括:具有 OTN 接口的光终端复用器、电交叉连接设备、光交叉连接设备和光电混合交叉连接设备。

OTN 的保护方式有:线性保护、子网连接保护(SNCP)和环网保护等。

目前 OTN 技术的应用主要侧重于干线网络(省际干线和省内干线)和本地/城域传送网核心层,其组网方案一般采用网状网与环形相结合或复杂环形结构。

（6）ASON 是指在 ASON 信令网控制下完成光传送网内光网络连接的自动建立、交换的新型网络。它在光传送网络中引入了控制平面,以实现网络资源的实时按需分配,具有动态连接的能力,实现光通道的流量管理和控制,而且有利于及时提供各种新的增值业务。ASON 可以支持多种业务类型,能够为客户提供更快、更灵活的组网方式。

ASON 的体系结构主要体现在具有 ASON 特色的 3 个平面、3 个接口以及所支持的 3 种连接类型。

ASON 最主要的接口是 3 个平面之间的交互接口,它们为:连接控制接口(CCI)、网络管理 A 接口(NMI-A)和网络管理 T 接口(NMI-T)。

根据不同的连接需求以及连接请求对象的不同,ASON 定义了 3 种连接类型:永久连接(PC)、交换连接(SC)和软永久连接(SPC)。最为灵活的是交换连接,它满足快速、动态的要求,符合流量工程的标准,体现了 ASON 自动交换的本质特点。

ASON 分为 3 个网络层面,即 ASON 省际干线网、省内干线网和本地网。

（7）基于分组的交换核心是分组传送网(PTN)技术最本质的特点。可以将 PTN 理解为是一种以分组为传送单位,承载电信级以太网业务为主,兼容 TDM、ATM 和快速以太网等业务的综合传送技术。

PTN 使用端到端伪线仿真(PWE3)技术(点到点方式的 L2 VPN)提供多种业务的统一承载。

PTN 可分为混合组网、独立组网和联合组网 3 种模式。

（8）广义的 IP RAN 是实现 RAN 的 IP 化传送技术的总称,指采用 IP 技术实现无线接入网的数据回传,即无线接入网 IP 化。目前普遍将采用 IP/MPLS 技术的 RAN 承载方式称为 IP RAN(IP RAN 的狭义概念)。

IP RAN 的特点有:采用路由器架构,IP 三层转发和 MPLS 二层转发相结合,支持动态路由;既可提供 L2 VPN,也可以提供 L3 VPN 业务等。

与其他本地传输网一样,IP RAN 也采用分层结构,分为接入层、汇聚层和核心层。

IP RAN 一般采用分层 VPN(L2 VPN/L3 VPN)实现对业务的承载,通常是以边缘汇聚设备为衔接点,分两段实现 VPN。

中国电信 IP RAN 组网方案有两种:依托城域骨干网组建 IP RAN 方案和新建核心 RAN ER 的 IP RAN 组网方案;中国联通在原有城域网基础上新建一张端到端的分组业务承载网,在分组传送网络的核心层、汇聚层采用 IP RAN,接入层设备对 IP RAN,PTN 不作限制。

（9）无线通信是一种利用空间作为信道,以电磁波的形式传播信息的通信方式。根据电磁波传播的特性,无线电波又分为超长波、长波、中波、短波、超短波、微波等若干波段。

微波中继通信是利用微波作为载波并采用中继(接力)方式在地面上进行的无线电通信。

微波中继通信的特点有:通信频段的频带宽;受外界干扰的影响小;通信灵活性较大;天线增益高、方向性强;投资少、建设快。

（10）卫星通信是地球站之间利用通信卫星转发信号的无线电通信。

卫星通信的主要特点有:通信距离远,建站成本与通信距离无关;以广播方式工作,便于实现多址联接;通信容量大,能传送的业务类型多;可以自发自收,进行监测。

卫星通信系统由空间分系统、通信地球站、跟踪遥测及指令分系统和监控管理分系统四大部分组成。

习　　题

5-1　简述传输网的概念及组成。

5-2　简述传输网的分类情况。

5-3　SDH 的基本网络单元有哪几种?

5-4　SDH 帧结构分哪几个区域? 各自的作用是什么?

5-5　自愈的概念是什么? SDH 传输网主要采用的网络保护方式有哪几种?

5-6　MSTP 的概念是什么?

5-7　以太网业务的封装协议有哪几种? 哪种应用范围最广泛? 为什么?

5-8　以太网业务在 MSTP 中的实现有哪几种?

5-9　什么是密集波分复用(DWDM)?

5-10　光波长转换器(OTU)的基本功能是什么?

5-11　掺铒光纤放大器(EDFA)有哪几种应用方式?

5-12　DWDM 传输网的关键设备包括哪些?

5-13　光传送网(OTN)的概念是什么?

5-14　OTN 的特点有哪些?

5-15 OTN 的关键设备包括哪些？

5-16 OTN 的保护方式有哪几种？

5-17 简述 ASON 特色的 3 个平面、3 个接口以及所支持的 3 种连接类型。

5-18 PTN 的概念是什么？其组网模式有哪几种？

5-19 IP RAN 概念是什么？其特点有哪些？

5-20 微波中继通信的特点有哪些？

5-21 卫星通信系统由哪几部分组成？

第6章 接入网

随着通信技术的突飞猛进,电信业务向 IP 化、宽带化、综合化和智能化方向迅速发展,如何满足用户需求、将多样化的电信业务高效灵活地接入到核心网,是业界普遍关注、迫切需要解决的问题,因此接入网成为网络应用和建设的热点。

本章介绍接入网的相关内容,主要包括:

- 接入网概述;
- 混合光纤/同轴电缆(HFC)接入网;
- 光纤接入网;
- FTTx+LAN 接入网;
- 无线接入网。

6.1 接入网概述

6.1.1 接入网的定义与接口

1. 接入网的定义

接入网是电信网的组成部分之一,负责将电信业务透明地传送到用户,即用户通过接入网的传输,能灵活地接入到不同的电信业务节点上。接入网在电信网中的位置如图 6-1 所示。

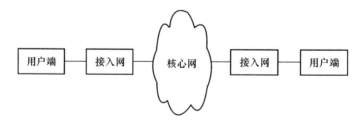

图 6-1　接入网在电信网中的位置

国际电信联盟(ITU-T)13 组于 1995 年 7 月通过了关于接入网框架结构方面的标准——G.902 标准,其中对接入网(AN)的定义是:接入网由业务节点接口(SNI)和用户网络接口(UNI)之间的一系列传送实体(如线路设施和传输设施)组成,为供给电信业务而提供所需传送承载能力的实施系统。

业务节点（SN）是提供业务的实体，是一种可以接入各种交换型或半永久连接型电信业务的网元，可提供规定业务的 SN 可以是本地交换机、租用线业务节点，也可以是路由器或特定配置情况下的点播电视和广播电视业务节点等。

接入网包括业务节点与用户端设备之间的所有实施设备与线路。

2. 接入网的接口

接入网有 3 种主要接口，即用户网络接口（UNI）、业务节点接口（SNI）和维护管理接口（Q3 接口）。接入网所覆盖的范围就由这 3 个接口定界，如图 6-2 所示。

（1）用户网络接口（UNI）

用户网络接口（UNI）是用户与接入网（AN）之间的接口，主要包括模拟 2 线音频接口、64 kbit/s 接口、2.048 Mbit/s 接口、ISDN 基本速率接口（BRI）和基群速率接口（PRI）等。

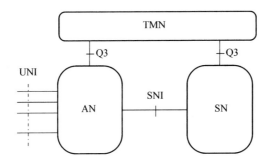

图 6-2　接入网的接口

（2）业务节点接口（SNI）

业务节点接口（SNI）是接入网（AN）和业务节点（SN）之间的接口。

接入网允许与多个 SN 相连，既可以接入分别支持特定业务的单个 SN，又可以接入支持相同业务的多个 SN。而且如果 AN-SNI 侧和 SN-SNI 侧不在同一地方，可以通过透明传送通道实现远端连接。

业务节点接口（SNI）主要有以下两种。

① 模拟接口

模拟接口（即 Z 接口）对应于 UNI 的模拟 2 线音频接口，提供普通电话业务或模拟租用线业务等。

② 数字接口

数字接口（即 V5 接口）作为一种标准化的、完全开放的接口，用于接入网数字传输系统和数字交换机之间的配合。V5 接口能支持公用电话交换网、ISDN（窄带、宽带）、帧中继网、分组交换网、DDN 等业务。

V5 接口包括 V5.1 接口、V 5.2 接口、V 5.3 接口以及支持宽带 ISDN 业务接入的 VB5 接口（包括 VB5.1 和 VB5.2）。

（3）维护管理接口（Q3 接口）

维护管理接口（Q3 接口）是电信管理网（TMN）与电信网各部分的标准接口。接入网作为电信网的一部分，也是通过 Q3 接口与 TMN 相连，便于 TMN 实施管理功能。

6.1.2 接入网功能结构

ITU-T G.902 标准定义的接入网功能结构如图 6-3 所示。

接入网的功能结构分成用户口功能(UPF)、业务口功能(SPF)、核心功能(CF)、传送功能(TF)和 AN 系统管理功能(SMF)5 个基本功能。

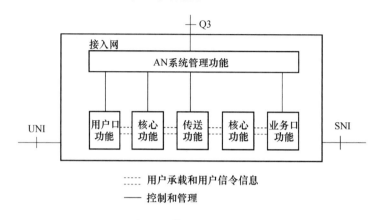

图 6-3 接入网功能结构

1. 用户口功能

用户口功能(UPF)的主要作用是将特定的 UNI 要求与核心功能和管理功能相适配。

2. 业务口功能

业务口功能(SPF)的主要作用是将特定 SNI 规定的要求与公用承载通路相适配,以便核心功能处理;同时负责选择有关的信息以便在 AN 系统管理功能中进行处理。

3. 核心功能

核心功能(CF)处于 UPF 和 SPF 之间,主要作用是负责将个别用户承载通路或业务口承载通路的要求与公用传送承载通路相适配,还包括对 AN 传送所需要的协议适配和复用所进行的对协议承载通路的处理。

4. 传送功能

传送功能(TF)是为接入网中不同地点之间公用承载通路的传送提供通道,也为所用传输介质提供适配功能。

5. AN 系统管理功能

接入网(AN)系统管理功能(AN-SMF)的主要作用是协调 AN 内 UPF、SPF、CF 和 TF 的指配、操作和维护,还负责协调用户终端(经 UNI)和业务节点(经 SNI)的操作功能。

AN-SMF 经 Q3 接口与电信管理网(TMN)通信,以便接受监视或接受控制,同时为了实时控制的需要也经 SNI 与 SN-SMF 进行通信。

上面介绍了接入网的定义与接口,以及接入网的功能结构。这里有一点需要说明,ITU-T G.902 标准是基于传统电信网的接入网(称为电信网接入网)的总体框架结构标准。随着 IP 网络技术与应用的迅猛发展,接入 IP 网络的业务需求量越来越大,2000 年 11 月,ITU-T 在 Y 系列标准中针对 IP 接入网体系结构发布了 Y.1231 标准。

Y.1231 标准从体系、功能模型的角度描述了 IP 接入网,提出了 IP 接入网的定义、功能模型、承载能力、接入类型、接口等。

虽然 IP 接入网与电信网接入网的接口定义和功能结构有所不同,但是所采用的接入技术是一样的。

6.1.3 接入网的分类

接入网可以从不同的角度分类。

1. 按照传输介质分类

按照所采用的传输介质分,接入网可以分为有线接入网和无线接入网。

(1) 有线接入网

有线接入网采用有线传输介质,又进一步分为以下几种。

① 铜线接入网

铜线接入网采用双绞铜线作为传输介质,具体包括高速率数字用户线(HDSL)、不对称数字用户线(ADSL)、ADSL2、ADSL2+及甚高速数字用户线(VDSL)接入网。

② 光纤接入网

光纤接入网(OAN)是指采用光纤作为主要传输介质的接入网,根据传输设施中是否采用有源器件分为有源光网络(AON)和无源光网络(PON)。

无源光网络(PON)又包括 ATM 无源光网络(APON)、以太网无源光网络(EPON)和吉比特无源光网络(GPON)。

③ 混合接入网

混合接入网采用两种(或以上)传输介质,如光纤、电缆等。目前主要有:

- 混合光纤/同轴电缆(HFC)接入网:是在 CATV 网的基础上改造而来的,干线部分采用光纤,配线网部分采用同轴电缆。
- FTTx+LAN 接入网:也称为以太网接入,以太网内部的传输介质大都采用双绞线(个别地方采用光纤),而以太网出口的传输介质使用光纤。

(2) 无线接入网

无线接入网是指从业务节点接口到用户终端全部或部分采用无线方式,又可分为固定无线接入网和移动无线接入网。

① 固定无线接入网

固定无线接入网是为固定位置的用户或仅在小区内移动的用户提供服务,主要包括本地多点分配业务(LMDS)系统、无线局域网(WLAN)、微波存取全球互通(WiMAX)系统等。

② 移动无线接入网

移动无线接入网是为移动体用户提供各种电信业务,主要包括蜂窝移动通信系统(2G/3G/LTE/5G 等)、卫星移动通信系统和 WiMAX 系统等。

2. 按照传输的信号形式分类

按照传输的信号形式分,接入网可以分为数字接入网和模拟接入网。

(1) 数字接入网

接入网中传输的是数字信号,如 HDSL 接入网、光纤接入网和 FTTx+LAN 接入网等。

(2) 模拟接入网

接入网中传输的是模拟信号,如 ADSL 接入网和 VDSL 接入网等。

3. 按照接入业务的速率分类

按照接入业务的速率分,接入网可以分为窄带接入网和宽带接入网。

对于宽带接入网,不同的行业有不同的定义,一般将接入速率大于或等于 1 Mbit/s(理论上)的接入网称为宽带接入网。

近些年,我国电信运营商针对有线接入网实施"光进铜退"策略,ADSL 等铜线接入网将逐渐失去原有的作用。所以目前应用比较广泛的宽带接入网主要有:混合光纤/同轴电缆(HFC)接入网、FTTx+LAN 接入网、光纤接入网等有线宽带接入网,以及 WLAN、WiMAX 等无线宽带接入网。

6.1.4 接入网发展趋势

目前,各种宽带业务不断涌现,而且业务也从纯数据、话音的单业务运营模式向语音、视频、数据相结合的多业务运营模式迈进。为了顺应用户业务的这一发展需求,未来接入技术的宽带化和多样化、接入承载的差异化和接入终端设备的可控化,将成为新一代宽带接入网的发展趋势和重要特征。

1. 接入技术的宽带化

当今电信网的发展正在进入一个新的转折点,呈现宽带化、IP 化、智能化以及业务融合化的趋势。核心网上的可用带宽由于 DWDM 和 OTN 等光网络的发展而迅速增长,用户侧的业务量也由于 Internet 业务的爆炸式增长而急剧增加,作为用户与核心网之间桥梁的接入网则由于入户介质的带宽限制而跟不上核心网和用户业务需求的发展,成为用户与核心网之间的接入"瓶颈",使得核心网上的巨大带宽得不到充分利用。因而,接入网的宽带化成为亟待解决的问题。

(1) 有线接入网的宽带化发展趋势

由于目前我国电信运营商针对有线接入网实施"光进铜退"策略,ADSL 等铜线接入网将逐渐失去原有的作用。

有线接入网将向着光纤接入网的方向发展,由 EPON 到 GPON,而且最终实现 FTTH。

(2) 无线接入网的宽带化发展趋势

无线接入网将从 WLAN 向着 WiMAX、4G 以及 5G 的方向发展。

2. 接入技术的多样化

电信网宽带化首要的就是接入网的宽带化。但是,接入网在整个电信网中所占投资比重最大,且对成本、政策、用户需求等问题都很敏感,因而技术选择五花八门,没有任何一种接入技术可以绝对占据主导地位。所以,接入技术向着多样化的方向发展,势在必行,这也是接入网区别于其他专业网络最鲜明的特点。

前已述及,接入网的接入技术分为有线接入和无线接入两大类,有线接入技术的主流是光纤接入技术,具体又分成许多种;无线接入技术包括固定无线接入技术和移动无线接入技术。

另外,还可以采用综合接入技术,即各种接入技术混合组网。典型的混合组网方式有:LAN+PON、WLAN+PON、WLAN+WiMAX 等。

3. 接入承载差异化

由于要有效承载多种业务,接入网面临的重要课题就是能区别用户和业务,能实施不同的QoS 策略,达到不同用户、不同业务服务的差异化。

4. 接入终端设备可控化

为了实现业务端到端的服务质量保证,电信运营商需要对端到端通信中涉及的众多设备进行统一协调管理,因而对接入终端设备也应能做到可控制和可管理。

对接入终端设备的管理和控制是有别于对网络设备的管理和控制的,接入终端设备的数量庞大,将来只能采用远程管理和管控的方式。

6.2 混合光纤/同轴电缆(HFC)接入网

6.2.1 HFC 接入网的概念

混合光纤/同轴电缆(HFC)接入网是一种结合采用光纤与同轴电缆的宽带接入网,由光纤取代一般电缆线,作为 HFC 接入网中的主干。HFC 接入网是在 CATV 网的基础上改造而来的,是以模拟频分复用技术为基础,综合应用模拟和数字传输技术、光纤和同轴电缆技术、射频技术以及高度分布式智能技术的宽带接入网络。

HFC 接入网是三网融合的重要技术之一,可以提供除 CATV 业务以外的语音、数据和其他交互型业务,称为全业务网(FSN)。

6.2.2 HFC 接入网的网络结构

HFC 接入网的网络结构如图 6-4 所示。

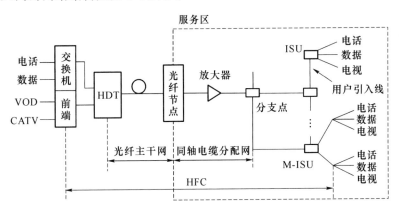

图 6-4 HFC 接入网的网络结构示意图

HFC 接入网由信号源、前端(可能包括分前端)、主数字终端(HDT)、光纤主干网(馈线网)、同轴电缆分配网(配线网)和用户引入线等组成。需要说明的是,HFC 线路网的组成包括馈线网、配线网和用户引入线 3 部分。

HFC 接入网干线部分采用光纤以传输高质量的信号,而配线网部分仍基本保留 CATV 原有的树形-分支型模拟同轴电缆网,这部分同轴电缆网还负责收集来自用户的回传信号经若干双向放大器到光纤节点再经光纤传送给前端。下面具体介绍 HFC 接入网各部分的作用。

1. 前端

前端设备主要包括天线放大器、频道转换器、卫星电视接收设备、滤波器、调制解调器、混合器和导频信号发生器等。

前端是对各种不同的视频信号源进行处理变换,其功能主要有:调制/解调、频率变换、电平调整、信号编解码、信号处理、低噪声放大、中频处理、信号混合、信号监测与控制、频道配置和信号加密等。

2. 主数字终端(HDT)

主数字终端(HDT)的主要功能有:

(1) 对下行信号进行传输频谱的分配;

(2) 下行对交换机送来的电话、数据信号进行射频调制,上行进行解调;

(3) 下行对射频调制后的各种信号(CATV 前端输出的已调信息流、由 HDT 调制后的电话和数据业务流)进行频分复用,上行进行分解;

(4) 下行进行电/光转换与光发送,上行完成光接收与光/电转换;

(5) 与电话交换机采用 V5.2 接口进行信令转换;

(6) 提供对 HFC 接入网进行管理的管理接口。

3. 光纤主干网

HFC 接入网的光纤主干网(馈线网)指前端至服务区 SA(服务区的范围如图 6-4 所示)的光纤节点之间的部分。

(1) 光纤主干网的组成

光纤主干网主要由光发射机、光放大器、光分路器、光缆、光纤连接器和光接收机等组成(其中光发射机/光接收机设置在主数字终端和光纤节点)。

(2) 光纤主干网的结构

根据 HFC 接入网所覆盖的范围、用户多少和对 HFC 网络可靠性的要求,光纤主干网的结构主要有星形、环形和环星形。

4. 同轴电缆分配网

在 HFC 接入网中,同轴电缆分配网(配线网)指服务区光纤节点与分支点之间的部分,一般采用与传统 CATV 网基本相同的树形-分支同轴电缆网,有些情况可为简单的总线结构,其覆盖范围可达 5~10 km。

同轴电缆分配网主要包括同轴电缆、干线放大器、线路延长放大器、分配器和分支器等部件。

5. 用户引入线

用户引入线指分支点至用户之间的部分,与传统 CATV 网相同,分支点的分支器是配线网与用户引入线的分界点。

用户引入线的作用是将射频信号从分支器经无源引入线送给用户,与配线网使用的同轴电缆不同,引入线电缆采用灵活的软电缆以便适应住宅用户的线缆敷设条件及作为电视、机顶盒之间的跳线连接电缆。用户引入线的传输距离一般为几十米左右。

6. 综合业务单元(ISU)

综合业务单元(ISU)分为单用户的 ISU 和多用户的 ISU(M-ISU),ISU 提供各种用户终端设备与网络之间的接口。ISU 装有微处理器、存储器和控制逻辑,是一个智能的射频调制解调器。ISU 的主要功能包括:

（1）实现对各种业务信号进行射频调制（上行）与解调（下行）；

（2）对各种业务信号进行合成与分解；

（3）信令转换等。

在此有个问题需要说明：电缆调制解调器（Cable Modem，CM）是一种可以通过 HFC 接入网实现高速数据接入（如高速 Internet 接入）的设备，其作用是在发送端对数据信号进行调制，将其频带搬移到一定的频率范围内（射频），利用 HFC 接入网将信号传输出去；接收端再对这一信号进行解调，还原出原来的数据信号等。

Cable Modem 放在用户家中，属于用户端设备。一般 Cable Modem 至少有两个接口，一个用来接墙上的有线电视端口，另一个与计算机相连。根据产品型号的不同，CM 可以兼有普通以太网集线器功能、桥接器功能、路由器功能或网络控制器功能等。

Cable Modem 的引入，对从有线电视（CATV）网络发展为 HFC 接入网起着至关重要的作用，所以有时将 HFC 接入网也叫作 Cable Modem 接入网。一般将 Cable Modem 的功能内置在综合业务单元（ISU）中。

6.2.3　HFC 接入网的工作过程

1. 下行方向

由前端将模拟电视和数字电视信号调制到射频上，送到主数字终端（HDT）；由主数字终端（HDT）首先将交换机送来的电话和数据信号调制到射频上，然后将所有下行业务（包括已调到射频上的电视、电话和数据信号）进行综合（频分复用），再由其中的光发射机进行电/光转换后发往光纤传输至相应的光纤节点。在光纤节点处，由光接收机将下行光信号变换成射频信号（光/电转换）送往配线网。射频信号经配线网、用户引入线传输到综合业务单元（ISU），由 ISU（含 Cable Modem）将射频信号解调、分解还原为模拟电视和数字电视信号、电话和数据等信号，最后传送给不同的用户终端。

2. 上行方向

从用户来的电话和数据信号等在综合业务单元（ISU）处进行调制，合成为上行射频信号，经用户引入线、配线网传输到达光纤节点。光纤节点通过上行发射机将上行射频信号变换成光信号（电/光转换），通过光纤传回主数字终端（HDT）。由 HDT 中的光接收机接收上行光信号并变换成射频信号（光/电转换），再进行射频解调并分解后，将电话信号送至电话交换机与PSTN 互连，将数据信号送到数据交换机或路由器与数据网互连，将 VOD 的上行控制信号送到 VOD 服务器。

6.2.4　HFC 接入网双向传输的实现

1. HFC 接入网的双向传输方式

在双向 HFC 接入网中下行信号包括广播电视信号、电话信号及数据信号等；上行信号包括 VOD 信令、电话信号、数据信号和控制信号上传等。

在 HFC 接入网中实现双向传输，需要从光纤通道和同轴电缆通道这两个方面来考虑。

（1）光纤通道双向传输方式

从前端到光纤节点这一段光纤通道中实现双向传输可采用空分复用（SDM）和波分复用

(WDM)两种方式,用得比较多的是波分复用(WDM)。对于 WDM 来说,通常是采用1 310 nm 和 1 550 nm 这两个波长。

（2）同轴电缆通道双向传输方式

同轴电缆通道实现双向传输方式主要有:空间分割方式、频率分割方式和时间分割方式等。在 HFC 接入网中一般采用空间分割方式和频率分割方式,目前解决双向传输的主要手段是频率分割方式。

① 空间分割方式。空间分割方式是采用双电缆完成光纤节点以下信号的上下行传输。对有线电视系统来说,铺设双同轴电缆完成双向传输,成本太高。

② 频率分割方式。频率分割方式将 HFC 接入网的频谱资源划分为上行频带(低频段)和下行频带(高频段),上行频带用于传输上行信号,下行频带用于传输下行信号。以分割频率高低的不同,HFC 接入网的频率分割可分为低分割(分割频率 30～42 MHz)、中分割(分割频率 100 MHz 左右)和高分割(分割频率 200 MHz 左右)。

高、中、低 3 种分割方式的选取主要根据系统的功能和所传输的信息量而定。通常,低分割方式主要适用于节点规模较小、上行信息量较少的应用系统(如点播电视、Internet 接入和数据检索等);而中、高分割方式主要适用于节点规模较大、上行信息量较多的应用系统(如可视电话、会议电视等)。

2. HFC 接入网的频谱分配方案

各种图像、数据和语音信号通过调制解调器同时在同轴电缆上传输。建议的频谱方案有多种,其中一种低分割方式如图 6-5 所示。

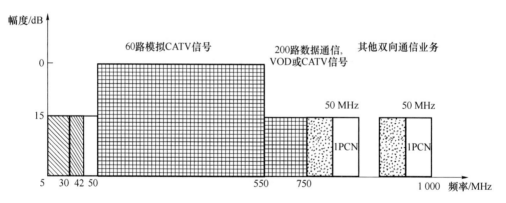

图 6-5　HFC 接入网的频谱分配方案之一(低分割方式)

图 6-5 中各频段的作用为:

（1）5～42 MHz＝25 MHz 为上行通道,即回传通道。其中,5～8 MHz 传状态检视信息,8～12 MHz传 VOD 信令,15～40 MHz＝25 MHz 传电话信号、数据信号。

（2）50～1 000 MHz 为下行信道,其中:

- 50～550 MHz 频段传输现有的模拟 CATV 信号,每路 6～8 MHz,总共可以传输各种不同制式的电视节目 60～80 路;
- 550～750 MHz 频段传输传统的电话信号及数据信号,也可以传输附加的模拟 CATV 信号或数字电视信号,也有建议传输双向交互式通信业务,特别是点播电视业务;
- 750～1 000 MHz 频段,传输各种双向通信业务,有 2×50 MHz 用于个人通信业务,其他用于未来可能的新业务等。

3. HFC 接入网的调制技术

HFC 接入网采用副载波频分复用方式,即采用模拟调制技术。副载波复用(SCM)是将各路信号分别调制到不同的射频(即副载波)上,然后再将各个带有信号的副载波合起来,调制一个光波转换为光信号(光调制)。

6.2.5 HFC 接入网的优缺点

1. HFC 接入网的优点

(1) HFC 接入网的频带较宽,可满足综合业务和高速数据传输需要,能适应未来一段时间内的业务需求。

(2) HFC 接入网的灵活性和扩展性都较好。HFC 接入网在业务上可以兼容传统的电话业务和模拟视频业务,同时支持 Internet 访问、数字视频、VOD 以及其他未来的交互式业务。在结构上,HFC 接入网具有很强的灵活性,可以平滑地向 FTTH 过渡。

(3) HFC 接入网适合当前模拟制式为主体的视像业务及设备市场,用户使用方便。

(4) HFC 接入网与铜线接入网相比,运营、维护、管理费用较低。

2. HFC 接入网的缺点

(1) HFC 接入网成本虽然低于光纤接入网,但需要对 CATV 网进行双向改造,投资较大。

(2) 拓扑结构需进一步改进,以提高网络可靠性,一个光电节点为 500 用户服务,出问题影响面大。

(3) HFC 接入网用户共享同轴电缆带宽,当用户数多时每户可用的带宽下降。

6.3　光纤接入网

6.3.1 光纤接入网基本概念

1. 光纤接入网的定义

光纤接入网(Optical Access Network,OAN)是指在接入网中采用光纤作为主要传输介质来实现信息传送的网络形式,也可以说是业务节点与用户之间采用光纤通信或部分采用光纤通信的接入方式。

2. 光纤接入网分类

光纤接入网根据传输设施中是否采用有源器件分为有源光网络(AON)和无源光网络(PON)。

(1) 有源光网络

有源光网络的传输设施采用有源器件。

(2) 无源光网络

无源光网络中的传输设施是由无源光器件组成。根据采用的技术不同,无源光网络又可以分为以下 3 种:

- ATM 无源光网络(APON)——基于 ATM 技术的无源光网络,后更名为宽带 PON (BPON);
- 以太网无源光网络(EPON)——基于以太网技术的无源光网络;
- 吉比特无源光网络(GPON)——GPON 是 BPON 的一种扩展。

有源光网络比无源光网络传输距离长,传输容量大,业务配置灵活;但成本高、需要供电系统、维护复杂。而无源光网络结构简单,易于扩容和维护,所以得到越来越广泛的应用。

3. 光纤接入网的功能参考配置

ITU-T G.982 建议给出的光纤接入网(OAN)的功能参考配置如图 6-6 所示。

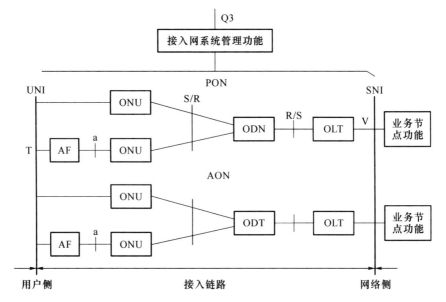

图 6-6 光纤接入网的功能参考配置

光纤接入网主要包含如下配置:

- 4 种基本功能模块:光线路终端(OLT),光分配网络(ODN)/光配线(远程)终端(ODT),光网络单元(ONU),接入网系统管理功能模块。
- 5 个参考点:光发送参考点 S,光接收参考点 R,与业务节点间的参考点 V,与用户终端间的参考点 T,AF 与 ONU 间的参考点 a。
- 3 个接口:网络维护接口 Q3,用户网络接口 UNI 和业务节点接口 SNI。

4 种基本功能模块的功能分述如下。

(1) 光线路终端(OLT)

光线路终端(Optical Line Terminal,OLT)的作用是为光纤接入网提供网络侧与业务节点之间的接口,并经过一个或多个 ODN/ODT 与用户侧的 ONU 通信,OLT 与 ONU 的关系为主从通信关系。OLT 对来自 ONU 的信令和监控信息进行管理,从而为 ONU 和自身提供维护与供电功能。

(2) 光网络单元(ONU)

光网络单元(Optical Network Unit,ONU)位于 ODN/ODT 和用户之间,ONU 的网络侧

具有光接口,而用户侧为电接口,因此需要具有光/电和电/光变换功能,并能实现对各种电信号的处理与维护管理功能。

（3）光分配网络（ODN）/光配线（远程）终端（ODT）

ODN/ODT 是光纤接入网中的传输设施,为 ONU 和 OLT 提供光传输通道作为其间的物理连接。

- 有源光网络（AON）的传输设施为光远程终端（ODT）（含有源器件）,即有源光网络由 OLT、ONU、光配线（远程）终端（ODT）构成。ODT 可以是一个有源复用设备、远端集中器（HUB）,也可以是一个环网。

AON 通常用于电话接入网,其传输体制有 PDH 和 SDH,一般采用 SDH/MSTP 技术。网络结构大多为环形,ONU 兼有 SDH 环形网中 ADM 的功能。

- 无源光网络（PON）中的传输设施为光分配网络（ODN）,ODN 全部由无源光器件组成,主要包括:光纤、光连接器、无源光分路器 OBD（分光器）和光纤接头等。

（4）接入网系统管理功能模块

接入网（AN）系统管理功能块负责对光纤接入网进行维护管理,其管理功能包括配置管理、性能管理、故障管理、安全管理及计费管理。

4. 光纤接入网的拓扑结构

在光纤接入网中 ODN/ODT 的配置一般是点到多点方式,即指多个 ONU 通过 ODN/ODT 与一个 OLT 相连。多个 ONU 与一个 OLT 的连接方式即决定了光纤接入网的结构。

由于无源光网络（PON）比有源光网络（AON）应用范围更广,所以下面重点介绍无源光网络（PON）的拓扑结构,一般为星形、树形和总线形。

（1）星形结构

星形结构包括单星形结构和双星形结构。

① 单星形结构

单星形结构是指用户端的每一个光网络单元（ONU）分别通过一根或一对光纤与光线路终端（OLT）相连,形成以 OLT 为中心向四周辐射的连接结构,如图 6-7（a）所示。

此结构的特点是:在光纤连接中不使用光分路器（即分光器）,不存在由分光器引入的光信号衰减,网络覆盖的范围大;采用相互独立的光纤信道,ONU 之间互不影响且保密性能好,易于升级;但光缆需要量大,光纤和光源无法共享,所以成本较高。

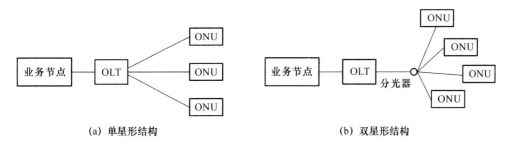

（a）单星形结构　　　　　　　　　　　　（b）双星形结构

图 6-7　星形结构

② 双星形结构

双星形结构是单星形结构的改进,多个光网络单元（ONU）均连接到无源分光器,然后通过一根或一对光纤再与 OLT 相连,如图 6-7（b）所示。

双星形结构适合网径更大的范围,而且具有维护费用低、易于扩容升级、业务变化灵活等优点,是目前采用比较广泛的一种拓扑结构。

(2)树形结构

树形结构是星形结构的扩展,如图 6-8 所示。连接 OLT 的第 1 个分光器将光信号分成 n 路,下一级连接第 2 级分光器或直接连接 ONU,最后一级的分光器连接 n 个 ONU。

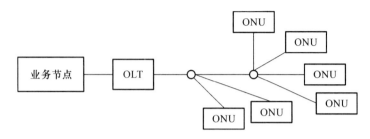

图 6-8　树形结构

树形结构的主要特点是:

- 线路维护容易;
- 由于 OLT 的一个光源提供给所有 ONU 的光功率,光源的功率有限,这就限制了所连接 ONU 的数量以及光信号的传输距离。

(3)总线形结构

总线形结构的光纤接入网如图 6-9 所示。这种结构适合于沿街道、公路线状分布的用户环境。它通常采用非均匀分光的分光器沿线状排列。分光器从光总线中分出 OLT 传输的光信号,将每个 ONU 传出的光信号插入到光总线。这种结构的特点是:

- 非均匀的分光器给总线只引入少量的损耗,并且只从光总线中分出少量的光功率;
- 由于光纤线路存在损耗,使在靠近 OLT 和远离 OLT 处接收到的光信号强度有较大差别,因此,对 ONU 中光接收机的动态范围要求较高。

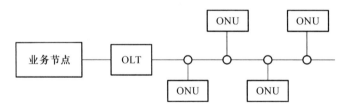

图 6-9　总线形结构

PON 的几种基本拓扑结构各有优缺点,在实际建设光纤接入网时,采用哪一种拓扑结构,要综合考虑当地的地理环境、用户群分布情况、经济情况等因素。

5. 光纤接入网的应用类型

按照光纤接入网的参考配置,根据光网络单元(ONU)设置的位置不同,光纤接入网可分成不同的应用类型,主要包括:光纤到路边(FTTC)、光纤到大楼(FTTB)、光纤到家(FTTH)或光纤到办公室(FTTO)等。图 6-10 示出了 3 种不同应用类型。

(1)光纤到路边(FTTC)

在 FTTC 结构中,ONU 设置在路边的人孔或电线杆上的分线盒处。从 ONU 到各用户之间的部分仍用铜双绞线对。若要传送宽带图像业务,则除距离很短的情况外,这一部分可能会需要同轴电缆。

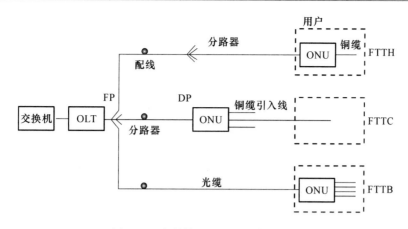

图 6-10　光纤接入网的 3 种应用类型

（2）光纤到大楼（FTTB）

FTTB 也可以看作是 FTTC 的一种变形，不同处在于将 ONU 直接放到楼内（通常为居民住宅公寓或小企事业单位办公楼），再经多对双绞铜线将业务分送给各个用户。

（3）光纤到家（FTTH）和光纤到办公室（FTTO）

在前述的 FTTC 结构中，如果将设置在路边的 ONU 换成无源光分路器，然后将 ONU 移到用户房间内即为 FTTH 结构；如果将 ONU 放置在大企事业用户的大楼终端设备处并能提供一定范围的灵活的业务，则构成所谓的光纤到办公室（FTTO）结构。

6. 光纤接入网的传输技术

（1）双向传输技术（复用技术）

光纤接入网的传输技术主要提供完成连接 OLT 和 ONU 的手段。这里的双向传输技术（复用技术）是指上行信道（ONU 到 OLT）和下行信道（OLT 到 ONU）的区分。

光纤接入网常用的双向传输技术主要包括光空分复用（OSDM）、光波分复用（OWDM）、时间压缩复用（TCM）和光副载波复用（OSCM）。其中用得最多的是光波分复用（OWDM），下面重点介绍光波分复用（OWDM）。

对于双向传输而言，光波分复用（OWDM）是将两个方向的信号分别调制在不同波长上，然后利用一根光纤传输，即可实现单纤双向传输的目的，其双向传输原理如图 6-11 所示。

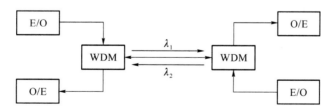

图 6-11　OWDM 双向传输原理

光波分复用的优点是双向传输使用一根光纤，可以节约光纤、光纤放大器和光终端设备；缺点是单纤双向 WDM 需要在两端设置波分复用器件来区分双向信号，从而引入一定的损耗。

（2）多址接入技术

在典型的光纤接入网点到多点的系统结构中，通常只有一个 OLT 却有多个 ONU，为了使每个 ONU 都能正确无误地与 OLT 进行通信，反向的用户接入，即多点用户的上行接入需要采用多址接人技术。

多址接人技术主要有光时分多址接人(OTDMA)、光波分多址接人(OWDMA)、光码分多址接人(OCDMA)和光副载波多址接人(OSCMA)。目前光纤接人网一般采用光时分多址接人(OTDMA)方式,下面仅介绍此种多址接人技术。

光时分多址接人(OTDMA)方式是指将上行传输时间分为若干时隙,在每个时隙只安排一个 ONU 发送的信息,各 ONU 按 OLT 规定的时间顺序依次以分组(数据包)的方式向 OLT 发送。为了避免与 OLT 距离不同的 ONU 所发送的上行信号在 OBD(分光器)处合成时发生重叠,OLT 需要有测距功能,不断测量每一个 ONU 与 OLT 之间的传输时延(与传输距离有关),指挥每一个 ONU 调整发送时间使之不致产生信号重叠。OTDMA 方式的原理如图 6-12 所示。

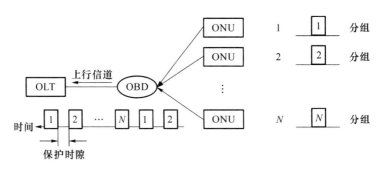

图 6-12　OTDMA 方式的原理示意图

以上介绍了光纤接人网的基本概念,我们已知无源光网络(PON)比有源光网络(AON)应用更广泛,而无源光网络(PON)中以太网无源光网络(EPON)和吉比特无源光网络(GPON)则比 ATM 无源光网络(APON)更占据优势,所以下面主要介绍 EPON 和 GPON。

6.3.2　以太网无源光网络(EPON)

EPON 是基于以太网技术的无源光网络,即采用 PON 的拓扑结构实现以太网帧的接人,EPON 的标准为 IEEE 802.3ah。

1. EPON 的技术特点

EPON 的技术特点主要表现在以下几个方面。

(1) 运营成本低,维护简单

EPON 在传输途中不需电源,没有电子器件,因此容易铺设,维护简单,可节省长期运营成本和管理成本。

(2) 可提供较高的传输速率

EPON 目前可以提供上下行对称的 1.25 Gbit/s 速率,并且随着以太网技术的发展可以升级到 10 Gbit/s。

(3) 服务范围大,容易扩展

EPON 作为一种点到多点网络,可以利用局端单个光模块及光纤资源,服务大量终端用户,而且网络容易扩展。

(4) 技术实现简单

EPON 基于以太网技术,除扩充定义多点控制协议(MPCP)外,没有改变以太网数据帧

（MAC 帧）格式,因此技术实现简单。

（5）带宽分配灵活,服务有保证

EPON 可以通过 DBA（动态带宽分配）算法来实现对每个用户进行带宽分配,并采取 DiffServ（区分服务模型）等措施保证每个用户的 QoS。

2. EPON 的网络结构

EPON 的网络结构一般采用双星形或树形,如图 6-13 所示。

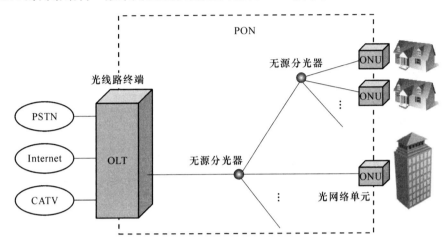

图 6-13　EPON 的网络结构示意图

EPON 中设备分无源网络设备和有源网络设备两种。

- 无源网络设备——指的是光分配网络（ODN）,包括光纤、无源分光器、连接器和光纤接头等。ODN 一般放置于局外,称为局外设备。
- 有源网络设备——包括光线路终端（OLT）、光网络单元（ONU）和设备管理系统（EMS）。

EPON 中较为复杂的功能主要集中于 OLT,而 ONU 的功能则较简单,这主要是为了尽量降低用户端设备的成本。

3. EPON 的设备功能

（1）光线路终端（OLT）

在 EPON 中,OLT 既是一个交换机或路由器,又是一个多业务提供平台（MSPP）,提供面向无源光网络的光纤接口。OLT 可提供多个 Gbit/s 和 10Gbit/s 的以太网口,支持 WDM 传输,与多种业务速率相兼容。

OLT 根据需要可以配置多块光线路卡（OLC）,OLC 与多个 ONU 通过分光器连接。

① OLT 的功能

OLT 的具体功能如下:

- 提供 EPON 与服务提供商核心网的数据、视频和话音网络的接口,具有复用/解复用功能;
- 光/电转换、电/光转换功能;
- 分配和控制信道的连接,并有实时监控、管理及维护功能;
- 可具有以太网交换机或路由器的功能。

② OLT 的布放位置

OLT 的布放位置有以下 3 种方式:

- OLT 放置于局端中心机房(交换机房、数据机房等)——这种布放方式,OLT 的覆盖范围大,便于维护和管理,节省运维成本,利于资源共享。
- OLT 放置于远端中心机房——这种布放方式,OLT 的覆盖范围适中,便于操作和管理,同时兼顾容量和资源。
- OLT 放置于户外机房或小区机房——此种布放方式节省光纤,但管理和维护困难,OLT 的覆盖范围比较小,而且需要解决供电问题,一般不建议采用这种方式。

OLT 的布放位置选择哪种,主要取决于实际的应用场景。

(2) 分光器

分光器是光分配网络(ODN)中的重要部件,作用是将 1 路光信号分为 N 路光信号(或反之)。分光器带有一个上行光接口,若干下行光接口。从上行光接口过来的光信号被分配到所有的下行光接口传输出去,从下行光接口过来的光信号被分配到唯一的上行光接口传输出去。

EPON 中,分光器的分光比(总分光比)规定为:1:8/1:16/1:32/1:64,即最大分光比是 1:64。

在实际应用中,分光器的布放方式主要有两种:

① 一级分光——分光器采用一级分光时 PON 端口一次利用率高,易于维护,适用于需求密集的城镇,如大型住宅区或商业区。

② 二级分光——分光器采用二级分光时,分布较灵活,但故障点增加,维护成本高。典型应用于需求分散的城镇,如小型住宅区或中小城市。

(3) 光网络单元(ONU)

光网络单元(ONU)放置在用户侧,其功能如下:

① 给用户提供数据、视频和语音与 PON 之间的接口(若用户业务为模拟信号,ONU 应具有模/数、数/模转换功能)。

② 光/电转换、电/光转换功能。

③ 可提供以太网二层、三层交换功能——在中带宽和高带宽的 ONU 中,可实现成本低廉的以太网二层、三层交换功能。此类 ONU 可以通过层叠来为多个最终用户提供共享高带宽。在通信过程中,不需要协议转换就可实现 ONU 对用户数据透明传送。ONU 也支持其他传统的 TDM 协议,而且不增加设计和操作的复杂性。

(4) 设备管理系统(EMS)

EPON 中的 OLT 和所有 ONU 由设备管理系统(EMS)进行管理,管理功能包括故障管理、配置管理、计费管理、性能管理和安全管理。

4. EPON 的工作原理及帧结构

EPON 采用 WDM 技术,实现单纤双向传输。使用两个波长时,下行(OLT 到 ONU)使用 1 490 nm 波长,上行(ONU 到 OLT)使用 1 310 nm 波长,用于分配数据、语音和 IP 交换式数字视频(SDV)业务。

使用 3 个波长时,下行使用 1 490 nm 波长,上行使用 1 310 nm 波长,增加一个下行 1 550 nm 波长,携带下行 CATV 业务。

(1) 下行通信

EPON 下行采用时分复用(TDM)+广播的传输方式,其传输原理如图 6-14 所示。

具体工作过程为:

① OLT 首先将发给各个 ONU 的以太网 MAC 帧(电信号)进行时分复用封装为下行传

输帧,然后调制一个光载波(1 490 nm 波长)将其转换为光复用信号(电/光转换),并馈入光纤发给分光器。

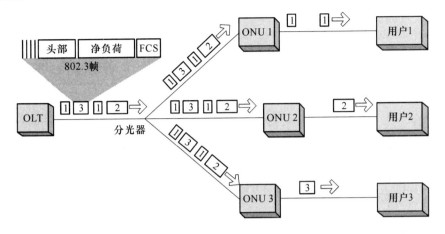

图 6-14　EPON 下行传输原理示意图

② 分光器采用广播方式将光复用信号发给所有的 ONU,各个 ONU 将光复用信号转换为电复用信号。ONU 如何从复用信号中识别哪个数据包是发给自己的呢? 在 EPON 中,根据以太网 IEEE 802.3 标准,传输的是可变长度的数据包(以太网 MAC 帧),每个数据包带有一个 EPON 包头(逻辑链路标识 LLID),唯一标识该数据包是发给哪个 ONU 的(也可标识为广播数据包发给所有 ONU 或发给特定的 ONU 组)。所以各 ONU 可根据此标识(通过地址匹配)识别并接收发给它的数据包,丢弃发给其他 ONU 的数据包。

EPON 下行传输的数据流被组成固定长度的帧,其帧结构如图 6-15 所示。

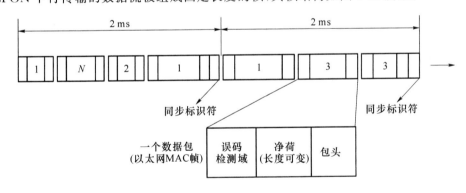

图 6-15　EPON 下行传输帧结构

EPON 下行传输速率为 1.25Gbit/s,每帧帧长为 2ms,可以携带多个可变长度的数据包(以太网 MAC 帧)。含有同步标识符的时钟信息位于每帧的开头,用于 ONU 与 OLT 的同步,同步标识符占 1 个字节。从图 6-15 中可以看出,下行传输的帧结构中包含的传给各 ONU 的数据包(即以太网 MAC 帧)没有顺序,而且长度也是可变的。

(2)上行通信

EPON 中一个 OLT 携带多个 ONU,在上行传输方向,EPON 采用时分多址接入(TDMA)方式。具体来说,就是每个 ONU 只能在 OLT 已分配的特定时隙中发送数据帧,而且每个特定时刻只能有一个 ONU 发送数据帧,否则,ONU 间将产生时隙冲突,导致 OLT 无法正确接收各个 ONU 的数据,所以要对 ONU 发送上行数据帧的时隙进行控制。每个 ONU

有一个 TDMA 控制器,它与 OLT 的定时信息一起,控制各 ONU 上行数据包的发送时刻,以避免复合时相互间发生碰撞和冲突。

EPON 上行传输原理如图 6-16 所示。

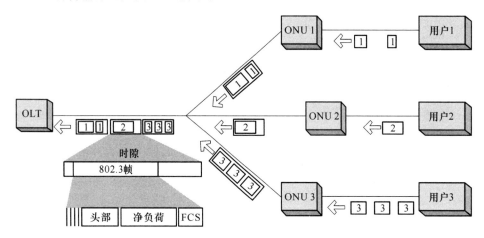

图 6-16　EPON 上行传输原理示意图

连接于分光器的各 ONU 将要发送的数据包(以太网 MAC 帧)分别转换为光信号,然后将上行数据流发送给分光器;经过分光器耦合到共用光纤,以 TDM 方式复合成一个连续的数据流,此数据流组成上行帧,其帧长也是 2ms,每帧有一个帧头,表示该帧的开始。每帧进一步分割成可变长度的时隙,每个时隙分配给一个 ONU。EPON 上行帧结构如图 6-17 所示。

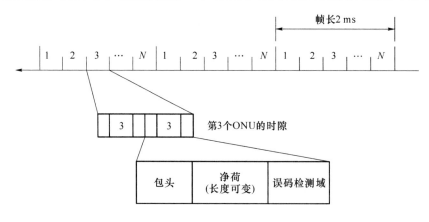

图 6-17　EPON 上行帧结构

假设一个 OLT 携带 N 个 ONU,则在 EPON 的上行帧结构中会有 N 个时隙,每个 ONU 占用一个时隙,但时隙的长度并不是固定的,它是根据 ONU 发送的最长消息,也就是 ONU 要求的最大带宽和以太网 MAC 帧来确定的。ONU 可以在一个时隙内发送多个以太网 MAC 帧,图 6-17 中 ONU3 在它的时隙内发送 2 个可变长度的数据包(以太网 MAC 帧)和一些时隙开销。当 ONU 没有数据发送时,就用空闲字节填充自己的时隙。

ONU 至 OLT 的距离有长有短,最短的可以是几米,最长的可以达 20 km。必须使每一个 ONU 的上行信号在分光器处汇合后,插入指定的时隙,彼此间既不发生碰撞(重叠),也不要间隔太大。所以 OLT 一定要准确知道数据在 OLT 和每个 ONU 之间的传输往返时间 RTT (Round Trip Time),即 OLT 要不断地对每一个 ONU 与 OLT 的距离进行精确测定(即测距），以便控制每个 ONU 发送上行信号的时刻。

6.3.3 吉比特无源光网络(GPON)

1. GPON 的概念

在 2001 年 1 月，EFMA(Ethernet in the First Mile Alliance,第一英里以太网联盟) 提出
EPON 概念的同时，全业务接入网络组织(Full-Services Access Network,FSAN)也开始进行
1Gbit/s 以上的 PON——GPON 标准的研究。

GPON 是 BPON(APON)的一种扩展，相对于其他的 PON 标准而言，GPON 标准提供了
前所未有的高带宽(下行速率近 2.5 Gbit/s)，上、下行速率有对称和不对称两种，其非对称特
性更能适应宽带数据业务市场。

与 EPON 直接采用以太网帧不同，GPON 标准规定了一种特殊的封装方法：GEM(GPON
Encapsulation Method)。GPON 可以同时承载 ATM 信元和（或）GEM 帧，有很好的提供服
务等级、支持 QoS 保证和全业务接入的能力；在承载 GEM 帧时，可以将 TDM 业务映射到
GEM 帧中，使用标准的 8 kHz(125 μs)帧能够直接支持 TDM 业务。作为一种电信级的技术
标准，GPON 还规定了在接入网层面上的保护机制和完整的 OAM 功能。

2. GPON 的技术特点

（1）业务支持能力强，具有全业务接入能力

相对于 EPON 技术，GPON 更注重对多业务的支持能力。GPON 用户接口丰富，可以提
供包括 64 kbit/s 业务、E1 电路业务、ATM 业务、IP 业务和 CATV 等在内的全业务接入能力，
是提供语音、数据和视频综合业务接入的理想技术。

（2）可提供较高带宽和较远的覆盖距离

GPON 可以提供 1 244 Mbit/s, 2 488 Mbit/s 的下行速率和 155 Mbit/s, 622 Mbit/s,
1 244 Mbit/s 和 2 488 Mbit/s 的上行速率，能灵活地提供对称和非对称速率。

此外，GPON 中一个 OLT 可以支持最多 64（或 128）个 ONU,GPON 的逻辑传输距离最
长可达到 60 km。

（3）带宽分配灵活，有服务质量保证

与 EPON 一样，GPON 采用 DBA 算法可以灵活调用带宽，而且能够保证各种不同类型和
等级业务的服务质量。

（4）具有保护机制和 OAM 功能

GPON 具有保护机制和完整的 OAM 功能，另外 ODN 的无源特性减少了故障点，便于
维护。

（5）安全性高

GPON 下行采用高级加密标准 AES 加密算法对下行帧的负载部分进行加密，可以有效
地防止下行数据被非法 ONU 截取。

（6）网络扩展容易，便于升级

GPON 模块化程度高，对局端资源占用很少，树形拓扑结构使系统扩展容易。

（7）技术相对复杂、设备成本较高

GPON 承载有 QoS 保障的多业务和强大的 OAM 能力等优势很大程度上是以技术和设
备的复杂性为代价换来的，从而使得相关设备成本较高。但随着 GPON 技术的发展和大规模

应用,GPON 设备的成本可能会有相应下降。

3. GPON 的网络结构

GPON 与 EPON 相同,也是由 OLT、ONU、ODN 3 部分组成;GPON 可以灵活地组成树形、星形、总线形等拓扑结构,其中典型结构为树形结构。

GPON 下行使用 1 490 nm 波长,上行(ONU 到 OLT)使用 1 310 nm 波长,用于分配数据、语音和 IP 交换式数字视频(SDV)业务;使用 3 个波长时,下行使用 1 490 nm 波长,上行使用 1 310 nm 波长,增加一个下行 1 550 nm 波长,携带下行 CATV 业务。

GPON 的工作原理与 EPON 一样,其设备功能与 EPON 类似,主要是帧结构、上下行速率有所不同。

4. GPON 的设备功能

(1)光线路终端(OLT)

OLT 位于局端,是整个 GPON 的核心部件,具体功能为:

- 向上提供广域网接口(包括千兆以太网、ATM 和 DS-3 接口等);
- 集中带宽分配、控制光分配网(ODN);
- 光/电转换、电/光转换功能;
- 实时监控、运行维护管理光网络系统的功能。

(2)光网络单元(ONU)

ONU 放置在用户侧,具体功能为:

- 为用户提供 10/100 Base-T、Tl/El 和 DS-3 等应用接口;
- 光/电转换、电/光转换功能;
- 可以兼有适配功能。

(3)光分配网络(ODN)

ODN 是一个连接 OLT 和 ONU 的无源设备,其中最重要的部件是分光器,其作用与 EPON 中的一样。GPON 支持的分光比为 1:16/1:32/1:64/1:128。

5. GPON 与 EPON 技术的比较

GPON 与 EPON 技术在几个主要方面的比较如表 6-1 所示。

表 6-1　GPON 与 EPON 技术的比较

比较项目	EPON	GPON
TDM 支持能力	TDM over Ethernet	TDM over ATM/ TDM over Packet
下行速率/(Mbit·s^{-1})	1 250	1 244/2 488
上行速率/(Mbit·s^{-1})	1 250	155/622/1 244/2 488
最大分光比	1:64	1:128
最大传输距离/km	20	60

(1)GPON 与 EPON 技术的相同部分

- 系统构成相同——GPON 与 EPON 均由 OLT、ODN、ONU 3 部分构成,符合 G.985.1 标准的定义。
- 网络拓扑相同——GPON 与 EPON 都符合 G.985.1 定义的点对多点架构,网络拓扑可以是星形、树形或总线形。
- 网络保护方式相同——GPON 与 EPON 均可以做相关保护,可以采用相同的保护策略。

- 组网应用相同——GPON 与 EPON 均有 FTTC、FTTB、FTTH/FTTO 3 种应用类型。

(2) GPON 与 EPON 技术的主要不同部分

- 上下行速率——GPON 定义了 7 种对称和不对称速率;EPON 只有 1 种对称速率。
- 技术实现复杂度——GPON 重新定义了自己的 GEM 帧结构,并定义了多种复用方式,技术实现较复杂;EPON 基于以太网,除扩充定义多点控制协议(MPCP)外,没有改变以太网帧格式,技术实现简单。
- 业务承载能力——EPON 和 GPON 提供的业务可以是窄带业务、宽带业务。如果需要提供的业务都是 IP,或对 TDM 业务的要求不高,EPON 是最佳选择;如果要兼顾 IP 业务与 TDM 业务,尤其是对 TDM 业务有严格要求,GPON 会更有优势。

6. 10GPON

GPON 演进到 XGPON,上、下行速率均可达到 10Gbit/s,FSAN 为此制定了相应的标准。10GPON 与 GPON 技术在几个主要方面的差异如表 6-2 所示。

表 6-2 10GPON 与 GPON 技术的差异

规格	10G GPON(G. 987)	GPON(G. 984)
中心波长	• 下行:1 577 nm • 上行:1 270 nm	• 下行:1 490 nm • 上行:1 310 nm
线路速率	• 下行:9. 953 28 Gbit/s • 上行:2. 488 32 Gbit/s	• 下行:2. 488 32 Gbit/s • 上行:1. 244 16 Gbit/s 或 2. 488 32 Gbit/s
最大距离	• 逻辑距离:100 km • 物理距离:40 km	• 逻辑距离:60 km • 物理距离:20 km
帧结构	XGEM	GEM

6.4 FTTx＋LAN 接入网

6.4.1 FTTx＋LAN 接入网的概念与网络结构

1. FTTx＋LAN 接入网的概念

FTTx＋LAN 接入网是指光纤加交换式以太网的方式(也称为以太网接入),可实现用户高速接入互联网,支持的应用类型有光纤到路边(FTTC)、光纤到大楼(FTTB)、光纤到户(FTTH),泛称为 FTTx。目前一般实现的是 FTTC 或 FTTB。

2. FTTx＋LAN 接入网的网络结构

FTTx＋LAN 接入网(以太网接入)的网络结构采用星形或树形,以接入宽带 IP 城域网的汇聚层为例,如图 6-18 所示(图中省略了以太网出口的相应设备)。

FTTx＋LAN 接入网的网络结构根据用户数量及经济情况等可以采用图 6-18(a)所示的一级接入或图 6-18(b)所示的二级接入。

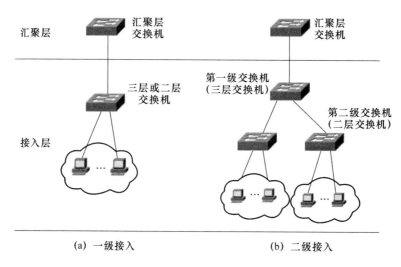

图 6-18 FTTx＋LAN 接入网(以太网接入)的网络结构示意图

图 6-18(a)所示的 FTTx＋LAN 接入网,适合于小规模居民小区,交换机只有一级,可以采用以太网三层交换机或二层交换机(建议采用三层交换机)。以太网二/三层交换机上行与汇聚层节点利用光纤相连,速率一般为 100 Mbit/s;下行与用户之间通常采用双绞线连接,速率一般为 10 Mbit/s 或 100 Mbit/s,若用户数超过交换机的端口数,可采用交换机级联方式。

图 6-18(b)所示的 FTTx＋LAN 接入网,适合于中等或大规模居民小区,交换机分两级:第一级交换机采用具有路由功能的以太网三层交换机,第二级交换机采用二层交换机。

对于中等规模居民小区来说,三层交换机具备一个千兆或多个百兆上联光口,上行与汇聚层节点采用光纤相连(光口直连,电口经光电收发器连接);三层交换机下联口既可以提供百兆/千兆电口(100 m 以内),也可以提供百兆/千兆光口。下行与二层交换机相连时,若距离大于 100 m,采用光纤;距离小于 100 m,则采用双绞线。二层交换机与用户之间通常采用双绞线连接,速率一般为 10 Mbit/s 或 100 Mbit/s。

对于大规模居民小区来说,三层交换机具备多个千兆光口直联到宽带 IP 城域网,下联口既可以提供百兆光口,也可以提供千兆光口。其他情况与中等规模居民小区相同。

3. FTTx＋LAN 接入网的组网实例

FTTB＋LAN 接入网组网实例如图 6-19 所示。

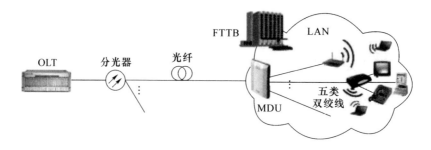

图 6-19 FTTB＋LAN 接入网组网实例

FTTB(光纤到大楼)＋LAN 组网方式是目前以太网接入的主要建设模式。局端部署 OLT,在楼内部署支持多用户的、内置以太网交换机功能和 IAD(综合接入设备)功能的 ONU(称为 MDU),MDU 通过五类双绞线等方式连接到用户。

FTTB＋LAN 适合中小集团客户比较集中的商业楼宇和高档小区。

6.4.2 FTTx＋LAN 接入网的优缺点

1. FTTx＋LAN 接入网的优点

（1）高速传输。用户上网速率目前为 10 Mbit/s 或 100 Mbit/s,以后根据用户需要升级。

（2）网络可靠、稳定。楼道交换机和小区中心交换机、小区中心交换机和局端交换机之间通过光纤相连,网络稳定性高、可靠性强。

（3）用户投资少、价格便宜。用户只需一台带有网络接口卡(NIC)的 PC 即可上网。

（4）安装方便。小区、大厦、写字楼内采用综合布线,用户端采用五类网线方式接入,即插即用。

（5）应用广泛。通过 FTTx＋LAN 方式即可实现高速上网、远程办公、VOD 点播、VPN 等多种业务。

2. FTTx＋LAN 接入网的缺点

（1）五类线布线问题。五类线本身只限于室内使用,限制了设备的摆设位置,致使工程建设难度已成为阻碍以太网接入的重要问题。

（2）故障定位困难。若以太网接入采用多级结构,则网络层次复杂,而网络层次多导致故障点增加且难以快速判断排除,使得线路维护难度大。

（3）用户隔离问题。用户隔离方法较为烦琐且广播包较多。

6.5 无线接入网

虽然有线接入网具有诸多优势,而且发展也较快,但是当遇到山地、港口和开阔地等特殊的地理位置和环境时,有线接入网存在着布线困难、施工周期长和后期维护不便等问题,而且不能适应终端的移动性。为了解决这些问题,无线接入网应运而生。

6.5.1 无线接入网基本概念

1. 无线接入网的定义

无线接入网是指从业务节点接口到用户终端全部或部分采用无线方式,即利用卫星、微波及超短波等传输手段向用户提供各种电信业务的接入系统。

2. 无线接入网的优点

（1）建网投资费用低,与有线网建设相比,省去不少线路设备,而且网络设计灵活,安装迅速。

（2）扩容可以因需求而定,方便快捷,防止过量配置设备而造成浪费。

（3）开发运营成本低,无线接入取消了铜线分配网和铜线分接线等,也就无须配备维护人员,因而大大降低了运营费用。

3. 无线接入网的分类

无线接入网可分为固定无线接入网和移动无线接入网两大类。

（1）固定无线接入网

固定无线接入网主要为固定位置的用户或仅在小区内移动的用户提供服务,其用户终端主要包括电话机、传真机或数据终端(如计算机)等。

固定无线接入网的实现方式主要包括:本地多点分配业务(LMDS)系统、无线局域网(WLAN)及微波存取全球互通(WiMAX)系统等。

（2）移动无线接入网

移动无线接入网是为移动体用户提供各种电信业务。由于移动接入网服务的用户是移动的,因而其网络组成要比固定网复杂,需要增加相应的设备和软件等。

实现移动无线接入的方式有许多种类,如蜂窝移动通信系统、卫星移动通信系统及微波存取全球互通(WiMAX)系统等。

值得说明的是,微波存取全球互通(WiMAX)系统,它既可以提供固定无线接入,也可以提供移动无线接入。

几种无线接入网中,应用最广泛的是无线局域网(WLAN),下面重点介绍 WLAN。

6.5.2　无线局域网

无线局域网(WLAN)是近些年来推出的一种新的宽带无线接入技术。

1. 无线局域网的定义

无线局域网(Wireless Local Network,WLAN)是无线通信技术与计算机网络相结合的产物,一般来说,凡是采用无线传输介质的计算机局域网都可称为无线局域网,即利用无线电波或红外线在一个有限地域范围内的工作站之间进行数据传输的通信系统。

一个无线局域网可当作有线局域网的扩展来使用,也可以独立作为有线局域网的替代设施。

无线局域网标准有最早制定的 IEEE 802.11 标准、后来扩展的 IEEE 802.11a 标准、IEEE 802.11b 标准、IEEE 802.11g、IEEE 802.11n 标准、IEEE 802.11ac 和 IEEE 802.11ax 等(后述)。

2. 无线局域网的分类

根据无线局域网采用的传输介质来分类,主要有两种:采用无线电波的无线局域网和采用红外线的无线局域网。

（1）采用无线电波(微波)的无线局域网

采用无线电波为传输介质的无线局域网按照调制方式不同,又可分为窄带调制方式与扩展频谱方式。

采用无线电波的无线局域网一般都要扩展频谱(简称扩频),扩频技术主要分为跳频扩频和直接序列扩频两种方式。

（2）基于红外线的无线局域网

基于红外线(Infrared,IR)的无线局域网技术的软件和硬件技术都已经比较成熟,具有传输速率较高、移动通信设备所必需的体积小和功率低、无须专门申请特定频率的使用执照等主要技术优势。

红外线是一种视距传输技术,这在两个设备之间是容易实现的,但多个电子设备间就必须调整彼此的位置和角度等。另外,红外线对非透明物体的透过性极差,这导致传输距离受限。

目前一般用得比较多的是采用无线电波的基于扩展频谱方式的无线局域网。

3. 无线局域网的拓扑结构

无线局域网的拓扑结构可以归结为两类：一类是自组网拓扑，另一类是基础结构拓扑。

不同的拓扑结构，我们用服务集(Service Set)对其进行描述，也就是用服务集来描述一个可操作的完全无线局域网的基本组成，在服务集中需要采用服务集标识(Service Set Identification，SSID)作为无线局域网一个网络名，它由区分大小写的232个字符长度组成，包括文字和数字的值。

(1) 自组网拓扑网络

自组网拓扑(或者叫作无中心拓扑)网络由无线客户端设备组成，它覆盖的服务区称独立基本服务集(Independent Basic Service Set，IBSS)。

IBSS是一个独立的BSS，它没有接入点作为连接的中心。这种网络又叫作对等网或者非结构组网。

(2) 基础结构拓扑网络

基础结构拓扑(有中心拓扑)网络由无线基站、无线客户端组成，覆盖的区域分基本服务集(BSS)和扩展服务集(ESS)。

这种拓扑结构要求一个无线基站充当中心站，网络中所有站点对网络的访问和通信均由它控制。由于每个站点在中心站覆盖范围之内就可与其他站点通信，所以在无线局域网构建过程中站点布局受环境限制相对较小。

位于中心的无线基站称为无线接入点(Access Point，AP)，它是实现无线局域网接入有线局域网一个逻辑接入点，其主要作用是将无线局域网的数据帧转化为有线局域网的数据帧，如以太网帧。

这种基础结构拓扑的无线局域网的弱点是抗毁性差，中心点的故障容易导致整个网络瘫痪，并且中心站点的引入增加了网络成本。

4. 无线局域网的频段分配

无线局域网采用微波和红外线作为其传输介质，它们都属于电磁波的范畴，图6-20示出了频率由低到高的电磁波的种类和名称。

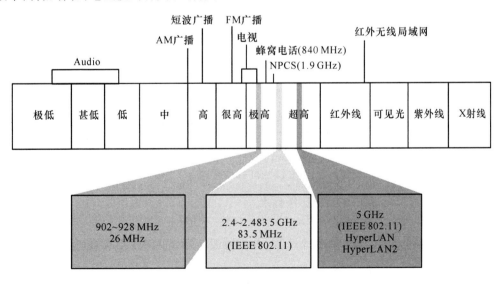

图 6-20　无线局域网频段

由图可见,红外线的频谱位于可见光和微波之间,频率极高,波长范围在 $0.75\sim1\,000\ \mu m$ 之间,在空间传播时,传输质量受距离的影响非常大。作为无线局域网的一种传输介质,国家无线电委员会不对它加以限制,其主要优点是不受微波电磁干扰的影响,但由于它对非透明物体的穿透性极差,从而导致其应用受到限制。

微波频段范围很宽,从 High 到 SuperHigh 都属于微波频段,这一波段又划分为若干频段对应不同的应用,有的用于广播,有的用于电视,或用于移动电话,无线局域网则选用其中的 ISM(工业、科学、医学)频段,它包含 3 个频段:工业用频段(900 MHz)、科学研究用频段(2.4 GHz)、医疗用频段(5 GHz)。无线局域网使用的频段在科学研究和医疗频段范围内,这些频段在各个国家的无线管理机构中,如美国的 FCC、欧洲的 ETSI 都无须注册即可使用,但要求功率不能超过 1W。

5. 无线局域网标准

IEEE 制定的第一个无线局域网标准是 IEEE 802.11,正式发布于 1997 年 11 月 26 日。承袭 IEEE 802 系列,IEEE 802.11 规范了无线局域网的媒体访问控制(Medium Access Control,MAC)层与物理(Physical,PHY)层。

2000 年 8 月,IEEE 802.11 标准得到了进一步的完善和修订,并成为 IEEE/ANSI 和 ISO/IEC 的一个联合标准。这次 IEEE 802.11 标准的修订内容包括用一个基于 SNMP(简单网络管理协议)的 MIB(管理信息库)来取代原来基于 OSI 协议的 MIB。另外,还增加了两项新内容:IEEE802.11a 和 IEEE 802.11b。

之后,IEEE 又陆续颁布了 IEEE802.11g、IEEE 802.11n、IEEE 802.11ac 和 IEEE 802.11ax 等。

(1) IEEE 802.11 标准系列的分层模型

IEEE 802.11 标准系列的分层模型包含 MAC 层和物理层,如图 6-21 所示。

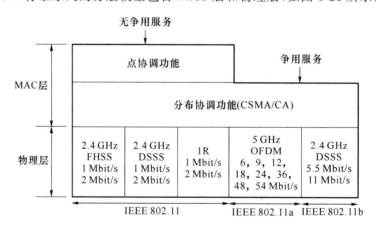

图 6-21　IEEE 802.11 标准系列的分层模型

(2) IEEE 802.11 系列中的 MAC 层标准

① MAC 层结构

IEEE 802.11 的 MAC 层包括两个子层:分布协调功能(DCF)子层和点协调功能(PCF)子层。

- 分布协调功能(DCF)子层——DCF 子层向上提供争用服务,其功能是在每一个站点使用 CSMA 机制的分布式接入算法,让各个工作站通过争用信道来获取发送信号权。

- 点协调功能(PCF)子层——PCF 子层的功能是使用集中控制的接入算法将发送信号权轮流分配给各个工作站,从而避免了碰撞的产生。PCF 是非必选项,自组网络就没有 PCF 子层。

② 冲突检测

无线局域网中的 CSMA/CA 协议使用与以太网略有区别,冲突检测方式与以太网标准中使用的 CSMA/CD 协议方式不同。

为降低发生冲突的概率,IEEE 802.11 标准还采用了一种称为虚拟载波侦听(Virtual Carrier Sense,VCS)的机制。

VCS 就是让源站将它要占用信道的时间(包括目的站发回确认帧所需的时间)通知给所有其他站,以便使其他所有站在这一段时间都停止发送数据。这样做便可减少碰撞的机会。之所以称为"虚拟载波监听"是因为其他站并没有真正监听信道,只是因为收到了"源站的通知"才不发送数据,起到的效果就好像是其他站都监听了信道。

需要指出的是,采用 VCS 技术,减少了发生碰撞的可能性,但并不能完全消除碰撞。

(3) IEEE 802.11 系列中的物理层标准

① IEEE 802.11 物理层标准

IEEE 802.11 物理层标准定义了使用红外线技术、跳频扩频和直接序列扩频技术,工作在 2.4 GHz ISM 频段内,数据传输速率为 1 Mbit/s 和 2 Mbit/s,是无线局域网的全球统一标准。IEEE 802.11 标准的物理层有 3 种实现方法:直接序列扩频、跳频扩频、红外线(IR)技术。

② IEEE 802.11b 物理层标准

IEEE 802.11b 的物理层工作在 2.4 GHz 频段,图 6-22 所示为其信道分配。

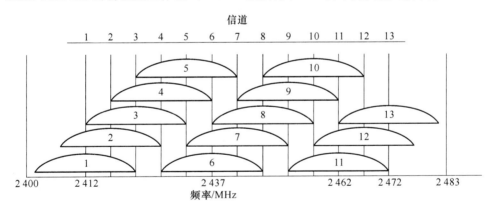

图 6-22　工作于 2.4GHz 的 WLAN 信道分配

由图可见,在 2.4~2.483 5 GHz 频段共配置了 13 个信道,其中最常用的互不重叠信道是 1、6、11,每个信道的带宽为 20 MHz。

IEEE 802.11b 的物理层具有支持多种数据传输速率能力和动态速率调节技术,具体支持的速率有 1 Mbit/s、2 Mbit/s、5.5 Mbit/s 和 11 Mbit/s 4 个等级。

③IEEE 802.11a 物理层标准

IEEE 802.11a 的物理层工作在 5 GHz 频段。与 2.4 GHz 频段相比,5 GHz 频段可提供大容量传输带宽,并且干扰较少。

工作于 5 GHz 的 WLAN 信道分配如图 6-23 所示。

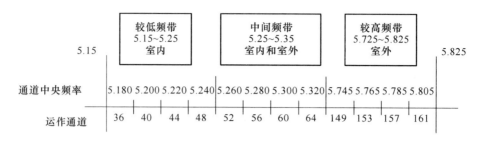

图 6-23 工作于 5GHz 的 WLAN 信道分配

在 5 GHz 频段互不重叠的信道有 12 个,一般配置 13 或 19 个信道,每个信道的带宽为 20 MHz。

IEEE 802.11a 标准使用正交频分复用(OFDM)技术。IEEE 802.11a 标准定义了 OFDM 物理层的应用,数据传输率为 6、9、12、18、24、36、48 和 54 Mbit/s。6 Mbit/s 和 9 Mbit/s 使用 DBPSK 调制,12 Mbit/s 和 18 Mbit/s 使用 DQPSK 调制,24 Mbit/s 和 36 Mbit/s 使用 16QAM 调制,48 Mbit/s 和 54 Mbit/s 使用 64QAM 调制。(由于篇幅所限,这里不再介绍各种调制方式,读者可参阅相关书籍)

④ IEEE 802.11g 物理层标准

IEEE 802.11g 其实是一种混合标准,既能适应传统的 IEEE 802.11b 标准,在 2.4 GHz 频率下提供每秒 11 Mbit/s 数据传输率,也符合 IEEE 802.11a 标准在 5 GHz 频率下提供 54 Mbit/s 数据传输率,但通常 IEEE 802.11g 工作在 2.4 GHz 频率。此外,IEEE 802.11g 标准比 IEEE 802.11a 标准的覆盖范围更大,所需要的接入点较少。

IEEE 802.11g 采用的调制方式有 DBPSK、DQPSK、16QAM、64QAM。每个信道的带宽为 20 MHz。

⑤ IEEE 802.11n 的物理层标准

IEEE 802.11n 协议为双频工作模式,包含 2.4 GHz 和 5 GHz 两个工作频段,因此使 IEEE 802.11n 保证了与以往的 IEEE 802.11a、b、g 标准兼容。

IEEE 802.11n 采用了 MIMO(Multiple Input Multiple Output,多输入多输出)技术,通过在发送端和接收端设置多副天线,使得在不增加系统带宽的情况下能够大幅提高通信容量和频谱利用率。

IEEE 802.11n 采用的调制方式与 IEEE 802.11g 的调制方式一样。每个信道的带宽为 20 MHz 或 40 MHz。IEEE 802.11n 采用 MIMO 与 OFDM 技术相结合,使传输速率成倍提高,最高速率可达 300～600 Mbit/s;同时还使无线局域网的传输距离大大增加,在保证 100 Mbit/s 传输速率下可达到几千米;IEEE 802.11n 全面改进了 IEEE 802.11 标准,不仅涉及物理层标准,同时也采用新的高性能无线传输技术提升 MAC 层的性能,优化数据帧结构,提高网络的吞吐量性能。

IEEE 802.11n 标准还提出了软件无线电技术,该技术是指一个硬件平台,通过编程可以实现不同功能,其中不同系统的 AP 和无线终端都可以由建立在相同硬件基础上的不同软件实现,从而实现了不同无线标准、不同工作频段、不同调制方式的系统兼容。

⑥ IEEE 802.11ac 的物理层标准

IEEE 802.11n 标准在 2009 年 9 月 11 日获得 IEEE 标准委员会正式批准后,电子电气工程师协会(IEEE)就已经全面转入了下一代 IEEE 802.11ac 的制定工作。

从核心技术来看,IEEE 802.11ac 是在 IEEE 802.11a 标准之上建立起来的,使用 IEEE 802.11a 的 5 GHz 频段。

在通道的设置上,IEEE 802.11ac 将沿用 IEEE 802.11n 的 MIMO 技术,为它的传输速率达到 Gbit/s 量级打下基础,第一阶段的目标达到的传输速率为 1 Gbit/s,目的是达到有线电缆的传输速率。

IEEE 802.11ac 每个通道的工作频宽(信道带宽)将由 IEEE 802.11n 的 40 MHz,提升到 80 MHz 甚至是 160 MHz,再加上大约 10% 的实际频率调制效率提升(IEEE 802.11ac 标准采用 256QAM 调制),最终理论传输速率将由 IEEE 802.11n 最高的 600 Mbit/s 跃升至 1 Gbit/s。当然,实际传输速率可能在 300～400 Mbit/s 之间,接近 IEEE 802.11n 实际传输速率的 3 倍(IEEE 802.11n 无线路由器的实际传输速率为 75～150 Mbit/s 之间),完全足以在一条信道上同时传输多路压缩视频流。

IEEE 802.11ac 采用的调制方式有 DBPSK、DQPSK、16QAM、64QAM 和 256QAM。

⑦ IEEE 802.11ax 的物理层标准

IEEE 802.11ax 标准(WiFi6)又称为高效率无线标准(High-Efficiency Wireless,HEW),标准草案由 IEEE 标准协会的 TGax 工作组制定,2014 年 5 月成立,至 2017 年 11 月已完成 D2.0,正式标准于 2019 年发布。

IEEE 802.11ax 支持 2.4GHz 和 5 GHz 频段,向下兼容 IEEE 802.11a/b/g/n/ac。IEEE 802.11ax 采用的调制方式有 DBPSK、DQPSK、16QAM、64QAM、256QAM 和 1024QAM。目标是支持室内室外场景、提高频谱效率和密集用户环境下 4 倍实际吞吐量提升,最高速率为 11 Gbit/s。

IEEE 802.11ax 上行和下行采用正交频分多址(OFDMA)技术,支持多用户同时传输技术(即上下行 MU-MIMO)。

OFDMA 是 OFDM 技术的演进,将 OFDM 和 FDMA 技术结合,在利用 OFDM 对信道进行副载波化后,在部分子载波上加载传输数据的传输技术。OFDM 是一种调制方式;OFDMA 是一种多址接入技术,用户通过 OFDMA 共享频带资源,接入系统。

⑧ IEEE 802.11 其他协议标准

IEEE 802.11 标准工作组还制定了其他一些协议标准。

• IEEE 802.11d 标准

IEEE 802.11d 标准是 IEEE 802.11b 标准的不同频率版本,主要为不能使用 IEEE 802.11b 标准频段的国家而制定。

• IEEE 802.11e 标准

IEEE 802.11e 标准在无线局域网中引入服务质量 QoS 的功能,为重要的数据增加额外的纠错保障,能够支持多媒体数据的传输。

• IEEE 802.11f 标准

IEEE802.11f 标准的目的是改善 IEEE 802.11 的切换机制。

• IEEE 802.11h 标准

IEEE 802.11h 标准主要用于 IEEE 802.11a 的频谱管理技术。该标准引入了两项关键技术:动态信道选择(DCS)和发射功率控制(TPC)。

DCS 是一种检测机制,当一台无线设备检测到其他设备使用了相同的无线信道,它可以根据需要转换到其他信道,从而避免了相互干扰。

- IEEE 802.11i 标准

IEEE 802.11i 标准的目的是增强网络安全性。IEEE 802.11i 标准定义了 TKIP（临时密钥完整性协议）、CCMP（计数器模式/CBC-MAC 协议）和 WRAP（无线鲁棒认证协议）3 种数据加密机制，并使用 IEEE 802.1x 认证和密钥管理方式。

6. 无线局域网的硬件设备

无线局域网的硬件设备包括无线接入点（Access Point，AP）、无线接入控制器（Access Controller，AC）、无线局域网网卡、无线路由器和无线网桥等。

（1）无线接入点（AP）

一个无线接入点实际就是一个二端口网桥，这种网桥能把数据从有线网络中继转发到无线网络，也能从无线网络中继转发到有线网络。因此，一个接入点为在地理覆盖范围内的无线设备和有线局域网之间提供了双向中继能力，即无线接入点的作用是提供 WLAN 中无线工作站对有线局域网的访问以及其覆盖范围内各无线工作站之间的互通。其具体功能如下：

① 管理其覆盖范围内的移动终端，实现终端的联结、认证等处理；

② 实现有线局域网和无线局域网之间帧格式的转换；

③ 调制、解调功能；

④ 对信息进行加密和解密；

⑤ 对移动终端在各小区间的漫游实现切换管理，并具有操作和性能的透明性。

无线局域网接入点可以提供与 Internet 10 Mbit/s 的连接、10 Mbit/s 或 100 Mbit/s 自适应的连接、10 Base-T 集线器端口的连接、10 Mbit/s 与 100 Mbit/s 双速的集线器或交换机端口的连接。

接入点实际可支持的客户端数与该接入点所服务的客户端的具体要求有关。如果客户端要求较高水平的有线局域网接入，那么一个接入点一般可容纳 10～20 个客户端站点；如果客户端要求低水平的有线局域网接入，那么一个接入点有可能支持多达 50 个客户端站点，并且还可能支持一些附加客户。另外，在某个区域内由某个接入点服务的客户分布以及无线信号是否存在障碍，也控制了该接入点的客户端支持。

因为无线局域网的传输功率显著低于移动电话的传输功率，所以一个无线局域网站点的发送距离只是一个蜂窝电话可达传输距离的一小部分。实际的传输距离与所采用的传输方法、客户与接入点间的障碍有关。在一个典型的办公室或家庭环境中，大部分接入点的传输距离为 30～60 m（室内）。

前面提到过，无线接入点（也叫无线基站），它是实现无线局域网接入有线局域网的一个逻辑接入点。网络中所有站点对网络的访问和通信均由它控制，它可将无线局域网的数据帧转化为有线局域网的数据帧。

无线 AP 的覆盖范围是一个圆形区域，基于 IEEE 802.11b/g 协议的 AP 的覆盖范围为室内 100 m，室外 300 m，若考虑障碍物，如墙体材料、玻璃、木板等的影响，通常实际使用范围为室内 30 m，室外 100 m。

（2）无线接入控制器（AC）

AC 是无线局域网的核心，负责管理无线网络中的所有无线 AP，对 AP 的管理包括：下发配置、修改相关配置参数、射频智能管理、用户接入控制等。

AC 具有如下特性：

① 统一管理。类似于单一访问点的设置过程，AC 支持高达 1 000 个 AP 的集中配置，通

过一个直观的 Web 管理界面,就可以将无线的参数和安全设置下发到网络中的所有 AP,简化了无线网络的部署和维护。

② 自动管理。AC 能够自动发现网络中的 AP,分配 IP 和信道;自动检测网络中的 AP;自动进行链路检测;自动检测接入 AP 上网移动终端用户的信息,AP 故障信息短信自动通知。

③ 性能优化。AC 可以自动检测网络状态,以确保最佳的性能和响应能力;自动重新分配信道和调整射频参数以保证最大连通性;可配置黑白名单,有效地控制接入设备;可限定用户的上网速率等信息,实现可控的网络设置。

④ 配置标准。AC 拥有固定的 IP 地址,操作简单、即插即用,即使非专业用户也能轻松使用。

(3) 无线局域网网卡

无线局域网网卡是一个安装在台式机和笔记本电脑上的收发器。通过使用一个无线局域网网卡,台式机和笔记本电脑便可具有一个无线网络节点的性能。

无线局域网网卡有两种:

- 只支持某一种标准的无线网卡;
- 同时支持多种无线通信标准的网卡,即多模无线网卡(如能够同时支持 IEEE 802.11b/a 的双模无线网卡、能够同时支持 IEEE 802.11b/g/a 的三模无线网卡或者同时支持移动通信标准 CDMA 和 WLAN 的双模无线网卡等)。

无线网卡由硬件和软件两部分组成,完成无线网络通信的功能。

无线网卡一般通过总线接口与终端设备交换数据,总线接口有不同种类,主要有 PCI、PCMCIA、USB、MiniPCI 等形式。其中在台式机上安装的无线网卡主要采用 PCI 总线形式;PCMCIA 形式的无线网卡则主要应用于笔记本电脑,它是无线网卡的主要接口形式,但与台式机不兼容;USB 网卡则与台式机和笔记本电脑都兼容,增加了灵活性,只是价格较高;MiniPCI 形式的无线网卡则被安装到笔记本电脑内部的 MiniPCI 插槽上,非常轻便,但是接收信号的能力较弱。不同形式的无线网卡可以通过各种转换器转换成其他形式的无线网卡。

(4) 无线路由器

许多台移动计算机可通过一个无线路由器,再利用有线连接(如 PON 或 Cable Modem 等)接入 Internet 或其他网络。

无线路由器客户端提供服务的方式有两种:一种是无线路由器只支持无线连接,另一种是既可支持有线连接又可支持无线连接。图 6-24 显示了两种类型的无线路由器。

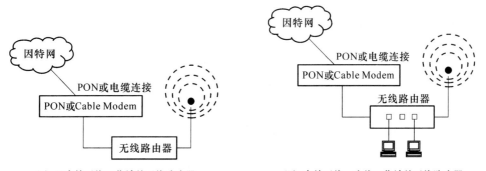

(a) 只支持无线工作站的无线路由器　　(b) 支持无线、有线工作站的无线路由器

图 6-24　两种类型的无线路由器/网关设备

图(a)是只支持无线连接的路由器。一个仅支持无线通信的无线路由器一般包括一个 USB 或 RS-232 配置端口。图(b)则给出了一个支持有线和无线连接的路由器。这种路由器一般都包括一个嵌入到设备内部的有线集线器或微型 LAN 交换机。

(5) 无线网桥

无线网桥是一种在两个传统有线局域网间通过无线传输实现互连的设备。大多数有线网桥仅支持一个有限的传输距离。因此,如果某个单位需要互连两个地域上分离的 LAN 网段,可使用无线网桥。

图 6-25 是使用无线网桥互连两个有线局域网的示意图。一个无线网桥有两个端口,一个端口通过电缆连接到一个有线局域网,而另一个端口可以认为是其天线,提供一个 RF 频率通信的能力。

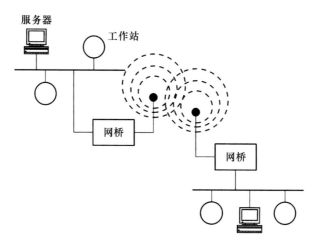

图 6-25　使用无线网桥互连两个有线局域网

无线网桥的工作原理与有线网中的网桥相似,其主要功能也是扩散、过滤和转发等。

小　　结

(1) 接入网由业务节点接口(SNI)和用户网络接口(UNI)之间的一系列传送实体(如线路设施和传输设施)组成,为供给电信业务而提供所需传送承载能力的实施系统。

接入网主要有 3 种接口,即用户网络接口(UNI)、业务节点接口(SNI)和维护管理接口(Q3 接口)。

接入网的功能结构分成用户口功能(UPF)、业务口功能(SPF)、核心功能(CF)、传送功能(TF)和 AN 系统管理功能(SMF)这 5 个基本功能。

接入网可以从不同的角度分类。按照所采用的传输介质分,接入网可以分为有线接入网和无线接入网,有线接入网又进一步分为铜线接入网、光纤接入网和混合接入网;无线接入网分为固定无线接入网和移动无线接入网。按照传输的信号形式分,接入网可以分为数字接入网和模拟接入网。按照接入业务的速率分,接入网可以分为窄带接入网和宽带接入网。

(2) 混合光纤/同轴电缆(HFC)接入网是在 CATV 网的基础上改造而来的,是以模拟频分复用技术为基础,综合应用模拟和数字传输技术、光纤和同轴电缆技术、射频技术以及高度分布式智能技术的宽带接入网络。

HFC 接入网由信号源、前端、主数字终端(HDT)、光纤主干网(馈线网)、同轴电缆分配网(配线网)和用户引入线等组成。HFC 线路网的组成包括馈线网、配线网和用户引入线 3 部分。

在 HFC 接入网中实现双向传输,需要从光纤通道和同轴电缆通道这两方面来考虑。光纤通道双向传输可采用空分复用(SDM)和波分复用(WDM)两种方式,用得比较多的是波分复用(WDM);同轴电缆通道实现双向传输方式一般采用空间分割方式和频率分割方式,目前解决双向传输的主要手段是频率分割方式。

HFC 接入网的主要优点有:频带较宽,灵活性和扩展性都较好,用户使用方便,运营、维护、管理费用较低。HFC 接入网的缺点有:需要对 CATV 网进行双向改造,投资较大;拓扑结构需进一步改进,以提高网络可靠性;HFC 接入网用户共享同轴电缆带宽,当用户数多时每户可用的带宽下降。

(3) 光纤接入网是指在接入网中采用光纤作为主要传输介质来实现信息传送的网络形式。

光纤接入网根据传输设施中是否采用有源器件分为有源光网络(AON)和无源光网络(PON)。有源光网络(AON)的传输设施采用有源器件;无源光网络(PON)中的传输设施是由无源光器件组成,根据采用的技术不同,PON 又可以分为 ATM 无源光网络(APON)、以太网无源光网络(EPON)和吉比特无源光网络(GPON)。

光纤接入网包括 4 种基本功能模块:光线路终端(OLT),光分配网络(ODN)/光配线(远程)终端(ODT),光网络单元(ONU),接入网系统管理功能模块。

无源光网络(PON)比有源光网络(AON)应用范围更广,其拓扑结构一般为星形、树形和总线形。

光纤接入网可分成不同 3 种应用类型:光纤到路边(FTTC)、光纤到大楼(FTTB)、光纤到家(FTTH)或光纤到办公室(FTTO)。

纤接入网常用的双向传输技术主要包括光空分复用(OSDM)、光波分复用(OWDM)、时间压缩复用(TCM)和光副载波复用(OSCM),其中用得最多的是光波分复用(OWDM)。

多址接入技术主要有光时分多址(OTDMA)、光波分多址(OWDMA)、光码分多址(OCDMA)和光副载波多址(OSCMA),目前光纤接入网一般采用光时分多址接入(OTDMA)方式。

(4) EPON 是基于以太网技术的无源光网络,即采用 PON 的拓扑结构实现以太网帧的接入。

EPON 的技术特点主要有:运营成本低,维护简单;可提供较高的传输速率;服务范围大,容易扩展;技术实现简单;带宽分配灵活,服务有保证。

EPON 的网络结构一般采用双星形或树形,其设备分无源网络设备和有源网络设备两种。无源网络设备指的是光分配网络(ODN),包括光纤、无源分光器、连接器和光纤接头等。有源网络设备包括光线路终端(OLT)、光网络单元(ONU)和设备管理系统(EMS)。

OLT 的布放位置有 3 种方式:OLT 放置于局端中心机房,OLT 放置于远端中心机房,OLT 放置于户外机房或小区机房。

EPON 中,分光器的分光比(总分光比)规定为 1:8/1:16/1:32/1:64。

EPON 采用 WDM 技术,实现单纤双向传输。EPON 下行采用时分复用(TDM)+广播的传输方式;EPON 中一个 OLT 携带多个 ONU,在上行传输方向,EPON 采用时分多址接入(TDMA)方式。

（5）GPON 是 BPON(APON)的一种扩展,相对于其他的 PON 标准而言,GPON 标准提供了前所未有的高带宽,上、下行速率有对称和不对称两种。GPON 的上行速率有 155.52 Mbit/s、622.08 Mbit/s、1 244.16 Mbit/s 和 2 488.32 Mbit/s;下行速率有 1 244.16 Mbit/s 和 2 488.32 Mbit/s。

GPON 的技术特点主要有:业务支持能力强,具有全业务接入能力;可提供较高带宽和较远的覆盖距离;带宽分配灵活,有服务质量保证;具有保护机制和 OAM 功能;安全性高;网络扩展容易,便于升级;技术相对复杂、设备成本较高。

GPON 与 EPON 相同,也是由 OLT、ONU、ODN3 部分组成,其网络结构为树形、星形和总线形等。GPON 的工作原理与 EPON 一样,其设备功能与 EPON 类似,主要是帧结构、上下行速率有所不同。

GPON 支持的分光比为 1:16/1:32/1:64/1:128。

GPON 演进到 XGPON,上、下行速率均可达到 10 Gbit/s,FSAN 为此制定了相应的标准。

（6）FTTx+LAN 接入网是指光纤加交换式以太网的方式(也称为以太网接入),可实现用户高速接入互联网,支持的应用类型有光纤到路边(FTTC)、光纤到大楼(FTTB)、光纤到户(FTTH),泛称为 FTTx。目前一般实现的是 FTTC 或 FTTB。

FTTx+LAN 接入网(以太网接入)的网络结构采用星形或树形,根据用户数量及经济情况等可以采用一级接入或两级接入。对于小规模居民小区,交换机只有一级,可以采用以太网三层交换机或二层交换机(建议采用三层交换机)。对于中等或大规模居民小区,交换机分两级:第一级交换机采用具有路由功能的以太网三层交换机,第二级交换机采用二层交换机。

FTTx+LAN 接入网的优点主要有:高速传输,网络可靠、稳定,用户投资少、价格便宜,安装方便,应用广泛。其缺点主要有:五类线布线问题,故障定位困难,用户隔离问题。

（7）无线接入网是指从业务节点接口到用户终端全部或部分采用无线方式,即利用卫星、微波及超短波等传输手段向用户提供各种电信业务的接入系统。

无线接入网可分为固定无线接入网和移动无线接入网两大类。固定无线接入网的实现方式主要包括:本地多点分配业务(LMDS)系统、无线局域网(WLAN)及微波存取全球互通(WiMAX)系统等。实现移动无线接入的方式有许多种类,如蜂窝移动通信系统、卫星移动通信系统及微波存取全球互通(WiMAX)系统等。

（8）采用无线传输介质的计算机局域网都可称为无线局域网,即利用无线电波或红外线在一个有限地域范围内的工作站之间进行数据传输的通信系统。目前一般用得比较多的是采用无线电波的基于扩展频谱方式的无线局域网。

无线局域网的拓扑结构可以归结为两类:一类是自组网拓扑,另一类是基础结构拓扑。自组网拓扑(或者叫作无中心拓扑)网络由无线客户端设备组成。基础结构拓扑(有中心拓扑)网络由无线基站、无线客户端组成。

无线局域网标准有最早制定的 IEEE 802.11 标准、后来扩展的 IEEE 802.11a 标准、IEEE 802.11b 标准、IEEE 802.11g、IEEE 802.11n 标准,以及 IEEE 802.11ac 标准和 IEEE 802.11ax 标准等。

无线局域网的硬件设备包括无线接入点(Access Point,AP)、无线接入控制器(AC)、无线局域网网卡、无线路由器和无线网桥等。

习 题

6-1 接入网有哪 3 种主要接口?

6-2 简述接入网的分类情况。

6-3 混合光纤/同轴电缆(HFC)接入网的概念是什么?

6-4 HFC 线路网的组成包括哪几部分?

6-5 简述在 HFC 接入网中如何实现双向传输?

6-6 光纤接入网主要包含哪 4 种基本功能模块?

6-7 多址接入技术主要有哪几种?光纤接入网一般采用哪一种多址接入方式?

6-8 EPON 如何实现单纤双向传输?EPON 下行的传输方式是什么?

6-9 GPON 的技术特点有哪些?

6-10 简述 GPON 的设备功能。

6-11 FTTx+LAN 接入网的概念是什么?

6-12 简述 FTTx+LAN 接入网的网络结构。

6-13 简述无线接入网的分类。

6-14 无线局域网的主要标准有哪些?

6-15 无线局域网的硬件设备包括哪些?

第7章 电信支撑网

一个完整的现代通信网按照构成及实现的功能划分,可分为业务网、传输网和支撑网。其中支撑网是指支撑电信网正常运行的、并能增强网络功能以提高全网服务质量的网络。进一步讲,电信支撑网又包括信令网、同步网和管理网,在支撑网中传送的是相应的控制、监测等信号。本章对 No.7 信令网、数字同步网和电信管理网进行概要介绍,主要包括以下几个方面的内容:

- No.7 信令简介、No.7 信令网的组成与网络结构、我国 No.7 信令网的结构与组网。
- 数字同步网的基本概念、同步网的同步方式、同步网中的时钟源、我国数字同步网的结构。
- 电信管理网的基本概念、电信管理网的体系结构、电信管理网的逻辑模型及我国电信管理网的概要介绍。

7.1 No.7 信令网

No.7 信令网是现代电信网的重要支撑网之一,是发展综合业务、移动业务、智能业务以及其他各种新业务的必需条件。

7.1.1 信令的基本概念及分类

1. 信令的基本概念

信令是在通信网的两个实体之间,为了建立连接和进行各种控制操作而传送的信息。信令方式是指为传送信令而制定的一些规定,包括信令的格式、传送方式和控制方式等。用以产生、发送和接收信令信息的硬件及相应执行的控制、操作等程序的集合体就称为信令系统。

在通信设备之间传递的各种控制信号,如占用、释放、设备忙闲状态、被叫用户号码等,都属于信令。信令系统指导系统各部分相互配合,协同运行,共同完成某项任务。

下面以本地电话网中两个用户通过两个交换机进行通信为例,说明电话接续的基本信令流程,如图 7-1 所示。

其接续过程简单说明如下:

① 主叫用户摘机后,用户话机与发端交换机之间建立起直流通路,用户摘机信号送到发端交换机。

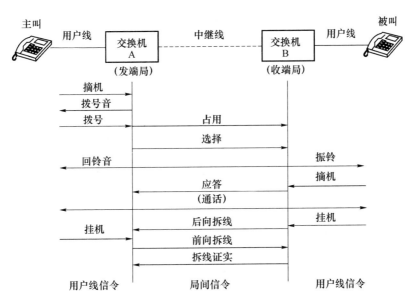

图 7-1　电话接续的基本信令流程

② 发端交换机收到用户摘机信号后,向主叫用户送出拨号音。

③ 主叫用户拨号,被叫用户号码送到发端交换机。

④ 发端交换机根据被叫用户号码选择一条到收端交换机的空闲中继线,并向其发送占用信令;经过收端交换机证实后,再通过选择信令发送被叫用户号码。

⑤ 收端交换机与被叫用户建立连接(被叫用户空闲时),向被叫用户发送振铃信号,向主叫用户发送回铃音。

⑥ 被叫用户摘机应答后,应答信号送到收端交换机,收端交换机再将应答信号转发给发端交换机。

⑦ 用户双方进入通话状态。

⑧ 如果被叫用户先挂机,收端交换机收到用户挂机信号后,向发端交换机发送后向拆线信令;发端交换机通知主叫用户挂机。

⑨ 如果主叫用户先挂机,发端交换机向收端交换机发送前向拆线信令,收端交换机拆线后,回送一个拆线证实信号,一切设备复原。

以上是电话接续过程中最基本的信令流程,而实际电话网中的通信过程和使用的信令要复杂得多。

2. 信令的分类

信令的分类有多种方式,常见的有以下三种。

(1) 按工作区域的不同来划分

- 用户线信令:是用户终端和网络节点之间的信令,如摘、挂机信令等。
- 局间信令:是在网络节点之间传送的信令,如前、后向拆线信令等。

(2) 按信令的功能来划分

- 线路信令:用来监视主、被叫的摘挂机状态及设备的忙闲,又称监视信令。
- 路由信令:具有选择路由的功能,又称选择信令。
- 管理信令:具有可操作性,用于电话网的管理与维护,又称维护信令。

(3) 按信令通路与话音通路之间的关系来划分

- 随路信令：传送信令的通路与话音通路之间有固定的关系。
- 公共信道信令：信令通路与话音通路在逻辑上或物理上是分开的。

图 7-2 为公共信道信令方式的示意图,两个网络间的信令通路与话音通路是分开的,各话路的信令集中在信令链路上传送,而信令链路是由两端的信令终端设备和它们之间的数据链路组成。

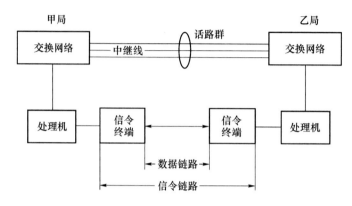

图 7-2　公共信道信令方式示意图

公共信道信令方式的特点是传送速度快,信令容量大,可靠性高,具有改变和增加信令的灵活性,方便新业务的开展,可适应现代通信网的发展。本章接下来介绍的 No.7 信令即为一种广泛使用的公共信道信令。

7.1.2　No.7 信令系统简介

No.7 信令是 CCITT(现 ITU-T)提出的一种数字式公共信道信令方式。CCITT 于 1980 年提出了 No.7 信令的 Q.700 系列建议书,加上 1984 年及 1988 年共计三个版本的建议书,基本上完成了电话网、电路交换的数据网和 ISDN 基本业务的应用建议。经过此后不断地完善,No.7 信令系统成为一种国际性标准化的公共信道信令系统,其标准在国际和国内电信网上得到了广泛的应用。

1. No.7 信令系统的特点

No.7 信令系统的基本特点有：

- 采用公共信道信令方式。局间信令链路是由两端的信令终端设备和它们之间的数据链路组成。
- No.7 信令系统的本质是一个分组交换系统。信令系统之间通过信令链路以分组的形式交换各类业务控制信息,提高了信号传输的可靠性。
- 采用模块化功能结构。应用范围广,并且扩充方便,可适应未来信息技术和业务发展的要求。
- 信令容量大。No.7 信令采用消息形式传送信令,编码十分灵活;消息最大长度为 272 个字节,可包含多种消息。

2. No.7 信令系统的应用

No.7 信令系统采用了模块化功能结构,能够满足多种通信业务的要求,当前的主要应用有：

- 传送公用电话交换网的局间信令；
- 传送电路交换数据网的局间信令；
- 传送综合业务数字网的局间信令；
- 在各种运行、管理和维护中心之间传递相关信息；
- 支持各种类型的智能业务，在业务交换点和业务控制点之间传送各种控制信息；
- 传送移动通信网中与用户移动有关的各种控制信息；
- 是基于 IP 的通信网和下一代网络信令协议的基础。

7.1.3　No.7 信令网的组成与网络结构

No.7 信令网是独立于电信网的支撑网，除为电话网、电路交换的数据网、ISDN、移动网及智能网传送呼叫控制等信令外，还可以传送其他诸如网络管理和维护等方面的信息，所以 No.7 信令网实际上是一个传送各种信息的专用数据网。

1．No.7 信令网的组成

No.7 信令网由信令点（Signaling Point，SP）、信令转接点（Signaling Transfer Point，STP）及连接它们的信令链路（Signaling Link，SL）组成。

（1）信令点

信令点是信令消息的源点和目的节点，可以是具有 No.7 信令功能的各种交换局、操作管理和维护中心、移动交换局、智能网的业务控制节点和业务交换节点等。

（2）信令转接点

信令转接点是将一条信令链路上的信令消息转发至另一条信令链路上去的信令转接中心。

有两种类型的信令转接点：

- 独立信令转接点：只具有信令消息转接功能的信令转接点。
- 综合信令转接点：具有用户部分功能的信令转接点，即具有信令点功能的信令转接点。

独立信令转接点是一种高度可靠的分组交换机，是信令网中的信令汇接点。其特点是容量大、易于维护、可靠性高，在分级信令网中用来组建信令骨干网，用来汇接、转发信令区内、区间的信令业务。

综合信令转接点容量较小，可靠性不高，但传输设备利用率高，价格便宜。

（3）信令链路

信令链路是信令网中连接信令点的最基本部件，是 64 kbit/s 或 2 Mbit/s 的数字信令链路。从物理实现上看，可以是数字通路，也可以是高质量的模拟通路；可以采用有线传输方式，也可以采用无线传输方式。

2．信令网的工作方式

信令网的工作方式是指信令消息的传送路径与消息所属的信令关系（如果两个信令点的用户之间有直接的通信，则称这两个信令点存在信令关系）之间的对应关系。

No.7 信令网采用直联和准直联两种工作方式。

（1）直联工作方式

直联方式如图 7-3（a）所示，即两个信令点之间的信令消息，通过直接连接两个信令点的信令链路来传送。

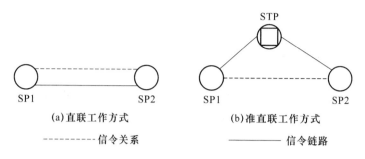

图 7-3　直联和准直联工作方式示意图

（2）准直联工作方式

准直联方式如图 7-3(b)所示，即属于某信令关系的信令消息，要经过一个或几个信令转接点来传送，但信令消息所取的通路是预先确定的。

3. 信令网的结构

信令网的结构有无级信令网和分级信令网两种，如图 7-4 所示。

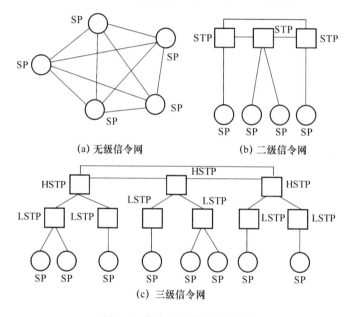

图 7-4　信令网的结构示意图

（1）无级信令网

无级信令网是指未引入信令转接点的信令网，即全部采用直联工作方式的直联信令网，如图 7-4(a)所示。

从对信令网的基本要求来看，信令网中每个信令点或信令转接点的信令路由尽可能多，信令接续中所经过的信令点和信令转接点的数量尽可能少。无级网中的网状网虽可以满足上述要求，但当信令点的数量比较多时，网状网的局间信令链路数量会明显增加。如果有 N 个信令点，采用网状网连接时所需的信令链路数是 $N(N-1)/2$ 条。所以，虽然网状网具有信令路由多、信令消息传递时延短的优点，但限于技术上和经济上的原因，不能适应较大范围的信令网的要求，所以无级信令网没有得到实际的应用。

（2）分级信令网

分级信令网是使用信令转接点的信令网，按等级又可划分为两种：

- 二级信令网:由一级 STP 和 SP 构成,如图 7-4(b)所示。
- 三级信令网:由 HSTP(高级信令转接点)、LSTP(低级信令转接点)和 SP 三级构成,如图 7-4(c)所示。

二级信令网相比三级信令网的优点是:经过信令转接点少及信令传递时延短。通常在信令网容量可以满足要求的条件下,都是采用二级信令网。但是对信令网容量要求大的国家,若信令转接点可以连接的信令链路数量受到限制而不能满足信令网容量要求时,就必须使用三级信令网。

分级信令网中,当信令点之间的信令业务量足够大时,可以设置直联信令链路,以使信令传递快、可靠性高,并可减少信令转接点的业务负荷。

（3）信令网结构的选择

目前,大多数国家都采用分级信令网,但具体是采用二级信令网还是采用三级信令网,主要取决于以下几个因素。

① 信令网要包含的信令点的数量

应包括预测的各种交换局、特服中心以及其他专用通信网纳入公用网时所应设置的信令点的数量。

② 信令转接点设备的容量

可用两个参数表示:

- 该信令转接点可以连接的信令链路的最大数量;
- 信令处理能力,即每秒可以处理的最大消息信令单元的数量(MSU/s)。

在考虑信令网分级时,应当同时核算信令链路数量和工作负荷能力两个参数,即根据信令链路的负荷核算,在提供最大信令处理能力的情况下可以提供的最大信令链路数量。

③ 信令网的冗余度

信令网的冗余度是指信令网的备份程度。通常有信令链路、信令链路组、信令路由等多种备份形式。一般情况下,信令网的冗余度越大,其可靠性也就越高,但所需费用也会相应增加,控制难度也会加大。

在信令点之间采用准直联工作方式时,当每个信令点连接到两个信令转接点,并且每个信令链路组内至少包含一条信令链路时,称为双倍冗余度,如图 7-5(a)所示。如果每个信令链路组内至少包含两条信令链路时,则称为四倍冗余度,如图 7-5(b)所示。

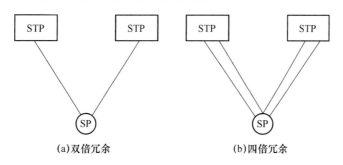

(a)双倍冗余　　　　　　　　　　(b)四倍冗余

图 7-5　信令网冗余度示意图

4. 信令网中节点的连接方式

信令网中节点的连接方式是指信令转接点之间的连接方式及信令点与信令转接点之间的连接方式。

（1）STP 间的连接方式

对 STP 间的连接方式的基本要求是：在保证信令转接点信令路由尽可能多的同时，信令连接过程中经过的信令转接点转接的次数尽可能少。符合这一要求且得到实际应用的连接方式有网状连接方式和 A、B 平面连接方式，如图 7-6 所示。

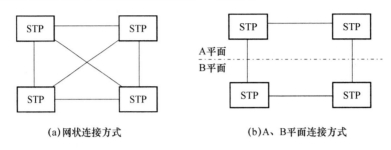

(a)网状连接方式　　　　　　　　(b)A、B 平面连接方式

图 7-6　STP 间的连接方式示意图

① 网状连接方式

网状连接方式的主要特点是各 STP 间都设置直达信令链路，在正常情况下 STP 间的信令连接可不经过 STP 的转接。但为了信令网的可靠，还需设置迂回路由。这种网状连接方式的特点是：可靠性高且信令连接中转接次数少，但是所需信令链路数多，经济性较差。

② A、B 平面连接方式

A、B 平面连接方式是网状连接方式的简化。A、B 平面连接的主要特点是：A 平面或 B 平面内的各个 STP 间采用网状相连，A 平面和 B 平面之间的 STP 则成对的相连。在正常情况下，同一平面内的 STP 间信令连接不经过其他 STP 的转接。在故障情况下需经由不同平面的 STP 连接时，要经过 STP 转接。这种方式除正常路由外，也需设置迂回路由，其所需信令链路数较网状连接方式少，可靠性略有降低。

（2）SP 与 STP 间的连接方式

SP 与 STP 间的连接方式有分区固定连接（或称配对连接）和随机自由连接（或称按业务量大小连接）。

① 分区固定连接方式

分区固定连接方式如图 7-7 所示。

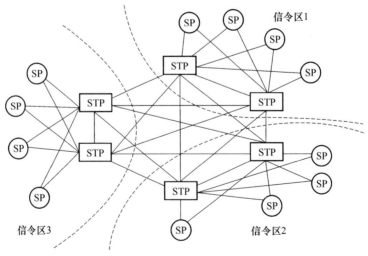

图 7-7　SP 与 STP 间的分区固定连接方式

分区固定连接方式的主要特点是：

- 每一信令区内的 SP 间的准直联连接必须经过本信令区的 STP 的转接,且每个 SP 需连接到本信令区的两个 STP,这是保证信令可靠转接的双倍冗余。
- 两个信令区之间的 SP 间的准直联连接至少需经过两个 STP 的转接。
- 某个信令区的一个 STP 故障时,该信令区的全部信令业务负荷都转到另外一个 STP。如果某个信令区的两个 STP 同时故障,则该信令区的全部信令业务中断。
- 采用分区固定连接时,信令网的路由设计及管理方便。

② 随机自由连接方式

随机自由连接方式如图 7-8 所示。

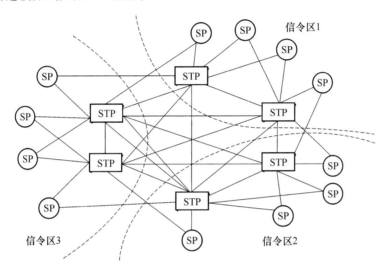

图 7-8　SP 与 STP 间的随机自由连接方式

随机自由连接方式的主要特点是：

- 随机自由连接是按信令业务负荷的大小采用自由连接的方式,即本信令区的 SP 根据信令业务负荷的大小可以连接到其他信令区的 STP。
- 每个 SP 需接至两个 STP(可以是相同信令区,也可以是不同信令区),以保证信令可靠转接的双倍冗余。
- 当某一个 SP 连接至两个信令区的 STP 时,该 SP 在两个信令区的准直联连接可以只经过一次 STP 的转接。
- 信令网中采用随机自由连接方式比固定连接方式要灵活,但信令路由相对复杂,所以其路由设计及管理较复杂。

7.1.4　我国 No.7 信令网的结构与组网

我国 No.7 信令网采用三级结构,如图 7-4(c)所示:第一级为高级信令转接点 HSTP,第二级为低级信令转接点 LSTP,第三级为信令点。

1. 信令网与电话网的关系

No.7 信令网为多种业务网提供支撑,下面就以电话网为例,说明信令网与电话网之间的关系。

No.7 信令网是与电话网寄生和并存的网络,它们物理实体是同一个网络,但从逻辑功能上又是独立的。我国 No.7 信令网与电话网的对应关系如图 7-9 所示。

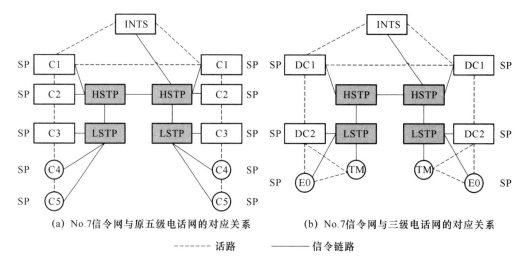

(a) No.7 信令网与原五级电话网的对应关系   (b) No.7 信令网与三级电话网的对应关系

-------- 话路   —— 信令链路

图 7-9   我国 No.7 信令网与电话网的对应关系

在原来的五级结构的电话网中,C1、C2、C3 及 C4 组成四级长途网,C5 为端局,所有这些交换中心都构成信令网的第三级 SP。从信令连接的转接次数、信令转接点的负荷、信令网能容纳的信令点数量等方面出发,结合我国信令区的划分及整个信令网的网络管理等因素综合考虑:HSTP 设置在 C1 和 C2 交换中心所在地,汇集 C1 和 C2 级的信令点的信令业务及下属的 LSTP 的信令转接业务;LSTP 设置在 C3 交换中心所在地,汇集 C3、C4 及 C5 的信令点业务。从图 7-9 也可看出,长途四级网过渡到二级网(C1 和 C2 合并成 DC1,C3 和 C4 合并成 DC2)后,信令网的结构及连接方式不变。

2. 我国 No.7 信令网的结构

我国三级结构的 No.7 信令网是由长途信令网和大、中城市本地信令网组成。其中,大、中城市本地信令网为二级结构信令网,相当于全国信令网的第二级(LSTP)和第三级(SP)。我国 No.7 信令网连接如图 7-10 所示。

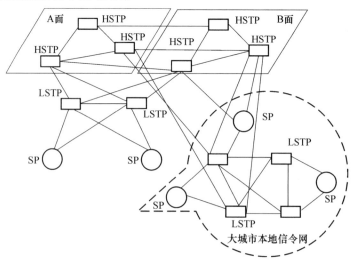

图 7-10   我国 No.7 信令网连接示意图

从图 7-10 可以看出,我国 No.7 信令网连接方式的特点如下:

① HSTP 间采用 A、B 平面连接方式,即 A 和 B 平面内的各个 HSTP 网状相连,A、B 平面间成对的 HSTP 相连。这样既能保证一定的可靠性,又能降低费用。

② LSTP 与 HSTP 间采用分区固定的连接方式,即每个 LSTP 分别连接至 A、B 平面内成对的 HSTP(路由冗余)。

③ 各信令区内的 LSTP 间采用网状连接,保证大、中城市本地网的高可靠性。

④ 各大、中城市的二级本地信令网中 SP 至 LSTP 的连接,根据情况可以采用随机自由连接方式,也可采用分区固定连接方式。

⑤ 未采用二级信令网结构的中、小城市的信令网中的 SP 至 LSTP 间的连接采用分区固定连接方式。

⑥ 每个信令链路组至少应包括两条信令链路(链路冗余),信令链路间尽可能采用分开的物理通路。

⑦ 若两个信令点之间信令业务大,可以设立直达信令链路。

3. 信令链路组织

信令链路的组织方案如图 7-11 所示,各类链路的定义为:

- A 链路(Access Link):为 SP 至所属 STP(HSTP 或 LSTP)间的信令链路。
- B 链路(Bridge Link):为两对 STP(HSTP 或 LSTP)间的信令链路。
- C 链路(Cross Link):为一对 STP(HSTP 或 LSTP)间的信令链路。
- D 链路(Diagonal Link):为 LSTP 至所属 HSTP 间的信令链路。
- F 链路(Fully Associated Link):为 SP 间的直连信令链路。

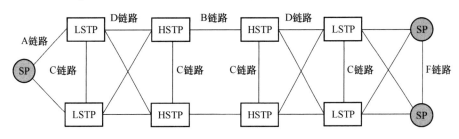

图 7-11　我国 No.7 信令网连接示意图

4. 信令区的划分及信令点编码

为了识别信令点,信令网中的每个信令点都有一个唯一的编码,而且国际和国内信令网采用了不同的编码结构。

(1)国际信令点编码结构

国际信令点编码结构由 14 个比特组成,其格式如表 7-1 所示。

表 7-1　国际信令点编码的结构

N M L	K J I H G F E D	C B A
区域标识	地区/网络标识	信令点标识
信令地区／网络编码(SANC)		
国际信令点编码(ISPC)		

国际信令点编码的前 11 比特即信令地区/网络编码(SANC)由国际电信联盟(ITU-T)统一管理和分配。

（2）我国信令区划分

我国信令网中信令区的划分与我国三级信令网的结构相对应,即以省、直辖市为单位,划分成若干个主信令区,每个主信令区内又划分为若干个分信令区,每个分信令区包含若干个信令点。

（3）我国信令点编码结构

我国 No.7 信令网的信令点采用统一的 24 位编码方案,其格式如图 7-12 所示。

图 7-12　我国国内信令网信令点编码格式

由图 7-12 可以看出,对应于我国信令区的划分,每个信令点的编码由三个部分组成:主信令区编码、分信令区编码和信令点编码,每个部分都是 8 bit。

我国国内信令点编码的编号计划由工业和信息化部制定,国际信令点编码由工业和信息化部负责向 ITU-T 申请。其中,国内网和国际网之间的信令网关具有双重身份,分配有一个国内信令点编码和一个国际信令点编码。

7.2　数字同步网

在数字通信网中,要求各数字设备内的时钟源相互同步,使它们能够协调一致地收发及处理数字信号。数字同步网即向网内的通信设备提供统一的时钟参考信号,确保数字通信网的同步工作。

7.2.1　同步网概述

1. 同步的基本概念

在数字通信网中,传输、复用及交换等过程都要求实现同步,即信号之间在频率或相位上保持某种严格的特定关系。按照同步的功能和作用,数字通信中的同步可以分为位同步、帧同步和网同步。

所有数字网都要实现网同步,所谓网同步是使网中所有数字设备的时钟频率和相位保持一致(或者说所有数字设备的时钟频率和相位都控制在预先确定的容差范围内),以便使网内各数字设备的全部数字流实现正确有效的交换和处理。其中,需要同步的数字设备除数字交换机外,还包括传输网、No.7 信令网和电信管理网等网络中所有需要同步的网元设备。

实际上,同步包括频率同步和时间同步两个概念。

（1）频率同步也称为时钟同步,是指信号之间的频率或相位保持某种严格的特定关系,信号在其相对应的有效瞬间以同一速率出现,以维持通信网络中所有的设备以相同的速率运行,即信号之间保持恒定的相位差。

（2）时间同步也称为相位同步，是指信号之间的频率或相位都保持一致，即在理想的状态下使得信号之间的相位差恒定为零。可见，时间同步既要求频率同步又要求相位同步。

2．滑动的产生及对通信的影响

下面通过一个基本的数字交换网来分析滑动的产生及数字网同步的必要性，如图 7-13 所示。

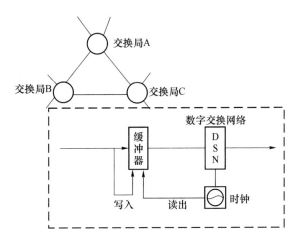

图 7-13　数字交换网示意图

图 7-13 所示为多个交换局内的数字交换机之间通过数字传输系统相连，每个数字交换机都以一定的比特率将消息发送给传输系统，经传输链路传入另一个数字交换机。由于各交换局之间的时钟频率存在偏差，传输系统也会引入一定的时延，所以发送信号和接收信号之间会存在相位差，一般通过在数字交换机前设置缓冲存储器来解决相位同步的问题。

下面以 C 局接收 B 局的信号为例说明滑动的产生。此时，数字信息流是以其流入的比特率接收并存储在缓冲器中，即缓冲器的写入时钟频率为 B 局的时钟频率 f_B；而进入数字交换网络（DSN）的信息流的比特率又必须与本局的时钟频率一致，故缓冲器的读出时钟频率为 C 局时钟频率 f_C。很明显，缓冲器的写入时钟频率和读出时钟频率必须相同，否则，将会产生以下两种传输信息差错的情况：

① $f_B > f_C$，将会造成存储器溢出，致使输入信息码元丢失。

② $f_B < f_C$，将会造成某些码元被读出两次，即重复读出。

产生以上两种情况都会造成帧错位，这种帧错位的产生就会使接收的信息流出现滑动。所以，在数字通信网中，输入各交换节点的数字信息流的比特率必须与交换设备的时钟频率一致，否则在进行存储和交换处理时将会产生滑动。滑动将使所传输的信号受到损伤，影响通信质量；若速率相差过大，还可能使信号产生严重误码，直至中断通信。

3．数字同步网的基本概念

如前所述，为了使通信网内的设备协调一致的工作，必须向它们提供统一的时钟参考信号。数字同步网即是由节点时钟设备和定时传送链路组成的物理网络，它能准确地将定时参考信号从基准时钟源向同步网络的各个节点传送，使得整个网络的时钟稳定在统一的基准频率上，从而满足电信网络对于传输、交换及控制的性能要求。

7.2.2 同步网的同步方式及方法

1. 同步方式

ITU-T 在建议书 G.810 中,从组网的角度将同步网的同步方式分成以下 3 类:

- 全同步——全网受一个或多个主基准时钟控制。
- 全准同步——各局都具有独立的时钟,且互不控制,为了使两个节点之间的滑动率低到可以接受的程度,应要求各节点都采用高精度与高稳定度的原子钟。
- 混合同步——将全网划分成若干个子网,每个子网内为全同步,即子网内的数字设备的时钟受控于该子网的一个或多个主基准时钟;各个子网的主基准时钟之间以准同步的方式运行。

其中,国际数字网的连接通常是采用准同步方式运行。在 ITU-T 的 G.811 建议中已规定了所有国际数字连接的国家出口数字交换局的时钟准确度指标为 $1×10^{-11}$,在国际数字连接中的两个出口交换机之间,每隔 70 天才可能出现一次滑动。

2. 同步方法

G.810 建议书中提出了两种同步节点时钟的基本方法:主从同步方式和互同步方式。

(1) 主从同步方式

主从同步方式是在网内某一主交换局设置高精度和高稳定度的时钟源,并以其作为主基准时钟的频率控制其他各局从时钟的频率,也就是数字网中的同步节点和数字传输设备的时钟都受控于主基准同步信息。

主从同步方式中同步信息可以包含在传送信息业务的数字比特流中,采用时钟提取的方法获得,也可以用专用的链路来传送主基准时钟源的时钟信号。在从时钟节点及数字传输设备内,通过锁相环电路使其时钟频率锁定在主基准时钟源的时钟频率上,从而使网内各节点时钟都与主节点时钟同步。

主从同步网主要由主时钟节点、从时钟(从钟)节点及传送基准时钟的链路组成,从连接方式看,主从同步方式可以分为两种,如图 7-14 所示。

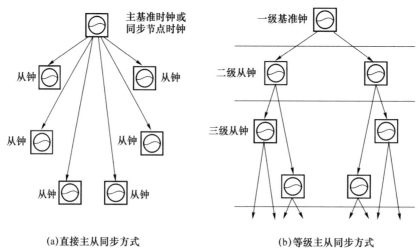

(a)直接主从同步方式　　　　(b)等级主从同步方式

图 7-14　主从同步的连接方式

① 直接主从同步方式

图 7-14(a)为直接主从同步方式,各从时钟节点的基准时钟信号都由同一个主时钟源节点获取。这种方式一般用于同一通信楼内设备的主从同步方式。

② 等级主从同步方式

图 7-14(b)是等级主从同步方式,基准时钟是通过树状时钟分配网络逐级向下传送。在正常运行时,通过各级时钟的逐级控制,可以使网内各节点时钟都锁定于基准时钟,从而达到全网时钟的统一。

等级主从同步方式的优点是:

- 各同步节点和设备的时钟都直接或间接地受控于主时钟源的基准时钟,在正常情况下能保持全网的时钟统一,因而在正常情况下可以不发生滑动。
- 除对基准时钟源的性能要求较高外,对从时钟源的性能要求较低(相比于准同步方式中的独立时钟源),可以降低网络的建设费用。

等级主从同步方式的缺点是:

- 在传送基准时钟信号的链路和设备中,如有故障或干扰,将影响同步信号的传送,而且产生的扰动会沿传输途径逐段累积,产生时钟偏差。
- 当等级主从同步方式用于较复杂的数字网络时,必须避免形成时钟传送的环路;尤其是在环形或网形的 SDH 传输网中,由于有保护倒换和主备用定时信号的倒换,使同步网的规划和设计变得更为复杂。

(2) 互同步方式

采用互同步方式实现网同步时,网内各同步节点无主、从之分。在节点相互连接时,它们的时钟是相互影响、相互控制的,即在各节点设置多输入端加权控制的锁相环电路,在各节点时钟的相互控制下,如果网络参数选择适当,则全网的时钟频率可以达到一个统一的稳定频率,从而实现网内各节点时钟的同步。

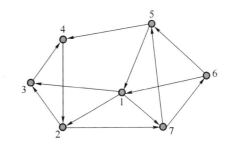

图 7-15 互同步方式示意图

采用互同步方式的网络如图 7-15 所示。

互同步方式的缺点是:各个时钟的锁相环连在一起,容易引起自激,而且设备较为复杂。实际应用中,由于高稳定度、高精度的基准时钟的出现,互同步方式很少采用。

7.2.3 同步网中的时钟源

1. 原子钟

原子频率标准简称原子钟,是根据原子物理学和量子力学的原理制造的高准确度、高稳定度的振荡器。在同步网中,原子钟一般作为基准时钟向网内其他数字设备提供标准时钟信号。

下面分别介绍同步网中使用的两种原子钟:铯原子钟和铷原子钟。

(1) 铯原子钟

铯原子钟,即铯束原子频率标准,是利用铯原子内部的电子在两个能级间跳跃时辐射出来的电磁波作为标准,去控制校准电子振荡器,可以达到 2 000 万年 1 秒内的误差。

图 7-16 所示为采用三套铯原子钟和相应装置构成的基准时钟源(铯原子钟组)的框图。

该基准时钟系统由三套铯原子钟及相应的 2 048 kHz 处理器、频率转换装置、转换开关和频率测量单元组成。各套铯钟可以独立工作,也可以互相调换。振荡源产生具有良好的频率偏移率的频率标准,2 048 kHz 处理器和频率变换单元把频率基准变换成规定频率的定时信号。为了满足对基准时钟源可靠性、稳定性的要求,三套铯钟独立工作,由频率测量单元进行比较或采用三中取二的大数判决方式选一套铯钟组为基准时钟。标准输出为 2 048 kHz,也可根据应用需要配置 64 kHz、1 MHz、5 MHz 及 10 MHz 等信号。

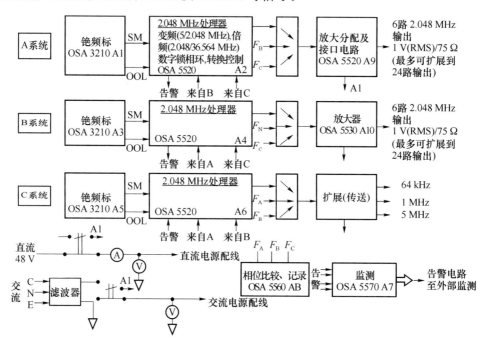

图 7-16　铯原子钟构成的基准时钟源

(2) 铷原子钟

铷原子钟的基本工作原理与铯原子钟类似。其特点是体积小、耗能小、预热时间短、短期稳定性高、价格便宜。但是与铯原子钟相比,其长期稳定性差,需要利用卫星导航授时系统进行校正,一般用作主从同步网中从节点的时钟源。

2. 全球卫星导航系统

利用全球卫星导航系统(Global Navigation Satellite System,GNSS)实现授时,即利用GNSS 终端设备接收卫星导航系统的信号,实现定时(本地时间信号和标准时间信号的同步)和校频(校正本地频率信号和标准频率信号的偏差)。目前能够实用的 GNSS 包括美国的GPS、俄罗斯的 GLONASS、欧盟的 GALILEO 和中国的北斗卫星导航系统(BDS),下面对GPS 和中国的北斗系统进行简单介绍。

(1) 全球定位系统

全球定位系统(Global Positioning System,GPS)是美国海军天文台设置的一套高精度全球卫星定位系统,提供的时间信号对世界协调时(UTC)跟踪精度优于 50ns。收到的信号经处理后可作为本地基准频率使用。

GPS 设备体积较小,其天线可装架在楼顶上,通过电缆引至机架上的接收器,可用来提供2.048 Mbit/s 的基准时钟信号。GPS 发送和接收系统示意图如图 7-17 所示。

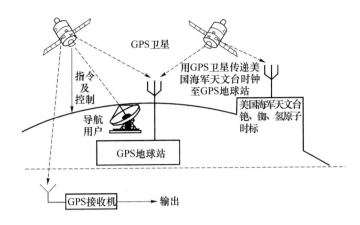

图 7-17　GPS 发送和接收系统示意图

（2）北斗卫星导航系统

北斗卫星导航系统（BeiDou Navigation Satellite System，BDS）是我国自主建设、独立运行的卫星导航系统，是为全球用户提供全天候、全天时、高精度的定位、导航和授时服务的国家重要空间基础设施。2020 年 6 月 23 日北斗卫星导航系统第 55 颗卫星（北斗三号系统最后一颗卫星）完成在轨测试、入网评估等工作，标志着我国已完成北斗三号系统的建设，开始向全球提供服务。北斗卫星导航系统的授时设备能够达到 20 ns 以上的精度，也结束了我国卫星导航系统授时完全依赖 GPS 的历史。

3. 晶体时钟

晶体时钟是利用晶体的谐振特性来产生振荡频率，再通过锁相环路输出所需要的频率。晶体时钟的长期和短期稳定性都比原子钟差，但是其体积小、重量轻、耗能少、价格便宜及平均故障间隔时间长的特点，使其在通信网中被广泛应用。

7.2.4　我国同步网的结构

1. 同步网的结构

我国数字同步网采用分布式多基准主从同步的组网方式，以省、自治区、直辖市划分同步区，各同步区设立区域基准时钟（Local Primary Reference，LPR），在全网范围内设立若干套全网基准时钟（Primary Reference Clock，PRC）。其组网结构如图 7-18 所示。

2. 同步网节点时钟的设置

根据工业和信息化部发布的相关规范，数字同步网节点分为三级，各节点的时钟等级和位置设置如表 7-2 所示。

表 7-2　同步网的分级和位置设置

同步网分级	时钟等级	设置位置
第一级	一级基准时钟	全网基准时钟（PRC）设置在省际传送层枢纽节点所在的通信楼内； 区域基准时钟（LPR）设置在省际传送层与省内传送层交汇节点所在的通信楼
第二级	二级节点时钟	省内传送层与本地传送层交汇节点所在的通信楼内；未设有 PRC 和 LPR 的省中心通信楼、地市通信楼以及本地网的重要通信楼
第三级	三级节点时钟	本地网端局以及传送层汇聚节点处所在通信楼

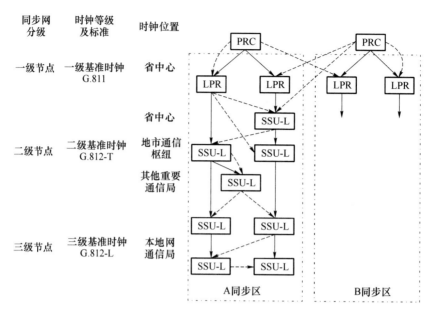

图 7-18　三级结构的数字同步网

各级节点的时钟设置及配置简要说明如下。

(1) 第一级节点设置一级基准时钟

一级基准时钟分为全网基准时钟和区域基准时钟。

- 全网基准时钟(PRC):主要由自主运行的铯原子钟组(两个铯原子钟)构成,包括卫星定时接收系统(宜配置两个)、比对系统和定时基准分配单元,其主要配置如表 7-3 所示。

表 7-3　一级基准时钟的主要配置

	PRC	LPR
铯原子钟	2个	—
铷原子钟	—	2个
卫星定时系统(GPS 或 BDS)	2个	2个
定时基准分配单元	1个	1个

- 区域基准时钟(LPR):由全球卫星导航系统(GPS 和/或北斗导航系统)和满足二级节点时钟性能的同步供给单元(Synchronous Supply Unit,SSU)构成。区域基准时钟的主用基准是接收卫星导航系统的同步,备用基准来自全网基准时钟。

(2) 第二级节点设置二级节点时钟

二级节点时钟的同步供给单元(Synchronous Supply Unit-Transit Node,SSU-T)为具有保持功能的高稳定度时钟,由受控的铷钟或高稳定度晶体钟实现。要使本地 SDH 传送层有来自两个不同二级节点时钟的同步基准源。

(3) 第三级节点设置三级节点时钟

三级节点时钟的同步供给单元(Synchronous Supply Unit-Local Node,SSU-L)为具有保持功能的高稳晶体时钟,其频率准确度可低于二级时钟,通过同步链路受二级时钟控制并与之同步。三级节点时钟的设置应根据通信楼内业务节点数量、局房条件、同步端口需要量等因素来综合考虑。

7.3　电信管理网

随着电信网的飞速发展,网络的类型、网络提供的业务类型在快速的增加和更新,电信网的规模也变得更加庞大、结构更加复杂。这使得网络的维护、管理工作变得异常复杂,传统的网络管理方式已经不能适应网络发展的要求。

ITU-T 在 20 世纪 80 年代提出了电信管理网(TMN)的概念,建议构建一个具有标准协议、接口和结构的管理网对电信网进行统一的操作、管理和维护。电信管理网是电信支撑网的一个重要组成部分。

7.3.1　电信管理网的基本概念

1. 网络管理的含义及演变

（1）网络管理的含义

网络管理是实时或近实时地监视电信网络的运行,必要时采取控制措施,以达到在任何情况下,最大限度地使用网络中一切可以利用的设备,使尽可能多的通信得以实现。

电信网络管理的目标是最大限度地利用电信网络资源,提高网络的运行质量和效率,向用户提供良好的服务。

（2）电信网络管理的演变

电信网络管理的思想随着电信网络的发展而不断演进。

传统的网络管理思想是将整个电信网络分成不同的"专业网"进行管理,如分成用户接入网、信令网、交换网、传输网等分别进行管理,如图 7-19 所示。

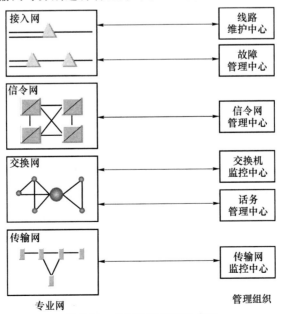

图 7-19　传统网络管理示意图

这种管理结构是对不同的"专业网络"设置不同的监控管理中心,这些监控管理中心只对本专业网络中的设备及运行情况监控和管理。然而,这些监控管理中心往往属于不同部门,缺乏统一的管理目标;另外,这些专业网络往往又使用了仅用于其专业网内的专用管理系统,甚至还可能在同一专业网内由于设备制式不同而采用不同的管理系统。因此,这些系统之间不能共享数据和管理信息,在一个专业网中出现的故障或降质还可能影响到其他专业网的性能。由此可见,采用这种专业网络管理的方式会增加对整个网络故障分析和处理的难度,导致故障排除缓慢和效率低下。

现代网络管理思想采用系统控制的观点,将整个电信网络看作是一个由一系列传送业务的、互相连接的动态系统构成的模型,而网络管理的目标是通过实时监视和控制各子系统资源,以确保端到端用户业务的质量。

为了适应电信网络及业务发展的需要,ITU-T 提出了电信管理网的概念,其模型建立在 ISO 的开放互连参考模型(OSI)基础之上,使不同电信设备提供商的设备可以进入开放的电信网络管理系统。

2. 电信管理网的定义及应用

ITU-T 在 M.3010 建议中指出:电信管理网(TMN)是提供一个有组织的网络结构,以取得各种类型的操作系统之间、操作系统与电信设备之间的互连,其目的是通过标准的接口(包括协议和信息)来交换管理信息,如图 7-20 所示。

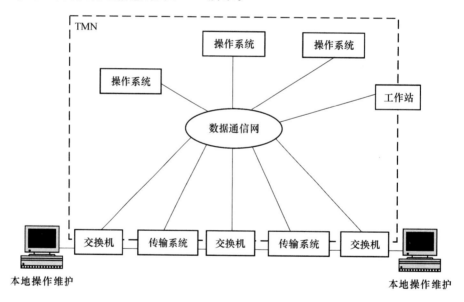

图 7-20　TMN 与电信网的关系

TMN 由操作系统(OS)、工作站(WS)、数据通信网(DCN)和网元(NE)组成。其中,操作系统和工作站构成网络管理中心;数据通信网提供传输网络管理数据的通道(例如,我国通过 DDN 实现电信管理网的 DCN);网元则是 TMN 要管理的网络中的各种通信设备。

TMN 的应用可以涉及电信网及电信业务管理的许多方面,从业务预测到网络规划,从电信工程、系统安装到运行维护、网络组织,从业务控制和质量保证到电信企业的事务管理等,都是它的应用范围。

TMN 可进行管理的比较典型的电信业务和电信设备有:

- 公用网和专用网(包括固定电话网、移动电话网、ISDN、数字数据网、分组交换数据网、虚拟专用网以及智能网等);
- TMN 本身;
- 各种传输终端设备(复用器、交叉连接设备、分插复用器等);
- 数字和模拟传输系统(电缆、光纤、无线、卫星等);
- 各种交换设备(程控交换机、分组交换机、ATM 交换机等);
- 承载业务及电信业务;
- PBX 接入及用户终端;
- ISDN 用户终端;
- 相关的电信支撑网(No.7 信令网、数字同步网);
- 相关的支持系统(测试模块、动力系统、空调、大楼告警系统等)。

TMN 通过监测、测试和控制这些实体还可用于管理下一级的分散实体和业务,诸如电路和由网元组提供的业务。

7.3.2　电信管理网的体系结构

ITU-T 从管理功能模块的划分、信息交互的方式和物理实现三个不同的侧面定义了 TMN 的体系结构,即功能体系结构、信息体系结构和物理体系结构。

1. TMN 的功能体系结构

TMN 的功能体系结构是从逻辑上描述 TMN 内部的功能分布,不包括物理实现的细节。如图 7-21 所示,它是通过一组标准功能模块和有可能发生信息交换的参考点来描述的。

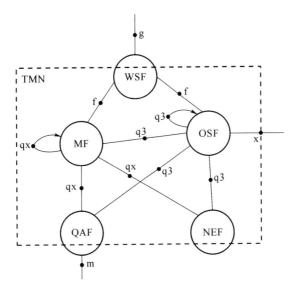

图 7-21　TMN 的功能体系结构

TMN 标准的功能模块有五个。

(1) 操作系统功能(Operations Systems Function,OSF)

处理与电信相关的信息,支持和控制电信设备管理功能的实现。分为事务 OSF、业务 OSF、网络管理 OSF 和网元 OSF。

（2）网元功能（Network Element Function，NEF）

向 TMN 描述其通信功能和支持功能，支持网元被管理，这一部分是 TMN 的组成部分；NEF 还包括了被管电信网络所需的电信功能，这部分是被管理的，不是 TMN 的组成部分。

（3）Q 适配功能（Q-Adapter Function，QAF）

将不具备标准 TMN 接口的 NEF 和 OSF 连接到 TMN 上。

（4）中介功能（Mediation Function，MF）

用于支持各功能块的互通。

（5）工作站功能（Work Station Function，WSF）

提供 TMN 与用户之间的交互，提供 TMN 信息翻译功能，使管理用户可以识别。

图中未标出数据通信功能（Data Communication Function，DCF），它提供各功能模块之间的数据通信，具有 OSI 参考模型中第 1～3 层的功能。

为了描述各功能模块之间的关系，引入参考点 q、f、x；为了描述 TMN 与外界的边界，引入参考点 g、m：

- q 分为 q3 和 qx 参考点，q3 在 OSF 与 OSF 之间、OSF 与 MF 之间、OSF 与 NEF 之间；qx 参考点 MF 与 MF 之间、MF 与 NEF 之间、NEF 与 QAF 之间。
- f 参考点在 WSF 与 OSF 之间、WSF 与 MF 之间。
- x 参考点在两个 TMN 的 OSF 之间、OSF 与其他网络的类 OSF 功能之间。
- m 参考点在 QAF 与非 TMN 的被管理单元之间。

2. TMN 的信息体系结构

TMN 的信息体系结构采用了 OSI 管理系统中的管理者/代理（MANAGER/AGENT）模型，描述了 TMN 中不同类型的管理信息的特征，主要包括管理信息模型和管理信息交换模型两个方面。其中，管理信息模型描述了管理对象（MO）及其特性，规定了用什么消息来管理所选择的目标，以及这些消息的含义；管理信息交换模型描述 TMN 实体间信息交换的过程。

TMN 的信息体系结构主要用来描述网络管理中管理任务的分配和组织，即描述管理者和代理的能力以及管理者和代理之间的相互关系。管理者的任务是发送管理命令和接收代理回送的通知；代理的任务是直接管理有关的管理目标，响应管理者发来的命令并回送反映目标行为的通知给管理者。图 7-22 描述了管理者、代理及管理对象之间的关系。

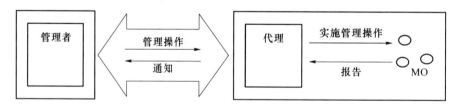

图 7-22　管理者、代理及管理对象之间的关系

3. TMN 的物理体系结构

TMN 的物理体系结构反映的是实现 TMN 的功能所需要的各种物理配置的结构。根据 TMN 的功能模型，可以确定物理实体与 TMN 功能组件之间的对应关系，以及功能实体间的通信接口。图 7-23 所示为一个简单的 TMN 物理体系结构模型。

图中方框代表一个物理实体，物理实体间的点代表接口。TMN 的标准接口是根据相应的参考点来定义的，q3 参考点对应 Q3 接口。只有实现了接口和协议的标准化，才能使各参考点的互连互通成为可能，管理应用可以进行互操作。

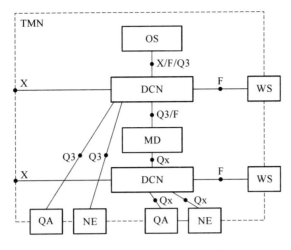

图 7-23　TMN 物理体系结构示意图

其中,OS 是操作系统,完成 OSF;MD(中介设备)是独立设备,完成 MF,可以用一系列级联的装置实现 MD;DCN 是数据通信网,为各接口提供 OSI 参考模型中低 3 层的通信功能;WS(工作站)是单独系统,执行 WSF 功能;NE(网元)由电信设备组成,实现 TMN 中的 NEF。

标准接口是实现 TMN 的关键,在 TMN 的物理体系结构中定义了一个互操作的接口集合,分别为 Qx、Q3、X、F 等,每个接口,都有对应的 TMN 协议族。

在 TMN 的体系结构中,最为重要的是 Q3 接口协议,包含了完整的 OSI7 层协议。Q3 与 Qx 的区别在于这两个接口所承载的信息不同。Q3 接口所承载的信息模型位于 OS 和与其有直接接口的 TMN 单元之间,由于 OSF 完成主要的电信管理功能,因此 Q3 接口的标准化也就极为重要;Qx 接口所承载的信息模型位于 MD 和与其接口的网元之间。

在上述 TMN 的功能模型中,每个功能模块都有标识其特性的功能,是由单独的实体来实现的,实际上根据需要,可以包括其他的功能。例如,在 OS 中加入 MF,从而使 NE 直接利用 Qx 接口与 OS 通信;或在 NE 中加入 MF,使 NE 直接通过 Q3 接口与 OS 通信。

7.3.3　电信管理网的逻辑模型

TMN 主要从三个方面界定电信网络的管理:管理层次、管理功能和管理业务。这一界定方式也称为 TMN 的逻辑分层体系结构,如图 7-24 所示。

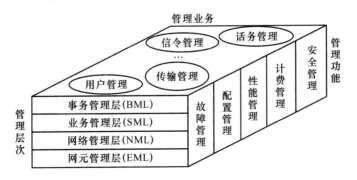

图 7-24　TMN 的逻辑分层体系结构

1. 逻辑分层

TMN 采用分层管理的概念,将电信网络的管理应用功能划分为 4 个管理层次:

- 事务管理层:由支持整个企业决策的管理功能组成,如产生经济分析报告、质量分析报告、任务和目标的决定等。
- 业务管理层:包括业务提供、业务控制与监测以及与业务相关的计费处理,如电话交换业务、数据通信业务、移动通信业务等。
- 网络管理层:提供整个网络的管理功能,如网络话务监视与控制,网络保护路由的调度,中继路由质量的监测,对多个网元故障的综合分析、协调等。
- 网元管理层:包括操作一个或多个网元的功能,由交换机、复用器等的远端操作维护、设备软件、硬件的管理等。

2. 管理功能

TMN 管理功能利用 OSI 系统管理功能并对其有所拓宽,根据应用范围的不同共分为 5 类,每一类管理功能的范畴又可以分出许多子功能集。一个 TMN 系统应该配置怎样的管理功能则取决于所需要的管理业务,与不同的电信设备相关。

(1) 性能管理

性能管理是提供对电信设备的性能和网络或网络单元的有效性进行评价,并提出评价报告的一组功能,网络单元是指由电信设备和支持网络单元功能的支持设备组成,并有标准接口。典型的网络单元是交换设备、传输设备、复用器、信令终端等。

ITU-T 对性能管理有定义的功能包括以下 3 个方面:

① 性能监测功能:是指连续收集有关网络单元性能的数据。

② 负荷管理和网络管理功能:TMN 从各网络单元收集负荷数据,并在需要时发送命令到各网络单元重新组合电信网或修改操作,以调节异常的负荷。

③ 服务质量观察功能:TMN 从各网络单元收集服务质量数据并支持服务质量的改进。

(2) 故障(或维护)管理

故障管理是对电信网的运行情况异常和设备安装环境异常进行监测,隔离和校正的一组功能。

ITU-T 对故障(或维护)管理已经有了定义的功能包括以下 3 个方面:

① 告警监视功能:TMN 以近实时的方式监测网络单元的失效情况。当这种失效发生时,网络单元给出指示,TMN 确定故障性质和严重的程度。

② 故障定位功能:当初始失效信息对故障定位不够用时,就必须扩大信息内容,由失效定位例行程序利用测试系统获得需要的信息。

③ 测试功能:这项功能是在需要时或提出要求时或作为例行测试时进行。

(3) 配置管理功能

配置管理功能包括提供状态和控制及安装功能。对网络单元的配置、业务的投入、开/停业务等进行管理,对网络的状态进行管理。

配置管理功能包括以下 3 个方面:

① 保障功能:包括设备投入业务所必需的程序,但是不包括设备安装。一旦设备准备好,投入业务,TMN 中就应该有相应的信息。保障功能可以控制设备的状态,如开放业务、停开业务、处于备用状态或者恢复等。

② 状况和控制功能:TMN 能够在需要时立即监测网络单元的状况并实行控制,如校核网

络单元的服务状态、改变网络单元的服务状况、启动网络单元内的诊断测试等。

③ 安装功能：这项功能对电信网中设备的安装起支持作用。例如，增加或减少各种电信设备时，TMN 内的数据库要及时把设备信息装入或更新。

（4）计费管理功能

计费功能可以测量网络中各种业务的使用情况和使用的费用，并对电信业务的收费过程提供支持。计费功能是 TMN 内的操作系统能从网络单元收集用户的资费数据，以便形成用户账单。这项功能要求数据传送非常有效，而且要有冗余数据传送能力，以便保持记账信息的准确。对大多数用户而言，必须经常地以近实时方式进行处理。

（5）安全管理功能

安全管理主要提供对网络及网络设备进行安全保护的能力。主要有接入及用户权限的管理，安全审查及安全告警处理。

3. 管理业务

从网络经营和管理角度出发，为支持电信网络的操作维护和业务管理，TMN 定义了多种管理业务，包括：

- 用户管理；
- 用户接入网管理；
- 交换网管理；
- 传输网管理；
- 信令网管理；
- 其他。

7.3.4　我国电信管理网概述

目前我国已经建立了固定电话网、移动电话网、数据通信网、传输网、数字同步网、No.7 信令网及智能网等专业网络的管理网，除此之外还有环境与动力监控等网管系统。具体到各种网络内还有不同技术设备的网管系统。例如，传输网网管包括：PDH 网管系统、SDH 网管系统、WDM 网管系统、光缆的监控等。

从电信管理网的结构上看，我国电信管理网一般是与其运营企业的组织结构相对应。其运营的业务网或专业网一般分为全国骨干网、省内干线网和本地网三级，所以管理网的网络结构一般也分为三级，并且在各级网管机构设置该级的网管中心，即全国网网管中心、省级网网管中心和本地网网管中心。图 7-25 为我国长途电话网网管系统的结构示意图。

目前我国电信网网管系统存在的问题有如下几个方面：

- 网络设备制式多，增加了网管建设的复杂度。
- 各专业网管的网管系统分立，同一专业网不同厂家设备的网管系统分立，专业网网管系统又与同一业务的网管系统分立。
- 网管系统功能项的完备程度不同，操作界面多样，没有标准、统一的网管接口。
- 多数网管系统侧重于网络的监视，而轻视了网络控制，不能适应现代通信网发展的需要。
- 网络安全性虽已有行业标准，但是应更加重视。

随着网络的演进，我国各电信运营商也在进行运维体制的改革。例如，基于网管集中化的原则,按照二级结构来建设管理网,即各地市原则上不再建设本地网络管理系统,而是集中到各省网管中心开展各专业网管系统的建设。

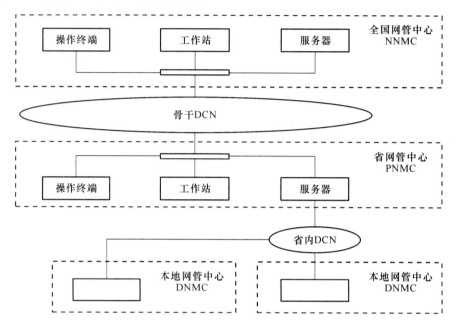

图 7-25　我国长途电话网网管系统结构示意图

TMN 的目标是实现一个综合的网络管理系统,将现有的不同业务网、专业网的网管系统都纳入 TMN 的管理中。然而这是一个循序渐进的过程,应根据不同专业网管的特点,分别制订规划并逐步向 TMN 方向发展。

小　　结

1. 电信支撑网

电信支撑网是指支撑电信业务网正常运行的、并能增强网络功能以提高全网的服务质量的网络。在支撑网中传送的是相应的控制、监测等信号。

No.7 信令网、数字同步网和电信管理网是现代电信网的三个支撑网。

2. No.7 信令网的组成及网络结构

(1) 信令网的组成

信令网由信令点(SP)、信令转接点(STP)以及连接它们的信令链路组成。

SP 信令点是信令消息的源点和目的节点,可以是具有 No.7 信令功能的各种交换局、操作管理和维护中心、移动交换局、智能网的业务控制节点和业务交换节点等。

STP 是将一条信令链路上的信令消息转发至另一条信令链路上去的信令转接中心。在信令网中,信令转接点可以是只具有信令消息转递功能的信令转接点,称为独立信令转接点,也可以是具有用户部分功能的信令转接点,即具有信令点功能的信令转接点,此时称为综合信令转接点。

信令链路是信令网中连接信令点的最基本部件,可以是 64 kbit/s 或 2 Mbit/s 的数字信令链路。

（2）信令网的结构

No.7信令网的结构有无级信令网和分级信令网两种结构。无级信令网是指未引入信令转接点的信令网，分级信令网是指使用信令转接点的信令网。

分级信令网按等级划分又可划分为二级信令网和三级信令网。二级信令网是由一级STP和SP构成，三级信令网是由两级信令转接点，即HSTP（高级信令转接点）和LSTP（低级信令转接点）和SP构成。

3．信令网结构的选择

主要取决于下述几个因素：

（1）信令网容纳的信令点数量。

（2）信令转接点设备的容量。信令转接点设备容量可用两个参数来表示：一是该信令转接点可以连接的信令链路的最大数量；二是信令处理能力，即每秒可以处理的最大消息信令单元的数量（MSU/s）。

（3）冗余度，即信令网的备份程度。

4．STP间的连接方式

STP间的连接方式有网状连接方式和A、B平面连接方式。

网状连接的主要特点是各STP间都设置直达信令链路，在正常情况下STP间的信令连接可不经过STP的转接。这种网状连接方式的安全可靠性较好，且信令连接的转接次数也少，但这种网状连接的经济性较差。

A、B平面连接方式是网状连接的简化形式。A、B平面连接的主要特点是A平面或B平面内部的各个STP间采用网状相连，A平面和B平面之间则成对的STP相连。

我国从组网的经济性考虑，在保证信令网可靠性的前提下，HSTP间连接也是采用了A、B平面的连接方式。

5．SP与STP间的连接方式

SP与STP间的连接方式分为分区固定连接（或称配对连接）和随机自由连接（或称按业务量大小连接）两种方式。

分区固定连接方式是每一信令区内的每个SP需连接到本信令区的两个STP，本信令区SP间的准直联连接必须经过本信令区的STP的转接，两个信令区之间的SP间的准直联连接至少需经过两个STP的转接。采用分区固定连接时，信令网的路由设计及管理方便。

随机自由连接方式是本信令区的SP根据信令业务负荷的大小可以连接到其他信令区的STP。且每个SP需接至两个STP（可以是相同信令区，也可以是不同信令区）。信令网中采用随机自由连接方式比固定连接方式要灵活，但信令路由相对复杂，所以其路由设计及管理较复杂。

6．我国信令网的网络结构及组网

我国No.7信令网采用三级结构，第一级为HSTP，第二级为LSTP，第三级为SP。

我国的三级结构信令网是由长途信令网和大、中城市本地信令网组成。其中，大、中城市本地信令网为二级结构信令网，相当于全国信令网的第二级（LSTP）和第三级（SP）。

7．数字同步网的基本概念

在数字通信网中，传输、复用及交换等过程都要求实现同步，即信号之间在频率或相位上保持某种严格的特定关系。按照同步的功能和作用,数字通信中的同步可以分为位同步、帧同步和网同步。

网同步是指网中各个节点设备的时钟之间的同步,从而实现各个节点之间的位同步、帧同步。其中,需要同步的节点设备除数字交换机外,还包括 SDH 传输网、DDN、No. 7 信令网和 TMN 等网络中所有需要同步的网元设备。

数字同步网即是由节点时钟设备和定时传送链路组成的物理网络,它能准确地将定时参考信号从基准时钟源向同步网络的各个节点传送,使得整个网络的时钟稳定在统一的基准频率上,从而满足电信网络对于传输、交换及控制的性能要求。

8. 实现网同步的方式

从组网的角度将同步网的同步方式分成以下三类:全同步、全准同步和混合同步。实现节点时钟同步的基本方法有两种:主从同步方式和互同步方式。

(1) 主从同步方式

主从同步方式是在网内某一主交换局设置高精度和高稳定度的时钟源,并以其作为主基准时钟的频率控制其他各局从时钟的频率。

(2) 互同步方式

采用互同步方式实现网同步时,网内各同步节点无主、从之分。在节点相互连接时,它们的时钟是相互影响、相互控制的,如果网络参数选择适当,则可以实现网内各节点时钟的同步。

9. 同步网中的时钟源

数字同步网中常见的时钟产生源有:原子钟(铯原子钟、铷原子钟等)、卫星定位导航系统(美国的全球定位系统——GPS,中国的北斗卫星导航系统——BDS 等)和晶体时钟。

10. 我国同步网的结构和组网原则

(1) 同步网的等级结构

我国数字同步网采用分布式多基准主从同步的组网方式,以省、自治区、直辖市划分同步区,各同步区设立区域基准时钟(LPR),在全网范围内设立若干套全网基准时钟(PRC)。

(2) 同步网节点时钟的设置

根据工业和信息化部发布的相关规范,数字同步网节点分为三级:第一级节点设置一级基准时钟(包括 PRC 和 LPR),第二级节点设置二级节点时钟,第三级节点设置三级节点时钟。

11. 网络管理的含义

网络管理是实时或近实时地监视电信网络的运行,必要时采取控制措施,以达到在任何情况下,最大限度地使用网络中一切可以利用的设备,使尽可能多的通信得以实现。

电信网络管理的目标是最大限度地利用电信网络资源,提高网络的运行质量和效率向用户提供良好的服务。

12. TMN 的定义

国际电信联盟(ITU)在 M. 3010 建议中指出:电信管理网的基本概念是提供一个有组织的网络结构,以取得各种类型的操作系统之间、操作系统与电信设备之间的互连。

TMN 由操作系统(OS)、工作站(WS)、数据通信网(DCN)和网元(NE)组成。其中,操作系统和工作站构成网络管理中心;数据通信网提供传输网络管理数据的通道;网元则是 TMN 要管理的网络中的各种通信设备。

13. TMN 的体系结构

ITU-T 从管理功能模块的划分、信息交互的方式和物理实现三个不同的侧面定义了 TMN 的体系结构,即功能体系结构、信息体系结构和物理体系结构。

TMN 的功能体系结构是从逻辑上描述 TMN 内部的功能分布,标准的功能模块有五个:操作系统功能(OSF)、网元功能(NEF)、Q 适配功能(QAF)、中介功能(MF)和工作站功能(WSF)。为了描述各功能模块之间的关系,引入参考点 q、f、x;为了描述 TMN 与外界的边界,引入参考点 g、m。

TMN 的信息体系结构采用了 OSI 管理系统中的管理者/代理(MANAGER/AGENT)模型,描述了 TMN 中不同类型的管理信息的特征,主要包括管理信息模型和管理信息交换模型两个方面。

TMN 的物理体系结构反映的是实现 TMN 的功能所需要的各种物理配置的结构。根据 TMN 的功能模型,可以确定物理实体与 TMN 功能组件之间的对应关系,以及功能实体间的通信接口。

14. TMN 的逻辑模型

TMN 主要从管理层次、管理功能和管理业务三个方面界定电信网络的管理,这一界定方式也称为 TMN 的逻辑分层体系结构。

TMN 采用分层管理的概念,将电信网络的管理应用功能划分为四个管理层次:事务管理层、业务管理层、网络管理层和网元管理层。

TMN 管理功能利用 OSI 系统管理功能并对其有所拓宽,根据应用范围的不同共分为五类:性能管理、故障(或维护)管理、配置管理功能、计费管理功能和安全管理功能。

从网络经营和管理角度出发,为支持电信网络的操作维护和业务管理,TMN 定义了多种管理业务,包括:用户管理、用户接入网管理、交换网管理、传输网管理、信令网管理等。

习　　题

7-1　简述公共信道信令系统的基本概念及主要特点。

7-2　概述 No.7 信令网的组成及基本概念。

7-3　No.7 信令网有哪几种基本结构? 其主要特点是什么?

7-4　信令网结构的选择应考虑哪些因素?

7-5　什么是信令网的冗余度?

7-6　简述信令网中的连接方式。

7-7　简述我国 No.7 信令网的网络结构及与电话网的对应关系。

7-8　简述我国 No.7 信令网的组网特点。

7-9　简述信令链路的组织方案。

7-10　什么是数字网的网同步? 在数字网中为什么需要网同步?

7-11　在数字通信网中滑动是如何产生的? 对通信有什么影响?

7-12　实现网同步有哪几种方式? 我国数字网同步采用哪种方式?

7-13　简要说明主从同步方式的基本概念?

7-14 同步网中常见的时钟源有哪些?

7-15 简要说明我国数字同步网的等级结构。

7-16 什么是电信网络管理?电信网络管理的目的是什么?

7-17 简要说明 TMN 的基本概念。

7-18 举例说明 TMN 管理的电信业务和设备。

7-19 简述 TMN 的逻辑分层。

7-20 简要说明 TMN 的管理功能。

第8章 通信网规划理论基础

通信网是一个由多个系统、设备、部件组成的复杂而庞大的整体,要求设计出能够满足各项性能指标要求又节省费用的方案,首先要求设计人员掌握相当的网络理论基础和网络分析计算方法,如通信网所涉及的数学理论、优化算法、网的分析方法与指标计算方法等。本章将介绍进行通信网规划与设计所必备的一些基础知识,主要包括:

- 进行网络结构设计所必备的图论的基础知识和网络结构优化的基本知识——最短路径算法和站址选择问题。
- 进行网络流量设计必备的排队论的基础知识及一些网络性能指标的计算。
- 通信网可靠性的定义及系统可靠性计算的基础知识。

8.1 图论及其在通信网中的应用

通信网是由终端节点、交换节点和连接这些节点的传输链路组成的,从数学模型上看是图论的问题。因此,通信网规划中的很多常见问题,如网络性能分析、网络拓扑结构规划、网络设计优化、流量分配与控制策略优化等,都可以用图论中的方法加以解决。本节先介绍图论的基础知识,接着介绍一类重要的图——树及相关问题,然后通过点间最短路径的算法求解通信网的路由选择问题,最后讨论站址选择问题,这些都是网络结构规划及优化的基础。

8.1.1 图论基础知识

1. 图的基本概念

(1) 图的定义

图是由若干个节点和节点间的边所组成。节点对应着网络中的实体,在图形中一般用小圆点来表示;边对应着实体间的某种关联关系,在图形中用曲线或者直线来表示。

在图论中,图 G 的定义为由非空点集 $V(G) = \{v_1, v_2, \cdots, v_n\}$ 和边集 $E(G) = \{e_1, e_2, \cdots, e_m\}$ 组成的,记为

$$G = (V(G), E(G))$$

其中,对任意一条边 $e_k \in E(G)$,都有 $V(G)$ 中的一个点对 (v_i, v_j) 与之对应。

如果一条边 e_k 与点对 (v_i, v_j) 相对应,则称 v_i, v_j 是 e_k 的端点,记为 $e_k = (v_i, v_j)$;称点 v_i, v_j 与边 e_k 关联,而称 v_i 与 v_j 为相邻点。若有两条边与同一端点相关联,则称这两条边为相邻

边。

例如,图 8-1 的图 G 可记为

$$G = (V(G), E(G))$$

其中,

$$V(G) = \{v_1, v_2, v_3, v_4\}$$
$$E(G) = \{e_1, e_2, e_3, e_4, e_5, e_6\}$$

图中各边可用与之关联的点对表示为

$$e_1 = (v_1, v_2), e_2 = (v_1, v_3), e_3 = (v_2, v_4), e_4 = (v_2, v_3), e_5 = (v_3, v_4), e_6 = (v_1, v_4)$$

图中 v_1 与 e_1, e_2, e_6 关联,v_1 与 v_2, v_3, v_4 是相邻点,e_1 与 e_2, e_3, e_4, e_6 是相邻边,等等。

另外,图 8-1 中的图形为图 G 的几何实现,它可以更直观的展示图 G。然而,图 G 只由它的节点集 $V(G)$、边集 $E(G)$ 和节点与边的关系所确定,而与其几何实现中节点的位置、边的长度与形状无关,即一个图所对应的几何实现不是唯一的。例如,图 8-2 与图 8-1 都是图 G 的几何实现。

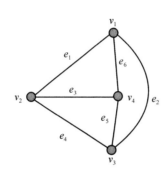 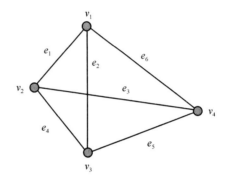

图 8-1　图的定义(1)　　　　图 8-2　图的定义(2)

因此,我们用节点表示通信网中的终端设备、交换设备等实体,用边表示连接它们的传输线路,就可以将通信网抽象为一个图,继而可以用图论中的相应方法来研究和解决通信网中的一些问题。

(2) 点的度数

与同一端点相关联的边的个数称为此端点的度数或次数,记为 $d(v_i)$。例如,图 8-1 中各点的度数分别为

$$d(v_1) = 3, d(v_2) = 3, d(v_3) = 3, d(v_4) = 3$$

点的度数有以下两个性质:

① 对于 n 个点、m 条边的图,必有

$$\sum_{i=1}^{n} d(v_i) = 2m \tag{8-1}$$

由于任何边或与两个不同的点关联,或与一个点关联而形成自环,提供的度数均为 2,故所有点的度数之和必为边数的 2 倍。

② 任意图中,度数为奇数的点的数目必为偶数(包括 0)。

若将图的点集 V 分奇度数点集 V_1 和偶度数点集 V_2,$V = V_1 + V_2$,根据式(8-1)有

$$\sum_{v_i \in V} d(v_i) = \sum_{v_j \in V_1} d(v_j) + \sum_{v_k \in V_2} d(v_k) = 2m$$

由于上式中 $d(v_k)$ 和 $2m$ 均为偶数,则 $\sum\limits_{v_j \in V_1} d(v_j)$ 是偶数,但上式中 $d(v_j)$ 为奇数,所以在 V_1 中 v_j 的个数必为偶数。

(3) 链路、路径与回路

• 链路——对于图 $G=(V,E)$,其中 $k(\geqslant 2)$ 条边和与之关联的端点依次排成点和边的交替序列,则称该序列为链路。边的数目 k 称为链路的长度。

• 路径——无重复的点和边的链路称为路径。

• 回路——如果路径的起点和终点重合,则称为回路。

例如,图 8-3 中有

链路:$\{v_1,e_3,v_3,e_4,v_4,e_8,v_3,e_5,v_5,e_6,v_4\}$,长度为 5。

路径:$\{v_1,e_1,v_2,e_2,v_3,e_5,v_5\}$,长度为 3。

回路:$\{v_1,e_1,v_2,e_2,v_3,e_5,v_5,e_7,v_1\}$,长度为 4。

图中还有其他的链路、路径与回路,此处不一一列出。

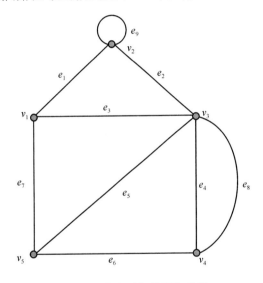

图 8-3　有自环与并行边的图

另外还有两个概念:

• 自环——两个端点重合为一点的边称为自环。例如,图 8-3 中的 e_9。

• 并行边——与同一对端点关联的两条或两条以上的边称为并行边。例如,图 8-3 中的 e_4 和 e_8 为并行边。

(4) 子图的概念

设有图 $G=(V,E)$ 和图 $G'=(V',E')$,若 $V'\subseteq V$,$E'\subseteq E$,即图 G' 的点集和边集分别为图 G 的点集和边集的子集,则称图 G' 是图 G 的子图。图 8-4(b)和(c)所示的图是(a)所示的图的子图。

由图的定义可以看出,$G'\subset G$ 就表示图 G' 是图 G 的子图,这也包括 $G'=G$,所以任何图都是自己的子图。另外还有两种子图:

• 真子图——若 $G'\subset G$,但 $G'\neq G$,则称 G' 是 G 的真子图。图 8-4(b)和(c)均为(a)的真子图。也可以说成不包含原图的所有边的子图是真子图。

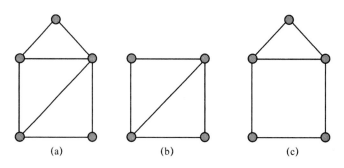

图 8-4　子图的概念

- 生成子图——若 $V'=V,E'\subseteq E$,则称 G' 是 G 的生成子图。即包含原图的所有点的子图就是生成子图。图 8-4(c)就是(a)的生成子图。从生成子图的定义可以看出,一个图有不只一个生成子图。

(5) 图的分类

图可以从不同的角度来分类。有以下几种情况。

① 有限图和无限图

当集合 V 和 E 都是有限集时,所构成的图称为有限图;否则就称为无限图。

② 简单图和复杂图

没有自环和并行边的图称为简单图;有自环和并行边的图称为复杂图。通信网的网络结构一般为简单图。

③ 无向图与有向图

设图 $G=(V,E)$,如果任一条边 e_k 都对应的是无序点对 (v_i,v_j),则称 G 为无向图。在无向图中,(v_i,v_j) 和 (v_j,v_i) 是同一条边,即 $(v_i,v_j)=(v_j,v_i)$,如图 8-5(a)所示。

设图 $G=(V,E)$,如果任一条边 e_k 都对应一个有序点对 $\langle v_i,v_j\rangle$,则称 G 为有向图。在有向图中,用尖括号表示其中的端点是有序的,$\langle v_i,v_j\rangle$ 和 $\langle v_j,v_i\rangle$ 是两条不同的边,即 $\langle v_i,v_j\rangle\neq\langle v_j,v_i\rangle$。通常在几何图形中用点 v_i 指向 v_j 的箭头表示边 $\langle v_i,v_j\rangle$,而用点 v_j 指向 v_i 的箭头表示边 $\langle v_j,v_i\rangle$。图 8-5(b)是有向图的示意图。

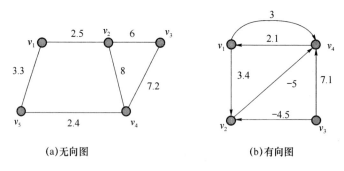

(a)无向图　　　　　　　　　　(b)有向图

图 8-5　无向图和有向图

前面刚介绍过点的度数的概念,对于图 8-5(a)的无向图,各点的度数为

$$d(v_1)=2,d(v_2)=3,d(v_3)=2,d(v_4)=3,d(v_5)=2$$

对于有向图,$d^+(v_i)$ 表示离开 v_i 或从 v_i 射出的边数,$d^-(v_i)$ 表示进入或射入 v_i 的边数,用 $d(v_i)=d^+(v_i)+d^-(v_i)$ 表示 v_i 的度数。图 8-5(b)各点的度数为

$d^+(v_1)=2, d^-(v_1)=1, d(v_1)=3; d^+(v_2)=1, d^-(v_2)=2, d(v_2)=3;$等等。

④ 有权图与无权图

设图 $G=(V,E)$，如果它的每一条边 e_k 都赋以一个实数 p_k，则称图 G 为有权图或加权图；否则为无权图。

p_k 称为边 e_k 的权值。图 8-5 表示的就是有权图，每个边旁的数字代表它的权值，权值可以是正值或负值。在通信网中，经常要研究有权图。根据研究问题的需要，权值可以表示不同的含义，如距离（两个节点之间的距离）、信道容量、信道的造价等。

【例 8-1】　写出图 8-5(a)和(b)的点集、边集和边的权值。

解：8-5(a)为无向图，可记为 $G=(V,E)$，其中，

点集 $\qquad\qquad\qquad\qquad V=\{v_1, v_2, v_3, v_4, v_5\}$

边集 $\qquad\quad E=\{(v_1,v_2),(v_2,v_3),(v_3,v_4),(v_2,v_4),(v_4,v_5),(v_1,v_5)\}$

边 e_k 相对应的权值为

$$p_1=2.5, p_2=6, p_3=7.2, p_4=8, p_5=2.4, p_6=3.3$$

图 8-5(b)为有向图，可记为 $G=(V,E)$，其中，

点集 $\qquad\qquad\qquad\qquad V=\{v_1, v_2, v_3, v_4\}$

边集 $\qquad\quad E=\{\langle v_1,v_4\rangle,\langle v_4,v_1\rangle,\langle v_1,v_2\rangle,\langle v_2,v_4\rangle,\langle v_3,v_2\rangle,\langle v_3,v_4\rangle\}$

边 e_k 相对应的权值为

$$p_1=3, p_2=2.1, p_3=3.4, p_4=-5, p_5=-4.5, p_6=7.1$$

⑤ 连通图与非连通图

设图 $G=(V,E)$，若图 G 中任意两个点之间至少存在一条路径，则称 G 为连通图，如图 8-6(a)所示；否则称 G 为非连通图，如图 8-6(b)所示。

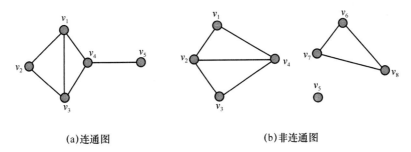

(a)连通图　　　　　　　　　　(b)非连通图

图 8-6　连通图与非连通图

非连通图是由几部分组成的，所谓的部分就是非连通图的一个组成部分，且是连通的。例如，图 8-6(b)所示的非连通图有三个部分。

（6）几种特殊的连通图

有几种特殊的连通图，例如完全图和正则图。

· 完全图——任意两点间都有一条边的无向图称为完全图，如图 8-7 所示。

完全图的点数 n 与边数 m 有固定关系。这是因为完全图中每个点的度数为 $n-1$，所以图中所有点的度数之和为 $n(n-1)$，根据式(8-1)有 $2m=n(n-1)$，则有

$$m=\frac{1}{2}n(n-1) \qquad\qquad\qquad (8-2)$$

· 正则图——所有点的度数均相等的连通图称为正则图。正则图的示意图如图 8-8

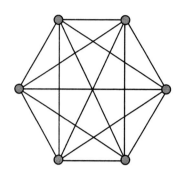

图 8-7　完全图

所示。

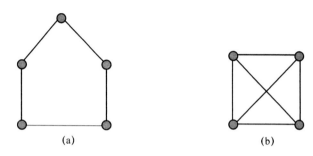

图 8-8　正则图的示意图

对于正则图,所有点的度数 $d(v_i)$ 为常数。图 8-8(a)和(b)所示的正则图的度数分别 $d(v_i)=2$ 和 $d(v_i)=3$。完全图也是正则图,各点的度数均为 $n-1$。

2. 图的矩阵表示

图的几何表示具有直观性,但在数值计算和分析时,需借助于矩阵表示。这些矩阵是与几何图形一一对应的,有了图形必能写出矩阵,有了矩阵也能画出图形。当然这样画出的图形可以不一样,但在拓扑上是一致的,也就是满足图的定义的。用矩阵表示图的最大优点是可以利用计算机进行运算。

这里我们讨论几种常用的矩阵。

(1)完全关联矩阵与关联矩阵

完全关联矩阵是表示点与边关联性的矩阵。一个具有 n 个点、m 条边的图 G 的完全关联矩阵 $M(G)$,是以每点为一行、每边为一列的 $n\times m$ 矩阵,即

$$M(G)=[m_{ij}]_{n\times m}$$

其中,对无向图

$$m_{ij}=\begin{cases}1, & v_i \text{ 与 } e_j \text{ 关联} \\ 0, & v_i \text{ 与 } e_j \text{ 不关联}\end{cases} \tag{8-3}$$

对有向图

$$m_{ij}=\begin{cases}1, & v_i \text{ 是 } e_j \text{ 的起点} \\ -1, & v_i \text{ 是 } e_j \text{ 的终点} \\ 0, & v_i \text{ 是 } e_j \text{ 不关联}\end{cases} \tag{8-4}$$

【例 8-2】　求图 8-9(a)和(b)的完全关联矩阵。

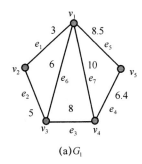 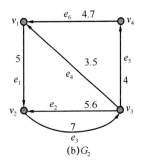

(a)G_1　　　　(b)G_2

图 8-9　矩阵例题图

解：

$$\begin{array}{c} & \begin{array}{ccccccc} e_1 & e_2 & e_3 & e_4 & e_5 & e_6 & e_7 \end{array} \\ \boldsymbol{M}(G_1) = \begin{array}{c} v_1 \\ v_2 \\ v_3 \\ v_4 \\ v_5 \end{array} & \left[\begin{array}{ccccccc} 1 & 0 & 0 & 0 & 1 & 1 & 1 \\ 1 & 1 & 0 & 0 & 0 & 0 & 0 \\ 0 & 1 & 1 & 0 & 0 & 1 & 0 \\ 0 & 0 & 1 & 1 & 0 & 0 & 1 \\ 0 & 0 & 0 & 1 & 1 & 0 & 0 \end{array} \right] \end{array}$$

$$\begin{array}{c} & \begin{array}{cccccc} e_1 & e_2 & e_3 & e_4 & e_5 & e_6 \end{array} \\ \boldsymbol{M}(G_2) = \begin{array}{c} v_1 \\ v_2 \\ v_3 \\ v_4 \end{array} & \left[\begin{array}{cccccc} 1 & 0 & 0 & -1 & 0 & -1 \\ -1 & -1 & 1 & 0 & 0 & 0 \\ 0 & 1 & -1 & 1 & 1 & 0 \\ 0 & 0 & 0 & 0 & -1 & 1 \end{array} \right] \end{array}$$

从 $\boldsymbol{M}(G_1)$ 和 $\boldsymbol{M}(G_2)$ 可以看出，每行中非 0 元素的个数等于该点的度数。对无向图，每条边有两个端点，因此 $\boldsymbol{M}(G_1)$ 的每一列元素之和必为 2，按模 2 计算其值为 0；对有向图，每条边有一个起点和一个终点，因此矩阵的每一列元素之和恒为 0。所以 n 个行向量不是线性无关的，至多只有 $n-1$ 个线性无关。这意味着在完全关联矩阵中，有一个行向量是多余的。如果去掉其中的任意一行就可得到关联矩阵 $\boldsymbol{M}_0(G) = [m_{ij}]_{(n-1) \times m}$。去掉的一行对应于实际问题中的参考点，如电路的接地点等。

若上例中以 v_1 为参考点，则可得到关联矩阵 $\boldsymbol{M}_0(G_1)$ 和 $\boldsymbol{M}_0(G_2)$，分别为

$$\boldsymbol{M}_0(G_1) = \left[\begin{array}{ccccccc} 1 & 1 & 0 & 0 & 0 & 0 & 0 \\ 0 & 1 & 1 & 0 & 0 & 1 & 0 \\ 0 & 0 & 1 & 1 & 0 & 0 & 1 \\ 0 & 0 & 0 & 1 & 1 & 0 & 0 \end{array} \right]$$

$$\boldsymbol{M}_0(G_2) = \left[\begin{array}{cccccc} -1 & -1 & 1 & 0 & 0 & 0 \\ 0 & 1 & -1 & 1 & 1 & 0 \\ 0 & 0 & 0 & 0 & -1 & 1 \end{array} \right]$$

（2）邻接矩阵

邻接矩阵是表示点与点之间关系的矩阵。对于一个具有 n 个点的图 G，其邻接矩阵 $\boldsymbol{A}(G)$ 是 $n \times n$ 方阵，即

$$\boldsymbol{A}(G) = [a_{ij}]_{n \times n}$$

其中，

$$a_{ij} = \begin{cases} 1, & v_i \text{ 到 } v_j \text{ 有边} \\ 0, & v_i \text{ 到 } v_j \text{ 无边，或 } i=j \end{cases} \tag{8-5}$$

对无向简单图，邻接矩阵是对称的，即 $a_{ij}=a_{ji}$，且对角线元素为 0，每行或每列上 1 的个数则为该点的度数；对有向简单图，对角线元素为 0，但不一定对称。每行上 1 的个数是该点的射出度数 $d^+(v_i)$，每列上 1 的个数是该点的射入度数 $d^-(v_i)$。图 8-9 中 G_1 和 G_2 的邻接矩阵分别为

$$\boldsymbol{A}(G_1) = \begin{array}{c} \\ v_1 \\ v_2 \\ v_3 \\ v_4 \\ v_5 \end{array} \begin{array}{ccccc} v_1 & v_2 & v_3 & v_4 & v_5 \\ \begin{bmatrix} 0 & 1 & 1 & 1 & 1 \\ 1 & 0 & 1 & 0 & 0 \\ 1 & 1 & 0 & 1 & 0 \\ 1 & 0 & 1 & 0 & 1 \\ 1 & 0 & 0 & 1 & 0 \end{bmatrix} \end{array} \qquad \boldsymbol{A}(G_2) = \begin{array}{c} \\ v_1 \\ v_2 \\ v_3 \\ v_4 \end{array} \begin{array}{cccc} v_1 & v_2 & v_3 & v_4 \\ \begin{bmatrix} 0 & 1 & 0 & 0 \\ 0 & 0 & 1 & 0 \\ 1 & 1 & 0 & 1 \\ 1 & 0 & 0 & 0 \end{bmatrix} \end{array}$$

（3）权值矩阵

具有 n 个点的简单图 G，其权值矩阵为

$$\boldsymbol{W}(G) = \left[w_{ij} \right]_{n \times n}$$

其中，

$$w_{ij} = \begin{cases} p_{ij}, & v_i \text{ 到 } v_j \text{ 有边} \\ \infty, & v_i \text{ 到 } v_j \text{ 无边} \\ 0, & i=j \end{cases} \tag{8-6}$$

显然，权值矩阵与邻接矩阵有类似性。无向简单图的权值矩阵是对称的，且对角线元素为 0；有向简单图的权值矩阵不一定对称，但对角线元素全为 0。图 8-9 中 G_1 和 G_2 的权值矩阵分别为

$$\boldsymbol{W}(G_1) = \begin{array}{c} \\ v_1 \\ v_2 \\ v_3 \\ v_4 \\ v_5 \end{array} \begin{array}{ccccc} v_1 & v_2 & v_3 & v_4 & v_5 \\ \begin{bmatrix} 0 & 3 & 6 & 10 & 8.5 \\ 3 & 0 & 5 & \infty & \infty \\ 6 & 5 & 0 & 8 & \infty \\ 10 & \infty & 8 & 0 & 6.4 \\ 8.5 & \infty & \infty & 6.4 & 0 \end{bmatrix} \end{array}$$

$$\boldsymbol{W}(G_2) = \begin{array}{c} \\ v_1 \\ v_2 \\ v_3 \\ v_4 \end{array} \begin{array}{cccc} v_1 & v_2 & v_3 & v_4 \\ \begin{bmatrix} 0 & 5 & \infty & \infty \\ \infty & 0 & 7 & \infty \\ 3.5 & 5.6 & 0 & 4 \\ 4.7 & \infty & \infty & 0 \end{bmatrix} \end{array}$$

8.1.2 树

树是一类特殊的图，在图论中是一个十分重要的概念。树作为边数最小的连通图，在计算机科学及通信网的拓扑结构设计中有着广泛的应用。

1．树的基本概念

（1）树的定义

一个无回路的连通图称为树。树中的边称为树枝。树枝有树干和树尖之分：若树枝的两个端点都至少与两条边关联，则称该树枝为树干；若树枝的一个端点仅与此边关联，则称该树枝为树尖，并称该端点为树叶。

图 8-10 所示为一棵树，该树共有 12 个树枝，其中，$e_2,e_4,e_5,e_7,e_9,e_{10},e_{12}$ 为树尖，其余为树干；端点 $v_3,v_5,v_6,v_8,v_{10},v_{11},v_{13}$ 为树叶。

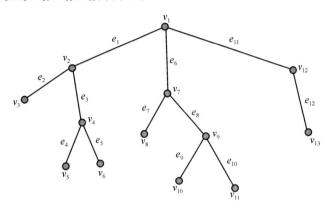

图 8-10　树（1）

树可记为 T，并用全部树枝的集合来表示。例如图 8-10 中的树可表示为

$$T=\{e_1,e_2,e_3,e_4,e_5,e_6,e_7,e_8,e_9,e_{10},e_{11},e_{12}\}$$

（2）树的分类

常见的树的种类有三种：图 8-10 所示的是一种典型的树，称为根树，通常指定树中的某一个点为树根，例如图 8-10 中的 v_1 为树根。另外，还有两种树，就是星树和线树，如图 8-11 所示。

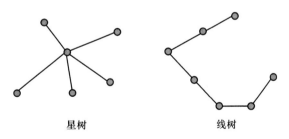

星树　　　　　　　　　　线树

图 8-11　树（2）

（3）树的性质

从树的定义可以推出，树有如下性质：

• 具有 n 个点的树共有 $n-1$ 个树枝；

• 树中任意两个点之间只存在一条路径；

• 树是连通的，但去掉任一条边便不连通，即树是最小连通图；

• 树无回路，但增加一条边便可得到一个回路；

• 任一棵树至少有两片树叶，也就是说树至少有两个端的度数为 1。

2. 图的支撑树

（1）支撑树的概念

如果一棵树 T 为一个连通图 G 的子图，且包含 G 中所有的点，则称该树为 G 的支撑树，也叫生成树。

有关支撑树有以下几个要点：

- 只有连通图才有支撑树。其支撑树上的边组成树枝集，支撑树外的边组成连枝集。具有 n 个点、m 条边的连通图，支撑树上有 $n-1$ 条树枝，相应地可以算出连枝的数目为 $m-n+1$。
- 一个连通图有不止一棵支撑树（除非图本身就是一棵树）。

例如，图 8-12 所示的连通图，其中图(b)和图(c)均为图(a)的支撑树，此外还有其他的支撑树，读者可自己试着找出其他支撑树。

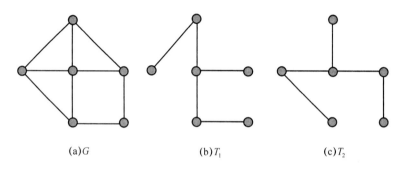

| (a)G | (b)T_1 | (c)T_2 |

图 8-12　图的支撑树

（2）图的阶和空度

连通图 G 的支撑树的树枝数称为图 G 的阶，记为 ρ。若图 G 有 n 个端点，则它的阶 ρ 为 $n-1$。

连通图 G 的连枝数称为图 G 的空度，记为 μ。当图 G 有 m 条边时，其空度为 $\mu = m-n+1$。显然 $\rho + \mu = m$。

图的阶 ρ 表示主树的大小，取决于图 G 中的端数。

图 G 的空度 μ 的意义有两点：

- μ 表示主树覆盖该图的程度。μ 越小，覆盖该图的程度越高，$\mu = 0$ 表示图 G 就是一棵树。
- μ 反映图 G 的联结程度。μ 越大，连枝数越多，图的联结性越好；$\mu = 0$ 表示最低的联结性。

3. 最小支撑树

由前述可知，若连通图 G 本身不是一棵树，其支撑树不止一个。各支撑树的树枝权值之和一般各不相同，我们将其中权值之和最小的那棵支撑树称为最小支撑树。

寻找最小支撑树是一个常见的优化问题，可分为两种情况：一种是无限制条件的情况，另一种是有限制条件的情况。

下面首先介绍无限制条件的求最小支撑树常用的方法，然后再简要说明有限制条件时求最小支撑树的问题。

（1）求无限制条件的最小支撑树的方法

求最小支撑树的常用方法有两种：Kruskal 方法和 Prim 方法。

① Kruskal 方法(简称 K 方法)

利用 K 方法求最小支撑树的步骤为:

K_0:将连通图 G 中的所有边按权值递增(或非减)的次序排列(如果有两条以上边的权值相等,则这些边可以任意次序排列)。

K_1:选取 G 中权值最小的边为树枝,然后每下一步从 G 中所有留下边中选取与前次选出的诸边不构成回路的另一条最短边(如有几条权值相同的边,可依次选取)。

K_2:这样继续下去,一直选够 $n-1$ 条边。

按上述方法选出的 $n-1$ 条边就构成图 G 的最小支撑树。

【例 8-3】　要建设连接如图 8-13 所示的五个城镇的线路网,图中边的权值为建设两城镇之间线路的费用(省略了费用单位),请用 K 方法找出连接这五个城镇线路费用最小的网路结构图,并求其最短路径长度。

解: 这是一个求最小支撑树的问题。

将各城镇之间边的权值按递增次序排列,如表 8-1 所示。

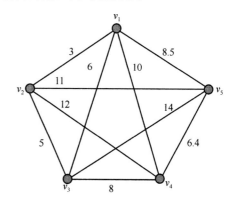

图 8-13　五个城镇的线路网结构图

表 8-1　各城镇之间边的权值按递增次序排列

顺序	边	权值	顺序	边	权值
1	(v_1,v_2)	3	6	(v_1,v_5)	8.5
2	(v_2,v_3)	5	7	(v_1,v_4)	10
3	(v_1,v_3)	6	8	(v_2,v_5)	11
4	(v_4,v_5)	6.4	9	(v_2,v_4)	12
5	(v_3,v_4)	8	10	(v_3,v_5)	14

选边 (v_1,v_2),权值为 3;

选边 (v_2,v_3),权值为 5,与已选边没形成回路,保留;

选边 (v_1,v_3),权值为 6,与已选边形成回路,舍去;

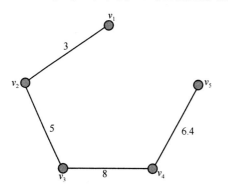

图 8-14　用 K 方法得到的最小支撑树

选边 (v_4,v_5),权值为 6.4,与已选边没形成回路,保留;

选边 (v_3,v_4),权值为 8,与已选边没形成回路,保留;

至此已选够 $n-1=4$ 条边,形成一棵最小支撑树,如图 8-14 所示。

网络总长度(最短路径长度)为:$3+5+6.4+8=27.4$。

② Prim 方法(简称 P 方法)

P 方法的思路是:任意选择一个点 v_i,将它与 v_j 相连,同时使 (v_i,v_j) 具有的权值最小,再从 v_i,v_j 以外的其他各点中选取一点 v_k 与 v_i 或 v_j 相连,同时使所连两点的边具有最小的权值,重复这一过程,直至将所有点相连,就可得到连接 n 个节点的最小支撑树。

P 方法的具体步骤如下：

P_0：任取一点 v_{j1}，作子图 $G_1=\{v_{j1}\}$，比较 G_1 到 $G-G_1$ 中各边的权值 d_{ij}，取最小的，把所连的点 v_{j2} 并入 G_1，得 $G_1=\{v_{j1},v_{j2}\}$，即 $\min\limits_{j\in G-G_1}d_{j1j}=d_{j1j2}$。

P_1：对已得到 $r-1$ 个点的子图 G_{r-1}，比较 G_{r-1} 中各点到 $G-G_{r-1}$ 中各点所有边的权值，取最小的，即 $\min\limits_{\substack{i\in G_{r-1}\\j\in G-G_{r-1}}}d_{ij}=d_{ijr}$，得到子图 $G_r=\{v_{j1},v_{j2},\cdots,v_{jr}\}$。

P_2：若 $r<n$，重复 P_1，若 $r=n$ 终止，即得最小支撑树 G_n。

【例 8-4】 用 P 方法解例 8-3 中的问题。

解：依 P 方法，可顺序得：

$$G_1=\{v_1\}$$
$$G_2=\{v_1,v_2\} \qquad d_{12}\text{最小，为 }3\text{ km}$$
$$G_3=\{v_1,v_2,v_3\} \qquad d_{23}\text{最小，为 }5\text{ km}$$
$$G_4=\{v_1,v_2,v_3,v_4\} \qquad d_{34}\text{最小，为 }6.4\text{ km}$$
$$G_5=\{v_1,v_2,v_3,v_4,v_5\} \qquad d_{45}\text{最小，为 }8\text{ km}$$

即得到与上例同样的结果。

有时两种方法得到同一图的最小支撑树可能不同，但两棵最小支撑树的权值之和一定相同。

（2）求有限制条件的最小支撑树的方法

在设计通信网的网络结构时，经常会提出一些特殊要求，如：两个交换中心通信时，转接次数不能太多；某条线路上的话务量不能太大等。这类问题可归结为在限制条件下求最小支撑树。

求有约束条件的最小支撑树的方法简单说来是这样的：先按上述所介绍的 K 方法或 P 方法求出无约束条件的最小支撑树，然后根据所给的约束条件，对网络结构进行调整，使之既满足约束条件，又尽量接近最小支撑树。

例如图 8-14 中，假定规定任意两点间的转接次数不能超过 3，那么可以将 v_2，v_3 和 v_3，v_4 断开，而将 v_1，v_5 和 v_1，v_3 连接，则得到如图 8-15(a)所示的有限制条件的最小支撑树 T_1，它的权值之和为 27.9。

又如图 8-15(a) v_1，v_5 上的话务量太大，则将 v_4，v_5 断开，而将 v_1，v_4 相连，则得到如图 8-15(b)所示的有限制条件的最小支撑树 T_2，它的权值之和为 27.5。

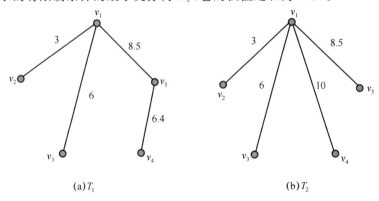

图 8-15　有限制条件的最小支撑树

关于有限制条件的最小支撑树的具体优化方法,限于篇幅不再加以介绍,感兴趣的读者可参阅《通信网理论基础》和《通信网分析》等相关书籍。

8.1.3　通信网的路由选择和最短路径

在进行通信网的网络结构设计和路由选择时,经常遇到以下问题:建立多个城市之间的有线通信网,要确定能够连接所有城市并使线路费用最小的网路结构;网络结构确定以后,对于任意两点之间的通信,要找到指定点到其他点的最短路径和任意两点间的最短路径,有时还要找次最短路径以备用,即确定首选路由和迂回路由等。这些问题就是路径选择或者路径优化的问题。考虑到实际需要,这里只涉及无向简单图的路径选择问题。

1. 指定点到其他各点的最短路径算法

求指定点到其他各点的最短路径,狄克斯特拉(Dijkstra)算法(简称 D 算法)是最有效的算法之一,D 算法的思路如下:

设给定图 G 及各边权值 d_{ij},指定点为 v_s。

D 算法把点集分成两组,已选定点集 G_P 和未选定点集 $G-G_P$,每个点都有一个权值 w_i,对已选定点,这权值是 v_s 到该点的最短路径长度;对未选定点,w_i 是暂时的,是 v_s 经当前 G_P 中的点到该点的最短路径长度。将 $G-G_P$ 中径长最短的点归入 G_P,然后再计算 $G-G_P$ 中各点的 w_i,与上次的 w_i 相比较,取最小的。如此一直下去,直到 G_P 中有 n 个点,所设定的权值就是最短路径长度。

D 算法的具体步骤为:

D_0:设定 v_s,得 $G_P=\{v_s\}$,$w_s=0$,$w_j=\infty (v_j\in G-G_P)$。

D_1:计算暂设值

$$w_j^*=\min_{\substack{v_j\in G-G_P \\ v_i\in G_P}}(w_j,w_i+d_{ij}) \tag{8-7}$$

其中,w_i 是上一次某一点到 v_s 的最小距离的设定值,w_j 是上一次暂设值。

D_2:取最小值

$$w_i=\min_{v_i\in G-G_P} w_j^* \tag{8-8}$$

将 v_j 并入 G_P 得新的 G_P。若 G_P 中的点数为 n,结束,不然返回 D_1。

【例 8-5】 用 D 算法求图 8-16 中 v_7 到其他各点的最短路径。

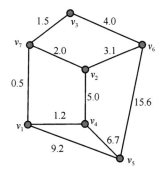

图 8-16　最短路径的计算

解：计算步骤如表 8-2 所示。

表 8-2　例 8-5 计算步骤

v_7	v_1	v_2	v_3	v_4	v_5	v_6	设定	最短路径长
0	∞	∞	∞	∞	∞	∞	v_7	$w_s = 0$
	0.5	2	1.5	∞	∞	∞	v_1	$w_1 = 0.5$
		2	1.5	1.7	9.7	∞	v_3	$w_3 = 1.5$
		2		1.7	9.7	5.5	v_4	$w_4 = 1.7$
		2			8.4	5.5	v_2	$w_2 = 2$
					8.4	5.1	v_6	$w_6 = 5.1$
					8.4		v_5	$w_5 = 8.4$

最后得到的最短路径如图 8-17 所示。

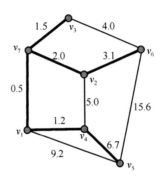

图 8-17　最短路径的计算结果

2. 任意两点之间的最短路径算法

求任意两点之间的最短路径，可以依次选择每个点为指定点，用 D 算法做 n 次运算，但这样做太烦琐。这里介绍更为有效的算法：Floyd 算法，简称 F 算法。F 算法的原理与 D 算法相同，只是使用矩阵形式进行运算，有利于在计算机中进行处理。

对于有 n 个点，各边权值为 d_{ij} 的图 G，顺序计算图 G 的权值（径长）矩阵 $\boldsymbol{W}$ 和路由矩阵 $\boldsymbol{R}$，其步骤如下：

F_0：径长矩阵 $\boldsymbol{W}^0 = [w_{ij}^0]_{n \times n}$，路由矩阵 $\boldsymbol{R}^0 = [r_{ij}^0]_{n \times n}$，其中

$$w_{ij}^0 = \begin{cases} p_{ij}, & v_i \text{ 到 } v_j \text{ 有边} \\ \infty, & v_i \text{ 到 } v_j \text{ 无边} \\ 0, & i = j \end{cases} \tag{8-9}$$

$$r_{ij}^0 = \begin{cases} j, & w_{ij}^0 < \infty \\ 0, & w_{ij}^0 = \infty \text{ 或 } i = j \end{cases} \tag{8-10}$$

F_1：已得 $\boldsymbol{W}^{k-1}$ 和 $\boldsymbol{R}^{k-1}$ 矩阵，求 $\boldsymbol{W}^k$ 和 $\boldsymbol{R}^k$ 矩阵的元素如下：

$$w_{ij}^k = \min(w_{ij}^{k-1}, w_{ik}^{k-1} + w_{kj}^{k-1}) \tag{8-11}$$

$$r_{ij}^k = \begin{cases} r_{ij}^{k-1}, & w_{ij}^k = w_{ij}^{k-1} \\ k, & w_{ij}^k < w_{ij}^{k-1} \end{cases} \tag{8-12}$$

由上述步骤可见，$w^{k-1} \to w^k$ 是计算经 v_{k-1} 转接时是否能缩短径长，如有缩短，更改 w_{ij} 并在 R 矩阵中记下转接的点，最后算得 $\boldsymbol{W}^n$ 和 $\boldsymbol{R}^n$，就可得到最短路径长和转接路由。

【例 8-6】　用 F 算法计算图 8-16 中任意两点之间的最短路径。

解：首先写出 $\boldsymbol{W}^0$ 和 $\boldsymbol{R}^0$

$$\boldsymbol{W}^0 = \begin{array}{c} \\ v_1 \\ v_2 \\ v_3 \\ v_4 \\ v_5 \\ v_6 \\ v_7 \end{array} \begin{array}{c} \begin{array}{ccccccc} v_1 & v_2 & v_3 & v_4 & v_5 & v_6 & v_7 \end{array} \\ \begin{bmatrix} 0 & \infty & \infty & 1.2 & 9.2 & \infty & 0.5 \\ \infty & 0 & \infty & 5 & \infty & 3.1 & 2 \\ \infty & \infty & 0 & \infty & \infty & 4 & 1.5 \\ 1.2 & 5 & \infty & 0 & 6.7 & \infty & \infty \\ 9.2 & \infty & \infty & 6.7 & 0 & 15.6 & \infty \\ \infty & 3.1 & 4 & \infty & 15.6 & 0 & \infty \\ 0.5 & 2 & 1.5 & \infty & \infty & \infty & 0 \end{bmatrix} \end{array}$$

$$\boldsymbol{R}^0 = \begin{array}{c} \\ v_1 \\ v_2 \\ v_3 \\ v_4 \\ v_5 \\ v_6 \\ v_7 \end{array} \begin{array}{c} \begin{array}{ccccccc} v_1 & v_2 & v_3 & v_4 & v_5 & v_6 & v_7 \end{array} \\ \begin{bmatrix} 0 & 0 & 0 & 4 & 5 & 0 & 7 \\ 0 & 0 & 0 & 4 & 0 & 6 & 7 \\ 0 & 0 & 0 & 0 & 0 & 6 & 7 \\ 1 & 2 & 0 & 0 & 5 & 0 & 0 \\ 1 & 0 & 0 & 4 & 0 & 6 & 0 \\ 0 & 2 & 3 & 0 & 5 & 0 & 0 \\ 1 & 2 & 3 & 0 & 0 & 0 & 0 \end{bmatrix} \end{array}$$

$$\boldsymbol{W}^1 = \begin{bmatrix} 0 & \infty & \infty & 1.2 & 9.2 & \infty & 0.5 \\ \infty & 0 & \infty & 5 & \infty & 3.1 & 2 \\ \infty & \infty & 0 & \infty & \infty & 4 & 1.5 \\ 1.2 & 5 & \infty & 0 & 6.7 & \infty & \underline{1.7} \\ 9.2 & \infty & \infty & 6.7 & 0 & 15.6 & \underline{9.7} \\ \infty & 3.1 & 4 & \infty & 15.6 & 0 & \infty \\ 0.5 & 2 & 1.5 & \underline{1.7} & \underline{9.7} & \infty & 0 \end{bmatrix}$$

式中，$w_{47}^1 = \min(w_{47}^0, w_{41}^0 + w_{17}^0) = \min(\infty, 1.2 + 0.5) = 1.7$，$w_{57}^1 = \min(w_{57}^0, w_{51}^0 + w_{17}^0) = \min(\infty, 9.2 + 0.5) = 9.7$ 等。

$$\boldsymbol{R}^1 = \begin{bmatrix} 0 & 0 & 0 & 4 & 5 & 0 & 7 \\ 0 & 0 & 0 & 4 & 0 & 6 & 7 \\ 0 & 0 & 0 & 0 & 0 & 6 & 7 \\ 1 & 2 & 0 & 0 & 5 & 0 & 1 \\ 1 & 0 & 0 & 4 & 0 & 6 & 1 \\ 0 & 2 & 3 & 0 & 5 & 0 & 0 \\ 1 & 2 & 3 & 1 & 1 & 0 & 0 \end{bmatrix}$$

$$\boldsymbol{W}^2 = \begin{bmatrix} 0 & \infty & \infty & 1.2 & 9.2 & \infty & 0.5 \\ \infty & 0 & \infty & 5 & \infty & 3.1 & 2 \\ \infty & \infty & 0 & \infty & \infty & 4 & 1.5 \\ 1.2 & 5 & \infty & 0 & 6.7 & \underline{8.1} & 1.7 \\ 9.2 & \infty & \infty & 6.7 & 0 & 15.6 & 9.7 \\ \infty & 3.1 & 4 & \underline{8.1} & 15.6 & 0 & \underline{5.1} \\ 0.5 & 2 & 1.5 & 1.7 & 9.7 & \underline{5.1} & 0 \end{bmatrix}$$

式中，$w_{46}^2 = \min(w_{46}^1, w_{42}^1 + w_{26}^1) = \min(\infty, 5 + 3.1) = 8.1$，$w_{67}^2 = \min(w_{67}^1, w_{62}^1 + w_{27}^1) = \min(\infty, 3.1 + 2) = 5.1$ 等。

$$\boldsymbol{R}^2 = \begin{bmatrix} 0 & 0 & 0 & 4 & 5 & 0 & 7 \\ 0 & 0 & 0 & 4 & 0 & 6 & 7 \\ 0 & 0 & 0 & 0 & 0 & 6 & 7 \\ 1 & 2 & 0 & 0 & 5 & 2 & 1 \\ 1 & 0 & 0 & 4 & 0 & 6 & 1 \\ 0 & 2 & 3 & 2 & 5 & 0 & 2 \\ 1 & 2 & 3 & 1 & 1 & 2 & 0 \end{bmatrix}$$

用同样的方法求出各次修改矩阵，最后得

$$\boldsymbol{W}^7 = \begin{bmatrix} 0 & 2.5 & 2 & 1.2 & 7.9 & 5.6 & 0.5 \\ 2.5 & 0 & 3.5 & 3.7 & 10.4 & 3.1 & 2 \\ 2 & 3.5 & 0 & 3.2 & 9.9 & 4 & 1.5 \\ 1.2 & 3.7 & 3.2 & 0 & 6.7 & 6.8 & 1.7 \\ 7.9 & 10.4 & 9.9 & 6.7 & 0 & 13.5 & 8.4 \\ 5.6 & 3.1 & 4 & 6.8 & 13.5 & 0 & 5.1 \\ 0.5 & 2 & 1.5 & 1.7 & 8.4 & 5.1 & 0 \end{bmatrix}$$

$$\boldsymbol{R}^7 = \begin{bmatrix} 0 & 7 & 7 & 4 & 4 & 7 & 7 \\ 4 & 0 & 7 & 7 & 7 & 6 & 7 \\ 7 & 7 & 0 & 7 & 7 & 6 & 7 \\ 1 & 7 & 7 & 0 & 5 & 7 & 1 \\ 4 & 7 & 7 & 4 & 0 & 7 & 4 \\ 7 & 2 & 3 & 7 & 7 & 0 & 1 \\ 1 & 2 & 3 & 1 & 4 & 2 & 0 \end{bmatrix}$$

从 $\boldsymbol{W}^7$ 和 $\boldsymbol{R}^7$ 中，可以找到任意两点之间的最短路径长度和路由。例如，从 v_7 到 v_5 的最短路径长度是 8.4，这可以从 $\boldsymbol{W}^7$ 矩阵中看出。从 $\boldsymbol{R}^7$ 矩阵中可以找到 $r_{75} = 4$，即要经 v_4 转接，再看 $r_{74} = 1$，$r_{71} = 1$，即要经 v_1 转接，则路由是 $v_7 \rightarrow v_1 \rightarrow v_4 \rightarrow v_5$，此结果与 D 算法得到的结果一样。

3. 次最短路径算法

在实际问题中，除求最短路径外，往往还需要求次最短路径。例如，当通信网中某两点之间的首选路由的业务量出现溢出或发生故障时，就需要寻找次最短路径或更次最短路径作为首选路由的第一、第二迂回路由。

业务量出现溢出或故障可能发生在某段、某几段电路或某个交换节点上，所以次最短路径可分为两类：一类是与最短路径的某些边分离的次最短路径；另一类是除起点和终点外，与最短路径某些点分离的次最短路径。

第一类次最短路径的求法：用 F 算法或 D 算法得到最短路径后，从图中去掉这条路径的某一条或某几条边，然后在剩下的图中用 D 算法求最短路径，就是所求的次最短路径。再依此方法可求出第二、第三条次最短路径。

第二类次最短路径的求法是将图中的某些点去掉，然后在剩下的图中求最短路径，同样，依此方法可求出其他次最短路径。

图 8-16 中，v_7，v_6 之间的最短路径是 $\{v_7, v_2, v_6\}$，将边 $\{v_7, v_2\}$ 和 $\{v_2, v_6\}$ 去掉后可求出次最短路径 $\{v_7, v_3, v_6\}$，它与最短路径边分离，同时也是点分离。又如 v_7，v_5 之间的最短路径是 $\{v_7, v_1, v_4, v_5\}$，如去掉最短路径的所有边，则可得到完全边分离的次最短路径 $\{v_7, v_2, v_6, v_5\}$；若去掉 v_1，可得到点分离的次最短路径 $\{v_7, v_2, v_4, v_5\}$。

8.1.4　站址选择

在前面的讲述中，假定网中所有点都是在已经确定的条件下求最小支撑树和最短路径等。实际通信网中，我们可能设立新的交换局，或者在某些交换局之间设立汇接局或高等级的交换局，它的位置选择应能使得路径最短或网的总费用最小。新的交换局可设立一个或多个，在数学上是求单中位点或多中位点的问题，下面一一进行讨论。

1. 单中位点

（1）距离测度

设单中位点的坐标为 (x_0, y_0)，有 n 个用户点，它们的平面坐标为 (x_i, y_i)，$i = 1, 2, 3, \cdots, n$。令 d_{i0} 表示各用户点与中位点之间的距离测度，有两种距离测度方法，即欧氏距离测度和矩形线距离测度。

欧氏距离测度为

$$d_{i0} = \sqrt{(x_i - x_0)^2 + (y_i - y_0)^2} \tag{8-13}$$

这种距离测度适用于广播系统中发射点和蜂窝小区中基站位置的选择。

矩形线距离测度为

$$d_{i0} = |x_0 - x_i| + |y_0 - y_i| \tag{8-14}$$

这种距离测度适用于固定电话，考虑到用户线路常沿街道铺设，若街道是方格形的，则按式（8-14）计算。

（2）单中位点位置的确定

这里只讨论矩形线距离的情况。

令 p_i 表示加权系数，可代表用户点用户数或线路费用。单中位点就是找到 (x_0, y_0)，使得代价

$$L = \sum_i p_i d_{i0} \tag{8-15}$$

最小的点。

把距离测度 d_{i0} 代入 $L = \sum_i p_i d_{i0}$，则可知道到 L 一定是 x_0 和 y_0 的函数方程。

求单中位点可以用数学中求极值的方法，使 d_{i0} 对 x_0 的偏导数为零，对 y_0 的偏导数为零，则

$$\frac{\partial L}{\partial x_0} = \frac{\partial}{\partial x_0} \sum_i p_i d_{i0} = \sum \frac{\partial d_{i0}}{\partial x_0} p_i$$

$$\frac{\partial L}{\partial y_0} = \frac{\partial}{\partial y_0} \sum_i p_i d_{i0} = \sum \frac{\partial d_{i0}}{\partial y_0} p_i \qquad (8\text{-}16)$$

其中，p_i 为常数。因为

$$\frac{\partial}{\partial x_0} |x_i - x_0| = \begin{cases} 1, & x_0 > x_i \\ -1, & x_0 < x_i \\ \text{不定}, & x_0 = x_i \end{cases} \qquad (8\text{-}17)$$

当 $x_0 = x_i$ 时，$|x_i - x_0| = 0$，不影响 L 的值，故可不考虑该点；同理，也不考虑 $y_0 = y_i$ 点，故式(8-16)变为

$$\frac{\partial L}{\partial x_0} = \sum_{\substack{i \\ x_0 > x_i}} p_i - \sum_{\substack{i \\ x_0 < x_i}} p_i$$

$$\frac{\partial L}{\partial y_0} = \sum_{\substack{i \\ y_0 > y_i}} p_i - \sum_{\substack{i \\ y_0 < y_i}} p_i \qquad (8\text{-}18)$$

令 $\dfrac{\partial L}{\partial x_0} = \dfrac{\partial L}{\partial y_0} = 0$，可求得 x_0, y_0 使下面两式成立：

$$x_0: \quad \sum_{\substack{i \\ x_0 > x_i}} p_i = \sum_{\substack{i \\ x_0 < x_i}} p_i$$

$$y_0: \quad \sum_{\substack{i \\ y_0 > y_i}} p_i = \sum_{\substack{i \\ y_0 < y_i}} p_i \qquad (8\text{-}19)$$

即中位点的选择应能使 x_0 左边所有点的加权系数之和等于 x_0 右边各点加权系数之和；y_0 上边所有点的加权系数之和等于 y_0 下边各点加权系数之和。

在实际应用中，使用式(8-19)求中位点时会遇到以下几种情况：

① $\sum p_i$ 是偶数，而且可以沿横轴和纵轴各等分为两部分，这时可直接用式(8-19)求中位点，但中位点不是唯一的，如图 8-18(a)所示，在斜线范围内(不包括外边的方框)均能使 L 最小。图中各点旁所标数字是权值 p_i。

② $\sum p_i$ 是偶数，但只能沿纵轴上下等分为两部分，这时中位点 x_0 必定与某点的 x_i 相等，而 y_0 则可在与 y 轴平行的一条线段上，如图 8-18(b)中 a-b 粗实线(不包括 a、b 两点)。同理，若 $\sum p_i$ 是偶数只能沿横轴左右等分为两部分，则 y_0 与某点的 y_i 相等，而 x_0 可在与 x 轴平行的一条线段上，如图 8-18(c)中粗实线 a-b 所示(不包括 a、b 两点)。

③ $\sum p_i$ 是偶数但横轴和纵轴均不能等分或 $\sum p_i$ 是奇数时，中位点是一个点。x_0, y_0 能与某用户点的 x_i 和另一用户点的 y_i 相等，也可能与某一用户点的 x_i, y_i 相同，如图 8-18(d)所示。

2. 多中位点

单中位点只解决了用户数目不多和地理范围不太大时的选址问题。用户数目较多或地理位置分散时，往往要建多个中位点。一般把整个网络分成几个群体，每个群体有一个中位点，一个群体就叫作一个服务区。

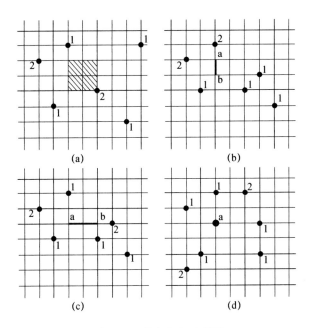

图 8-18　单中位点示意图

（1）服务区的划分

假设中位点数目已经确定,服务区的划分应使得每用户的平均费用最小。通过求极值的方法可得到最佳服务区的形状。图 8-19 为用户均匀且连续分布时求得的最佳服务区。

当距离测度为欧氏距离时,最佳服务区是圆形;当距离测度为矩形线距离时,最佳服务区是正方形。

（2）各中位点位置的确定

当网络要建多个中位点时,各中位点位置的确定不仅要考虑用户线费用,还要考虑中继线和各交换中心的费用。目标函数为

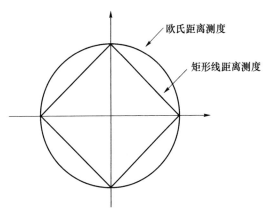

图 8-19　最佳服务区

$$L = \sum_{j=1}^{m} f_j + g_m + \sum_{j=1}^{m} \sum_{i=1}^{n} C_{ij} p_i d_{ij} \qquad (8\text{-}20)$$

式中:f_j——建第 j 个交换中心的费用,$j=1,2,\cdots,m$;

$\quad g_m$——建 m 个交换中心时中继线的总费用;

$\quad p_i$——第 i 个用户点的加权系数,$i=1,2,\cdots,n$;

$\quad d_{ij}$——第 i 个用户点与第 j 个交换中心之间的用户线长度;

$\quad C_{ij}$——连线系数

$$C_{ij} = \begin{cases} 1, & i \text{ 与 } j \text{ 间有用户线} \\ 0, & i \text{ 与 } j \text{ 间无用户线} \end{cases}$$

当中位点的数目 m 确定后,交换中心的费用是个常数,若再不计中继线的总费用,目标函数式(8-20)变为

$$L = \sum_{j=1}^{m} \sum_{i=1}^{n} C_{ij} p_i d_{ij} \tag{8-21}$$

求解步骤如下：

M_0：任选 m 个点 (x_{0j}, y_{0j}) 作为各中位点的位置，划分 m 个区域，将所有用户点分给距其最近的中位点所在区域，计算用户线费用 L_1。

M_1：用求单中位点的方法重新确定各中位点的位置，并计算用户线费用 L_2。

M_2：比较 L_1 与 L_2，若两者相等或接近相等就结束；否则，返回步骤 M_0。也可按改变后的各中位点位置重新划分区域，仍然按最近距离的原理将 n 个用户分给 m 个中位点，若分区没有改变就结束，否则，返回步骤 M_0。

（3）中位点数目 m 的确定

确定中位点数目 m 应使目标函数式（8-20）最小，可依次求单中位点、两个中位点、三个中位点直至 m 个中位点的解，其中使 L 为最小的 m 值即为所求。所使用的方法就是前面介绍的单中位点和多中位点的求解方法。在计算式（8-20）中的总费用，除计算用户线的费用外，还要计算建立 m 个交换中心所需要的局内交换设备的费用与场地及建筑物费用（即 $\sum_{j=1}^{m} f_j$）、中继线的总费用 g_m。电话通信网的局所数目 m 与总费用 L 之间的关系可用图 8-20 中的曲线表示。

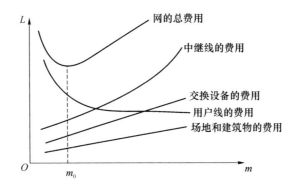

图 8-20 网的总费用 L 与局所数目 m 的关系曲线

图中 m_0 为最佳局所数目，从图中可看出：

- 用户线的费用随 m 的增加而下降。因为所建的交换局越多，交换区的范围将越小，用户线的长度会缩短，因而减少了用户线费用。当用户线的单位价格上涨时，总费用的极限点会向右移动，即最佳局所数目 m_0 增大。

- 中继线的费用随 m 的增加而上升。因为交换局越多，局间中继线的总长度和费用就会增加。当中继线的单价上升时，中继线的费用曲线会向上弯曲，m_0 将减小。

- 交换设备的费用随 m 的增加而增加。因为当交换设备单价上升、场地和建筑物费用上涨时，这两条曲线的斜率将增大，结果使 m_0 数值减小。

如前所述，由 m 选定后确定的各中位点位置只能得到准最佳解，所以这里求出的最佳局所数目 m_0 也是准最佳结果。

8.2　网络流量设计基础

　　网络流量是个广泛使用的术语,如:交通网中的车流量,运输网中的货流量,通信网中的信息流量(话务、数据流量等)。网络的作用是传送各种业务流,业务流量的大小反映了人们对网络的需求和网络具有的传送能力。通信网络流量设计应根据业务流量预测值和服务指标要求确定交换设备和线路的容量,并对网内的流量进行合理的分配,以达到节省网络资源的目的。网络流量设计与网络结构设计相辅相成、互相制约,两者应结合起来进行。

　　排队论又称随机服务系统理论,它广泛应用于通信领域,是通信网络流量设计的基础理论。本节着重介绍排队论的一些基本概念及其应用。

8.2.1　排队论基本概念

1. 排队系统的概念

（1）排队论与排队系统的概念

　　排队是日常生活中常见的现象。例如,人们到商店去购物,当售货员较少而顾客较多时就会出现排队,通信网也有类似的现象。例如,分组交换网中,数据信息是以分组为单位传送的,各分组到达网络节点(即分组交换机)进行存储-转发的过程中,当多个分组要去往同一输出链路时就要进行排队。

　　我们把要求服务的一方称为顾客,把提供服务的一方称为服务机构,而把服务机构内的具体设施称为服务员(或服务窗口)。

　　顾客需求的随机性和服务设施的有限性是产生排队现象的根本原因。排队论就是利用概率论和随机过程理论,研究随机服务系统内服务机构与顾客需求之间的关系,以便合理地设计和控制排队系统。

　　由于顾客到达的数目和要求提供服务的时间长短都是不确定的,这种由要求随机性服务的顾客和服务机构两方面构成的系统称为随机服务系统或排队系统。

（2）排队系统的一般表示

　　排队系统尽管千差万别,但都可以抽象为顾客到达服务机构,若服务员有空闲便立刻得到服务,若服务员不空闲,则需排队等待服务员有空闲时再接受服务,服务完后离开服务机构。因此排队模型可用图 8-21 表示。

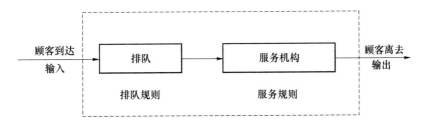

图 8-21　排队模型

图中虚线框图为排队系统。顾客要求服务,不断到达服务机构,顾客数量超过服务机构容量便形成排队,等待服务。排队、服务机构组成一个排队系统。顾客到达,排队等待,服务机构给予适当的服务以满足顾客的需求,顾客离开服务机构,这四个环节便组成一个排队模型。

2. 排队系统的基本参数

排队系统的基本参数包括:顾客到达率 λ、服务员数目 m 和服务员服务速率 μ。

(1)顾客到达率 λ

顾客到达率 λ 是单位时间内平均到达排队系统的顾客数量。λ 反映了顾客到达系统的快慢程度,λ 越大,说明系统的负载越重。

一般排队系统中顾客的到达是随机的,即任意相邻两顾客到达的时间间隔 T 是一个随机变量。T 的统计平均值 $\overline{T}$ 就是顾客到达的平均时间间隔,其倒数即为顾客到达率

$$\lambda = \frac{1}{\overline{T}} \tag{8-22}$$

(2)服务员数目 m

服务员数目 m 就是排队系统内可以同时提供服务的设备或窗口数,它表征服务机构的资源。

(3)服务员服务速率 μ

服务员服务速率 μ 指的是单位时间内由一个服务员进行服务所离开排队系统的平均顾客数。对于 $m=1$ 的单服务员系统,μ 就是系统的服务速率;对于 $m>1$ 的多服务员系统,则系统的服务速率为 $m\mu$,即单位时间内接受服务后离开系统的平均顾客数为 $m\mu$。

设一个顾客被服务的时间为 τ,它也是一个随机变量。τ 的统计平均值 $\overline{\tau}$ 就是一个顾客被服务的平均时间(即为单个服务员对顾客的平均服务时间),显然其倒数为服务员服务速率

$$\mu = \frac{1}{\overline{\tau}} \tag{8-23}$$

3. 排队系统的三个特征

排队系统在运行中包括三个过程:

- 顾客输入过程——它说明了顾客的到达规律,与顾客的到达率和顾客到达时间的随机性有关。
- 排队过程——与排队规则有关。
- 顾客接受服务(然后离去)的过程——取决于服务机构的效率和服务时间的长短。

排队系统的特征,就是排队系统三个过程的特征。顾客输入过程的特征用相邻两顾客到达的间隔时间的分布函数来描述;顾客排队过程的特征用排队规则表示;顾客接受服务过程的特征用服务时间的分布函数来描述。这些是影响排队系统性能的主要因素。

(1)顾客到达间隔时间的分布函数

顾客的输入过程可以有多种形式,顾客有成批到达的,也有单个到达的;顾客到达的间隔时间可能是确定的,也可能是随机的;先后到达的顾客之间可能具有关联,也可能彼此独立无关。顾客到达的频率可能与时间有关系,也可能与时间无关系。顾客的输入过程不同,用以描述输入过程特征的顾客到达间隔时间的分布函数也就不同。常见的有:最简单流 M 分布、定长输入的 D 分布、爱尔兰输入 E_k 分布、超指数输入 H_k 分布等。其中与通信中许多实际问题近似的、同时能使排队系统的分析较为简单的是最简单流 M 分布。在此仅介绍最简单流分布。

什么是最简单流呢? 如果顾客的输入过程满足下述三个条件,称该输入为最简单流。

① 平稳性。在某一指定的时间间隔 t 内，到达 k 个顾客的概率只与 t 的长度有关，而与这间隔的起始时刻无关。

② 稀疏性。将 t 分成 n 个足够小的区间 Δt，在 Δt 内到达两个或两个以上的顾客的概率为 0。也就是说，在 Δt 内只有一个顾客到达或者没有顾客到达。

③ 无后效性（或独立性）。在某一个 Δt 内顾客到达的概率与其他 Δt 区间上顾客到达的概率无关，即在互不重叠的时间间隔中顾客到达的概率是相互独立的。

根据推导得出，当输入过程为最简单流时，在给定时间间隔 t 内系统有 k 个顾客到达的概率为

$$P_k(t) = \frac{(\lambda t)^k}{k!} e^{-\lambda t} \qquad k = 0, 1, 2, \cdots \tag{8-24}$$

式(8-24)称为泊松分布。由此可见，最简单流在 t 时间内到达系统的顾客数量服从泊松分布。根据式(8-24)可进一步推导出顾客到达间隔时间的概率分布函数。

我们已知 T 为顾客到达间隔时间，它是一个随机变量，可以取从 0 到 ∞ 的连续值。根据概率论中连续型随机变量的分布函数定义，T 的概率分布函数为

$$F_T(t) = P(T \leqslant t) \tag{8-25}$$

若 $T > t$，说明顾客到达间隔时间大于所选定的时间长度 t，则 $P(T > t)$ 表示在 t 时间内没有顾客到达的概率，即 $P_0(t)$。根据式(8-24)有

$$P(T > t) = P_0(t) = e^{-\lambda t}$$

由此可得出 T 的概率分布函数

$$F_T(t) = P(T \leqslant t) = 1 - P(T > t) = 1 - P_0(t) = 1 - e^{-\lambda t} \tag{8-26}$$

相应地顾客到达间隔时间 T 的概率密度函数为

$$f_T(t) = \frac{\mathrm{d}F_T(t)}{\mathrm{d}t} = \lambda e^{-\lambda t} \tag{8-27}$$

式(8-26)和式(8-27)说明：最简单流的顾客到达时间间隔 T 服从负指数分布。

【例 8-7】 某排队系统中，设顾客到达率 $\lambda = 35$ 分组/分钟(min)，输入过程满足最简单流条件，求顾客到达时间间隔在 0.1 min 以内的概率和在 0.1～0.3 min 之间的概率。

解：根据式(8-5)，顾客到达时间间隔在 0.1 min 以内的概率为

$$P(T \leqslant 0.1) = 1 - e^{-35 \times 0.1} \approx 0.97$$

顾客到达时间间隔在 0.1～0.3 min 之间的概率

$$P(0.1 \leqslant T \leqslant 0.3) = F_T(0.3) - F_T(0.1) = (1 - e^{-35 \times 0.3}) - (1 - e^{-35 \times 0.1}) \approx 0.03$$

（2）服务时间的分布函数

假设顾客接受服务的过程也满足最简单流的平稳性、稀疏性和独立性。利用上述的方法，同样可推导出服务时间 τ 的概率分布函数为

$$F_\tau(t) = 1 - e^{-\mu t} \tag{8-28}$$

其概率密度函数为

$$f_\tau(t) = \mu e^{-\mu t} \tag{8-29}$$

由式(8-28)和式(8-29)可见，服务时间 τ 也是负指数分布。

综上所述，无论是顾客输入过程，还是服务过程，只要是最简单流，则所对应的概率分布函数（输入过程对应的是顾客到达间隔时间的分布函数，服务过程对应的是服务时间的分布函数）都为负指数分布，又称为 M 分布。称为 M 分布的原因是这种分布使排队过程具有马尔可

夫(Markov)性(马尔可夫最基本的性质是无记忆性)。

（3）排队规则

排队系统采用的排队规则决定了排队过程的特征,对系统性能有很大影响。排队规则是指服务机构是否允许排队,在排队等待情形下服务的顺序是什么。排队系统通常分成下列三种情形。

① 损失制系统(即时拒绝方式)

顾客到达时,如果所有服务窗口均被占满,则立即遭到拒绝,即服务机构不允许顾客排队等待,这种称为损失制系统。电话通信网一般采用即时拒绝方式。

② 等待制系统(不拒绝方式)

当顾客到达系统时,如果所有的服务窗口已占满,允许顾客排队等待,且对排队队长没有限制,这种称为等待制系统。此系统虽然对排队队长不限制,但是应满足稳定性要求,即 $\rho < 1$(ρ 的概念见后)。

③ 混合制系统(延时拒绝方式)

当顾客到达系统时,如果所有的窗口已占满,允许顾客排队等待,但对排队队长有所限制,这种系统称为混合制系统。存储-转发网络的分组交换节点都带有缓冲存储器,所以一般采用延时拒绝方式。

具有等待性质的排队系统(包括等待制系统和混合制系统)相应的服务规则主要有下列几种:

- 先到先服务——即顾客按到达先后顺序接受服务,这是最普遍最常见的服务形式。
- 后到先服务——即服务顺序与顾客到达的顺序相反。
- 随机服务——一个服务结束,服务员从等待的顾客中随机地选取一个顾客进行服务。
- 优先制服务——在排队系统中,某些顾客有时特别受到重视,在服务顺序上给以特殊待遇,让他们优先得到服务。

以上介绍的几种服务规则,通信网中一般采取的是先到先服务,但有时根据情况也采用优先制服务方式。

另外,在排队系统的研究中,排队的长度和服务规则无关,而顾客在系统中的等待时间和服务规则有关。不同的服务规则直接影响顾客在系统中耗费时间的长短。

4. 排队系统的几个主要指标及李特尔(Little)定律

（1）排队系统的几个主要指标

在分析排队系统时,往往要求了解下列各主要指标:

① 排队长度 k(简称队长):即某时刻系统中顾客的数量,包括正在被服务的顾客。k 是一个离散随机变量,它与输入过程、服务员数目和服务时间均有关系。k 的统计平均值(即期望值)$\bar{k}$ 为平均队长,用 N 表示。

② 等待时间 w:指从顾客到达系统至开始接受服务的时间。w 是连续随机变量,其统计平均值 $\bar{w}$ 为平均等待时间,用 W 表示。在存储-转发网络中,W 是分组在网内的平均时延的主要部分。其他时延(如传输时间、处理时间等)一般均为常量,而且比较小。

③ 服务时间 τ:这是顾客被服务的时间,即顾客从开始被服务起到离开系统的时间间隔。τ 的统计平均值 $\bar{\tau}$ 称为平均服务时间。

④ 系统时间 s:这是顾客从到达系统至离开这段时间,也就是每一个顾客在系统内所停留的时间。它显然包括顾客的等待时间和服务时间,即

$$s = w + \tau$$

s 的统计平均值称为平均系统时间,用 S 或 $\bar{s}$ 表示,所以有

$$S = \bar{s} = \bar{w} + \bar{\tau} \tag{8-30}$$

⑤ 系统效率 η:这可定义为平均窗口占用率。若系统共有 m 个窗口,某时刻有 γ 个窗口被占用,则 γ/m 就是占用率。γ 是一个随机变量,它的统计平均值 $\bar{\gamma}$ 与服务员总数(即窗口数) m 的比值就是系统效率,即

$$\eta = \frac{\bar{\gamma}}{m} \tag{8-31}$$

⑥ 稳定性:也叫排队强度,用 ρ 表示,一般令

$$\rho = \lambda / m\mu \tag{8-32}$$

从 ρ 的定义可以看出

- 若 $\rho < 1$,即 $\lambda < m\mu$,说明顾客到达率小于系统的服务速率,或者说(单位时间内)平均到达系统的顾客数小于平均离开系统的顾客数。这时系统是稳定的,可以采取不拒绝方式。换句话说,就是采取不拒绝方式的系统,应满足 $\rho < 1$。
- 若 $\rho \geqslant 1$,即 $\lambda \geqslant m\mu$ 时,说明(单位时间内)平均到达系统的顾客数多于平均离开系统的顾客数。如果系统采取不拒绝方式,系统的稳定性就无法保证。因为系统内的顾客会越来越多,所排队列会越来越长,系统将陷入混乱状态。而当采取拒绝方式时(包括即时拒绝和延时拒绝),则可人为地限制系统内的顾客数量,保证系统的稳定性。也就是说,当系统采取拒绝方式时,可允许 $\rho \geqslant 1$。

(2) 李特尔(Little)定律

对于一个平均到达率为 λ 的排队系统,在平均的意义上有

$$N = \bar{k} = \lambda \cdot \bar{s} \tag{8-33}$$

上式称为李特尔定律(推导过程从略)。这里需要说明两个问题:一是此定律是在稳定状态下(即 $t \to \infty$)得出的,二是它适用于任何种类的排队系统。

5. 排队系统的分类

排队系统通常使用符号 $X/Y/m/n$ 表示。其中 X 是顾客到达间隔时间的分布,Y 是服务时间的分布,m 是服务员个数,n 为排队系统中允许的顾客数,也称为截止队长。当 n 为 ∞ 时(即为不拒绝方式),则可省略。另外,如无特别说明,均指顾客源为无限并采取顺序服务(先到先服务)方式的系统。

常用的分布符号有:M——负指数时间分布;D——定长时间分布;E_k——k 阶爱尔兰时间分布;H_k——k 阶超指数时间分布。

常见的排队系统如下。

(1) $M/M/m/n$ 排队系统

这种系统顾客到达间隔时间的分布和服务时间的分布均为负指数分布,具体又有几种情况:

- 当队长不受限时,$n = \infty$,表示为 $M/M/m$,这是等待制排队系统(不拒绝方式)。
- 当 $n < \infty$ 时,为混合制排队系统(延时拒绝方式)。
- 当 $n = m$ 时,为损失制系统(即时拒绝方式)。
- 当 $m = 1$ 且 $n = \infty$,为 $M/M/1$ 系统,这是最简单的排队系统。

(2) $M/D/1$ 排队系统

这种系统顾客到达间隔时间为负指数分布,服务时间为定长分布,只有一个服务员(即 $m=1$)。

(3) $M/E_k/1$ 排队系统

(4) $M/H_k/1$ 排队系统

以上介绍了几种常见的排队系统,排队系统的种类很多,在此不一一列举了。在所有的排队系统中,$M/M/1$ 是最简单的排队系统,它是分布较复杂的排队系统的基础。下面首先重点介绍 $M/M/1$ 排队系统,然后简单分析一下 $M/M/m/n$ 排队系统。

8.2.2 $M/M/1$ 排队系统

1. $M/M/1$ 排队系统模型

$M/M/1$ 排队系统模型如图 8-22 所示。

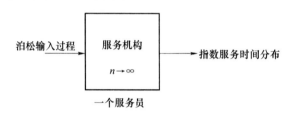

图 8-22 $M/M/1$ 排队模型

$M/M/1$ 排队系统有以下几个特点:

- 顾客到达间隔时间 T 服从参数为 λ 的负指数分布,概率密度函数为 $f_T(t)=\lambda e^{-\lambda t}(t \geqslant 0)$,平均到达间隔时间为 $1/\lambda$。
- 到达的顾客能全部进入系统排队,然后接受服务。
- 一个服务员 $(m=1)$。
- 一个顾客的服务时间 τ 服从参数为 μ 的负指数分布,概率密度函数为 $f_\tau(t)=\mu e^{-\mu t}$ $(t \geqslant 0)$,平均服务时间为 $1/\mu$。
- 排队强度为 $\rho=\lambda/\mu(0<\rho<1)$。

2. $M/M/1$ 排队系统的指标

根据推导可以得出 $M/M/1$ 排队系统稳定时刻 $(t \rightarrow \infty)$,队长为 k(即系统里有 k 个顾客的概率 P_k 为

$$P_k=(1-\rho)\rho^k, \quad k=0,1,2,\cdots \tag{8-34}$$

由 P_k 可以求出系统在稳定状态下的指标,包括平均队长、平均系统时间、平均等待时间、系统效率等。

(1) 平均队长 N

这里一定要注意队长这个概念,它不是只包括排队等待的顾客数,还要包括正在接受服务的顾客,也就是说队长指的是系统内的顾客数(排队等待的顾客加上正在接受服务的顾客),只不过大多习惯上叫排队长度,简称队长。平均队长就是系统中的平均顾客数目,是系统内顾客数 k 的统计平均值(即期望值)。可求得 N 为

$$N = \bar{k} = \sum_{k=0}^{\infty} kP_k = \sum_{k=0}^{\infty} k(1-\rho)\rho^k$$

$$= (1-\rho)(\rho + 2\rho^2 + 3\rho^3 + \cdots) = \frac{\rho}{1-\rho} \qquad (0 < \rho < 1) \qquad (8\text{-}35)$$

也可写成

$$N = \frac{\lambda}{\mu - \lambda} \quad \left(\rho = \frac{\lambda}{\mu} \right) \qquad (8\text{-}35')$$

（2）平均系统时间 S

平均系统时间就是每个顾客在系统内停留的平均时间。根据 Little 定律，可得

$$S = \bar{s} = \frac{N}{\lambda} = \frac{\rho}{\lambda(1-\rho)} = \frac{1}{\mu} \cdot \frac{1}{1-\rho} = \frac{1}{\mu - \lambda} \qquad (8\text{-}36)$$

（3）平均等待时间 W

平均等待时间是每个顾客的平均排队等待时间，它应该等于每个顾客在系统内停留的平均时间 $\bar{s}$ 减去该顾客接受服务的平均时间 $\bar{\tau}$，所以有

$$W = \bar{s} - \bar{\tau} = \frac{1}{\mu} \cdot \frac{1}{1-\rho} - \frac{1}{\mu} = \frac{1}{\mu}\left(\frac{1}{1-\rho} - 1 \right) = \frac{1}{\mu} \cdot \frac{\rho}{1-\rho} \qquad (8\text{-}37)$$

（4）系统效率 η

由于 $M/M/1$ 是单服务员系统，它的系统效率（即平均窗口占用率）就是系统内有顾客的概率。

$$\eta = \sum_{k=1}^{\infty} P_k = 1 - P_0 = \rho \qquad (8\text{-}38)$$

由以上推导出的公式可以看出，$M/M/1$ 排队系统的主要指标均与排队强度 ρ 有关，就此说明两个问题：

- 上述 $M/M/1$ 排队系统指标的所有公式中的 ρ 均要满足 $\rho<1$，否则系统将不能稳定工作。
- $M/M/1$ 排队系统的系统效率为 $\eta=\rho$，为了提高系统效率，希望 ρ 大些。但是从式（8-37）可以推出，ρ 增大，则平均等待时间也增大，为了尽量减小等待时间，又希望 ρ 小些。所以系统效率和平均等待时间之间有矛盾，那么 ρ 的取值就要兼顾一下系统效率和平均等待时间，以求获得最佳结果。

【例 8-8】　某火车站设有一售票窗口，若买票者以泊松流到达，平均每分钟到达 1 人，假定售票时间服从负指数分布，平均每分钟可售 2 人，求：（1）平均队长；（2）平均等待时间；（3）平均系统时间。

解：由题意可知，这是一个 $M/M/1$ 排队系统，$\lambda=1$ 人/分钟，$\mu=2$ 人/分钟，可得 $\rho = \frac{\lambda}{\mu} = \frac{1}{2}$。

（1）平均队长　　　　　　　　$N = \frac{\rho}{1-\rho} = \frac{1/2}{1-1/2}$ 人 $= 1$ 人

（2）平均等待时间　$W = \frac{1}{\mu} \cdot \frac{\rho}{1-\rho} = \frac{1}{2} \cdot \frac{1/2}{1-1/2}$ 分钟 $= \frac{1}{2}$ 分钟

（3）平均系统时间　　　　　　　$S = \frac{N}{\lambda} = \frac{1}{1}$ 分钟 $= 1$ 分钟

8.2.3 M/M/m/n 排队系统

$M/M/m/n$ 排队系统的特征为 m 个窗口,每个窗口的服务速率均为 μ,顾客到达间隔时间和服务时间均为负指数分布,顾客到达率为 λ,截止队长为 n。窗口未占满时,顾客到达后立即接受服务;窗口占满时,顾客依先到先服务的规则等待,任一窗口有空闲即被服务。当队长(包括正在被服务的顾客)达到 n 时,再有顾客到达将被拒绝。

根据推导得出,$M/M/m/n$ 排队系统稳定时刻($t\to\infty$),队长为 k(即系统里有 k 个顾客的概率 P_k 为

$$P_k = \begin{cases} \dfrac{(m\rho)^k}{k!}P, & 0<k\leqslant m \\[2mm] \dfrac{m^m}{m!}\rho^k P_0, & m\leqslant k\leqslant n \\[2mm] 0, & k>n \end{cases} \tag{8-39}$$

$$P_0 = \Big[\sum_{k=0}^{m-1}\frac{(m\rho)^k}{k!} + \sum_{k=m}^{n}\frac{m^m\rho^k}{m!}\Big]^{-1} = \Big[\sum_{k=0}^{m-1}\frac{(m\rho)^k}{k!} + \frac{(m\rho)^m}{m!}\cdot\frac{1-\rho^{n-m+1}}{1-\rho}\Big]^{-1}, \quad k=0 \tag{8-40}$$

对 $M/M/m/n$ 排队系统,当 $m=1$,$n\to\infty$ 时变为 $M/M/1$ 系统;当 $m=n=1$ 时,为单窗口即时拒绝系统;当 $m=n$ 时,为多窗口即时拒绝系统;当 $n\to\infty$ 时,为多窗口不拒绝系统。这些都是 $M/M/m/n$ 系统的特例。

以上从理论上介绍了排队论的基本概念及 $M/M/1$ 排队系统、$M/M/m/n$ 排队系统的一些指标,下面重点讨论排队论在通信网中的应用。

8.2.4 排队论在通信网中的应用

1. 排队论在电话通信网中的应用

当系统中的顾客数等于窗口数时,新到的顾客就会遭到拒绝,这种系统就是 $M/M/m/m$ 即时拒绝系统。电话通信网一般采用即时拒绝系统。

令式(8-39)和式(8-40)中 $n=m$,可得

$$P_k = \frac{(m\rho)^k}{k!}P_0 = \frac{a^k}{k!}P_0, \quad 0<k\leqslant m \tag{8-41}$$

$$P_0 = \Big[\sum_{k=0}^{m}\frac{(m\rho)^k}{k!}\Big]^{-1} = \Big[\sum_{k=0}^{m}\frac{a^k}{k!}\Big]^{-1}, \quad k=0 \tag{8-42}$$

式中,$a=\lambda/\mu=\lambda\cdot\bar{\tau}$,是电话通信系统的流入话务量强度。这时 λ 是单位时间内的平均呼叫次数,而 $\bar{\tau}=1/\mu$ 是平均每次呼叫的服务时间。a 是无量纲的,但通常使用爱尔兰(Erl)作为它的单位,m 为线束容量。

当顾客到达系统时,若 $k<m$,则立即接受服务;若 $k=m$,就被拒绝而离去。因此顾客等待时间为 0,平均队长 N 也变成平均处于忙状态的平均窗口数量 $\bar{\gamma}$。由此得出以下几个公式:

- 平均队长 N

$$N = \overline{\gamma} = \sum_{k=0}^{m} k \frac{(m\rho)^k}{k!} P_0 = \frac{\displaystyle\sum_{k=0}^{m} k \frac{(m\rho)^k}{k!}}{\displaystyle\sum_{k=0}^{m} \frac{(m\rho)^k}{k!}}$$

$$= m\rho(1-P_m) = a(1-P_m) \tag{8-43}$$

• 顾客被拒绝的概率

$$P_c = P_m = \frac{a^m/m!}{\displaystyle\sum_{k=0}^{m} \frac{a^k}{k!}} \tag{8-44}$$

这是话务理论中著名的爱尔兰呼损公式。

• 系统效率 η

$$\eta = \frac{\overline{\gamma}}{m} = \frac{N}{m} = \frac{a(1-P_m)}{m} \tag{8-45}$$

即时拒绝系统的呼损率 P_c 与流入话务量强度 a 的关系曲线及系统效率 η 与线束容量 m 的关系曲线如图 8-23(a)和(b)所示。

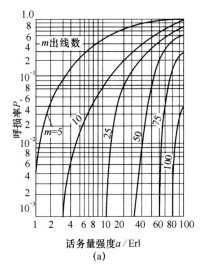
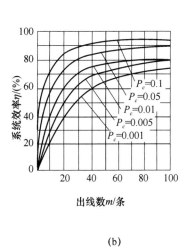

图 8-23　$M/M/m/m$ 系统的特性曲线

从图中可以看出：

① 呼损率 P_c 随着话务量强度 a 的增加而上升,当话务量强度一定时,增加 m 可使呼损率下降。

② 允许的呼损率越大,系统效率越高。说明牺牲服务质量,即允许较大的呼损可以换取系统效率的提高。

③ m 越大,系统效率越高。这就是所谓的大群化效应,即尽可能多地共用出线可以获得高效率。

由图 8-23(b)还可以看出,$m \geqslant 30$ 时,系统效率趋于饱和。大群化可使系统效率提高,但也会使电路复杂,引起造价提高。所以在实际中应综合考虑寻找最佳线群。

进行交换网络的设计时,一般预先给定呼损指标,然后根据流量预测值即流入话务量强度 a 求出应设置的出线数。图 8-24 给出了话务量强度 a 与 m 的关系,参数为呼损率 P_c。

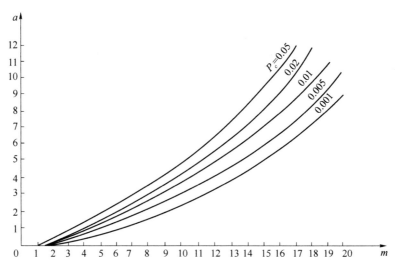

图 8-24　话务量强度 a 与 m 的关系

为了工程上使用方便准确,人们已将按呼损计算的结果列成表(爱尔兰呼损表)以供查找。因此只要已知 m、a、P_c 中的任意两个参数,即可求得另一个参数。有关爱尔兰呼损表,读者若需要可查阅相关资料。

【例 8-9】　设呼损率 $P_c = 0.05$,当流入话务量强度 a 为 2Erl 和 10Erl 时,求所需出线线束容量。

解: 根据爱尔兰呼损表可得 $a = 2$Erl 时,

$$E_4(2) = 0.095 \qquad E_5(2) = 0.036\,7$$

因此取 $m = 5$(在话务理论中用 $E_m(a)$ 表示呼损指标 P_c)。这时的系统效率

$$\eta = \frac{a(1 - P_c)}{m} = \frac{2(1 - 0.036\,7)}{5} = 0.385 = 38.5\%$$

同理,可求得 $a = 10$Erl 时,

$$E_{14}(10) = 0.056\,8 \qquad E_{15}(10) = 0.036\,5$$

取 $m = 15$,这时有

$$\eta = \frac{a(1 - P_c)}{m} = \frac{2(1 - 0.036\,5)}{15} = 0.642 = 64.2\%$$

从这个例题也可看出大群化效应。当 $P_c = 0.05$,$a = 10$Erl 时,如果选择 5 个具有 5 条出线的交换系统,共 25 条出线,每个系统效率只有 38.5%;而如果选择 1 个具有 15 条出线的交换系统,每个系统效率可达 64.2%,且节省 10 条出线。所以尽可能多地共用出线可提高系统效率,节省网络投资。

2. 排队论在数据通信网中的应用

目前,各种数据通信网信息的交换都是以分组为单位存储-转发的,各分组到达网络节点(即交换机)进行存储-转发的过程中,当多个分组要去往同一输出链路时就要进行排队,所以数据通信网就是一个大的排队系统。

一个分组可以认为就是一个顾客,交换设备、信息传输网络等相当于是服务机构,一条中继信道即为一个服务员(或服务窗口)。

顾客到达率 λ 就是单位时间内到达交换节点的分组数量,服务员数目 m 指分组交换节点

的输出信道数量。

需要说明的是：在数据通信网中，习惯上用 $1/\mu$（bit）表示分组的平均长度（这是用排队论分析数据通信网时的习惯表示方法），交换节点的一个输出信道容量为 C（bit/s）（即数据信息的最大传输速率）。由此可以推出，传送一个分组的平均时间，即分组的平均发送时间为 $1/\mu C$（s），则每个输出信道发送分组的速率为 μC（它对应着一个服务员的服务速率 μ）。而对于 m 有条输出信道的交换节点（它相当于一个排队系统）来说，发送分组的速率（即系统的服务速率）为 $m\mu C$。总而言之，一般数据通信网中的 μC，对应着一般排队系统中的 μ，以上推导出的所有公式，具体应用到数据通信网时，应该用 μC 代替 μ。

【**例 8-10**】　在以 $M/M/1$ 为模型的分组传输系统中，设分组的平均到达率 λ 为 1.25 分组/s，分组长度服从指数分布，平均长度为 $1/\mu = 960$ bit/分组，输出链路的传输速率 $C = 2\,400$ bit/s。求：(1)每一分组在系统中所经过的平均时延；(2)系统中的平均分组数；(3)系统效率 η。

解：(1) 分组的平均到达率 $\lambda = 1.25$ 分组/s，平均服务速率为

$$\frac{C}{1/\mu} = \mu C = \frac{2\,400\ \text{bit/s}}{960\ \text{bit/分组}} = 2.5\ \text{分组/s}$$

每一分组在系统中所经过的平均时延为

$$S = \frac{1}{\mu C - \lambda} = \frac{1}{2.5 - 1.25}\ \text{s} = 0.8\ \text{s}$$

(2) 系统中的平均分组数为

$$N = \frac{\lambda}{\mu C - \lambda} = \frac{1.25}{2.5 - 1.25}\ \text{分组} = 1\ \text{分组}$$

(3) 系统效率为

$$\eta = \rho = \frac{\lambda}{\mu C} = \frac{1.25}{2.5} = 0.5$$

8.3　通信网可靠性分析

通信网的目标是及时、准确地实现多个规定点间信息传输，而可靠性是衡量通信网质量的一项重要指标。尤其是在如今信息高速发达的社会，人们的工作、生活及学习对通信网有着高度依赖，而通信网的故障会给社会的各个方面带来严重的影响。所以，在通信网的规划与设计中，网络的可靠性也是需要重点考虑的，即如第 1 章所述，需要综合考量通信网的可靠性与经济合理性。

8.3.1　通信网可靠性定义

1. 通信网可靠性定义

可靠性的一般定义为产品在规定的使用条件下、规定的时间内完成规定功能的能力。推广到通信网可靠性上，体现通信网特色的定义可以是：通信网在实际连续运行过程中，能完成用户正常通信需求，并能把服务质量保持在规定范围内的能力。其定义包括了可靠性主体、规定条件、规定时间、规定功能和完成规定功能的概率这五项要素。

下面,我们主要从网络组件可靠性的角度来对通信网可靠性进行计算及分析。

2. 可靠度 $R(t)$

系统在规定条件下、规定时间内完成规定功能的概率可以作为系统的可靠性的度量,一般称为可靠度,用 $R(t)$ 表示。如果用非负随机变量 T 表示系统故障的时间间隔,则 $R(t)$ 定义为

$$R(t) = P(T > t) \tag{8-46}$$

即为系统在时间间隔 $[0, t]$ 内不发生故障的概率,且有 $R(t) \geqslant 0$, $R(0) = 1$ 及 $\lim\limits_{t \to \infty} R(t) = 0$。

要计算系统可靠度,需要得到该系统故障时间间隔 T 的分布函数。在其服从指数分布时,可以表示为

$$F(t) = P(T \leqslant t) = 1 - e^{-\lambda t} \quad t \geqslant 0, \lambda > 0 \tag{8-47}$$

式中,λ 为系统在单位时间内发生故障的概率,一般称为故障率,且这里假设 λ 与时间无关。

则根据式(8-46)有

$$R(t) = P(T > t) = 1 - F(t) = e^{-\lambda t} \tag{8-48}$$

实际应用中,一般用平均故障间隔时间(Mean Time Between Failures, MTBF)即两个相邻故障时间间隔的平均值作为衡量系统或网络可靠性的重要参数。MTBF 可以通过求 T 的均值得到,特别地,在其服从参数为 λ(且 λ 与时间无关)的指数分布时有

$$\text{MTBF} = 1/\lambda \tag{8-49}$$

8.3.2 多组件系统可靠性的计算

现实中的系统或网络往往是由多个组件(元件、子系统、子网络等)构成,要研究网络的整体可靠性就必须了解各组件的可靠性及各组件之间的关联关系。这里假设系统由 n 个组件构成,组件之间相互独立,它们的故障时间间隔 T_i 服从参数为 λ_i(故障率,且与时间无关)的指数分布,可靠度分别为 $R_i(t)$,下面简要计算各个组件以不同方式连接时系统的整体可靠性。

1. 串联系统可靠性计算

串联系统如图 8-25 所示,n 个组件串联且各组件相互独立。此时,任意一个组件失效时,整个系统便失效,即该串联系统的可靠度有

$$R(t) = P(T > t) = P(T_1 > t, T_2 > t, \cdots, T_n > t) = \prod_{i=1}^{n} R_i(t) \tag{8-50}$$

当 $R_i(t) = e^{-\lambda_i t}$ 时,

$$R(t) = \prod_{i=1}^{n} R_i(t) = \exp\left(-t \sum_{i=1}^{n} \lambda_i\right) \tag{8-51}$$

即此串联系统可以看作是故障时间间隔 T 服从参数为 $\sum\limits_{i=1}^{n} \lambda_i$ 的指数分布的系统,其平均故障间隔时间由式(8-49)可以得到

$$\text{MTBF} = 1 / \sum_{i=1}^{n} \lambda_i \tag{8-52}$$

特别地,当 $\lambda_1 = \lambda_2 = \cdots = \lambda_n = \lambda$ 时,$\text{MTBF} = 1/n\lambda$,可见串联系统的可靠性是随着串联组件个数的增多而下降的。

2. 并联系统可靠性计算

并联系统如图 8-26 所示,n 个组件并联且各组件相互独立。此时,n 个组件全部失效时该

图 8-25　串联系统

系统才整体失效,即该并联系统的可靠度有

$$R(t) = 1 - P(T \leqslant t) = 1 - P(T_1 \leqslant t, T_2 \leqslant t, \cdots, T_n \leqslant t) = 1 - \prod_{i=1}^{n}[1 - R_i(t)]$$

$$(8\text{-}53)$$

当 $R_i(t) = e^{-\lambda_i t}$ 时,

$$R(t) = 1 - \prod_{i=1}^{n}(1 - e^{-\lambda_i t})$$

$$(8\text{-}54)$$

当 $\lambda_1 = \lambda_2 = \cdots = \lambda_n = \lambda$ 时,可以计算得到 $\mathrm{MTBF} = \dfrac{1}{\lambda}\left(1 + \dfrac{1}{2} + \cdots + \dfrac{1}{n}\right)$,可见并联系统的可靠性是随着并联组件个数的增多而提高的。

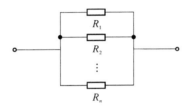

图 8-26　并联系统

3. 一般系统可靠性计算

实际的系统可以是由串联和并联混合的结构,如图 8-27 所示的电桥,这时需要通过特别的方法来计算系统整体可靠度。

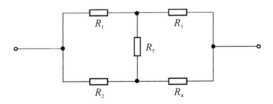

图 8-27　串联和并联混合的系统

下面通过系统等效的方法来计算图 8-27 系统的可靠度,图中所标 $R_1 \sim R_5$ 为各组件的可靠度。通过观察发现,桥接组件 R_5 的地位特殊,可以分成两种状态来分别讨论:桥接组件以概率 R_5 工作时,此组件相当于短路,系统可以等效如图 8-28(a)所示;桥接组件处于失效状态时(概率为 $1 - R_5$),此处相当于开路,系统可以等效如图 8-28(b)所示。

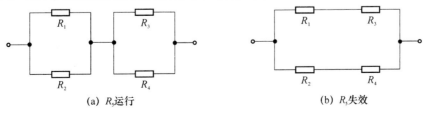

(a) R_5 运行　　　　　　　　　　　　(b) R_5 失效

图 8-28　等效系统

分别计算两种简单并联、串联情况下系统的可靠度。图 8-28(a)所示系统可靠度为

$$R' = [1-(1-R_1)(1-R_2)][1-(1-R_3)(1-R_4)]$$

图 8-28(b)所示系统可靠度为

$$R'' = 1-(1-R_1R_3)(1-R_2R_4)$$

则系统的整体可靠度为

$$R = R_5[1-(1-R_1)(1-R_2)][1-(1-R_3)(1-R_4)]+(1-R_5)[1-(1-R_1R_3)(1-R_2R_4)]$$
$$= R_5(R_1+R_2-R_1R_2)(R_3+R_4-R_3R_4)+(1-R_5)(R_1R_3+R_2R_4-R_1R_2R_3R_4)$$
$$= R_1R_3+R_2R_4+R_1R_4R_5+R_2R_3R_5-R_1R_2R_3R_4-R_1R_2R_3R_5-R_1R_2R_4R_5-R_1R_3R_4R_5-$$
$$R_2R_3R_4R_5+2R_1R_2R_3R_4R_5$$

以上是一种常见的系统可靠性计算方法,其他方法请参考相关文献。

小　结

(1) 图是由若干个节点和节点间的边所组成。图 G 只由它的节点集 $V(G)$、边集 $E(G)$ 和节点与边的关系所确定,而与其几何实现中节点的位置、边的长度与形状无关。与同一端点相关联的边的个数称为此端点的度数或次数。

(2) 链路是 $k(\geqslant 2)$ 条边和与之关联的端点依次排成点和边的交替序列;路径是无重复的点和边的链路;回路是起点和终点重合的路径。

(3) 若图 G' 的点集和边集分别为图 G 的点集和边集的子集,则称图 G' 是图 G 的子图。不包含原图的所有边的子图是真子图;包含原图的所有点的子图是生成子图。

(4) 图可以从不同的角度来分类。按图的点集和边集是否有限分为有限图和无限图;按图中是否有自环和并行边分为简单图和复杂图;按图中的边是否对应一个有序点对分为无向图与有向图;按图中的边是否有相应的权值分为有权图与无权图;按图中任意两个点之间是否至少存在一条路径分为连通图与非连通图。

(5) 对图进行数值计算和分析时,一般借助于矩阵表示。图常用的矩阵表示有完全关联矩阵与关联矩阵、邻接矩阵和权值矩阵等。

(6) 一个无回路的连通图称为树,树中的边称为树枝。

树有如下性质:①具有 n 个点的树共有 $n-1$ 个树枝。②树中任意两个点之间只存在一条路径。③树是连通的,但去掉任一条边便不连通,即树是最小连通图。④树无回路,但增加一条边便可得到一个回路。⑤任一棵树至少有两片树叶,也就是说树至少有两个端的度数为 1。

(7) 如果一棵树 T 为一个连通图 G 的子图,且包含 G 中所有的点,则称该树为 G 的支撑树。只有连通图才有支撑树,且一个连通图有不止一棵支撑树(除非图本身就是一棵树)。连通图 G 的支撑树的树枝数称为图 G 的阶,记为 $\rho(\rho=n-1)$;连通图 G 的连枝数称为图 G 的空度,记为 $\mu(\mu=m-n+1)$。

(8) 求最小支撑树常用的方法有 Kruskal 方法(简称 K 方法)和 Prim 方法(简称 P 方法)。

求有限制条件的最小支撑树的方法是:先按 K 方法或 P 方法求出无约束条件的最小支撑树,然后根据所给的约束条件,对网络结构进行调整,使之既满足约束条件,又尽量接近最小支撑树。

(9) 求指定点到其他各点的最短路径,Dijkstra 算法(简称 D 算法)是最有效的算法之一;

求任意两点之间的最短路径的算法有 Floyd 算法(简称 F 算法),用矩阵形式进行运算,便于使用计算机实现;在实际问题中,往往还需要求次最短路径。

(10) 常用的距离测度有欧氏距离测度和矩形线距离测度。欧氏距离测度适用于广播系统中发射点和蜂窝小区中基站位置的选择;矩形线距离测度适用于类似线路沿街道铺设的情况。

(11) 站址选择是确定交换中心(中位点的位置)。分为单中位点位置的确定和多中位点位置的确定两种情况。

中位点数目 m 的确定与用户线的费用、中继线的费用、交换设备的费用和场地及建筑物费用等因素有关。

(12) 排队论又称随机服务系统理论,它广泛应用于通信领域,是通信网络流量设计的基础理论。

排队系统中有三个名词:我们把要求服务的一方称为顾客,把提供服务的一方称为服务机构,而把服务机构内的具体设施称为服务员(或服务窗口)。

顾客到达,排队等待,服务机构给予适当的服务以满足顾客的需求,顾客离开服务机构,这四个环节便组成一个排队模型。

(13) 排队系统的基本参数包括:顾客到达率 λ、服务员数目 m 和服务员服务速率 μ,系统的服务速率为 $m\mu$。

(14) 排队系统在运行中包括三个过程:顾客输入过程、排队过程和顾客接受服务(然后离去)的过程。排队系统的特征,就是排队系统三个过程的特征。顾客输入过程的特征用相邻两顾客到达的间隔时间的分布函数来描述;顾客排队过程的特征用排队规则表示;顾客接受服务过程的特征用服务时间的分布函数来描述。这些是影响排队系统性能的主要因素。

如果顾客的输入过程满足平稳性、稀疏性和无后效性三个条件,称该输入为最简单流。

当输入过程为最简单流时,顾客到达时间间隔 T 服从负指数分布。假设顾客接受服务的过程也满足最简单流条件,服务时间 τ 也为负指数分布。

排队系统通常分成下列三种情形:损失制系统(即时拒绝方式)、等待制系统(不拒绝方式)和混合制系统(延时拒绝方式)。

具有等待性质的排队系统(包括等待制系统和混合制系统)相应的服务规则主要有:先到先服务、后到先服务、随机服务和优先制服务

(15) 排队系统的主要指标有:排队长度 k(简称队长)、服务时间 τ、系统时间 s、系统效率 η 和稳定性 ρ。

(16) 排队系统通常使用符号 $X/Y/m/n$ 表示。其中 X 是顾客到达间隔时间的分布,Y 是服务时间的分布,m 是服务员个数,n 为排队系统中允许的顾客数,也称为截止队长。常用的分布符号有:M——负指数时间分布;D——定长时间分布;E_k——k 阶爱尔兰时间分布;H_k——k 阶超指数时间分布。

常见的排队系统有:$M/M/m/n$ 排队系统、$M/D/1$ 排队系统、$M/E_k/1$ 排队系统、$M/H_k/1$ 排队系统。

(17) $M/M/1$ 排队系统的特点为:①顾客到达间隔时间 T 服从参数为 λ 的负指数分布。②到达的顾客能全部进入系统排队,然后接受服务。③一个服务员($m=1$)。④一个顾客的服务时间 τ 服从参数为 μ 的负指数分布。排队强度为 $\rho=\lambda/\mu(0<\rho<1)$。

(18) $M/M/1$ 排队系统在稳定状态下的指标,包括平均队长、平均系统时间、平均等待时

间、系统效率等。

(19) $M/M/m/n$ 排队系统的特征为 m 个窗口,每个窗口的服务速率均为 μ,顾客到达间隔时间和服务时间均为负指数分布,顾客到达率为 λ,截止队长为 n。窗口未占满时,顾客到达后立即接受服务;窗口占满时,顾客依先到先服务的规则等待,任一窗口有空闲即被服务。当队长(包括正在被服务的顾客)达到 n 时,再有顾客到达将被拒绝。

(20) 排队论在通信网中的应用包括排队论在电话通信网中的应用和排队论在数据通信网中的应用。

当系统中的顾客数等于窗口数时,新到的顾客就会遭到拒绝,这种系统就是 $M/M/m/m$ 即时拒绝系统。电话通信网一般采用即时拒绝系统,利用排队论理论可以估算电话网中的平均队长 N、顾客被拒绝的概率(呼损率)和系统效率 η 等。

各种数据通信网信息的交换都是以分组为单位存储-转发的,当多个分组要去往同一输出链路时,就要进行排队,所以数据通信网就是一个大的排队系统。可以求出每一分组在系统中所经过的平均时延、系统中的平均分组数和系统效率 η 等。

(21) 通信网可靠性的定义为通信网在实际连续运行过程中,能完成用户正常通信需求,并能把服务质量保持在规定范围内的能力。系统在规定条件下、规定时间内完成规定功能的概率可以作为系统的可靠性的度量,一般称为可靠度,用 $R(t)$ 表示。

习　　题

8-1　请解释以下概念:

　　①图　　　　　　　　　　②链路

　　③路径　　　　　　　　　④回路

　　⑤有向图与无向图　　　　⑥连通图与非连通图

　　⑦有权图　　　　　　　　⑧正则图

8-2　什么是树?树有哪些性质?

8-3　求题图 8-1 的所有支撑树。

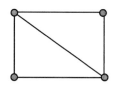

题图 8-1

8-4　已知一个图的邻接矩阵为

$$
A = \begin{bmatrix} 0 & 1 & 0 & 1 & 0 \\ 1 & 0 & 0 & 1 & 1 \\ 0 & 0 & 0 & 1 & 1 \\ 1 & 1 & 1 & 0 & 1 \\ 0 & 1 & 1 & 1 & 0 \end{bmatrix}
$$

画出这个图。

8-5　用 K 方法求题图 8-2 的最小支撑树。

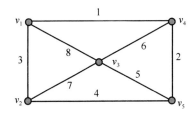

题图 8-2

8-6　一个有 6 个点的图,它的权值矩阵为

$$
\begin{array}{c}
\begin{array}{cccccc}
v_1 & v_2 & v_3 & v_4 & v_5 & v_6
\end{array} \\
\begin{array}{c}
v_1 \\ v_2 \\ v_3 \\ v_4 \\ v_5 \\ v_6
\end{array}
\begin{bmatrix}
0 & 2 & 1 & 5 & 2 & \infty \\
2 & 0 & 1 & \infty & \infty & 3 \\
1 & 1 & 0 & 4.5 & 6 & \infty \\
5 & \infty & 4.5 & 0 & \infty & 7 \\
2 & \infty & 6 & \infty & 0 & 2 \\
\infty & 3 & \infty & 7 & 2 & 0
\end{bmatrix}
\end{array}
$$

(1) 用 D 方法求 v_1 到其他各点的最短路径长度和路由。

(2) 用 F 方法求最短路径矩阵和路由矩阵,并确定 v_3 到 v_5 和 v_3 到 v_6 的最短路径长和路由。

8-7　排队系统的三个基本参数是什么?

8-8　什么是最简单流?

8-9　排队系统的主要指标有哪些?

8-10　计算机通信网,一个信道的容量 $C = 1\,200 \text{ bit/s}$,分组发送时间在 2 s 以内的概率为 0.85,分组平均长度为多少字节?

8-11　通信网中一般采取的服务规则是什么?

8-12　$M/M/1$ 排队系统的特点有哪些?

8-13　某电影院设有一售票窗口,若买票者以泊松流到达,平均每分钟到达 2 人,假定售票时间服从负指数分布,平均每分钟可售 3 人。求:(1)平均等待时间;(2)系统效率。

8-14　设某电话总机的输入过程服从泊松分布,已知该总机平均呼叫次数为 60 次/小时,计算话务员离开半分钟内,一次呼叫也没发生的概率。

8-15　某电话交换机为时拒绝系统,共有 20 条中继线,假设用户呼叫满足最简单流条件,平均呼叫率为 400 次/小时,呼叫占用时长服从指数分布,且每次呼叫平均占用 3 分钟。求该交换机中继线的呼损和利用率。

8-16　设 $M/M/1$ 排队系统 $\lambda = 120$ 分组/min,分组平均长度为 100 bit,输出链路的传输速率为 $C = 400 \text{ bit/s}$。求:(1)该系统的平均队长;(2)每一分组在系统中平均等待时间。

第9章 通信网络规划

通信网络规划是保证通信事业健康、有序发展的一项重要工作,首先要通过调查研究及科学预测来确定通信网的发展方向和规划目标,接下来要为实现规划目标而设计一系列的方法和步骤,最后还要通过综合分析来评价规划方案的可行性。本章介绍通信网络规划的基本概念、通信网络规划的理论基础、通信业务预测的常用方法,并讨论固定电话网、传输网、接入网及 No.7 信令网规划的基本内容和方法,主要包括以下几个方面的内容:

- 通信网络规划的基本概念、任务和基本步骤,通信网络规划的内容。
- 通信业务预测的基本概念、分类和主要步骤,两大类常用通信业务预测方法:直观预测法和时间序列分析法。
- 固定电话网规划的基本原则,本地网电话网规划的内容和一般方法。
- 传输网规划中电路数量的一般计算方法,传输网络的生存性计算及本地 SDH 传输网设计的一个实例。
- 接入网规划的内容,接入网规划的一般原则和流程,接入网网络组织的原则。
- No.7 信令网规划的基本内容、原则和信令链路的计算。

9.1 通信网络规划概述

9.1.1 通信网络规划的基本概念

1. 通信网络规划的定义

规划是指比较全面、长远的发展计划,是对某一事业未来的发展方向、发展目标的考虑和确定,并且会制定整套的未来行动方案。而我们在实际的工作中往往会接触到与规划类似的名词,如计划、建设方案及设计等,例如:"某通信集团某省分公司 2011—2013 年网络滚动规划""某公司 2010 年工作计划""某公司 FTTH 工程建设方案(2012 年一期)"等。它们之间是存在一定区别的:

- "规划"具有长远性、全局性、战略性、方向性、指导性及概括性。
- "计划"是规划的延伸与展开,可以是规划的一个子集,在时间跨度上比规划短,强调内容、步骤和方法,在细节考虑上比规划详细。
- "建设"是指一个规划或计划范围内,相对独立的一个或多个工程,可实施程度更强。

- "设计"一般侧重于具体工程的实施设计,考虑细节更加清楚。

所以,可以这样简单理解它们之间的关系:根据现状的调查研究,制订一个相对长远的整体规划;整体规划指导每个阶段(年、季度等)计划的制订;为了完成该阶段的计划,会安排若干建设项目,其中会包括更为详细的各种设计及施工方案;如此循环渐进地发展。

CCITT(现 ITU-T)《通信网规划手册》对通信网规划的定义是:为了满足预期的需求和给出一种可以接受的服务等级,在恰当的地方、恰当的时间,以恰当的费用提供恰当的设备。由此可见,通信网络规划就是对电信事业未来的发展方向、目标、步骤、设备和费用的估计和决定。

通过对通信网络规划的理解,可以归纳其特点如下:

- 前瞻性:着眼于事业的长远发展,业务增长和新业务开发要适度超前于社会经济发展。
- 指导性:规划要在规划期内对计划制订、工程设计及项目建设等有综合的指导意义。
- 系统性:要从大系统的角度对通信网进行整体规划,从运营组织结构的角度考虑,要协调、平衡及衔接各个分部;要从全程全网的角度考虑,要保证网络及设备的互连互通。
- 可持续性:技术及设备的更新及选择应考虑到网络的可持续发展。
- 总体经济性:要对网络最优化、技术先进性和费用等做综合考虑,保证总体经济性。

2. 通信网络规划的分类

通信网络规划可以有多种分类方法,下面列举一些以加强对通信网络规划的理解。

(1)《通信网规划手册》中的分类

- 战略规划(Strategic Planning):给出网络要遵循的基本结构准则。
- 实施规划(Implementation Planning):给出实现投资目的的特定途径。
- 发展规划(Development Planning):处理那些为适应目标所需要的装备的数量问题。
- 技术规划(Technical Planning):确定选择和安装设备的方法,以保证网络按所需要的服务质量满意地运行。它对整个网络都是通用的,并保证未来网络的灵活性和兼容性。

(2)按时间跨度分

有长期规划、中期规划和近期规划。

(3)按规划范围分

有通信网总体规划、分类或分项网络规划和单种业务网或单种专业网规划。

(4)按规划的方法和使用的指标分

定量规划:给出各规划期结束应达到的指标,包括相对静态的、可见的指标,如网络拓扑、设备规模、用户数量、设备投资等;还包括动态的、统计的指标,如话务量、动态带宽需求、可用性等。

定性规划:给出发展趋势、技术走向、网络演变、生命周期、经济效益、社会效果及一些深层次问题的分析等。

比起定量规划而言,定性规划涉及面更广,综合层面更高,要求编制人员的知识面更宽,因而规划的难度更大。在实际的通信网络规划中,要结合使用定量规划和定性规划。

9.1.2　通信网络规划的任务和步骤

1. 通信网络规划的任务

通信网规划的基本任务可以概括为以下三个方面:

（1）根据国民经济和社会发展战略，结合网络及业务的历史数据，研究、制定通信发展的方向、目标、发展速度和重大比例关系；

（2）探索通信发展的规律和趋势；

（3）提出规划期内有关的重大建设项目和技术经济分析，研究规划的实施方案，分析讨论可能出现的问题以及相应的对策和措施。

2．通信网络规划的步骤

通信网络规划的步骤会根据规划的对象及内容不同而有所差异，但一般会遵循的基本步骤如下：

（1）对网络、业务的历史及现状的调查研究。

（2）确定规划目标，包括满足社会需求目标、保证社会效益和经济效益的目标、技术发展目标等。

（3）对网络的业务量、业务类型、技术发展趋势及前景的科学预测。

（4）网络发展规划，是通信网络规划的核心。在这个阶段，针对不同的目标网络要采用不同的规划方法和优化模型；可大量采用定量分析和优化技术，适宜引入计算机辅助优化；可提出多套规划方案并给出对比分析。

（5）提出建设方案并进行投资估算。

（6）对规划进行经济性分析，也包括规划的可行性分析和规划的评价方法、指标等。

9.1.3 通信网络规划的内容

在进行通信网络规划时，针对不同的业务网或专业网有不同的规划目标和规划方法，所以可以分为业务网规划、支撑网规划及传送网规划，其中业务网规划又可以有固定电话网规划、移动通信网规划、数据通信网规划、智能网规划等。

虽然通信网络规划有各种分类，但是从规划内容上来看，主要有以下 3 个部分。

1．通信发展预测

通信发展预测是整个通信网络规划的基础，预测是否科学、合理及可信将影响到整个规划的科学性、合理性及实用性，也决定了规划实施的效果。

通信发展预测包括的内容主要有

- 与通信发展相关的人口、经济环境预测；
- 通信业务与网络发展预测。

其中通信业务预测是通信网规划的主要内容，业务预测的结果是进行网络配置及优化的重要依据。

2．通信网络优化

网络优化建立在对网络现状分析的基础之上，通过对网络资源的合理配置（包括网络结构调整、设备配置调整、网络参数修改等），提高网络的服务质量并获得更高的效益。一般来说，通信网络优化的问题可以概括为以下 3 个主要方面：

- 网络的拓扑结构问题（Topology Design Allocation，TA）；
- 网络的链路容量分配问题（Capacity Allocation，CA）；
- 网络的流量分配问题（Flow Allocation，FA）。

在解决具体的网络优化问题时，会根据许多影响因素来设定一系列的约束条件和目标函数,即网络优化为数学上的最优化问题。例如,通信网络应用最广泛的约束和目标是:在满足业务流量、流向和服务要求的约束条件下,使网络的建设费用最小或获得的效益最大。随着网络规模的扩大和复杂程度的提高,在网络优化中还要加入更多的约束条件,使得网络优化的难度大大增加。

3. 规划方案的经济性分析

在做好网络规划方案后,要全面评价规划方案的经济效益,主要包括:规划方案的投资、收入、支出估算和规划方案的企业经济效益、社会效益分析。

本章主要讨论通信业务预测及通信网络优化的相关问题,具体的经济分析方法不在本书中讨论,请参考相关书籍。

9.2　通信业务预测

通信业务预测是通信发展预测的主要内容,是通信网络规划中非常重要的基础数据。本节介绍通信业务预测的基本概念和通信业务预测中常用的预测方法。

9.2.1　通信业务预测的基本概念

1. 预测的概念和分类

预测是根据事物的历史发展状况并参照当前的各种情况,对其发展规律及发展趋势进行科学的预知和推测。

科学的预测一般是通过以下几种途径获得:

- 因果分析:通过研究事物的形成原因来预测事物未来发展变化的必然结果。
- 类比分析:通过类比分析预测事物的未来发展。
- 统计分析:通过一系列数学方法,对事物的历史数据进行分析,揭示其背后的必然规律性。

预测可以从不同的角度进行分类,列举如下。

(1) 按预测的周期分

有近期预测(5 年)、中期预测(5-10 年)及长期预测(20 年)。

(2) 按预测性质分

有定性预测和定量预测。

(3) 按预测的范围分

有宏观预测和微观预测。

2. 通信业务预测的概念和内容

通信业务预测应根据通信业务由过去到现在发展变化的客观过程和规律,并参照当前出现的各种情况,通过定性和定量的科学计算方法,来分析和推测通信业务未来若干年内的发展方向及发展规律。

通信业务预测的内容主要包括:用户预测、业务量预测和业务流量预测。

(1) 用户预测

对用户的数量、类型和分布等进行预测。

（2）业务量预测

对各种业务的业务量进行预测,通常是建立在用户预测的基础之上,即根据用户数量、分布和分类的预测,做出对用户使用通信业务的预测。其中,语音业务通常用爱尔兰、忙时试呼数等表示。

（3）业务流量预测

对通信网各节点间的各种业务的流量及流向进行预测。

3. 通信业务预测的主要步骤

具体预测的流程与预测对象、使用的预测方法有很大关系,这里简单描述其主要步骤,如图 9-1 所示。

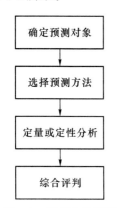

图 9-1　通信业务预测的主要步骤

（1）确定预测对象

选择并确定能够反映通信业务发展客观规律及影响网络发展规划的因素作为预测对象,并且深入调查、搜集及整理预测对象的历史数据及相关的各种影响因素的资料,为下一步预测打好基础。

（2）选择预测方法

分析已掌握的资料,根据预测对象的发展规律及趋势选择合适的预测方法。预测方法的选择对预测结果有很大影响,为提高预测的准确性,一般选取两种或两种以上的预测方法进行预测。

（3）定量或定性分析

若是定量的预测方法,则需要建立相应的数学模型,通过数值计算获得预测数据;若是定性的预测方法,则要对各种影响因素进行分析、判断,最后根据经验来得到定性的预测结果。

（4）综合评判

对以上得到的定量或定性的预测结果进行综合分析、判断和评价,若有必要还会进行调整和修正,确认后的预测结果将用于下一步的网络规划。需要注意的是,在通信网络规划及规划执行期间,还要对预测结果进行观察和修正,以不断提高预测结果的准确性。

9.2.2　直观预测法

直观预测法主要依靠熟悉业务知识、具有丰富经验和综合分析能力的人员与专家,根据已经掌握的历史资料并运用个人的经验和分析判断能力,对事物的发展做出性质和程度上的判断,再将意见进行综合作为预测的结果。

直观预测法简单、适应性强,适用于缺乏历史数据的情形,但其缺陷在于预测结果的准确性受限于预测者的知识和经验。

通信中常用的直观预测法有专家会议法、特尔斐（Delphi）法和综合判断法,下面分别做简单介绍。

1. 专家会议法

专家会议法是指召集一定数量的专家,通过会议的形式对预测对象未来的发展趋势进行共同研究和探讨,最后做出综合一致的预测。

其优点有:会议有助于专家们交换意见,通过互相启发,可以弥补个人意见的不足;通过信息的交流与反馈,在较短时间内得到富有成效的创造性成果。

其缺点有:受心理因素的影响较大;易屈服于权威或大多数人意见;易受劝说性意见的影响;不愿意轻易改变自己发表过的意见等。

2. 特尔斐法

特尔斐法又称专家调查法,是通过书面形式向相关领域的专家提出问题,将他们的意见综合、整理、归纳后,再匿名反馈给各个专家,再次征求意见,如此反复使得专家们的意见趋于一致,得到最后的预测结果。

特尔斐法有三大特点:专家匿名表示意见、多次反馈和统计汇总。

特尔斐法一般是作为长期预测技术来使用,可以用于多种场合。

3. 综合判断法

综合判断法也称概率估算法,是请每个专家对预测结果给出三种估计值:最高估计值(a_i)、最低估计值(b_i)和最可能估计值(c_i),然后分别求出每个专家预测结果的平均值($\overline{x_i}$)。假定预测对象服从正态分布的情况下,求平均值的公式如下:

$$\overline{x_i} = \frac{a_i + b_i + 4c_i}{6} \tag{9-1}$$

再根据专家的经验、意见的权威性等给出其加权值 w_i,对前面各个平均值应用式(9-2)进行加权处理,最后得到预测结果 $\overline{x}$。

$$\overline{x} = \frac{\sum x_i w_i}{\sum w_i} \tag{9-2}$$

9.2.3　时间序列分析法

时间序列是将预测对象的历史数据按时间顺序排列的一组数字序列。时间序列分析法就是利用这组数字序列,应用数理统计方法加以处理,以预测未来事物的发展。

时间序列分析的基本原理是:首先,承认事物发展的延续性,即应用历史数据就能推测其发展趋势;其次,要考虑到事物发展的过程中会受到偶然因素的影响,所以要用统计分析中的加权平均法对历史数据进行处理。

时间序列分析是一种定量的预测方法,该方法简单、便于掌握,但准确性差,一般只适用于短期预测。

下面介绍几种常用的时间序列分析法:趋势外推法、成长曲线预测法和平滑预测法。

1. 趋势外推法

趋势外推法是假设事物未来的发展趋势和过去的发展趋势相一致,然后通过数据拟合的方法建立能描述其发展趋势的预测模型,再用模型外推进行预测。

趋势外推法的基本理论是假定事物发展是渐进式变化,而不是跳跃式发展,根据规律推导就可预测未来趋势和状态。这种方法适合于近期预测,而不太适用于中、远期预测。

在趋势外推法的具体应用中,应根据时间序列来分析预测对象的发展趋势,从而选择合适的预测方法(预测模型)。

下面介绍几种常用的趋势外推法预测模型。

(1)线性方程

如果预测对象的时间序列具有直线变化的趋势,则这一趋势可以用线性方程表示:

$$y_t = a + bt \tag{9-3}$$

其中,y_t 为预测对象在 t 年的预测值,参数 a 为趋势线的截距,参数 b 为趋势线的斜率。可通过最小二乘法得到 a 和 b 的估计公式:

$$b = \frac{\sum_{i=1}^{n} t_i x_i - n t \bar{x}}{\sum_{i=1}^{n} t_i^2 - n \bar{t}^2} \tag{9-4}$$

$$a = \bar{x} - b \bar{t}$$

其中,x_i 为时间序列的数据,$\bar{x} = \dfrac{\sum_{i=1}^{n} x_i}{n}$,$\bar{t} = \dfrac{\sum_{i=1}^{n} t_i}{n}$。

【例 9-1】 给出某地区某种业务 2006 年到 2011 年的历史数据(忽略了数据单位),如表 9-1 所示,试预测其 2012 年的数据。

表 9-1 某地区某业务历史数据表

年份	序号 t	数据	年份	序号 t	数据
2006	1	142.4	2009	4	167.1
2007	2	151.5	2010	5	185.7
2008	3	157.8	2011	6	205.9

解:具体计算过程留作习题,其结果如图 9-2 所示,采用线性方程表示其发展趋势,得到预测对象在 2012 年的预测值为 211.5(忽略了数据单位)。

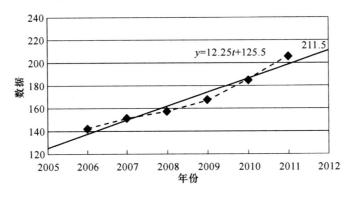

图 9-2 使用线性方程预测

从图 9-2 可以看出,很多情况下,时间序列的趋势是曲线,若仍采用直线方程预测会带来较大误差。

（2）二次曲线方程

利用二次曲线来表示时间序列的发展趋势,其数学表达式为

$$y_t = a + bt + ct^2 \tag{9-5}$$

同样可以用最小二乘法得到参数 a、b、c 的公式:

$$b = \cfrac{(\sum\limits_{i=1}^{n}t_i x_i - n\overline{t}\,\overline{x})(\sum\limits_{i=1}^{n}t_i{}^4 - n\overline{t^2}{}^2) - (\sum\limits_{i=1}^{n}t_i{}^2\overline{x} - n\overline{t^2}\,\overline{x})(\sum\limits_{i=1}^{n}t_i{}^3 - n\overline{t}\,\overline{t^2})}{(\sum\limits_{i=1}^{n}t_i{}^2 - n\overline{t^2})(\sum\limits_{i=1}^{n}t_i{}^4 - n\overline{t^2}{}^2) - (\sum\limits_{i=1}^{n}t_i{}^3 - n\overline{t}\,\overline{t^2})^2}$$

$$c = \cfrac{(\sum\limits_{i=1}^{n}t_i{}^2 x_i - n\overline{t^2}\,\overline{x})(\sum\limits_{i=1}^{n}t_i{}^2 - n\overline{t^2}) - (\sum\limits_{i=1}^{n}t_i x_i - n\overline{t}\,\overline{x})(\sum\limits_{i=1}^{n}t_i{}^3 - n\overline{t}\,\overline{t^2})}{(\sum\limits_{i=1}^{n}t_i{}^2 - n\overline{t^2})(\sum\limits_{i=1}^{n}t_i{}^4 - n\overline{t^2}{}^2) - (\sum\limits_{i=1}^{n}t_i{}^3 - n\overline{t}\,\overline{t^2})^2}$$

$$a = \overline{x} - b\overline{t} - c\overline{t^2}$$

$$(9\text{-}6)$$

其中，x_i 为时间序列的数据，$\overline{x} = \dfrac{\sum\limits_{i=1}^{n}x_i}{n}$，$\overline{t} = \dfrac{\sum\limits_{i=1}^{n}t_i}{n}$，$\overline{t^2} = \dfrac{\sum\limits_{i=1}^{n}t_i{}^2}{n}$。

若采用二次曲线方程对例 9-1 进行预测，其结果如图 9-3 所示，可得到预测对象在 2012 年的预测值为 228.6（忽略了单位）。

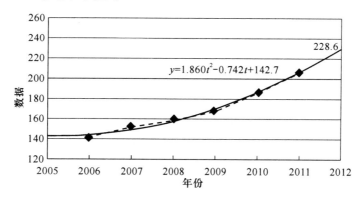

图 9-3　使用二次曲线方程预测

（3）指数方程和幂函数方程

利用指数方程和幂函数方程来表示时间序列的发展趋势，其数学表达式分别为

$$y_t = ab^t \tag{9-7}$$

$$y_t = at^b \tag{9-8}$$

指数方程两边取对数后，式(9-7)变成了线性方程：

$$y_t' = A + Bt \tag{9-9}$$

其中，$y_t' = \ln y_t$，$A = \ln a$，$B = \ln b$。

幂函数方程两边取对数后，式(9-8)变成了线性方程：

$$y_t' = A + bt' \tag{9-10}$$

其中，$y_t' = \ln y_t$，$A = \ln a$，$t' = \ln t$。

则其参数估计可以参照线性方程参数估计的公式，这里略过。

若采用指数方程对例 9-1 进行预测，其结果如图 9-4 所示，可得预测对象在 2012 年的预测值为 213.9（忽略了单位）。

（4）几何平均数预测

实际中常用一种简单的指数方程来进行预测，这种方法是计算时间序列的几何平均数来表示其平均发展速度，其数学表达式为

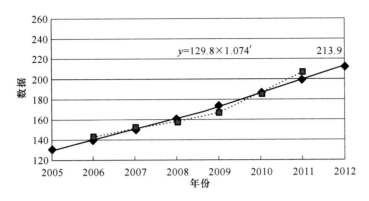

图 9-4　使用指数方程预测

$$y_t = y_0 \cdot k^t (1 \pm b) \tag{9-11}$$

其中，y_t 为预测对象在 t 年的预测值，y_0 为基年的实际值，k 为平均发展速度，t 为预测年数（与基年的年数差），b 为平均差波动系数。

平均发展速度 k 是通过时间序列的几何平均数求得

$$k = \sqrt[n]{\frac{y_n'}{y_0'}} \tag{9-12}$$

其中，y_n' 为时间序列中第 n 年的值，y_0' 为时间序列中首年的值，一般选取为与 y_0 一致，n 为 y_n' 与 y_0' 的年数差。

如式（9-12）所示，平均发展速度 k 只取决于所选取的时间序列中的基年和第 n 年的实际值，而未考虑中间各年的数据，由此会引起预测结果的差异。所以引入了平均差波动系数 b，b 可以反映各个时期实际发展速度与理论发展速度的波动程度，b 可计算如下：

$$b = \frac{\displaystyle\sum_{i=1}^{n-1} |k_i' - k_i|}{n-1} \bigg/ \frac{\displaystyle\sum_{i=1}^{n-1} k_i'}{n-1} = \frac{\displaystyle\sum_{i=1}^{n-1} |k_i' - k_i|}{\displaystyle\sum_{i=1}^{n-1} k_i'} \tag{9-13}$$

其中，$k_i' = \dfrac{y_i'}{y_0'}$，为 i 年的实际定基发展速度；$k_i = \left(\sqrt[n]{\dfrac{y_n'}{y_0'}}\right)^i$，为理论定基发展速度。

为了方便使用，可以将式（9-13）写成下面的形式：

$$b = \frac{\displaystyle\sum_{i=1}^{n-1} \left| \dfrac{y_i'}{y_0'} - k^i \right|}{\displaystyle\sum_{i=1}^{n-1} \dfrac{y_i'}{y_0'}} \tag{9-14}$$

【例 9-2】　已知我国移动电话 2012 年至 2018 年年末用户数如表 9-2 所示，试用几何平均数法预测 2019 年本地电话网年末用户数（不考虑平均差波动系数）。

表 9-2　我国移动电话 2012 年至 2018 年年末用户数

年份	序号	用户数/万户	年份	序号	用户数/万户
2012	0	111 215.5	2016	4	132 193.4
2013	1	122 911.3	2017	5	141 748.7
2014	2	128 609.3	2018	6	156 609.8
2015	3	127 139.7			

解：若不考虑平均差波动系数，即 $b=0$，则预测公式为

$$y_t = y_0 \cdot k^t \tag{9-15}$$

取　　　　　　　　$y_0 = y'_0 = 111\ 215.5\ \text{万户}, \quad y'_n = 156\ 609.8\ \text{万户},$

则　　　　　　　　　　　　$n = 6\ \text{年}, \quad t = 7\ \text{年},$

计算　　　　　　　$k = \sqrt[n]{\dfrac{y'_n}{y'_0}} = \sqrt[6]{\dfrac{156\ 609.8}{111\ 215.5}} \approx 1.058\ 7,$

则　　　　　　　$y_t = y_0 \cdot k^t = 111\ 215.5 \times 1.058\ 7^7 \approx 164\ 638.2\ \text{万户}。$

2. 成长曲线预测法

一般来说，事物总是经过发生、发展、成熟三个阶段，而每一个阶段的发展速度各不相同。例如，在发生阶段，变化速度较为缓慢；在发展阶段，变化速度加快；在成熟阶段，变化速度又趋缓慢。按上述三个阶段发展规律得到的变化曲线称为成长曲线。成长曲线预测是以成长曲线为模型进行预测的方法。

许多事实表明，某些通信业务的发展趋势可以用成长曲线来描述。例如，固定电话用户数量的发展，当普及率达到一定数值时则趋于饱和，不再呈指数或二次曲线的规律上升。下面简要介绍两种常用成长曲线方程：龚帕兹（Gompertz）曲线方程和逻辑（Logistic）曲线方程。

（1）龚帕兹曲线方程

此预测方法适用于预测成熟期的业务。例如，在电信业务预测中，每百人拥有的电话机部数的发展趋势通常呈龚帕兹曲线。其图形为一条不对称的 S 形曲线，如图 9-5 所示。

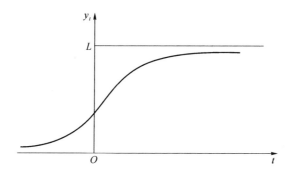

图 9-5　龚帕兹曲线

其数学表达式为

$$y_t = Le^{-be^{-kt}} \tag{9-16}$$

其参数 L 和 b 可以用如下步骤确定：

① 饱和峰值 L，通常根据经验估算；

② 将式（9-16）两边取两次对数，得到如下方程：

$$\ln\ln\left(\frac{L}{y_t}\right) = \ln b - kt \tag{9-17}$$

令 $A = \ln b, \ y'_t = \ln\ln\left(\dfrac{L}{y_t}\right), \ B = -k$，式（9-17）变为线性方程：

$$y'_t = A + Bt \tag{9-18}$$

③ 利用线性方程的参数估计方法，可以计算出 A 和 B，进而算出 b 和 k。

（2）逻辑曲线方程

逻辑曲线方程与龚帕兹曲线很相似，也是描述事物的变化趋势：开始时增长缓慢，中间阶

段增长加快,达到一定程度后,增长率减慢直至饱和状态。其图形是一条对称的 S 形曲线,其数学表达式为

$$y_t = \frac{L}{1 + a\mathrm{e}^{-bt}} \tag{9-19}$$

其参数 L 和 b 可以用如下步骤确定:

① 饱和峰值 L,通常根据经验估算;

② 将式(9-19)变形后,两边取对数,则变换为下面的形式:

$$\ln\left(\frac{L}{y_t} - 1\right) = \ln a - bt \tag{9-20}$$

令 $A = \ln a$,$y_t' = \ln\left(\frac{L}{y_t} - 1\right)$,$B = -b$,式(9-20)变为线性方程:

$$y_t' = A + Bt \tag{9-21}$$

③ 利用线性方程的参数估计方法,可以计算出 A 和 B,进而算出 a 和 b。

3. 平滑预测法

平滑预测法是首先对统计数据进行平滑处理,排除由偶然因素引起的波动,找出其发展规律。电信业务预测中常用的平滑预测法有:移动平均法和指数平滑法。

(1)移动平均法

移动平均法从时间序列的首项数据开始,按指定的移动项数(周期)求序列的平均数;然后逐项向后移动,求出移动平均数。新的时间序列把原序列的不规则变动进行修匀,使数据变动趋于平滑。

移动平均法预测的步骤有两步:

第一步,统计数据的平滑处理,采用下面的公式分别进行一次、二次移动平均:

$$\left.\begin{array}{l} Y(t)_N^1 = \dfrac{1}{N}\displaystyle\sum_{i=t-N+1}^{t} x_i \\[3mm] Y(t)_N^2 = \dfrac{1}{N}\displaystyle\sum_{i=t-N+1}^{t} Y(t)_N^1 \end{array}\right\} \tag{9-22}$$

其中,$Y(t)_N^1$ 和 $Y(t)_N^2$ 分别为一次、二次移动的平均值,x_i 为时间序列中的数据,N 为移动平均的周期。

第二步,建立预测模型,如下:

$$Y(t_0 + T) = a(t_0) + b(t_0)T \tag{9-23}$$

其中,t_0 为预测时间的起点,T 为从 t_0 算起、到预测点的时间,$a(t_0)$、$b(t_0)$ 为待定系数,可以由下面的公式计算:

$$\left.\begin{array}{l} a(t_0) = 2Y(t_0)_N^1 - Y(t_0)_N^2 \\[3mm] b(t_0) = \dfrac{2}{N-1}\left[Y(t_0)_N^1 - Y(t_0)_N^2\right] \end{array}\right\} \tag{9-24}$$

【例 9-3】 已知某项业务 1995 年至 2011 年的数据如表 9-3 所示,请用移动平均法预测其 2012 年及 2013 年的业务量。

表 9-3　某项业务的历史数据

年份	序号 t	业务量(忽略了单位)	一次移动平均	二次移动平均
1995	1	79.55		
1996	2	78.68		
1997	3	68.55		
1998	4	65.51		
1999	5	60.52	70.56	
2000	6	77.71	70.19	
2001	7	76.93	69.84	
2002	9	76.01	71.34	
2003	9	73.84	73.00	70.99
2004	10	72.81	75.46	71.97
2005	11	73.51	74.62	72.85
2006	12	71.31	73.50	73.58
2007	13	69.50	72.20	73.75
2008	14	73.63	72.15	73.58
2009	15	75.32	72.66	73.02
2010	16	74.01	72.76	72.65
2011	17	73.78	73.25	72.60

解：取移动平均周期 $N=5$，计算一次、二次移动平均，数据如表 9-3 所示，示意图如图 9-6 所示。

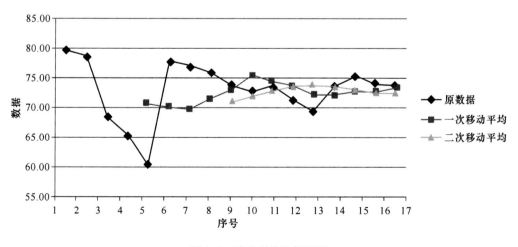

图 9-6　移动平均法例题图

图 9-6 显示了一次、二次移动平均的结果，从移动平均的变化趋势分析，其业务量在某一水平上下波动，则利用式(9-23)的线性方程进行预测，步骤如下：

利用参数估计式(9-24),取 $t_0 = 17$,则有

$$a(17) = 2Y(17)_N^1 - Y(17)_N^2 = 2 \times 73.25 - 72.60 = 73.90$$

$$b(17) = \frac{2}{5-1}[Y(17)_N^1 - Y(17)_N^2] = \frac{1}{2}(73.25 - 72.60) = 0.65$$

代入预测模型式(9-23),分别计算 $T=1$ 和 $T=2$ 时的值:

$$Y(17+1) = a(t_0) + b(t_0)T = a(17) + b(17) \cdot 1 = 73.90 + 0.65 = 74.55$$

$$Y(17+2) = a(t_0) + b(t_0)T = a(17) + b(17) \cdot 2 = 73.90 + 0.65 \times 2 = 75.20$$

即该业务 2012 年及 2013 年的量分别为:74.55 和 75.20。

移动平均法对数据的修匀能力与 N 有关,N 越大,随机成分抵消越多,对数据的平滑作用越强,预测值对数据变化的敏感性越差;N 越小,随机成分抵消越少,对数据的平滑作用越弱,预测值对数据变化的敏感性越强。

移动平均法只适宜预测对象的发展趋势是在某一水平上下波动的情况,适合于近期预测。

(2) 指数平滑法

指数平滑法是对移动平均法的改进,它在逐次观测的基础上,系统地对某一预测模型的估计系统进行修正以消除随机成分。

其预测步骤与移动平均法类似:

第一步,统计数据的平滑处理,采用下面的公式分别进行一次、二次和三次指数平滑:

$$\left.\begin{array}{l} S(t)_\alpha^1 = \alpha x_i + (1-\alpha)S(t-1)_\alpha^1 \quad S(0)_\alpha^1 = x_1 \\ S(t)_\alpha^2 = \alpha S(t)_\alpha^1 + (1-\alpha)S(t-1)_\alpha^2 \quad S(0)_\alpha^2 = S(0)_\alpha^1 \\ S(t)_\alpha^3 = \alpha S(t)_\alpha^1 + (1-\alpha)S(t-1)_\alpha^3 \quad S(0)_\alpha^3 = S(0)_\alpha^2 \end{array}\right\} \quad (9\text{-}25)$$

其中,$S(t)_\alpha^1$、$S(t)_\alpha^2$ 和 $S(t)_\alpha^3$ 分别表示一、二和三次指数平滑值,x_i 为时间序列中的数据,α 为平滑系数($0 < \alpha < 1$),一般取 $0.1 < \alpha < 0.3$。

第二步,选择合适模型进行预测,有线性模型和非线性模型两种:

① 线性模型

$$Y(t_0 + T) = a(t_0) + b(t_0)T \quad (9\text{-}26)$$

其参数估计公式为

$$\left.\begin{array}{l} a(t_0) = 2S(t_0)_\alpha^1 - S(t_0)_\alpha^2 \\ b(t_0) = \frac{\alpha}{1-\alpha}[S(t_0)_\alpha^1 - S(t_0)_\alpha^2] \end{array}\right\} \quad (9\text{-}27)$$

② 非线性模型

$$Y(t_0 + T) = a(t_0) + b(t_0)T + c(t_0)T^2 \quad (9\text{-}28)$$

其参数估计公式为

$$\left.\begin{array}{l} a(t_0) = 3S(t_0)_\alpha^1 - 3S(t_0)_\alpha^2 + S(t_0)_\alpha^3 \\ b(t_0) = \frac{\alpha}{2(1-\alpha)^2}[(6-5\alpha)S(t_0)_\alpha^1 - 2(5-4\alpha)S(t_0)_\alpha^2 + (4-3\alpha)S(t_0)_\alpha^3] \\ c(t_0) = \frac{\alpha^2}{2(1-\alpha)^3}[S(t_0)_\alpha^1 - 2S(t_0)_\alpha^2 + S(t_0)_\alpha^3] \end{array}\right\} \quad (9\text{-}29)$$

指数平滑法中,选择合适的平滑系数很重要。α 越大,表示越倚重近期数据所载的信息,修正的幅度也较大;α 越小,表示近期的数据对预测值的影响小,修正的幅度也越小。

9.3　固定电话网规划

传统结构固定电话网的规划方法已经相对成熟和完善,对其他网络的规划有一定的参考价值,本节讨论其一般的规划方法,重点在本地电话网的规划。

9.3.1　概述

首先介绍固定电话网建设中要考虑的几个重要问题。

1. 扩大本地网

在本书第 2 章中介绍了,我国推行的扩大本地电话网体制共分为两种类型:

- 特大和大城市本地电话网,是以特大城市或大城市为中心城市,与所辖的郊县/市共同组成的本地电话网。
- 中等城市本地电话网,是以中等城市为中心城市,与其郊区或所辖的郊县/市共同组成的本地电话网。

2. 局所采用"大容量、少局点"的布局

随着网络规模的不断扩大,局所采用"大容量、少局点"的布局已显得十分必要。从总体上说,有利于节省全网的建设投资和运行维护费用;有利于简化电话网路结构和组织,提高服务质量;有利于减少传输节点数,简化中继传送网的结构和组织;有利于支撑网的建设,少局点较容易实现 No.7 信令网和同步网的覆盖,便于实现全网集中监控和集中维护;有利于尽快扩大智能网的覆盖面;有利于先进接入技术的采用和向未来宽带网络的过渡;有利于采用光纤连接的接入网设备或远端模块,及时替换大量存在的用户小交换机,迅速把大用户纳入到公众电话网中,向用户提供优质服务。

按照新的布局设置,无论对于哪类城市的本地网,都可以带来很大的好处:

- 大城市采用少局点、大容量、大系统,能最大限度地提高网络资源的利用率和运营效率。
- 中、小城市采用集中建局的方针,可减少征地、基建、人员分散、共用设备重复等的浪费。
- 未来必须要对原本只能提供单一话音业务的局点进行大幅度的技术升级,因经济和技术原因只能在较少的局点上进行。
- 有利于新业务推广和应用。
- 有利于淘汰年代久远、技术落后、功能单一的旧机型。

3. 目标网的概念

各发达国家的电话网当其主线普及率达到 40% 左右后,便基本呈现饱和状态。我国未来的电话网也必将朝着这样的目标网络发展,包括建设目标网与扩大的本地网相结合,建设大容量、少局点的目标交换局和对非目标交换局的过渡。

目前我国对目标网的理解,包含了目标交换局和目标交换区等重要概念。

(1) 目标交换局的概念

目标交换局简称目标局,是指固定本地网目标网中的交换局点设置,其基本特征是:

- 一般来说是在现有局所的基础上,选择一部分局(也有可能是全部)作为目标局,特殊情况也可以设置新的目标局,未来还可根据业务发展的需要增减目标局。
- 采用少局点、大容量、大系统的设备配置,具有 V5 接口等功能,能与现代接入网相衔接。
- 目标局目前应能提供综合性的服务,如 Internet 接入服务等。还应向着提供综合多业务的方向发展,从而形成综合的目标局。
- 能与智能网协同工作,提供智能业务。能获得 No.7 信令网、同步网和管理网三个支撑网的全面支撑。
- 目标局的概念为简化接入网组织,减少局房、配线架和出局管道的压力,可节约投资,也大大方便本地区电信网络的优化。

(2) 确定目标局的原则

- 应将本地网的中心城市和所辖市/县作为一个整体,按照"大容量、少局所、少系统"的原则,远近结合、统一规划、分步实施。
- 应有利于本地网中的电话交换网、中继传输网、移动通信网、支撑网以及其他网络的组织,在保证全网经济、安全可靠前提下合理确定目标局的数量。
- 我国现阶段城市和农村地区用户性质、需求、密度、分布和地理环境差异较大,在确定局所时应采用不同的方法。
- 目标局应可能继承和利用现有的局房、管线、出局管道等,每个局应有两个以上的独立物理路由出口。
- 局房位置应尽量选择靠近业务需求集中、业务大户众多的地方;局房应有足够的发展空间,以容纳未来多个系统、多种业务节点设备和接入网的局端侧设备,以满足较长时间的需要。
- 关于目标局的设置和向目标网的过渡,必须本着实际需求,按照经济发展规律、自然的过渡。

9.3.2 电话业务预测

1. 电话业务预测的基本内容

业务预测是电话网规划的基础,主要包括以下 3 项内容:

(1) 用户预测:是指对用户的数量、类型和分布等进行预测。

(2) 各局业务量预测:是指对各交换局的电话业务或其他业务量而进行预测,电话业务量通常以爱尔兰、忙时呼叫次数和话单张数等单位来表示。

(3) 局间业务流量预测:是指对本地或长途局间的电话业务或其他业务的流量与流向进行预测。

2. 电话业务量的计算

电话通信中的业务量定义为通信线路被占用的时间的比例,是一个随着时间不断变化的随机量。按照原 CCITT E.500 建议,一个路由上承载的业务量,是以一年期间内、每天的忙时测量所得的业务量中,选取最高的 30 个值的平均值。话务量常用爱尔兰(简写为 Erl)为单位来表示,是指通信线路在一个小时内被实际占用的时间比例。电话网的业务量常用以下一些基本量来描述：

（1）发话业务量、收话业务量和总业务量，单位为爱尔兰（Erl）。对于一个孤立的系统或孤岛网，发、收话业务量是相等的，但对于单个局则不一定。发话业务量 Y 和收话业务量 Q 两者之和为总业务量 Z，即：

$$Z=Y+Q \tag{9-30}$$

（2）平均每线忙时业务量，单位为爱尔兰/线，或 Erl/line，即：

$$E=Z/U \tag{9-31}$$

其中，Z 为总忙时业务量（Erl），U 为用户数或主线数（line）。

（3）发话比 R，定义为发话业务量与总业务量的百分比，为一无量纲单位，即：

$$R=Y/Z \tag{9-32}$$

（4）若要根据某局所服务的用户数 U 和平均每用户月发话次数 n（次/月），计算该局的发话业务量，即可用下式表示：

$$a=\frac{nTR_{\mathrm{d}}R_{\mathrm{h}}}{60} \cdot U \tag{9-33}$$

其中：n 为人均月发话量（次/月），T 为平均占线时长（分），R_{d} 和 R_{h} 分别为忙日集中系数和忙时集中系数，U 为该局所服务的用户数。

（5）长话业务量年统计以次数为单位，与 Erl 为单位的业务量换算公式为

$$a=\frac{nTR_{\mathrm{m}}R_{\mathrm{d}}R_{\mathrm{h}}}{60} \cdot U \tag{9-34}$$

其中：n 为长话的年次数（次/年）；T 为平均占线时长（分）；R_{m}、R_{d} 和 R_{h} 分别为忙月集中系数、忙日集中系数和忙时集中系数。

（6）在全国长话的流量流向调查统计中，是以 3 天统计时间内的次数为单位，换算公式为

$$a_{ij}=\frac{n_{ij}T\times 0.1R_h}{25\times 60}\times U \tag{9-35}$$

其中，a_{ij} 为从 i 局到 j 局的长话业务流量（Erl），n_{ij} 为从 i 局到 j 局长话的 3 天次数（次/3 天），其余符号同上。式（9-35）中已假定 R_{m} 取 0.1 和 R_{d} 取 1/25。

（7）各种类型业务的流量流向，一般也用无量纲的百分比表示。

例如，一个局的总去话业务量，可以分解为发往局内的、局间的、特服的和长途的各个流向上的业务量各占的百分比表示，显然它们的总和应该是 100%。我们称发往局间的业务量与总去话业务量之比为局间比。当然，特服的业务也可以视为一个或多个特服局，从而归并到局间的部分内。发往局间的业务量又可以进一步再细分为发往地市的、县市城区的、农话端局的百分比，直至精细到全部每个具体局各占的百分比，即为局间业务流量比；发往长途的业务量又可以细分为国际的、省际的和省内的各占的百分比，直至精细到每个具体的长途局各占的比例等。

平均每线忙时业务量在上述各个量中，具有最基本的地位，它是网络一切定量计算的基础。研究表明它与多种因素有关，其中最重要的是电话主线普及率和用户群的性质。大量统计表明，平均每线忙时业务量随着主线普及率增加而下降，但到达一定程度后则趋于较平坦。

除每线忙时话务量外，另一个重要的量是长途业务量与市话总业务量的百分比，它关系到长途网络和本地网络的业务量计算，是长市中继电路群规划的基础。

3. 局间业务流量预测

局间业务流量是通信网中两交换局间通信业务的数量,可分为来流量和去流量。在电话网中,业务流量是指局间的电话业务流量。局间业务流量的预测方法有吸引系数法、重力法等。

（1）吸引系数法

各局间的吸引系数表示各局间用户联系的密切程度,吸引系数法是在已知各局话务量的基础上,通过吸引系数求得各局间话务流量。其计算公式如下:

$$A_{ij} = f_{ij} \frac{A_i A_j}{\sum_{i=1}^{n} A_i} \quad (i \neq j) \tag{9-36}$$

其中,A_i 为各局发话话务量(一般为预测值),f_{ij} 为 i 局呼叫 j 局的吸引系数,A_{ij} 为 i 局流向 j 局的话务量。

式(9-36)表明,i 局流向 j 局的话务量与 i 局用户发话话务量和 j 局发话话务量的乘积成正比,与全网各局总的发话话务量成反比。

吸引系数 f_{ij} 的计算要求有较完整的历史话务量数据,其计算公式为

$$f_{ij} = \frac{A'_{ij} \sum_{i=1}^{n} A'_i}{A'_i A'_j} \quad (i \neq j) \tag{9-37}$$

其中,A' 为各局发话话务量的历史数据,A'_{ij} 为 i 局流向 j 局的话务量的历史数据,即采用历史数据计算各局吸引系数,假设网络和相关因素变化不大,则可用计算得到的吸引系数、应用式(9-36)来预测局间话务流量。

吸引系数法适于容量比较小的城市进行短期预测。

（2）重力法

当已知某局的总发话话务量的预测值,但缺乏相关各局的历史数据和现状数据时,为了将其总发话话务量分配到各局去,可采用重力法得到局间话务量的预测值。

根据统计分析得出,两局间的话务流量与两局的用户数的乘积成正比,而与两局间距离的 k 次方成反比,其计算公式为

$$A_{ij} = \frac{\frac{C_i C_j}{d_{ij}^k}}{\sum_{j=1}^{i-1} \frac{C_i C_j}{d_{ij}^k} + \sum_{j=i+1}^{n} \frac{C_i C_j}{d_{ij}^k}} A_i \quad (i \neq j) \tag{9-38}$$

其中:A_{ij} 为 i 局流向 j 局的话务量;A_i 为 i 局预测的发话话务量;d_{ij} 为 i 局到 j 局的距离;C_i、C_j 分别为 i 局、j 局的用户数,k 为距离的次幂。

其中,k 是个非负数,k 越小表示距离对业务量的影响越小。随着社会、经济的发展,距离对业务量的影响越来越小,目前一般取值为 1,同时也简化了计算。

9.3.3 本地网规划

1. 本地网规划原则

（1）交换网规划原则

交换网规划一般应首先分析交换网的现况,然后规划出未来目标网的组织结构,最后完成

其中各规划期过渡的网络组织结构、汇接方式、安全考虑等,并与之相适应制定相应的路由规划。

本地交换网规划的一般原则是:

① 中心城市和县/市应是一个整体,网路规划要统一考虑,但建设实施可分步进行;

② 按中、远期的网路发展需要组织目标网网络;

③ 网络应逐步过渡到二级结构;

④ 汇接方式中,城市一般采取分区汇接和全覆盖两种汇接方式,县/市一般设汇接局、不同县/市间话务量通过中心城市汇接局疏通;

⑤ 根据局所布局情况,考虑未来技术因素会给网路带来的影响;

⑥ 网路组织应具有一定的灵活性和应付异常情况的能力;

⑦ 充分考虑全网的安全可靠性需要;

⑧ 每一规划期或阶段,对交换网络组织必须给出两种组织图,一种是大致标明物理位置的图形,另一种是标明组织隶属关系的逻辑图形。

(2) 中继网规划原则

固定电话网的中继网涉及局间中继网、长市中继网和长长中继网(即长途网)三个部分。这里只讨论中继网络的组织和设置。我国目前已就中继网电路的设置与配置原则、中继连接原则、汇接原则、路由选择原则、中继电路群的设置与配置标准等,制定了规范。

针对当前本地网内的中继网,应优先考虑:城市各端局在近期内就应与长途局之间设置长-市、市-长中继电路;农村端局的长途话务量可暂时通过汇接局汇接至长途局,将来所有端局与长途局间均设置长-市、市-长中继电路。一般两个长途局之间采用负荷分担方式工作,采用来去话全覆盖的汇接方式。各端局以及汇接局与两个长途交换局之间均设有直达长-市中继电路。

2. 我国本地电话网参数取值的建议

为方便本地网的计算,现对涉及的基本参数在现阶段的取值,提出下面的参考建议范围。各地区的情况不同,经济发展的程度有不同,有时甚至出入很大,尤其是发展较快的数据业务。因此还要结合当地条件,做出适当的调整。

(1) 忙时话务量

• 用户话务:$0.04 \sim 0.082$ Erl/line。

• 本地网内话务占总话务的比例:各地区差异很大,粗略的参考值为 $70\% \sim 90\%$,其分配是本局约占 $10\% \sim 30\%$、局间约占 $40\% \sim 60\%$。

• 忙日集中系数:$1/20 \sim 1/25$,忙时集中系数:$0.10 \sim 0.15$,各地情况也不尽相同。

• 每呼叫平均占用时长:90s。

• 平均用户接入 Internet 的数据速率:28.8 kbit/s。

• 平均接入 Internet 月数据业务量:

$$a = \frac{nTR_\mathrm{d}R_\mathrm{h}}{3\,600} \times U \times 28.8 \tag{9-39}$$

其中,n 为每用户每月使用次数(次/月户),T 为平均占线时长(秒),R_d 和 R_h 分别为忙日集中系数和忙时集中系数,U 为用户数(户)。

(2) 局间中继业务量

• 局间中继电路业务量:$0.6 \sim 0.8$ Erl/trunk。

- 市-市中继的配置按 1% 的呼损计算,也可根据实际传输设备的情况做调整。

3. 局所规划

局所规划是指在一定的规划区内,根据规划期的业务预测对交换局进行最合理、最经济的配置。其主要任务是:研究规划期内的局所数量、位置、容量,用户线长度和中继线长度等。局所规划是一个非常复杂的问题,各种因素(局所数目、局所位置、服务区划分等)交杂在一起,要实现整体最优是很困难的事情。

(1) 局所数目的确定

若用户预测的数据表明用户数目较多,或地理位置分散,一般会划分为几个群体,每个群体中选择一个最佳地点作为局所位置。建设局所的费用主要包括交换设备费用、场地和建筑物的费用、中继线的费用和用户线费用,用采取定量的优化算法,使建设网络的总费用最小。

局所数目不同时,建设网络的各项费用也随之变化,若找到其定量的关系如图 9-7 所示,则对应总费用最低的局所数目即为最佳。

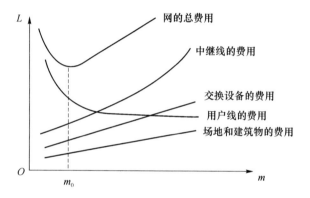

图 9-7　网的总费用 L 与局所数目 m 的关系

(2) 最经济局所容量

所谓最经济局所容量是指总投资或总年经费最小情况下的平均局所容量,即网络服务区域内的用户总数除以最佳局所数目。最经济局所容量与用户密度有关,如图 9-8 所示,每条曲线最低点对应的横坐标即为该用户密度下的最经济局所容量,而且,用户密度 σ_0 增加时,最经济局所容量是增加的。

(3) 服务区的划分及最佳交换局址的确定

交换局服务区的划分应使得每用户的平均费用为最小。通过求极值的方法可得到最佳服务区的形状。固定电话中,由于线路都是沿街道铺设的,这时最理想的服务区应是正方形。

对于正方形的服务区或者是矩形服务区时,假定用户是均匀分布的理想情况时其最佳交换局的局址应选于正方形或矩形的几何中心的位置,几何中心即为正方形或矩形的对角线之交点。由分析计算可知,这样设置的交换局的位置可使得用户线的平均长度为最短。

如交换区为非规则形状或(和)在交换区内用户是非均匀分布的,则应按求中位点的方法求最佳交换局址。所谓中位点就是:以该点为中心作一个直角坐标平面,这一直角坐标平面的上面各点加权系数(各点的加权系数是指该点的用户数或线路的费用系数等)之和等于下面各点加权系数之和;左面各点加权系数之和等于右面各点加权系数之和,如图 9-9 所示。

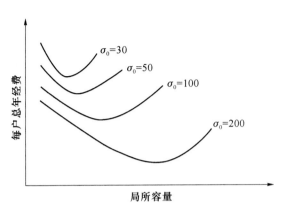

图 9-8　局所容量与总年经费关系示意图

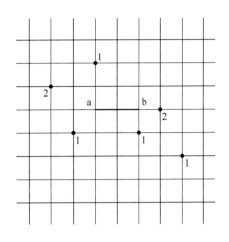

图 9-9　单中位点示意图

4. 中继网络规划

局间中继线路是本地网及市内电话网的大动脉,必须保证安全可靠,使用灵活方便和技术经济合理。为此,对本地网的中继路由必须进行有效的组织和合理的设置,这是网络规划设计的重要内容之一。

(1)一般中继路由的选择与计算

二级结构的本地网中,两端局间路由有三种:汇接路由(T)、高效直达路由(H)和低呼损直达路由(D),如图 9-10 所示:

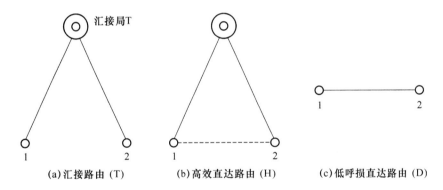

(a)汇接路由 (T)　　　　(b)高效直达路由 (H)　　　　(c)低呼损直达路由 (D)

图 9-10　局间中继路由类型示意图

两个交换局间应选择哪一种路由?常用一个三角结构来表示选择的原理,如图 9-11 所示,其中 B 表示直达路由的每线费用,B_1、B_2 表示汇接路由的费用。

路由类型的选择由两交换局之间的话务量 A 和费用比 ε 来确定,ε 的计算式如下:

$$\varepsilon = \frac{B}{B_1 + B_2} \tag{9-40}$$

具体选择方法可利用图解法,即利用修正后的 T. H. D 图,如图 9-12 所示。

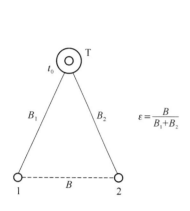

图 9-11　局间中继路由选择原理图

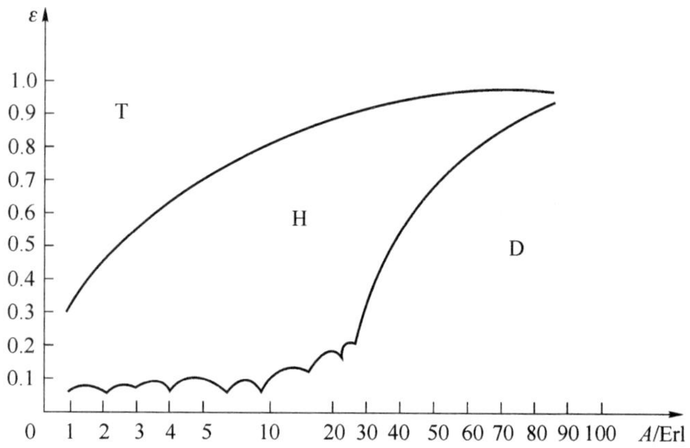

$$\varepsilon = \frac{B}{B_1 + B_2}$$

图 9-12　修正后的 T.H.D 图

该图是在汇接路由的呼损率和话务量分别为 1‰ 和 50Erl 时得到的,如果汇接路由的呼损率和话务量发生改变,曲线会相应地变化。

T.H.D 图的使用方法为:若 1 至 2 局的话务量为 30Erl,ε=0.6,则看图可知,应采用的路由类型为 H,即高效直达路由。

【例 9-4】 有 4 个端局,各局之间的话务量列于表 9-4 中,如需设汇接局,则其位置已定,费用比如表 9-5 所示,试确定 T.H.D 路由表并画出中继线路网结构的示意图。

表 9-4　局间话务量

	1	2	3	4
1	—	40	35	20
2	42	—	3	8
3	50	2	—	40
4	18	12	35	—

表 9-5　费用比 ε

	1	2	3	4
1	—	0.375	0.600	0.300
2	0.375	—	0.850	0.450
3	0.600	0.850	—	0.350
4	0.300	0.450	0.350	—

解: 根据话务量和费用比的数据表,查 T.H.D 图(图 9-12),可得到两个端局间应采用的中继路由类型如表 9-6 所示,继而画出中继线路网结构图(图 9-13)。

表 9-6　中继路由表

T.H.D 路由表				
	1	2	3	4
1	—	D	H	H
2	D	—	T	H
3	D	T	—	D
4	H	H	D	—

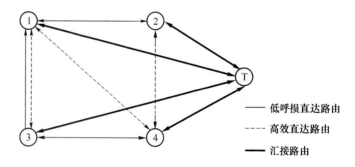

—— 低呼损直达路由
---- 高效直达路由
—— 汇接路由

图 9-13　中继线路网结构示意图

在中继线路网结构图中,凡是两局间采用高效直达路由的,其溢呼的话务量均由汇接路由传送,故应设置汇接路由。

（2）中继路由电路数量的计算

确定中继路由的类型后，还要计算每种路由的数量，具体可根据两局间话务量及呼损率指标进行计算。

【例 9-5】 设有如图 9-14 所示的 A、B 两个市内端局，每局用户数均为 1 000 户，两局间设置单向中继线路，已知每用户发话话务量为 0.05 Erl，两局间用户呼叫率均等，并规定中继线呼损率为 1%，试计算局间中继电路数。

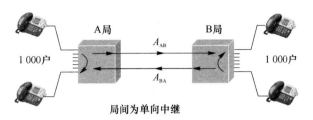

图 9-14　计算局间中继电路数的示意图

解： 由题目设定：两局间用户呼叫概率相等，则知用户呼叫本局用户与呼叫对方局用户的机会均等，同时 A 局用户呼叫 B 局用户与 B 局用户呼叫 A 局用户的概率也相等，因此局间话务量为

$$A_{AB} = 0.05 \times 1\,000 \times \frac{1}{2} = 25\,\text{Erl}$$

因设定呼损率 $E_m(A) = 0.01$，故查爱尔兰 B 表（又称爱尔兰呼损表），如图 9-15 所示，36 条中继电路能提供 25.507Erl 的话务量。

A E N	0.001	0.002	0.005	0.010	0.50	0.100
31				21.191		
32				22.048		
33				22.909		
34				23.772		
35				24.638		
36				25.507		
37				26.378		
38				27.252		
39				28.129		
40				29.007		

E：呼损率　　A：话务量　　N：电路数

图 9-15　爱尔兰 B 表（局部）

（3）数字中继路由的选择与计算

在全数字化本地网中，由于传输线路全部采用了数字化电路，PCM 最小传输系统（一次群）就拥有 30 条话路。因此，按中继路由数量的计算方法计算出的电路数，要应按 30 路为单位取模。在取模过程中，将会使得原计算出的电路类型和电路数发生变化，这一变化将影响到整个中继网系统，如下：

- 对基干路由的影响：由于基干路由为最终路由，在模量化过程中，为保证全网呼损要求，只能采用增加电路的方式以达到 30 路的整倍数。
- 对高效直达路由的影响：对高效电路进行模量化过程中，可使得路由类型发生变化，其模量化过程可采用增加或减少电路的两种方式进行。减少电路数量，可能使路由类型由 H 变为 T 或不变；增加电路数量，可能使路由类型由 H 变为 D 或不变。
- 对低呼损直达路由的影响：对此类电路模量化，可采用增加或减少电路的方式进行。采用增加电路方式，路由类型不变；采用减少电路方式，路由类型由 D 变为 H。

在全数字化本地网中，其路由类型分为三种：汇接路由（T）、高效直达路由（H）和全提供电路群（F，相当于低呼损直达路由）。此时，两局间的中继路由类型和电路数可以通过图解法确定。

ITU-T 推荐费用比 ε、话务量 A 与路由类型关系图为 T.H.F 曲线图，可以很方便地确定中继路由类型和电路数。如图 9-16 所示。

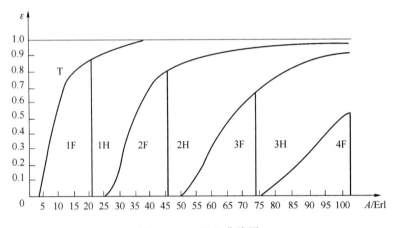

图 9-16   T.H.F 曲线图

5. 用户线路设计

这里仅讨论本地电话网中采用电缆方式连接用户到交换局情形下的用户线路设计，接入网的规划见本章 9.5。

（1）用户线路的组成

用户线路也称用户环路，其作用是将用户终端连接到交换局的配线架。进行用户环路设计，既要满足用户发展的需要，又要使用户线路网结构、电缆线对和线径做到经济合理。

用户线路一般由三部分组成。

- 主干线路（主干电缆或称馈线电缆）

主干电缆具有干线的性质，不直接连接用户，通过一定的方式与配线电缆连接。

- 配线线路（配线电缆）

配线电缆根据用户分布将芯线分配到分线设备上，再通过用户引入线接至用户终端。

- 用户引入线

用户线路网一般采用树型结构，如图 9-17 所示。

对用户线路网的基本要求是具有通融性、使用率、稳定性、整体性和隐蔽性五个方面。

① 通融性：用户线路网的规划设计是根据预测进行的，但由于用户预测与未来规划期的实际情况总会存在一定的差异，所以要求所设计的用户线路网必须具备一定的通融性，即当用

户需要发生变化时,网路能够具有一定程度的调节应变能力。

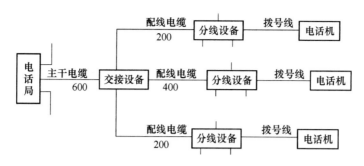

图 9-17　用户线路网结构示意图

② 使用率可以分为两种:

- 芯线使用率:指电缆实用线对数所占的百分数。
- 线程使用率,指电缆实用芯线总长度所占的百分数。

③ 提高使用率是使用户线路网节省建设投资的重要方法,但要结合稳定性考虑。网路在较长时期内的相对稳定将会带来较大的经济效益和使用效益。

④ 整体性是指将一个交换区的用户线路设计为一个合理的、能互相支援调剂、在经济上有利于降低电缆和管道造价的统一体,而且应尽量减少电缆规格和线径种类。

⑤ 隐蔽性则指线路的非暴露程度。

（2）配线方式

配线就是要对电缆芯线进行合理的配置。为了满足对用户线路网的各项要求,必须使用配线技术。

配线方式有如下几种。

① 直接配线

直接配线是把主干电缆的芯线,通过配线电缆直接分配至各个分线设备上,如图 9-18 所示。直接配线的分线设备之间不复接,因此施工简单、维护方便,但通融性较差。

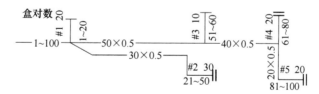

图 9-18　直接配线示意图

② 复接配线

复接配线是将一对电缆芯线接到两个或两个以上的分线设备中,有电缆复接和分线设备复接两种。

在进行配线设计时一般首先根据用户密度、业务发展和用户至交换局的距离等划分配线区。

电缆复接是在主干电缆与配线电缆连接时采用一部分芯线复接的方式,使配线电缆的线对总数大于主干电缆线对数,提高主干电缆芯线的利用率和提高它的通融性,如图 9-19（a）所示。

分线设备复接是在配线电缆与分线设备连接时采用复接方式,使用户引入线总数大于配线电缆芯线数,从而提高分线设备间的线对调度灵活性和配线电缆芯线的使用率。

复接配线可以提高电缆芯线的使用率,增加用户线路的通融性,但由于复接点阻抗的不匹配对话音会产生附加衰减,如图 9-19(b)所示,且不利于电气测试和障碍查修。

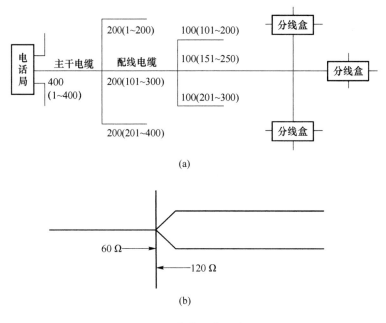

(a)

(b)

图 9-19　复接配线示意图

③ 交接配线

交接配线是在主干电缆与配线电缆之间,或在出局一级主干电缆与二级主干电缆之间,安装交接箱,使双方电缆的任何线对均能相互换接。由于交接箱的作用与局内总配线架的作用类似,因此交接配线使线路的灵活性更大,备用量减少,并且不会降低通话质量。交接配线如图 9-20 所示,交接配线是一种技术上和经济上都比较有利的配线方式。

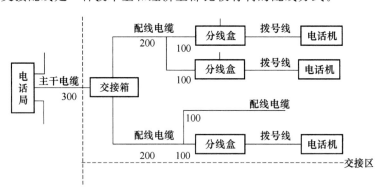

图 9-20　交接配线示意图

（3）用户环路的传输设计

用户环路设计的一项重要内容是选择电缆,即选择的电缆必须满足通信中各种信号从交换局至用户的传输要求。电话用户线中传输的是各种信令信号和话音信号,电缆的选择既要满足交换机对用户环路电阻的要求,使交换机的机件能够正常工作;又要满足传输损耗和话音响度参考当量的要求,保证一定的通话质量。因此,用户环路的传输设计可以分为直流设计和交流设计两个方面。

① 直流设计

用户环路的直流设计是使用户环路电阻满足交换机对信令信号传输的要求,以使交换机能够正常工作。话机、用户线路及交换机连接如图 9-21 所示。

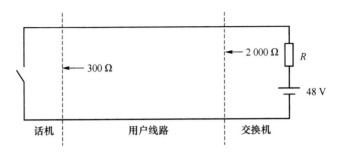

图 9-21 话机、用户线路、交换机连接原理示意图

表 9-7 列举了几种交换设备的信号电阻限值。

表 9-7 几种交换设备的信号电阻限值

交换设备制式	工作电压/V	环路信号电阻限值(包含电话机电阻)/Ω
S-1240	48	1 900
EWSD	48	2 000
NEAX-61	48	2 000
AXE-10	48	1 800(号盘电话机) 2 500(按键电话机)
FETEX-150	48	1 900
5ESS	48	2 000
DMS-100	48	1 900
E10B	48	2 500

标准话机的规定电阻一般为 100～300 Ω。

为了设计方便,将各种规格电缆的直流电阻列于表 9-8,其中直流电阻最大值是指每千米芯线线对的直流电阻。

表 9-8 市内通信电缆的直流电阻(20 ℃)和损耗

电缆规格(AWG)	线径尺寸/mm	直流电阻最大值/(Ω·km⁻¹)	损耗(1 kHz)/(dB·km⁻¹)
28	0.32	236.0	2.297
26	0.40	148.0	1.641
24	0.50	95.0	1.321
22	0.63	58.7	0.984
19	0.90	29.5	0.656

【例 9-6】 对一个用户环路进行传输设计,已知交换局内使用 EWSD 程控交换机,用户距交换局为 5 千米,应选用哪种用户电缆方能满足环路电阻的要求?

解:查表可知,此型号交换机的信号电阻限值为 2 000 Ω,话机电阻小于 300 Ω,可得用户

环路每千米直流电阻为

$$R_0 = \frac{2\,000 - 300}{5} = 340(\Omega/\,\text{km})$$

故可选择表 9-8 中直径为 0.32 mm 的 28 号线。

② 交流设计

用户环路的交流设计要根据用户线的传输损耗和用户线长度来进行。设计规范规定用户环路传输损耗限值为 7 dB,当用户线路采用复接配线时将会引入 0.5 dB 的损耗,在已知用户线长度后,可计算出线路每千米损耗值。再通过查各种规格电缆的损耗,即可确定满足损耗限值的电缆线径。

【例 9-7】 对一个用户环路进行传输设计,已知用户环路采用交接配线,交换机的直流电阻限值为 2 000 Ω,标准话机的电阻值在 100~300 Ω 之间,用户环路的传输损耗限值为 7 dB,用户距交换局为 4 km,问:

- 用户环路每千米的直流电阻限值,应选择哪种规格电缆?
- 用户环路每千米的传输损耗限值,应选择哪种规格电缆?

解: 设电缆每千米的环路电阻为 R_0,用户距交换局距离为 l,话机电阻按 300 Ω 计算。则用户环路电阻

$$R = R_{\text{话机}} + R_0 \times l \leqslant 2\,000\ \Omega$$

算得
$$R_0 \leqslant (2\,000 - 300)/4 = 425\ \Omega/\text{km}$$

查表 9-8 可知,选择直径为 0.32 mm 的 28 号线。

设每千米的环路传输损耗值为 α_0,则用户环路上的传输损耗

$$\alpha = \alpha_0 \times l \leqslant 7\ \text{dB}$$

算得
$$\alpha_0 \leqslant 7/l = 7/4 = 1.75\ \text{dB/km}$$

查表 9-8 可知,选择直径为 0.40 mm 的 26 号线。

③ 确定电缆线径

从例 9-7 可以看出,交流设计和直流设计的结果会出现不一致的情况,需要综合考虑确定电缆线径。为了同时满足用户环路的传输损耗限值和交换机直流电阻限值,应该选择二者中线径较大的电缆。

【例 9-8】 已知某用户环路采用交接配线,交换机的直流电阻限值为 2 000 Ω,标准话机的电阻值为 300 Ω,用户环路的每千米的直流电阻限值为 184 Ω/km,用户环路的每千米的传输损耗为 1.925 dB/km,试问:允许用户距交换局最远为几千米?

解: 设每千米的环路电阻为 R_0,每千米的传输损耗为 α_0,用户距交换局距离为 l。

(1) 考虑直流设计

用户环路电阻
$$R = 300\ \Omega + R_0 \times l \leqslant 2\,000\ \Omega$$

$$l \leqslant \frac{2\,000 - 300}{184} \leqslant 9.24\ \text{km}$$

(2) 考虑交流设计

传输损耗 $\alpha_0 \times l \leqslant 7$ dB

$$l \leqslant \frac{7}{1.925} \leqslant 3.64\ \text{km}$$

综合考虑交流和直流设计,允许用户距交换局最远为 3.64 km。

9.4 传输网规划

9.4.1 电路数量的一般计算方法

各业务网、支撑网中产生的业务流量,需要用传输电路来实现这些业务量在网络节点间的流动,这个网络就是局间中继传输网。不同的业务网其业务量的表现形式不同。对于以电路交换为基础的网络,如 PSTN、ISDN 和 PLMN,其业务量是用一条线路在忙时内被占用的时间比,即 Erl 为单位表示;对于数据网,其业务量一般用比特数或比特率来表示,即 kbit,kbit/s 或 Mbit/s 等来表示。对于支撑网和附加业务网,将根据该种网络所传递信息的性质来表示。数字同步网一般用 2 Mbit/s 电路来表示。No.7 信令网和智能网对传送信息的需求尽管有每秒消息信号单元的个数(MSU/s),每忙秒试呼次数(其单位为 call/s)和每忙秒查询量(Query/s)等几种业务量单位,但最终都归结为比特率 bit/s 表示。传送网电路层的首要任务,就是把这些形形色色的业务量流动的需求变换为传送网电路层的电路或电路群需求。

对于电话网或所有基于固定比特率的电路交换网络,这可以利用全利用度的爱尔兰公式计算。爱尔兰公式的原型是不适于计算的,可以化成如下形式:

$$E_n(A) = \frac{A \times E_{n-1}(A)}{n + A \times E_{n-1}(A)} \tag{9-41}$$

其中,A 为话务量(Erl),n 为电路数,$E_n(A)$ 为话务量为 A、电路数为 n 时的呼损率。式(9-41)表达了电路数 n,话务量 A 和呼损率 $E_n(A)$ 三个量之间的关系。利用这一公式进行计算需要做大量的数字计算,为了使用方便绘制成了名为爱尔兰 B 表的表格。利用该表在已知话务量 A 和呼损率 $E_n(A)$ 的条件下就可以求得所需电路路数 n(与 9.3.2 本地网规划的中继电路数的计算方法相同)。

【例 9-9】 已知话务量 $A = 7.3$Erl 和呼损率 $E_n(A) = 0.05$,求所需电路路数 n。

N/B	0.01	0.05	0.1	0.5	1.0
1	.0001	.0005	.0010	.0050	.0101
2	.0142	.0321	.0458	.1054	.1526
3	.0868	.1517	.1938	.3490	.4555
4	.2347	.3624	.4393	.7012	.8694
5	.4520	.6486	.7621	1.132	1.361
6	.7282	.9957	1.146	1.622	1.909
7	1.054	1.392	1.579	2.158	2.501
8	1.422	1.830	2.051	2.730	3.128
9	1.826	2.302	2.558	3.333	3.783
10	2.260	2.803	3.092	3.961	4.461
11	2.722	3.329	3.651	4.610	5.160
12	3.207	3.878	4.231	5.279	5.876
13	3.713	4.447	4.831	5.964	6.607
14	4.239	5.032	5.446	6.663	7.352
15	4.781	5.634	6.077	7.376	8.108
16	5.339	6.250	6.722	8.100	8.875
17	5.911	6.878	7.378	8.834	9.652
18	6.496	7.519	8.046	9.578	10.44
19	7.093	8.170	8.724	10.33	11.23
20	7.701	8.831	9.412	11.09	12.03

图 9-22 爱尔兰 B 表(局部)

解：根据题中给定数值，查表(图 9-22)可得出所需电路数为 $n=15$。

呼损率取值按原邮电部的有关规定：长-市中继线呼损率为 5‰；市-长中继线呼损率为 5‰；市-市中继线低呼损电路的呼损率为 1.0%；人工长途台中继线呼损率为 5‰；特服中继线呼损率为 1.0%。根据所采用不同的电路性质，以其对应的呼损率和业务量，即可求得相应的电路数。

在实际传输信息时，如果每一条电路都用一条物理线路来实现，则传输线路设备将变得非常庞大和不经济，为此常常采用组成电路群之后再进行物理传输，这是通过传送网的复用功能来实现的。目前对数字电路的组群，世界上通行的有北美标准和欧洲标准，我国是跟随欧洲标准的，即以每 30 条 64 kbit/s 的数字电路组成一个数字电路群，称为一次数字群或简称一次群。这种全数字化的中继传输网的路由选择与计算方法可用 T. H. F 图的图解法确定，与前述讨论相同这里不再赘述。

9.4.2 传输网络的生存性

1. 基本概念

网络的生存性又称网络生存率，是指网络在正常使用环境下一旦出现故障时，能调用冗余的传送实体，完成预定的保护和恢复功能的能力。传统提高网络生存性的基本方法是通过提供冗余传送实体，当检测到缺陷或性能劣化时去替换这些失效或劣化的传送实体。

2. 网络冗余度与生存性的计算

（1）网络的冗余度

网络的冗余度可由式(9-42)和式(9-43)计算：

$$\text{网络的冗余度} = \frac{\sum_{i=1}^{n}(\text{线段的冗余度}\ i \times \text{线段允许的容量}\ i)}{\sum_{i=1}^{n}\text{线段允许的容量}\ i} \tag{9-42}$$

$$\text{线段的冗余度} = \frac{\text{线段允许的容量} - \text{线段的业务量}}{\text{线段允许的容量}} \tag{9-43}$$

【例 9-10】 假设如图 9-23 网络的各段均采用 2.5 Gbit/s 的线速率，亦即线段允许的最大容量为 $16 \times \text{STM-1}$，而实际每段传输的业务量如图 9-23 所示。为方便书写，以下均省去 STM-1 的单位。试计算网络的冗余度。

解：由式(9-43)可算得各段的冗余度如下：

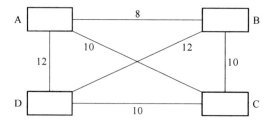

图 9-23　线段冗余度计算示例图

AB 段冗余度 $=(16-8)/16=50\%$

BC 段冗余度 $=(16-10)/16=37\%$

CD 段冗余度＝(16－10)/16＝37％

AD 段冗余度＝(16－12)/16＝25％

AC 段冗余度＝(16－10)/16＝37％

BD 段冗余度＝(16－12)/16＝25％

则网络的冗余度 $=\dfrac{50\%+37\%+37\%+25\%+37\%+25\%}{6}=35.2\%$。

（2）网络的生存性

网络的生存性可由式(9-44)和式(9-45)计算：

$$\text{网络的生存性}=\dfrac{\sum\limits_{i=1}^{n}(\text{线段的生存性}\,i\times\text{线段的业务量}\,i)}{\sum\limits_{i=1}^{n}\text{线段的业务量}\,i} \tag{9-44}$$

$$\text{线段的生存性}=\dfrac{\sum\limits_{i=1}^{n}\text{某迁回路由能疏导的业务量}\,i}{\text{线段的总业务量}} \tag{9-45}$$

某迁回路由能疏导的业务量是指经某一迁回路由能利用的部分容量,这一能利用的部分容量是指除已使用的业务容量外的冗余容量的适当分配。

现以同样的网络数据列举生存性计算的例子。

【例 9-11】　假设各段之间均采用 2.5 Gbit/s 的速率,其中 m/n 表示该传输段的冗余业务量与已使用业务量,单位为 STM-1,如图 9-24 所示。试计算网络的生存性。

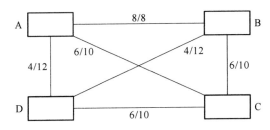

图 9-24　线段生存性计算示例图

解：由式(9-45)计算各段的生存性：

AB 段的生存性＝(6＋2)/8＝100％ ,迁回路由为 A-C-B 和 A-D-B

BC 段的生存性＝(6＋4)/10＝100％ ,迁回路由为 B-A-C 和 B-D-C

CD 段的生存性＝(4＋4)/10＝80％ ,迁回路由为 C-A-D 和 C-B-D

AD 段的生存性＝(6＋4)/12＝83％ ,迁回路由为 A-C-D 和 A-B-D

AC 段的生存性＝(6＋4)/10＝100％ ,迁回路由为 A-B-C 和 A-D-C

BD 段的生存性＝(6＋4)/12＝83％ ,迁回路由为 B-C-D 和 B-A-D

则：

$$\text{网络的生存性}=\dfrac{100\%\times8+100\%\times10+80\%\times10+83\%\times12+100\%\times10+83\%\times12}{8+10+10+12+10+12}=90\%$$

9.4.3　本地 SDH 传输网设计实例

1. 本地网的拓扑结构及说明

某地区电信局的网络结构如图 9-25 所示。

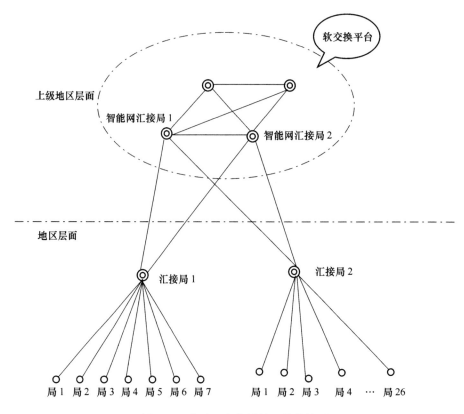

图 9-25 某地区电信局的网络结构图

图 9-25 中的汇接局 1 和汇接局 2 均是不带用户的纯汇接局,均采用星形网结构连接端局。汇接局 1 共汇接 7 个局,汇接局 2 共汇接 26 个局。为了便于集中计费和实现新业务,上级地区本地网已经采用软交换平台,采用了软交换平台后,要求本地网内任一端局的任一次呼叫必须经过软交换平台交换后,才能到达目的局。所以,即使一个端局内的用户呼叫本端局的另一个用户,也必须经过软交换平台,才能到达本端局的另一用户。所以本地区的两个汇接局之间无直达电路,各端局之间也无直达电路,各端局只与汇接局有电路。

2. 传输网拓扑结构设计

本次设计范围是汇接局 1 和其所连接的 7 个端局所组成的本地传输网,如图 9-26 所示。

本次设计的传输网所连接的局站共有 8 个,有汇接局 1 和其所连接的 7 个端局,本次设计的传输网的物理结构如图 9-27 所示。

3. 话务流量预测

由本地网的逻辑结构可知,本次设计的小环的传输网所连接的 8 个局站中,7 个端局之间无电路,7 个端局只与所连接的汇接局有电路。所以在计算各局站之间的业务量时,只进行 7 个端局到所连接的汇接局的业务量的计算,即只计算 7 个端局各自发生的话务量。

各端局发生的话务量的计算公式为

各端局发生的话务量=各局用户数×各局的每户平均话务量

其中各端局的每户平均话务量是通过观察和统计得到的,如表 9-9 所示。

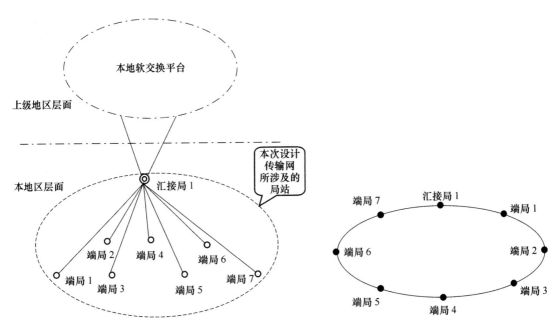

图 9-26 本次设计范围内的本地网结构示意图　　　　图 9-27 传输网的物理结构图

表 9-9 各端局用户数和每户平均话务量

局站	用户数	每户平均话务量
端局 1	3 230	0.065 2
端局 2	5 158	0.051 4
端局 3	4 927	0.056 2
端局 4	4 288	0.049
端局 5	3 238	0.054 2
端局 6	3 410	0.053 5
端局 7	6 726	0.041 2

则各端局发生的话务量计算如下：

$$A_1 = 3\,230 \times 0.065\,2 = 210.596\text{Erl}$$
$$A_2 = 5\,158 \times 0.514 = 265.121\,2\text{Erl}$$
$$A_3 = 4\,927 \times 0.056\,2 = 276.897\,4\text{Erl}$$
$$A_4 = 4\,288 \times 0.049 = 210.112\text{Erl}$$
$$A_5 = 3\,238 \times 0.054\,2 = 175.499\,6\text{Erl}$$
$$A_6 = 3\,410 \times 0.053\,5 = 182.435\text{Erl}$$
$$A_7 = 6\,726 \times 0.041\,2 = 277.111\,2\text{Erl}$$

4. 中继电路数的计算

各局站之间的 2 M 电路数量的计算方法为：依据计算出的业务流量与中继电路呼损率的要求（小于 1‰），查爱尔兰表即可知所需的中继电路数，这个数量除以 30 向上取整数即可得到所需的 2M 电路数，如表 9-10 所示。

下面以端局 1 到汇接局 1 的中继电路数和 2M 的计算过程为例给出 7 个端局到汇接局的

中继电路数和 2M 数。

端局 1 到汇接局 1 的业务量的大小是 210.596Erl,根据中继电路呼损率的要求(小于1‰),查爱尔兰表可知所需中继电路数为 301 条,301 除以 30 向上取整数为 11,及所需 2M 电路数为 11 条。

表 9-10 各端局到汇接局所需 2M 电路数

局站	到汇接局的中继电路数	到汇接局的中继 2M 数量
端局 1	301	11
端局 2	379	13
端局 3	396	14
端局 4	301	11
端局 5	251	9
端局 6	261	9
端局 7	396	14

本次设计的传输环网各局站之间的 2M 数量如表 9-11 所示。

表 9-11 各局站之间的 2M 电路数量

局名	汇接局	端局 1	端局 2	端局 3	端局 4	端局 5	端局 6	端局 7	小计
汇接局		11	13	14	11	9	9	14	81
端局 1	11								11
端局 2	13								13
端局 3	14								14
端局 4	11								11
端局 5	9								9
端局 6	9								9
端局 7	14								14
小计	81	11	13	14	11	9	9	14	162

5. 环网容量设计

我国的 SDH 技术规定中的复用映射结构是以 G.709 建议的复用结构为基础的,根据此规定的复用结构和本次设计的传输环网各局站之间的 2M 电路数,本次设计的环网的容量是STM-4,即本次设计的小环是一个 622 Mbit/s 的环。

6. 通路组织时隙分配

通路组织时隙分配如图 9-28 所示。

7. 局间中继距离的计算

最大中继距离是光纤通信系统设计的一项主要任务,应考虑衰减和色散这两个限制因素,特别是后者,它与传输速率有关,高速传输情况下甚至成为决定因素。下面简单介绍最大中继距离计算的基础知识。

在光纤通信系统中,光纤线路的传输性能主要体现在其衰减特性和色散特性上,下面分别介绍。

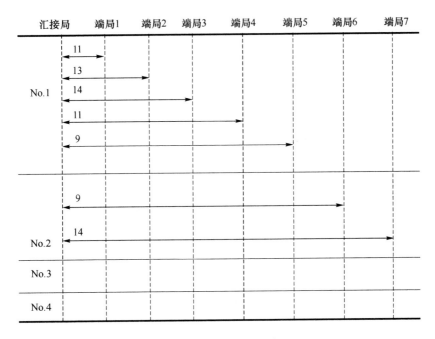

图 9-28　通路组织时隙分配

（1）衰减受限系统

光纤损耗的概念是指光功率随传输距离的增加而按指数规律下降。在衰减受限系统中，中继距离越长，则光纤系统的成本越低，获得的技术经济效益越高。因而这个问题一直受到系统设计者们的重视。当前，广泛采用的设计方法是 ITU-T G.958 所建议的最坏值设计法，计算站点 S、P 之间的传输距离。

最坏值设计法计算最大中继距离的公式：

$$L_{SR} = (P_{SEL} - P_{REL} - P_P - C - M_E)/(A_f + A_S + M_C) \quad (km) \qquad (9\text{-}46)$$

其中：P_{SEL} 为 S 点寿命终了时的最小平均发送功率（dBm）；P_{REL} 为 P 点寿命终了时的最差灵敏度（BER$<10^{-12}$）（dBm）；P_P 为光通道功率代价（dB）；C 为活动连接器的连接损耗（dB/处）；M_E 为设备富余度（dB）；M_C 为光缆富余度（dB/km）；A_f 为中继段的平均光缆衰减系数（dB/km）；A_S 为中继段平均接头损耗（dB）。

（2）色散受限系统

信号在光纤中是由不同频率成分和不同模式成分携带的，这些不同的频率成分和模式成分有不同的传播速度，在接收端接收时出现前后错开的现象叫色散，它使波形在时间上发生了展宽。在光纤通信系统中，如果使用不同类型的光源，则由光纤色散对系统的影响各不相同。

① 使用多纵模激光器（MLM）和发光二极管（LED）

此时，计算公式为

$$L_D = \frac{\varepsilon \times 10^6}{B \times \Delta\lambda \times D} \quad (km) \qquad (9\text{-}47)$$

其中：B 为线路码速率（Mbit/s）；D 为色散系数［ps/(km·nm)］；$\Delta\lambda$ 为光源谱线宽度（nm）；ε 为与色散代价有关的系数。

其中 ε 由系统中所选用的光源类型来决定，若采用多纵模激光器，则具有码间干扰和模分配噪声两种色散机理，故取 $\varepsilon = 0.115$；若采用发光二极管，则主要存在码间干扰，应取 $\varepsilon =$

0.306。

② 使用单纵模激光器(SLM)

此时,色散代价主要是由啁啾声决定的,其中继距离计算公式如下:

$$L_C = \frac{71\ 400}{\alpha \cdot D \cdot \lambda^2 \cdot B^2} \tag{9-48}$$

其中,α 为频率啁啾系数。当采用普通 DFB 激光器作为系统光源时,α 取值范围为 4～6;当采用新型的量子阱激光器时,α 值可降低为 2～4;而对于采用电吸收外调制器的激光器模块的系统来说,α 值还可进一步降低为 0～1。

B 为线路码速率,但量纲为 Tbit/s。

D 为色散系数 $[\text{ps}/(\text{km} \cdot \text{nm})]$。

对于某一传输速率的系统而言,在考虑上述两个因素的同时,根据不同性质的光源,可以利用式(9-46)、式(9-47)[或式(9-48)]分别计算出两个中继距离 L_{SR}、L_D(或 L_C),然后取其较短的作为该传输速率情况下系统实际可达的中继距离。

8. 保护方式设计

本次设计采用二纤单向通道保护环,如图 9-29 所示,下面以端局 5 和汇接局 1 的保护为例说明其保护的实施过程。

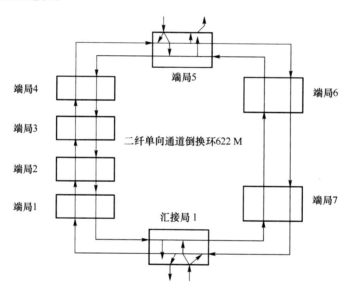

图 9-29　二纤单向通道保护环

正常情况下,当信息由汇接局 1 插入时,一路信号顺次经由端局 1、端局 2、端局 3 和端局 4 到达端局 5;另一路信号顺次经由端局 7、端局 6 到达端局 5。这样,在端局 5 同时从主用光纤(顺时针流向光纤)和备用光纤(逆时针流向光纤)中分离出所传送的信息,再按分路通道信号的优劣决定哪一路信号作为接收信号。同样,当信息由端局 5 插入时,分别由主用光纤和备用光纤所携带,前者顺次经由端局 6、端局 7 到达汇接局 1,后者顺次经由端局 4、端局 3、端局 2 和端局 1 到达汇接局 1,汇接局 1 根据接收到的两路信号的优劣,择优作为接收信号。

当端局 4 与端局 5 两个节点间出现线路故障时,如图 9-30 所示。

当信息由汇接局 1 插入时,分别由主用光纤和备用光纤所携带,一路由备用光纤到达端局 5,而经主用光纤插入的信息不能到达端局 5,这样根据通道选优原则,在端局 5 的倒换开关由主用光纤转至备用光纤,即从备用光纤中选取接收信息。当信息由端局 5 插入时,信息同样在主用光纤和备用光纤中同时传送,但只有经主用光纤的信息可以到达汇接局 1,因而汇接局 1 只能以来自主用光纤的信息作为接收信息。

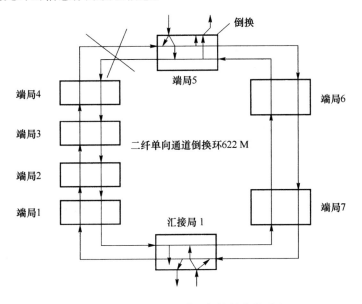

图 9-30　二纤单向通道环保护的实施过程

9. 同步方式设计

在本次设计中,汇接局 1 的时钟是通过外同步定时源的方法直接从 BITS 提取;各点的时钟与汇接局 1 的时钟同步,其时钟信号从接收信号中提取(具体是采用线路定时的办法来提取),图 9-31 是时钟引入示意图。

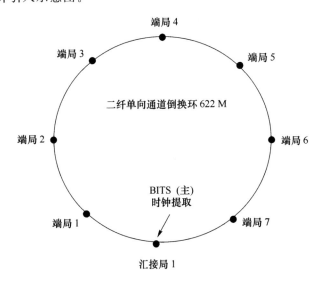

图 9-31　环路时钟引入示意图

图 9-32 是此环的同步示意图。

正常情况下,由于采用的是双纤单向通道保护环,各点的时钟根据定义好的设置从第一等级提取,在非正常情况下(某一点光纤断),则环中有的点从第一等级提取不到时钟,则会自动根据定义好的设置从第二等级提取。假设图 9-31 中端局 3 到端局 4 的光纤断裂,如图 9-33 所示,从网络拓扑结构上可知只有端局 4 提取不到第一等级的时钟,端局 4 会根据的定义好的设置从第二等级提取时钟,它会从端局 5 方向提取时钟,而其余各点还是从第一等级提取时钟。

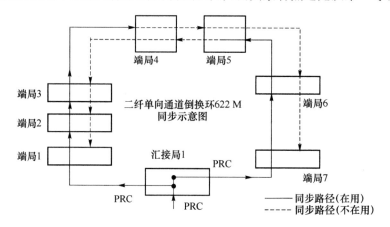

图 9-32 环路时钟跟踪图

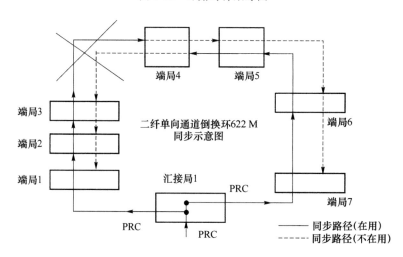

图 9-33 保护状态的环路时钟跟踪图

9.5 接入网规划

接入网建设不但所需投资巨大,要占到全网投资的 $1/3 \sim 1/2$,而且作为网络的末端,往往面对十分复杂情况,因而接入网的规划和建设是通信网络规划的一个重要方面和不容忽视的环节。

9.5.1 接入网规划的内容

接入网规划总的指导思想是以需求为导向、统筹规划、分步实施,既要有宏观的总体发展规划作为指导,又要有微观的实施规划指导计划及建设。

1．宏观规划

接入网的宏观规划是指接入网的总体发展规划,即分析及预测未来技术发展方向、宏观的市场需求,提出接入网整体的发展目标和总体实施原则。主要内容包括:

(1) 分析及预测接入网的宏观市场需求和技术发展方向;

(2) 制订总体发展目标,提出合适的发展策略和实施原则;

(3) 选择合适的接入方式,分析可提供的业务;

(4) 制订规划期的网络组织原则。

2．微观规划

接入网的微观规划是宏观规划的具体实现形式,即根据具体实施环境制订具体的网络组织和实施策略、实施方案。主要内容包括:

(1) 现状调研及需求分析;

(2) 用户数量、类型及分布的预测,业务预测;

(3) 接入方式的比较和选择;

(4) 目标局的确定;

(5) 网络组织;

(6) 实施步骤和投资分析。

9.5.2　接入网规划的原则和流程

1．接入网规划的一般原则

(1) 应符合我国相关政策法规及技术标准;

(2) 应与全国、全省接入网的总体规划相一致,远近结合,统筹规划,分步实施;

(3) 宏观的总体发展规划与微观的实施规划相结合;

(4) 应与本地电信网络的规划和建设做统一考虑,实现网络的总体优化;

(5) 以用户需求为出发点,系统设计和配置要留有一定的余量;

(6) 兼顾网络优化和经济性、技术先进性和合理性;

(7) 同步建设符合 TMN 要求的接入网网络管理系统,充分考虑网络的安全性;

(8) 充分考虑市场竞争的影响。

2．接入网规划的一般流程

接入网规划的一般流程如图 9-34 所示。

9.5.3　接入网的网络组织

1．接入网组网中的几个概念

(1) 灵活点(Flexible Point,FP):对于铜缆网就是交接箱,对于光缆网就是主干段与配线段的连接处,故又称为光交接点。其设置应满足:业务量比较集中,位置相对重要;光缆进出方便,一般应有两个方向;发展相对稳定,不易受市政建设工程影响等。

(2) 分配点(Distribution Point,DP):或称业务接入点 SAP:对于铜缆网就是分线盒,对于光缆网就是光节点或称光网络单元(ONU)。原则上一个 ONU 服务于一个接入网小区,具体设备可设置在室内或室外。如果设置在大楼内就是 FTTB,在大型企事业单位、党政机关、

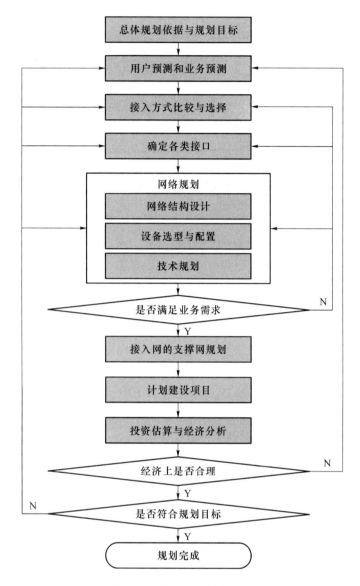

图 9-34　接入网规划流程图

大专院校或住宅小区中心就是 FTTC。

（3）接入网小区(Cell)和小区中心(Cell Center)：是规划接入网组织结构中的最小单元，原则上一套接入网设备服务于一个小区。小区中心就是分配点 DP，DP 是放置接入网设备（例如 ONU）的地方，故常称为接入设备间。

（4）接入网服务区(Service Area)：由接入网的一个主干网服务所覆盖的区域。可以有单局覆盖的服务区，也可以有双局覆盖的服务区。接入网服务区允许出现部分重叠现象。

2. 接入网的分层结构

接入网从局端到用户端可以依次分为主干层、配线层（或称分配层）和引入层三个层次，如图 9-35 所示。主干层上的节点就是 FP，如果主干网是光缆网，常常在这点上设置 ODF，实现光纤节点的交接。分配层上的节点就是 DP，一般是在 DP 上配置接入网设备，因此最好把它设置在接入网小区中心；如果分配层为光缆网，则该设备就是 ONU。引入层一般是由 DP 为顶点的星形铜缆网,连接到每个用户。

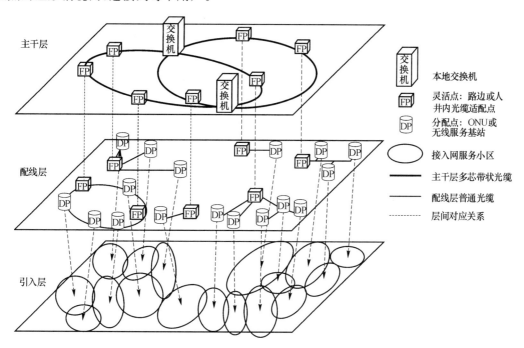

图 9-35　接入网的分层结构

接入网进行分层的好处是:

(1) 网络的层次清晰,有利于各层独立进行规划和建设,独立采用新技术和新设备,独立地进行网络的优化,方便运行管理和维护。

(2) 可迅速扩大光接入网的覆盖面,有利于逐步推进实现光纤到户的长远目标。

(3) 主干网络相对稳定,有利于适应业务节点和用户的需求;提高网络利用率,节约投资。

(4) 采用配线层和引入层,能较灵活适应各种用户对业务不断变化的需求。

(5) 便于接入网从窄带向宽带的过渡。

3. 接入网络组织的原则

(1) 接入网建设当前以及未来长期的重点是光纤化,应提前进行规划和光缆敷设。光纤化应首先从主干层开始,然后逐步向配线层、引入层推进。在技术合理、经济允许的前提下,尽量让光纤靠近用户。

(2) 目标交换局是接入网主干层组网的关键和网络的源头。出于对网络保护以及业务发展的考虑,主干层应尽量采用环路通过或贯穿两个目标交换局的环形结构或总线结构。总线结构虽然也有保护功能,但服务区不易规划安排,故实际应用并不多,绝大部分还是环形网。建议在规划时,主干层环可以适当扩大覆盖范围。环形网可以采用光纤线路保护环或 SDH 自愈环。

(3) 城市近郊及乡镇中心地区,或者以非目标交换局作为源头组织的主干网亦应采用光缆,可以是单局网也可以是双局网,并应尽量成环。实在不具备成环条件的,可暂时采用无递减配芯的光缆,组成星形或树形结构,以便日后能成环。

(4) 当主干光缆已具备双路由保护时,可以是单个光节点,也可以串联几个相邻的光节点一道,按双路由接入到单个或两个主干节点上,与主干光缆一起构成大环形拓扑结构;或者也可以采用星形、树形或总线型结构，以单路由或双路由接入到主干环的 FP 上，获得部分传输段的保护。

（5）主干层节点 FP 与配线层节点 DP 应统一规划。有时可以利用大用户和重要用户驻地的地理位置作为主干层或分配层节点，既可解决接入网设备机房，又便于当引入 SDH 设备时直接利用 ADM 的电口与设备相连，同时也有利于业务的保护。

（6）目前引入层较多采用铜质双绞线，也可酌情采用五类线或光缆。对于已经实现FTTB 的商住大楼，其引入层即为楼内的布线部分。

9.6 No.7 信令网规划

9.6.1 No.7 信令网规划的内容

No.7 信令网发展规划的主要内容应包括信令网现状和存在问题分析，No.7 信令网建设发展和扩容规划，各种信令链路需求预测，各规划期信令准直联网的网络及网点的设置，信令网的组织结构规划等。

信令网的现状，应包括所属网内信令网络图，准直联信令链路的组织状况。如果本地网已启用 STP 对，应说明目前准直联信令链路开设情况和准直联信令链路的传输组织方式，信令链路的平均负荷（直联链路和准直联链路分开统计）等。

9.6.2 No.7 信令网规划的原则

No.7 信令网发展规划中应注意保持网络结构的相对稳定，尽量在原有组织的基础上进行扩容，当必须增加新的 STP 时，应尽早确定网络结构，避免以后大量的网络调整工作。

未来信令网是直联与准直联混合的结构，新建的信令链路以准直联为主，接入准直联信令网的信令点，应是网络中的一些重要节点，包括目标交换局、业务网关等。各信令点提供准直联链路的终端应具备较高的处理能力。

A 链路组可只设置一条信令链路，移动交换局应就近接入 LSTP 对，针对智能网节点等特殊的信令点，当信令业务量过大时，可以因如高速信令链路，但要从全网的角度综合考虑。对于 PSTN、ISDN 业务，在信令业务量过大的信令点之间可设置直联信令链路。随着智能网SSP 布点的广泛性，智能业务尽量通过准直联信令网转接。

近期应陆续完成 ISUP 信令替代 TUP 信令的工作。由此信令负荷将有相应的增加，信令链路与所能承载的电路数量要相应调整。

多个网络运营商之间的信令信息通信近期宜采用直联方式，当两个运营商之间开通有基于 SCP 之上的新业务（如智能网业务），需要信令网互通时，要过渡到 STP 互联的准直联方式。

近期应开展 No.7 信令与 IP 协议转换的试验，最好能将信令网关合设在 STP 中，以节约投资。面对宽带网的发展，如果我国的宽带信令标准采用 B-ISUP，则还要考虑 STP 的升级改造。

应同步地建立起 No.7 信令网的网管系统,并逐步提供标准的 Q3 接口。

9.6.3　信令链路的计算

作为 No.7 信令网规划中的定量部分,最主要的是有关信令链路的计算。作为消息传递部分 MTP 第一级的信令数据链路,是一条传输信令的双向传输通路,由两条反方向 64 kbit/s 速率的数据通道组成。

1. 端局信令链路的计算

(1) 每条信令链路可控制的中继电路数

根据邮电部《No.7 信令网技术体制》,一条 64 kbit/s 的信令链路可以控制的业务电路数为

$$C = \frac{A \cdot 64\,000 \cdot T}{e \cdot M \cdot L} \tag{9-49}$$

其中:A 为 No.7 信令链路正常负荷(Erl/link),暂定为 0.2Erl/link;T 为呼叫平均占用时长(s);e 为每中继话路的平均话务负荷(Erl/ch),可取 0.7Erl/ch;M 为一次呼叫单向平均 MSU 数量(MSU/call);L 为平均 MSU 的长度(b/MSU)。

根据电信总局《No.7 信令网维护规程(暂行规定)》的规定,对于独立 STP 设备,一条信令链路正常负荷为 0.2Erl,最大负荷为 0.4Erl,当信令网支持 IN、MAP OMAP 等功能时,一条信令链路正常负荷为 0.4Erl,最大负荷为 0.8Erl。

对于电话网用户部分(TUP)的信令链路负荷计算,作为普通呼叫模型涉及的参数作以下取定:

- 呼叫平均时长对长途取 90 s,对市话取 60 s;
- 单向 MSU 数量对长途取 3.65MSU/call,对市话取 2.75MSU/call。
- MSU 平均长度对长途呼叫取 16O bit/MSU,对本地呼叫取 140bit/MSU。

按式(9-49)及上述相应参数取值计算可得:

- 在本地电话网中一条信令链路在正常情况下可以负荷本地呼叫的 2 850 条话路;
- 在长话自动呼叫时一条信令链路正常情况下可以负荷 2 818 条话路。

但因所假设的电路呼叫模式不准确,且各地差别较大及参数取值的差异等,加之目前尚未考虑信令网支持 ISDN、智能网、移动网以及信令网管理等业务。此外要考虑信令网的安全性。因此,每一条信令链路负荷的中继电路数应按不大于 2 000 话路来计算。故在按局间话务流量及呼损率要求计算出中继电路数后就可求得所需要的信令链路数 N_A。

$$N_A = 中继电路数/2\,000 \tag{9-50}$$

(2) 信令转接点 STP 设备的处理能力

作为信令转接点 STP 设备的处理能力,或者信令网的业务流量基本单位,习惯均是以每秒可以处理或者流过的消息信令单元数量来表示,可按式(9-51)计算:

$$m = \frac{Y \cdot 2M}{T} \tag{9-51}$$

其中:m 为信令转接点 STP 设备的处理能力;Y 为 STP 所承载的话务量(Erl);M 为一次呼叫单向平均 MSU 数量(MSU/cal);T 为呼叫平均占用时长(s)。

计算 A 链路开设数量时,首先取话务流量比例和直联链路负荷比例,如表 9-12 所示。

表 9-12　话务流量比例及直联链路负荷比例的取定

规划期	市话用户每线话务量/Erl	农话用户每线话务量/Erl	话务流量比例						直联链路分担比例
			局内比	局间比	长途比 20%			
					国际	省际	省内	
2001 年	0.1	0.08	10%	70%	5%	25%	70%	10%
2002—2003 年	0.11	0.09	10%	70%	5%	25%	70%	10%
2004—2005 年	0.12	0.1	10%	70%	5%	25%	70%	10%

总话务量可从表(9-12)中的数据,按式(9-52)求得:

$$Y = U_C \cdot E_C + U_R \cdot E_R \tag{9-52}$$

其中:Y 为总话务量;U_C 为市话用户数;E_C 为市话用户每线话务量;U_R 为农话用户数;E_R 为农话用户每线话务量。

2. 纯汇接局到 LSTP 信令链路的计算

(1) 中继线产生的信令业务量

与纯汇接局相连接的只是中继线,所以应计算中继线产生的信令业务量,即纯汇接局的 A 链路的信令业务量。

中继产生的信令业务量:

$$G = \frac{C \cdot e \cdot B \cdot L}{T \times 64\,000 \times 2} \tag{9-53}$$

其中:G 为中继产生的信令业务量;C 为中继电路数;e 为话务量/每中继(0.7 Erl/线);B 为双向平均 MSU 数/呼叫;L 为平均 MSU 长度(160 bit/MSU);T 为平均占用时长(90 s)。上述括号中的数值为一般取定数值。

(2) 纯汇接局到 LSTP 信令链路

根据电信总局《No.7 信令网维护规程(暂行规定)》的规定,对于独立 STP 设备,一条信令链路正常负荷为 0.2Erl。

则对汇接局而言的 SP 到 LSTP 的 A 链路的数量可按下式计算:

$$N_A = \frac{G}{0.2} = \frac{C \cdot e \cdot B \cdot L}{T \times 64\,000 \times 2 \times 0.2} \tag{9-54}$$

或者可按简单近似的方法计算:

- 在本地电话网中一条信令链路在正常情况下可以负荷本地呼叫的 2 850 条话路;
- 在长话自动呼叫时一条信令链路正常情况下可以负荷 2 818 条话路。

但因所假设的电路呼叫模式不准确,且各地差别较大及参数取值的差异等,加之目前尚未考虑信令网支持 ISDN、智能网、移动网以及信令网管理等业务。此外要考虑信令网的安全性。因此,每一条信令链路负荷的电路数应按不大于 2 000 话路来计算。

$$N_A = 中继电路数/2\,000 \tag{9-55}$$

3. B 链路的设置和 D 链路的计算

目前多数 LSTP 对间未开设 B 链路,所有跨分信令汇接区及出省的信令业务均通过 HSTP 对转接,这无疑会使得 HSTP 对的压力较大,由此也导致信令转接次数的增加。为此,在规划中要考虑信令业务流量较大的 LSTP 对间开设一定数量的 B 链路。特别在一个城市内建成第二对 LSTP 时,两对 LSTP 之间必须设置 B 链路,并且最好是高速信令链路。

D 链路主要负责分信令汇接区之间长途信令业务以及出省信令业务的转接,D 链路数的计算可按式(9-56)进行:

$$N_D = \frac{Y \cdot M \cdot L}{64\,000 \cdot T \cdot A} \tag{9-56}$$

其中:Y 为所承载的转接话务量;其余参数同前。由于固定长途业务中,同时有 PSTN 和 ISDN 的业务,它们有着不同的基本参数值,需要分别计算。

小　　结

(1) CCITT(现为 ITU-T)《通信网规划手册》对电信规划的定义是:为了满足预期的需求和给出一种可以接受的服务等级,在恰当的地方、恰当的时间,以恰当的费用提供恰当的设备。由此可见,通信网络规划就是对电信事业未来的发展方向、目标、步骤、设备和费用的估计和决定。

(2) 通信网络规划的基本步骤如下:

① 对网络、业务的历史及现状的调查研究。

② 确定规划目标,包括满足社会需求目标、保证社会效益和经济效益的目标、技术发展目标等。

③ 对网络的业务量、业务类型、技术发展趋势及前景的科学预测。

④ 网络发展规划,是通信网络规划的核心。在这个阶段,针对不同的目标网络要采用不同的规划方法和优化模型;可大量采用定量分析和优化技术,适宜引入计算机辅助优化;可提出多套规划方案并给出对比分析。

⑤ 提出建设方案并进行投资估算。

⑥ 对规划进行经济性分析,也包括规划的可行性分析和规划的评价方法、指标等。

(3) 通信网络规划的基本内容有:

• 通信发展预测;

• 通信网络优化;

• 规划方案的经济性分析。

(4) 通信业务预测应根据通信业务由过去到现在发展变化的客观过程和规律,并参照当前出现的各种可能性,通过定性和定量的科学计算方法,来分析和推测通信业务未来若干年内的发展方向及发展规律。

通信业务预测的内容主要包括用户预测、业务量预测和业务流量预测。

(5) 通信业务预测的主要步骤是:

• 确定预测对象;

• 选择预测方法;

• 定量或定性分析;

• 综合评判。

(6) 直观预测法主要依靠熟悉业务知识、具有丰富经验和综合分析能力的人员与专家,根据已经掌握的历史资料和运用个人的经验和分析判断能力,对事物的发展做出性质和程度上的判断,再通过意见的综合作为预测的结果。

常用的直观预测法有专家会议法、特尔斐(Delphi)法和综合判断法。

(7) 时间序列是将预测对象按时间顺序排列的一组数字序列。时间序列分析法就是利用这组数列,应用数理统计方法加以处理,以预测未来事物的发展。

时间序列分析的基本原理是:首先,承认事物发展的延续性,即应用历史数据就能推测其发展趋势;其次,要考虑到事物发展的过程中会受到偶然因素的影响,所以要用统计分析中的加权平均法对历史数据进行处理。

① 趋势外推法

趋势外推法是假设事物未来的发展趋势和过去的发展趋势相一致,然后通过数据拟合的方法建立能描述其发展趋势的预测模型,再用模型外推进行预测。

趋势外推法的基本理论是假定事物发展是渐进式变化,而不是跳跃式发展,根据规律推导就可预测未来趋势和状态。这种方法适合于近期预测,而不太适用于中、远期预测。

常用的趋势外推法的预测方法有:线性方程预测、二次曲线方程预测、指数方程和幂指数方程预测及几何平均数法预测等。

② 成长曲线预测法

一般来说,事物总是经过发生、发展、成熟三个阶段,而每一个阶段的发展速度各不相同。通常在发生阶段,变化速度较为缓慢;在发展阶段,变化速度加快;在成熟阶段,变化速度又趋缓慢,按上述三个阶段发展规律得到的变化曲线称为成长曲线。成长曲线预测是以成长曲线为模型进行预测的方法。

常用的成长曲线方程有龚帕兹(Gompertz)曲线方程和逻辑(Logistic)曲线方程等。

③ 平滑预测法

平滑预测法是首先对统计数据进行平滑处理,排除由偶然因素引起的波动,找出其发展规律。电信业务预测中常用的平滑预测法有:移动平均法和指数平滑法。

(8) 局间业务流量是通信网中两交换局间通信业务的数量,可分为来流量和去流量。在电话网中,业务流量是指局间的电话业务流量。常用的局间业务流量的预测方法如下。

① 吸引系数法

各局间的吸引系数表示各局间用户联系的密切程度,吸引系数法是在已知各局话务量的基础上,通过吸引系数求得各局间话务流量。

② 重力法

当已知某局的总发话话务量的预测值,但缺乏相关各局的历史数据和现状数据时,为了将其总发话话务量分配到各局去,可采用重力法得到局间话务量的预测值。

(9) 不同的业务网其业务量的表现形式不同。对于以电路交换为基础的网络,如 PSTN、ISDN 和 PLMN,其业务量是用一条线路在忙时内被占用的时间比,即 Erl 为单位表示;对于数据网,其业务量一般用比特数或比特率来表示,即 kbit、kbit/s 或 Mbit/s 等来表示。对于支撑网和附加业务网,将根据该种网络所传递信息的性质来表示。数字同步网一般用 2 Mbit/s 电路来表示。No.7 信令网和智能网对传送信息的需求尽管有每秒消息信号单元的个数(MSU/s),每忙秒试呼次数(其单位为 call/s)和每忙秒查询量(Query/s)等几种业务量单位,但最终都归结为比特率 bit/s 表示。传送网电路层的首要任务,就是把这些形形色色的业务量流动的需求变换为传送网电路层的电路或电路群需求。

(10) 网络的生存性又称网络生存率,是指网络在正常使用环境下一旦出现故障时,能调用冗余的传送实体,完成预定的保护和恢复功能的能力。

(11) 接入网规划总的指导思想是以需求为导向、统筹规划、分步实施,既要有宏观的总体发展规划作为指导,又要有微观的实施规划指导计划及建设。

① 宏观规划

宏观规划是指接入网的总体发展规划,即分析及预测未来技术发展方向、宏观的市场需求,提出接入网整体的发展目标和总体实施原则。

② 微观规划

微观规划是宏观规划的具体实现形式,即根据具体实施环境制订具体的网络组织和实施策略、实施方案。

(12) No.7 信令网发展规划的主要内容应包括:信令网现状和存在问题分析;No.7 信令网建设发展和扩容规划;各种信令链路需求预测;各规划期信令准直联网的网络及网点的设置;信令网的组织结构规划等。

习　　题

9-1　什么是通信网络规划?简述其如何分类。

9-2　简述通信网络规划的基本步骤。

9-3　简述通信网络规划的内容。

9-4　什么是通信业务预测?通信业务预测主要包括哪几个方面的内容?

9-5　简述通信业务预测的主要步骤。

9-6　什么是时间序列分析法?其基本原理是什么?

9-7　试分别用线性方程、二次曲线方程求解例 9-1。

9-8　已知某直辖市 2002—2009 年年末移动电话交换机容量如题表 9-1 所示,试用几何平均数法预测该直辖市 2010 年和 2011 年移动电话交换机容量(忽略平均差波动系数)。

题表 9-1　某直辖市 2002—2009 年年末移动电话交换机容量

年份	用户数/万户	年份	用户数/万户
2002	811.5	2006	1 782.0
2003	1 076.6	2007	2 038.0
2004	1 351.0	2008	2 398.0
2005	1 597.0	2009	3 106.0

9-9　简述"大容量、少局点"的布局。

9-10　本地网的局所规划都有哪些内容?

9-11　设有四个交换局,各交换局之间的话务量 A 及费用比 ε 如题表 9-2、题表 9-3 所示,根据 T.H.D 图(题图 9-1)确定 T.H.D 路由表,并画出中继线路网结构图。

题表 9-2　话务量 A

	1	2	3	4
1	—	60	33	25
2	18	—	2	10
3	28	1	—	47
4	67	20	40	—

题表 9-3　费用比 ε

	1	2	3	4
1	—	0.31	0.57	0.55
2	0.31	—	0.68	0.62
3	0.57	0.68	—	0.20
4	0.55	0.62	0.20	—

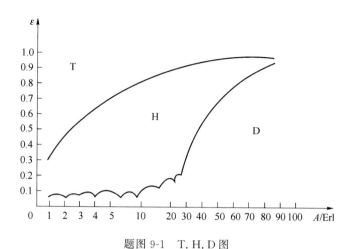

题图 9-1　T. H. D 图

9-12　对一个用户环路进行传输设计,已知用户环路采用交接配线,交换机的直流电阻限值为 1 900 Ω,用户环路的传输损耗限值为 7 dB,用户距交换局为 3 km,求:

(1) 用户环路每千米的直流电阻限值;

(2) 用户环路每千米的传输损耗限值。

9-13　简述接入网的宏观规划。

9-14　简述接入网的分层结构及其好处。

第10章 下一代网络

下一代网络(Next Generation Network，NGN)泛指一个不同于现有网络的、采用大量新技术，以 IP 技术为核心，同时可以支持语音、数据和多媒体业务的融合网络。软交换网络是以软交换设备为呼叫控制核心，在分组交换网上提供实时语音和多媒体业务的网络，是 NGN 实现方式之一。IP 多媒体子系统(IP Multimedia Subsystem，IMS)是采用 SIP 协议(会话初始协议)进行控制，实现移动性管理、多媒体会话信令和承载业务传输，是 NGN 发展的主要技术方向之一。本章对 NGN、软交换技术及 IMS 技术进行概要介绍，主要包括以下几个方面的内容：

- NGN 的基本概念、NGN 的体系结构、NGN 的关键技术及现有网络向 NGN 演进的路线。
- 软交换的基本概念、软交换系统的架构、软交换支持的协议及软交换网络与其他网络的互通。
- IMS 的基本概念、IMS 的功能体系结构和 IMS 的组网结构。

10.1 下一代网络概述

随着信息技术的快速发展和互联网的广泛使用，人们对通信的需求呈现宽带化、个性化、综合化的特征，对移动性的需求也与日俱增。在这种形势下，能够提供包括语音、数据、视频等多媒体综合业务的、开放的下一代网络应运而生。

10.1.1 NGN 的基本概念和特点

1. NGN 的基本概念

就词义来说，NGN 泛指下一代网络，其本身就缺乏明确的指向，而且 NGN 涵盖的通信领域也非常广泛，所以国际标准化组织、研究机构及业界给它下的定义也不尽相同。目前，得到较多的认可的 NGN 的概念有广义和狭义两种。

从广义上讲，NGN 泛指一个不同于现有网络，采用大量新技术，以 IP 技术为核心，同时可以支持语音、数据和多媒体业务的融合网络。从这个角度来看，不同行业和领域对 NGN 有着不同的理解和指向。对于交换网，则 NGN 指网络控制层采用软交换或 IMS 为核心的下一代交换网；对于移动网，则 NGN 指以 3G/E3G/B3G 为代表的下一代移动通信网；对于计算机通信网,则 NGN 指以 IPv6 为基础的下一代互联网(NGI);对于传输网,则 NGN 指以光联网 ASON 为基础的下一代传送网;对于接入网,则 NGN 指多元化的下一代宽带接入网(以 FTTH/WiMAX 等为代表)。

从狭义来讲,下一代网络特指以软交换设备为控制核心,能够实现语音、数据和多媒体业务的开放的分层体系架构。在这种分层体系架构下,能够实现业务与呼叫控制分离、呼叫控制与接入和承载彼此分离,各功能部件之间采用标准的协议进行互通,能够兼容各业务网(PSTN、IP 网、移动网等)技术,提供丰富的用户接入手段,支持标准的业务开发接口,并采用统一的分组网络进行传送。

2. ITU-T 对 NGN 的定义

由上述概念的理解可以看出,下一代网络的内涵十分广泛,这给如何定义下一代网络带来困难。针对这一个问题,ITU-T 在 2004 年归纳出了 NGN 的基本特征:基于分组的传送;控制功能从承载能力、呼叫/会话和应用/服务中分离;业务提供和承载网络分离,提供开放的接口;提供广泛的服务和应用,提供服务模块化的机制;保证端到端的服务质量保证(QoS)和透明性的宽带能力;通过开放的接口与现有网络互联;具有通用移动性;用户可不受限制地接入不同的服务提供商;多样化的身份认证,可以解析成 IP 地址用于 IP 网的路由;同一种服务具有一致的服务特性;融合了固定、移动网络的服务;与服务相关的功能独立于基础传输技术;符合相关法规的要求,如应急通信、安全、隐私法规等。

在此基础上,ITU-T 在 2004 年发布的建议草案中给出了 NGN 的初步定义:NGN 是基于分组的网络,能够提供电信业务,能使用多宽带、确保服务质量(QoS)的传输技术,而且网络中业务功能不依赖于底层的传输技术;NGN 能使用户自由地接入不同的业务提供商,支持通用移动性,实现用户对业务使用的一致性和统一性。

这不是 NGN 的唯一定义,而且从发展的角度来看,NGN 定义和其含义也会随着技术的进步和业界对其认识的深入而不断变化。

3. NGN 的特点

NGN 是可以提供包括语音、数据和多媒体等各种业务的综合开放的网络,从 ITU-T 给出的 NGN 的上述特征中,可以总结出 NGN 的三大特点。

(1) 下一代网络是开放的网络体系架构

将传统交换机的功能模块分离成为独立的网络部件,各个部件可以按相应的功能划分,各自独立发展。部件间的协议接口基于相应的标准。部件标准化使得原有的电信网络逐步走向开放,运营商可以根据业务的需要自由组合各部分的功能产品来组建网络。部件间协议接口的标准化可以实现各种异构网络的互通。

(2) 下一代网络是业务驱动的网络

采用业务与呼叫控制分离、呼叫控制与承载分离技术,实现开放分布式的网络结构。分离的目标是使业务真正独立于网络,灵活有效地实现业务的提供。通过开放的协议和接口,用户可以自行配置和定义自己的业务特征,不必关心承载业务的网络形式以及终端类型,使得业务和应用的提供有较大的灵活性。

(3) 下一代网络是基于统一协议的分组网络

随着 IP 网络及技术的发展,人们认识到电信网络、计算机通信网络及有线电视网络将最终统一到基于 IP 网络上,即所谓的"三网"融合。IP 协议使得各种以 IP 为基础的业务能在不同的网络上实现互通,成为三大网都能接受的通信协议。

NGN 要实现一个高度融合的网络,但不是现有网络的简单延伸和叠加,也不是某个特殊领域的技术进步,而是整个网络体系的革新,是未来通信网的持续发展方向。

10.1.2 NGN 的体系结构

1. NGN 的功能分层

NGN 研究组织及国际、国内设备提供商从功能上把 NGN 划分成包括应用层、控制层、传送层及接入层的分层结构,如图 10-1 所示。

从功能分层结构可以看出,NGN 的控制功能与承载分离、呼叫控制和业务/应用分离,因而打破了传统电信网的封闭的结构,各层之间相互独立,通过标准接口进行通信,并可实现异构网络的融合。

各层的功能简单描述如下。

(1) 接入层(Access Layer)

将用户连接至网络,提供将各种现有网络及终端设备接入网络的方式和手段;负责网络边缘的信息交换与路由;负责用户侧与网络侧的信息格式的相互转换。

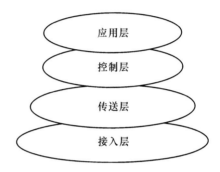

图 10-1　下一代网络的功能分层

(2) 传送层(Transport Layer)

传送层包括各种分组交换节点,是网络信令和媒体流传输的通道。NGN 的核心承载网是以光网络为基础的分组交换网,可以是基于 IP 或 ATM 的承载方式,而且必须是一个高可靠性、能够提供端到端 QoS 的综合传送平台。

(3) 控制层(Control Layer)

完成业务逻辑的执行,包含呼叫控制、资源管理、接续控制等操作;具有开放的业务接口。此层决定用户收到的业务,并能控制低层网络元素对业务流的处理。

(4) 应用层(Application Layer)

应用层是下一代网络的服务支撑环境,在呼叫建立的基础上提供增强的服务,同时还向运营支撑系统和业务提供者提供服务支持。

将现有网络演变成下一代网络并非一日之功,而原有的网络将与新网络并存,所以新网络还要能够和原有网络互通,这要求新的网络体系能够完成以下功能:与现有 No.7 信令网互通;与现有的业务(如智能网提供的业务)互通;与现有的 PSTN 体系融合。

2. 基于软交换的 NGN 体系结构

软交换(Softswitch)的基本含义就是把呼叫控制功能从媒体网关(传送层)中分离出来,通过服务器上的软件实现基本呼叫控制功能,包括呼叫选路、管理控制、连接控制和信令互通。软交换网络是以软交换设备为呼叫控制核心,在分组交换网上提供实时语音和多媒体业务的网络,软交换网络是 NGN 实现方式之一。

传统的程控交换机,一般根据功能的不同划分为控制、交换(承载连接)和接入 3 个功能层,如图 10-2 所示。传统程控交换机的缺点主要有:各层之间没有开放的互联标准和接口,而是采用设备制造商非开放的内部协议;这 3 个功能层之间不仅在物理上是一体的,而且这 3 个功能层的软、硬件互相牵制,不可分割;能够提供的业务受交换机软、硬件的限制,需要修改软件或硬件来支持新增或修改业务,提供新业务十分困难。

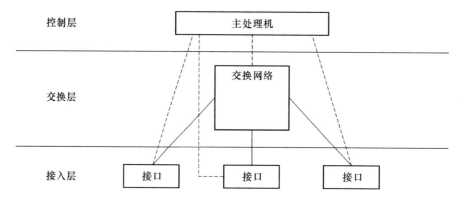

图 10-2　传统交换机的体系结构

软交换技术建立在分组交换技术的基础上,其核心思想是将传统交换机的 3 个功能层进行分离,再把业务从软、硬件的限制中分离,最终形成 4 个相互独立的层次。而且,这 4 个层之间具有标准、开放的接口,实现业务与呼叫控制、媒体传送与媒体接入功能的分离。基于软交换的 NGN 体系结构如图 10-3 所示。

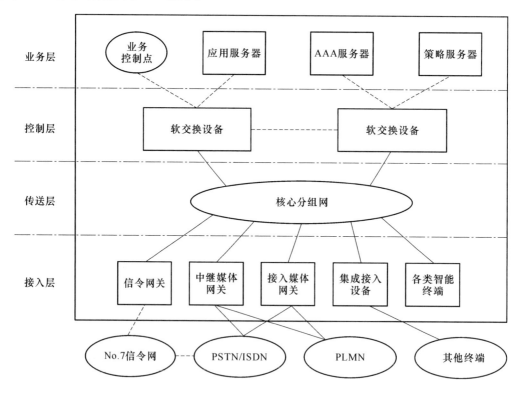

图 10-3　基于软交换的 NGN 体系结构

根据功能的不同,将网络分为 4 个功能层。

(1)接入层

接入层的功能是提供各种用户终端,各种外部网络接入核心网的网关,由核心分组交换网集中用户业务并传送到目的地。接入层包括信令网关(SG)、媒体网关(MG)、集成接入设备(IAD)和各类接入网关等。

- SG:完成电路交换网和分组交换网之间的 No.7 信令的转换,将 No.7 信令利用分组网络传送。
- MG:将一种网络中的媒体转换成另一种网络所要求的媒体格式。例如,MG 能完成电路交换网的承载通道和分组网的媒体流之间的转换。根据媒体网关所接续网络或用户性质的不同,又可以分为中继媒体网关和接入媒体网关两类。
- IAD:用来将用户的数据、语音及视频等业务接入分组网络中。
- IP 智能终端:基于 IP 技术的各种智能终端,如 IP 电话、PC 软终端等,可以直接连接到软交换网络,不需要媒体流的转换。

(2)传送层

传送层提供各种媒体的宽带传输通道,并将信息选路到目的地。它是一个基于 IP 路由器(或 ATM 交换机)的核心分组网络,通过不同种类的媒体网关将不同种类业务媒体转换成统一格式的 IP 分组,利用 IP 路由器等骨干网传输设备实现传送。

(3)控制层

控制层是整个软交换网络架构的核心,主要功能有:

- 呼叫处理控制功能,负责完成基本的和增强的呼叫处理过程。
- 接入协议适配功能,负责完成各种接入协议的适配处理过程。
- 业务接口提供功能,负责完成向业务层提供开放的标准接口。
- 互联互通功能,负责完成与其他对等实体的互联互通。
- 应用支持系统功能,负责完成计费、认证、操作维护等功能。

(4)业务层

业务层的功能是认证和业务计费等,同时提供开放的第三方可编程接口,易于引入新型业务。业务层由一系列的业务应用服务器组成:

- 策略服务器:完成策略管理的设备,策略是指规则和服务的组合,而规则定义了资源接入和使用的标准。
- 应用服务器:利用软交换提供的应用编程接口(Application Programming Interface,API),通过提供业务生成环境,完成业务创建和维护功能。
- 功能服务器:包括验证、鉴权、计费服务器(AAA)等。
- SCP:业务控制点,软交换可与 SCP 互通,以方便地将现有智能网业务平滑移植到NGN 中。

从广义上来看,软交换泛指具有与图 10-3 类似的体系结构,其 4 个功能层与 NGN 的功能分层一致,利用该体系结构可以建立下一代网络框架。

3. 基于 IMS 的 NGN 体系结构

IMS 同软交换技术一样,其体系架构也采用了应用、控制和承载相互分离的分层架构思想,而且 IMS 更进一步实现了呼叫控制层和业务控制层的分离。IMS 起源于移动通信网,充分考虑了对移动性的支持,并增加了归属用户服务器(HSS,类似移动通信网中的 HLR),用于用户鉴权和用户业务触发。IMS 在终端与核心侧采用 SIP 协议,IP 技术与承载媒体无关的特性使得 IMS 可以支持各类包括固定和移动的接入方式。

以 IMS 为控制核心的 NGN 网络体系结构如图 10-4 所示。

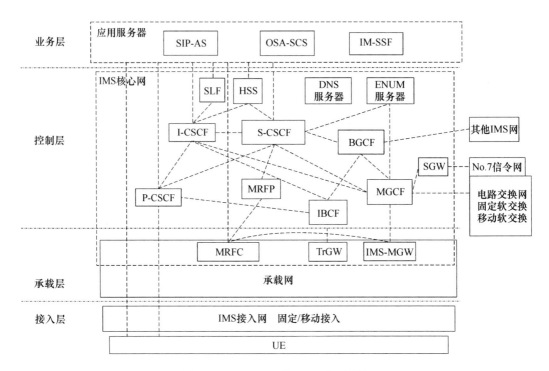

图 10-4   基于 IMS 的 NGN 体系结构

如图 10-4 所示,以 IMS 为控制核心的 NGN 体系结构也是采用了 4 层功能结构,分别是:接入层、承载层、控制层和业务层。

10.1.3   NGN 的关键技术

NGN 网络架构中的每一个层面都需要相关新技术的支持,例如:采用软交换或 IP 多媒体子系统(IMS)实现端到端的业务控制;采用 IPv6 技术解决地址空间的问题,改善服务质量等;采用光传输网(OTN)和光交换网络解决高速率传输和高带宽交换问题;采用 VDSL、FTTH、EPON 等各种宽带接入技术解决"最后一公里"问题等。下面对 NGN 的几种主要技术做简单的介绍。

1. 软交换技术

软交换基于"网络就是交换"的理念,是一个基于软件的分布式交换、控制平台,它将呼叫控制功能从网关中分离出来,利用分组网(IP/ATM)代替交换矩阵,通过开放业务、控制、接入和交换间的协议以实现网络运营环境,并可以方便地在网上引入多种业务。

软交换具有开放的体系架构,采用接入层、传送层、控制层与业务层互相独立的功能分层结构,各层之间通过标准的协议进行接口。业务提供者可以非常灵活地将业务传送协议和控制协议结合起来,实现业务融合和业务转移,非常适用于不同网络并存互通的需要,也适用于从单一的语音网向多业务多媒体网的演进。

2. IMS 技术

IP 多媒体子系统最初由 3GPP 提出,是将蜂窝移动通信网技术和 Internet 技术有机地结合。IMS 由于其与接入无关、统一采用 SIP 协议进行控制、业务与控制分离、用户数据与交换控制分离等特性,已经得到国际标准化组织的普遍认可,目前已经是 NGN 发展的一个主要技术方向。

软交换技术和 IMS 技术都是 NGN 的核心技术,其体系架构都采用了应用、控制和承载相互分离的分层架构思想,但 IMS 更进一步,是构造固定和移动融合网络架构的目标技术,被认为是 NGN 发展的中级阶段。

3. 高速路由/交换技术

NGN 的传送层需要高速路由器实现高速多媒体数据流的路由和交换,基于 MPLS 的 IP 网络技术是目前国内外电信运营商的一致选择。NGN 将采用 IPv6 作为网络协议,IPv6 相对于 IPv4 的主要优势是:扩大了地址空间,提高了网络的整体吞吐量,服务质量得到很大改善,安全性有了更好的保证,支持即插即用和移动性,更好地实现了多播功能。

4. 宽带接入技术

接入技术正向高带宽、分组化、多媒体化及综合的业务提供的方向发展,NGN 也需要有宽带接入技术的支持,其网络容量的潜力才能真正发挥。主要的宽带接入技术有:高速数字用户线(VDSL)、基于以太网的无源光网络(EPON)、千兆无源光网络(GPON)、无线局域网(WLAN)及 WiMAX 等。

5. 大容量光传送技术

NGN 需要更高的传送速率,最理想的是光纤传输技术。目前,光纤高速传输技术现正沿着扩大单一波长传输容量、超长距离传输和密集波分复用(DWDM)系统 3 个方向发展。除高速的光纤传输技术外,NGN 还需要光交换及智能光网络技术。其组网技术现正从具有分插复用和交叉连接功能的光联网向由光交换机构成的智能光网发展,即从环形网向网状网发展,从光-电-光交换向全光交换发展。智能光网络能在容量灵活性、成本有效性、网络可扩展性、业务提供灵活性、用户自助性、覆盖性和可靠性等方面,比点到点传输系统和光联网具有更多的优越性。

6. 多层次的业务开发技术

NGN 的一个重要特点是实现了业务能力的开放,即采用 API 技术为高层应用提供访问网络资源和信息的能力。根据与具体协议的耦合关系,可以把 API 分为与协议无关和基于协议的两类。其中,与协议无关的 API 可以使业务的开发与底层的协议无关,从而可以方便地实现跨网业务;基于协议的 API 可以充分利用协议的特性来开发新的业务。

根据抽象层次的不同,可以把 NGN 的业务生成技术分成 API 级、脚本级和构件/框架级 3 类。NGN 的业务体系需要提供多种层次的业务开发模式,以适应不同级别的业务开发环境。

7. 网络安全保障技术

NGN 网络架构在 IP 分组交换网络之上,不但 IP 网中存在的各种不安全因素会被继承到 NGN 中,而且还将面对更多新的威胁。除常用的防火墙、代理服务器、安全过滤、用户证书、授权、访问控制、数据加密、安全审计和故障恢复等安全技术外,在 NGN 中还要采取更多的措施来加强网络的安全,例如,针对现有路由器、交换机、边界网关协议(BGP)、域名系统(DNS)存在的安全弱点提出解决办法。一个基本的安全保障体系应该至少包括 3 个方面:安全防护、安全监测和安全恢复。

10.1.4 NGN 的演进路线

实现 NGN 并不是要建设一个全新的理想化的网络，而是现有电信网络按照 NGN 的概念和框架逐步演进和完善而来。综合考虑 NGN 技术发展的趋势及我国通信网的现状，国内通信网向 NGN 的演进路线采用分阶段实施的方式进行，一种比较理想的演进路线如图 10-5 所示。

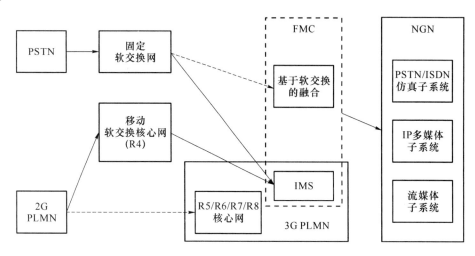

图 10-5　现有网络向 NGN 演进的一种路线

1. 基于软交换的 NGN 阶段

现有通信网络过渡到基于软交换的 NGN 是整个网络演化第一个阶段。在这个阶段，现有的固定网（PSTN）和移动网（PLMN）由于组网方式及业务提供等方面的差别，将会沿着各自的路线演进，即分别建设基于固定软交换的 NGN 和基于移动软交换的 NGN。

其中，PSTN 采用叠加网的方式向固定软交换网演进，而 PLMN 采用混合网的方式向移动软交换网演进。

例如：固定长途网向软交换 NGN（以下简写为 NGN）网演进的一种方式如图 10-6 所示。这种演进方式是采用软交换技术新建一个完整的 NGN 长途网，与原有的长途两级网（DC1 与 DC2）形成并列的平面，本地网的汇接局分别与 NGN 的中继网关和 PSTN 长途网的 DC2 相连，并且这两个网络会分担长途流量。之后，会逐步将汇接局的中继割接到 NGN，则 PSTN 的 DC1 和 DC2 逐渐退网。

2. 基于 IMS 的 NGN 阶段

从第一个阶段建设的固定软交换网和移动软交换网过渡到基于 IMS 的 NGN 是第二个阶段的演进，这个演进过程也是分步实施的。

第一步是通过对软交换设备的软件升级或增加符合 IMS 网络架构的功能组件，实现固定网络与移动网络的融合，即 FMC（Fixed Mobile Convergence），主要用于提供 PSTN/PLMN 仿真业务，并开展小规模的 IMS 业务。

第二步是新建独立的 IMS 网络设备，支持 IMS 的大规模商用。此时，第一个阶段建立的软交换系统将发展成基于 IMS 的 NGN 架构中的子系统。最终形成一个统一的 IMS 网络，固定通信网和移动通信网完全融合在一起。

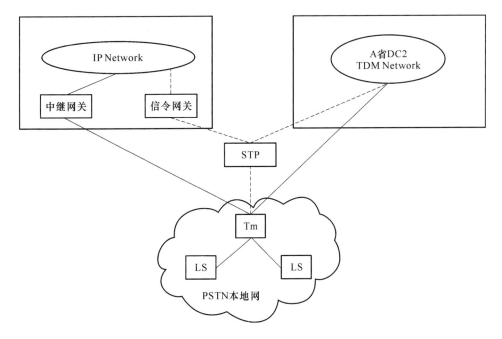

图 10-6　固定长途网向软交换 NGN 演进的一种方式

10.2　软交换技术

"软交换"这个术语来自贝尔实验室提出的"Softswitch",是借用了传统 PSTN 中"硬"交换机的概念,不同的是软交换强调了呼叫控制与媒体传输相分离,其定位是承担分组交换网中语音、数据、视频等多媒体交换的实时控制。以软交换设备为呼叫控制核心的软交换网络是 NGN 的实现方式之一,是现有电信网络向 NGN 演进的一个过渡网络。

10.2.1　软交换的概念

软交换区别于传统"硬"交换机的最主要的方面就是将呼叫控制功能从媒体网关(传输层)中分离出来,通过软件实现基本呼叫控制功能,从而实现呼叫传输与呼叫控制的分离,为控制、交换和软件可编程功能建立分离的平面。

如图 10-7 所示,在电路交换网中,呼叫控制、业务提供以及交换矩阵均集中在一个交换系统中,而软交换的主要设计思想是业务与控制、传送与接入分离,将传统交换机的功能模块分离为独立的网络组件,各组件按相应功能进行划分,独立发展。软交换主要提供连接控制、翻译和选路、网关管理、呼叫控制、带宽管理、信令、安全性和呼叫详细记录等功能。与此同时,软交换还将网络资源、网络能力封装起来,通过标准开放的业务接口和业务应用层相连,可方便地在网络上快速提供新的业务。

在我国《软交换设备总体技术要求》中将 Softswitch 翻译为软交换设备,对其定义为:"是分组网的核心设备之一,它主要完成呼叫控制、媒体网关接入控制、资源分配、协议处理、路由、认证、计费等主要功能,并可以向用户提供基本语音业务、移动业务、多媒体业务和其他业

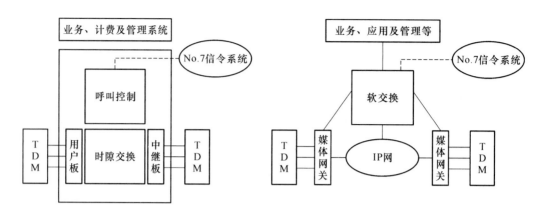

图 10-7　电路交换与软交换模式的对比

务等。"

从上述对软交换的理解可以看出,"软交换"这个术语描述的是一种设备的概念,而从另外一个角度去理解,软交换还指代一种分层、开放的网络体系结构。所以有以下广义和狭义两种概念。

从广义来讲,软交换是指以软交换设备为控制核心的一种网络体系结构,包括接入层、传送层、控制层及应用层,通常称为软交换系统,参考图 10-3。

从狭义来讲,软交换特指网络控制层的软交换设备(又称软交换机、软交换控制器或呼叫服务器),是网络演进以及下一代分组网络的核心设备之一。软交换设备独立于传输网络,是用户语音、数据、移动业务和多媒体业务的综合呼叫控制系统。

另外,"软交换网络"一般是指基于软交换系统的下一代网络的一种实现方式。

10.2.2　软交换的主要特点

从对软交换的理解中,可以了解其主要的技术特点如下:

- 基于分组交换;
- 开放的模块化结构,实现业务与呼叫控制分离、呼叫控制和承载连接分离;
- 提供开放的接口,便于第三方提供业务,业务开发方式灵活,可以快速、方便地集成新业务;
- 具有用户语音、数据、移动业务和多媒体业务的综合呼叫控制系统,用户可以通过各种接入设备连接到 IP/ATM 网。

基于软交换的上述特点,可以归纳软交换的优点如下。

1. 高效灵活

软交换体系结构的最大优势在于将应用层和控制层与核心网络完全分开,有利于以最快的速度、最有效的方式引入各类新业务,大大缩短了新业务的开发周期。利用该体系架构,用户可以非常灵活地享受所提供的业务和应用。

2. 开放性

由于软交换体系架构中的所有网络组件之间均采用标准协议,因此各个部件之间既能独立发展、互不干涉,又能有机组合成一个整体,实现互连互通。通过标准的接口,根据业务需求增加业务服务器及网关设备,支持网络的扩展。运营商可以根据自己的需求选择市场上的优势产品,实现最佳配置,而不会受限于某个公司、某种型号的产品。

3. 多用户

软交换的设计思想迎合了电信网、计算机网及有线电视网三网合一的大趋势。软交换体系实现了各种业务及用户的综合接入。例如,通过接入网关(AG)及集成接入设备(IAD)实现传统电话用户、xDSL 用户的接入;通过无线网关(WAG)实现无线用户的接入;通过 H.323 网关接入 IP 电话网用户。因此,各种网络用户都可以享用软交换提供的业务,这不仅为新兴运营商进入语音市场提供了有力的技术手段,也为传统运营商保持竞争优势开辟了有效的技术途径。

4. 强大的业务功能

软交换可以利用标准的全开放应用平台为客户定制各种新业务和综合业务,最大限度地满足用户需求。特别是软交换可以提供包括语音、数据和多媒体等各种业务,这就是软交换被越来越多的运营商接受的主要原因。

10.2.3 软交换系统架构

1. 软交换系统的体系结构

在本章 10.1.2 小节中,我们介绍了软交换系统的体系结构,如图 10-3 所示。软交换系统的体系结构分成 4 个功能层,由上到下分别是:业务层、控制层、传送层和接入层。各层之间相互独立,实现了业务与呼叫控制的分离、媒体传送与媒体接入的分离,且各层之间通过开放、标准的接口来连接。

2. 软交换系统的物理结构

软交换系统由于其应用方式的不同,系统的物理结构也不尽相同。下面以我国信息产业部制定的标准参考性技术文件《基于软交换的网络组网总体技术要求》中给出的软交换网络体系架构为例,介绍软交换系统的一种物理结构及包含的主要设备,如图 10-8 所示。

其中软交换设备、应用服务器、应用网关、媒体服务器、归属位置服务寄存器(HLSR)、信令网关、中继网关、网络边界点(NBP)、软交换业务接入控制设备(SAC)属于网络侧设备,当接入网关可信任时可以放置在网络侧。第三方服务器由第三方运营,需要通过应用网关接入到软交换设备。Web 服务器一般放置在 Internet 中并通过 SAC 接入软交换网络。

软交换网络通过信令网关和智能网进行互通,通过信令网关和中继网关与 No.7 信令网和 SCN(交换电路网)进行互通,通过 SAC 与 Internet 互通,通过 NBP 和其他运营商基于NGN 的网络进行互通。

软交换网络中的终端(包括 IAD、SIP 终端)可以通过接入网络经由 SAC 接入软交换;另外 IAD 或接入网关可以采用隧道方式通过 SAC 接入软交换,具体隧道方式待定。软交换网络中 SIP 终端也可以通过 Internet 经由 SAC 接入软交换。

其主要设备的功能简要说明如下。

(1)软交换设备

软交换设备是软交换网络的核心控制设备,主要完成呼叫控制、媒体网关接入控制、资源分配、协议处理、路由、认证、计费等主要功能,并可以向用户提供各种基本业务和补充业务。其主要功能参见 10.2.4 小节。

(2)信令网关

跨接在 No.7 信令网与 IP 网之间的设备,负责对 No.7 信令消息进行转接、翻译或终结处理,根据应用与服务情况,信令网关可独立设置也可与中继网关合设。

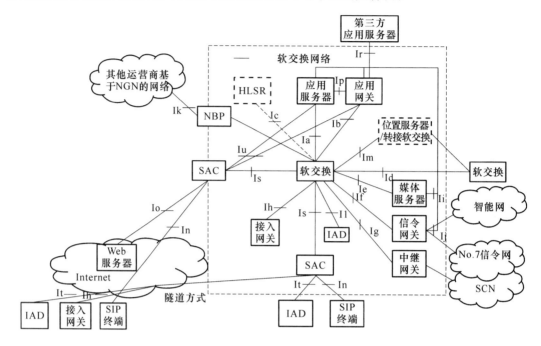

图 10-8　软交换系统的物理结构

（3）媒体网关

媒体网关是将一种网络中的媒体转换成另一种网络所要求的媒体格式。媒体网关支持各种异构网络的接入,还支持各种用户或各种接入网络的综合接入。根据媒体网关在网络中的位置及接续网络或用户性质的不同,媒体网关可以分成如下几类:

① 中继网关(Trunk Gateway,TG),跨接在 SCN 网络和软交换网络之间,负责 TDM 中继电路和分组网络媒体信息之间的相互转换,此外中继网关也可以接入 PRI。

② 接入网关(Access Gateway,AG),能够实现用户侧语音、传真信号到分组网络媒体信息的转换,用户侧接入的用户可以是:POTS 接入;ISDN BRI 和 PRI 接入;V5 接入;无线基站接入等。

（4）IAD

IAD(集成接入设备)是软交换系统中接入层的用户设备。IAD 可以直接连接 POTS 话机以及其他终端设备,用来将用户的数据、语音及视频等业务接入分组网络。

（5）SAC

SAC(软交换业务接入控制设备)可以看作是软交换网络的边缘汇聚设备,用于接入软交换网络中的不可信任设备,对通过不可信任设备接入软交换网络中的用户进行接入和业务控制,提供用户的信令流和媒体流的代理功能,同时该设备具有安全防护、媒体管理、地址转换(包括 IP 层地址转换和应用层地址转换)等功能,配合软交换核心设备实现用户管理、业务管理、配合承载网实现 QOS 管理。

（6）应用网关

向应用服务器和/或第三方服务器提供开放的、标准的接口,以方便业务的引入,并应提供统一的业务执行平台。软交换可以通过应用网关访问应用服务器或第三方应用服务器。应用网关应提供应用服务器的初始接入、注册和发现等功能,对第三方应用服务器还需要提供认证和授权功能。

(7)媒体服务器

媒体服务器是软交换体系中提供专用媒体资源功能的独立设备,也是分组网络中的重要设备,提供基本和增强业务中的媒体处理功能,包括 DTMF 信号的采集与解码、信号音的产生与发送、录音通知的发送、会议、不同编解码算法间的转换等各种资源功能以及通信功能和管理维护功能。

(8)应用服务器

应用服务器是在软交换网络中向用户提供各类增值业务的设备,负责增值业务逻辑的执行、业务数据和用户数据的访问、业务的计费和管理等,它应能够通过 SIP 协议或 INAP 协议控制软交换设备完成业务请求,通过 SIP/H.248/MGCP 协议控制媒体服务器设备提供各种媒体资源,或通过软交换控制媒体服务器。

10.2.4 软交换系统功能

软交换是多种逻辑功能实体的集合,提供综合业务的呼叫控制、连接以及部分业务功能,是下一代电信网中业务呼叫、控制及提供的核心设备。下面简单介绍我国《软交换设备总体技术要求》中给出的软交换的功能结构,如图 10-9 所示。

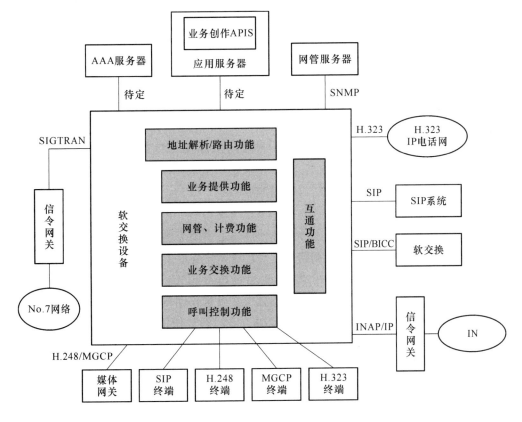

图 10-9 软交换功能结构示意图

其主要功能包括以下几部分：

- 呼叫控制功能；
- 多媒体业务的处理和控制功能；
- 业务提供功能；
- 互通功能；
- 过负荷控制功能；
- SIP 代理功能；
- 计费功能；
- 网管功能；
- 路由、地址解析和认证功能；
- H. 248 终端、SIP 终端、MGCP 终端的控制和管理功能；
- 多点控制功能(任选)；
- No. 7 信令(即 MTP 及其应用部分)功能(任选)；
- H. 323 终端控制、管理功能(任选)等。

10.2.5 软交换系统支持的协议

软交换系统是一个分层、开放的系统,其体系结构各功能实体之间的接口,以及软交换系统与外部实体的接口都必须采用标准的协议。在软交换功能结构示意图 10-9 中,可以看出各主要功能实体之间的协议接口关系。例如,软交换设备和 IP 终端间的接口,根据接口终端的不同,可以是 MGCP、SIP 和 H. 323 等。

根据协议功能的不同,软交换系统支持的协议可以分成 4 种类型：

- 呼叫控制协议：ISUP、BICC、SIP、SIP-T、H. 323 等。
- 媒体控制协议：H. 248、MGCP 等。
- 业务应用协议：Parlay、SIP、INAP、MAP、LDAP、RADIUS 等。
- 维护管理协议：SNMP、COPS 等。

下面简单介绍几种呼叫控制协议与媒体控制协议。

1. SIP 协议

SIP(Session Initiation Protocol,会话初始协议)主要用于建立、更改和终止 Internet 主机之间的多媒体会话,是一种应用层控制协议。SIP 是一种基于文本的协议,其语法和消息类似于 HTTP 协议,但其不仅可以用 TCP 传输,也可以用 UDP 传输。SIP 遵循 Internet 的设计原则,所以很容易增加新业务,扩展协议,而不会引起互操作问题。

SIP 协议的出发点是想借鉴 Web 业务成功的经验,通过使用 SIP 终端将网络设备的复杂性推向边缘。SIP 可以充分利用已定义的消息字段,对其进行简单、必要的扩充就能很方便地支持各项新业务和智能业务。SIP 的动态注册机制,提供了对移动性的良好支持,为实现固定和移动业务的融合创造了条件。

SIP 在软交换系统中主要用于 SIP 终端和软交换之间、软交换和软交换之间以及软交换与各种应用服务器之间,如图 10-10 所示。

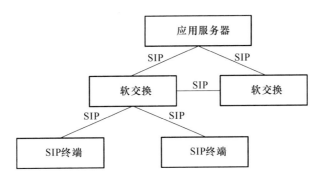

图 10-10　SIP 协议的应用范围

2. H. 323 协议

ITU-T 的 H.323 是一个协议族,它定义了在无 QoS 的 Internet 或其他分组网络上多媒体通信的协议及其规程,包括点到点通信和多点会议。H.323 建议对呼叫控制、多媒体管理、带宽管理以及 LAN 和其他网络的接口都进行了详细的规范说明,是局域网、广域网、Intranet 和 Internet 上的多媒体提供技术基础保障。

虽然 H.323 提供了窄带多媒体通信所需要的所有子协议,但 H.323 的控制协议非常复杂。此外,H.323 不支持多点发送(Multicast)协议,只能采用多点控制单元(MCU)构成多点会议,因而同时只能支持有限的多点用户。H.323 不支持呼叫转移,且呼叫建立的时间较长。

SIP 在软交换系统中主要用于 H.323 终端和软交换之间以及软交换与 H.323 IP 电话网之间,如图 10-11 所示。

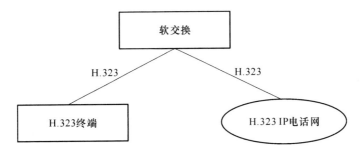

图 10-11　H.323 协议的应用范围

3. MGCP 协议

MGCP(Media Gateway Control Protocol,媒体网关控制协议)是 SGCP(Simple Gateway Control Protocol,简单网关控制协议)和 IPDC(Internet Protocol Device Control,设备控制互联网协议)结合的产物。其目标是把以软件为中心的呼叫处理功能和以硬件为中心的媒体流处理功能分离开,放置在软交换与媒体网关之间。

MGCP 将 IP 电话网关分解为 3 个部分:媒体网关控制器、信令网关和媒体网关。其中媒体网关控制器(MGC)负责对于媒体网关和呼叫进行控制;信令网关(SG)用于连接 No.7 信令网;媒体网关(MG)用于将一种网络中的媒体转换成另外一种网络所要求的媒体格式,例如 PSTN 和 IP 之间的媒体流映射和编码转换。

MGCP 协议模型基于端点和连接两个构件进行建模。端点用来发送或接收数据流,可以是物理端点或虚拟端点;连接则由软交换控制网关或终端在呼叫所涉及的端点间进行建立,可以使点到点、点到多点连接。一个端点上可以建立多个连接,不同呼叫的连接可以终接于同一个端点。

在软交换系统中,MGCP 协议主要用于软交换与媒体网关或软交换与 MGCP 终端之间的控制过程,如图 10-12 所示。

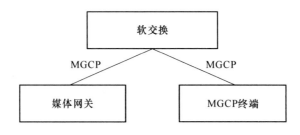

图 10-12　MGCP 应用范围

4. H.248/Megaco 协议

H.248/Megaco 协议是由 ITU-T 第 16 组和 IETF 的 Megaco 工作组共同研究制定的媒体网关控制协议,它引入了终接点(Termination)和关联(Context)两个重要概念。终接点为媒体网关或 H.248 终端,是可以发送或接收媒体流或控制流的逻辑实体,一个终接点可发起或支持多个媒体流或控制流,中继时隙 DS0、RTP 端口或 ATM 虚信道均可以用 Termination 进行抽象。关联用来描述终接点之间的连接关系。例如,拓扑结构、媒体混合或交换的方式等。

H.248/Megaco 协议是在 MGCP 的基础上发展而来的,与 MGCP 相比,H.248/Megaco 对传输协议提供了更多的选择,并且提供更多的应用层支持,同时管理也更为简单。

在软交换系统中,H.248/Megaco 协议应用在媒体网关和软交换之间、软交换与 H.248 终端之间,如图 10-13 所示。

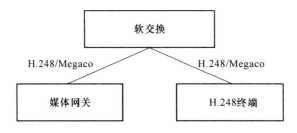

图 10-13　H.248/Megaco 应用范围

5. BICC 协议

BICC(Bearer Independent Call Control,与承载无关的呼叫控制协议)是由 ITU-T 第 11 组研究制定,属于应用层控制协议。BICC 协议可用于建立、更改和终结呼叫,可以承载全方位的 PSTN/ISDN 业务。它采用呼叫信令和承载信令功能分离的思路,使呼叫控制信令可以在各种网络上承载,包括 No.7 信令网络、ATM 网络和 IP 网络等。

呼叫控制协议基于 N-ISUP 信令,沿用 ISUP 中的相关消息。由于采用了呼叫与承载分离的机制,使得异种承载的网络之间的业务互通变得十分简单,只需要完成承载级的互通,业务不用进行任何修改。

BICC 协议可以在软交换之间使用。目前软交换之间可以采用的控制协议有两种:SIP 协议和 BICC 协议。从协议的成熟度上讲,由于 SIP 协议的研究比 BICC 协议开展得要早,所以其成熟度要高于 BICC 协议。但 BICC 由于采用了 ISUP 形式,其与现有 No.7 信令互通方面要强于 SIP。

6. SIGTRAN 协议

为了解决分组形式的电话信令在 IP 网络上传输的问题,IETF 发起并制定了 SIGTRAN 协议(信令传输),它提出了 SIGTRAN 构架来实现在 IP 网络节点之间传输电话网的信令(如 No.7 ISUP、TUP 和 DSS1 信令),其协议栈模型如图 10-14 所示。

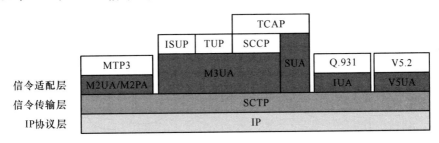

图 10-14　SIGTRAN 协议栈模型

SIGTRAN 协议担负信令网关和媒体网关控制器间的通信,有两个主要功能:适配和传输。SIGTRAN 协议栈包含三层:信令传输层、用户适配层和 IP 协议层。

(1)信令传输层

SCTP 是流控制传送协议,主要是在无连接的网络上传送 PSTN 信令消息,该协议可以在 IP 网上提供可靠的数据传输协议。SCTP 可以在 IP 网上承载 No.7 信令,完成 IP 网与现有 No.7 信令网和智能网的互通,同时 SCTP 还可以承载 H.248、ISDN、SIP、BICC 等控制协议。

(2)用户适配层

用户适配层由多个适配模块组成,分别为上层的 No.7 信令的各个模块提供层间原语接口,并将上层信令协议封装在 SCTP 上传输。这层的协议包括:

- M3UA(MTP level 3 User Adaptation Layer Protocol),MTP3 用户适配协议;
- M2UA(MTP level 2 User Adaptation Layer Protocol),MTP2 用户适配协议;
- IUA(ISDN User Adaptation Layer Protocol),ISDN Q.931 用户适配协议;
- M2PA(MTP level 2 User Peer-to-Peer Adaptation Layer Protocol),MTP2 用户对等适配协议;
- V5UA(V5 User Adaptation Layer Protocol),V5 用户适配协议;
- SUA(SCCP User Adaptation Layer Protocol),SCCP 用户适配协议。

(3)IP 协议层

IP 协议层实现标准的 IP 协议。

10.2.6　软交换与其他网络的互通

软交换是下一代网络的核心设备,各运营商在组建以软交换为核心的软交换网络时,其网络体系架构可能有所不同,但必须考虑与其他各种网络的互通,如与现有 No.7 信令网的互通、与现有智能网的互通,以及与采用 H.323 协议的 IP 电话网的互通等。

下面基于《基于软交换的网络组网总体技术要求》对软交换与其他网络互通的框架结构做简单介绍。

1. 软交换网络与 SCN 的互通

（1）软交换本地网与 SCN 的互通框架结构

软交换与 SCN 的互通方式如图 10-15 所示，当软交换提供本地网业务并与 SCN 进行互通时，软交换网络通过中继网关和信令网关和 SCN 网络进行互通。软交换网络既实现了 LS（如软交换网中的 AG）的功能，也实现了汇接功能。

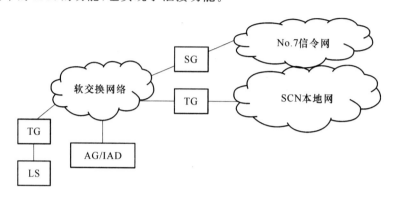

图 10-15 软交换提供本地网业务时与 SCN 的互通方式

（2）软交换长途网与 SCN 的互通

软交换网可以提供 C4 长途网业务，因此需要与现有的 SCN 实现互通，软交换与 SCN 的互通方式如图 10-16 所示。软交换网络通过中继网关 TG 和 SG 和 SCN 本地网进行互通。

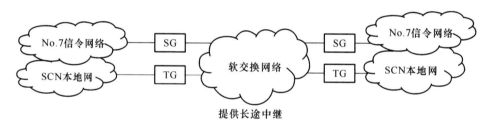

图 10-16 软交换提供 C4 业务时与 SCN 的互通方式

2. 软交换网络与 No.7 信令网的互通

软交换可以采用两种方式和 No.7 信令网络进行互通，分别为直联方式和准直联方式。

在准直联方式下，采用独立的信令网关 SG，信令网关接收来自 No.7 信令网中 STP 的信令消息并将 No.7 信令消息（MTP3 层以上消息）通过 M3UA 协议传送到软交换上，如图 10-17 所示。

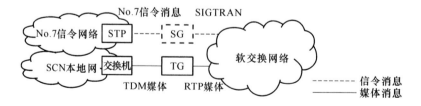

图 10-17 软交换网络与 No.7 信令网的准直联方式

在直联方式下，No.7 信令消息和媒体信息都通过中继网关 TG 和 SCN 交换机之间的中继电路传送，此时中继网关 TG 中内嵌信令网关功能，负责 No.7 信令消息的接收并将 No.7

信令消息（MTP2 层或 MTP3 层以上消息）通过 M2UA/M3UA 传送到软交换上，如图 10-18 所示。

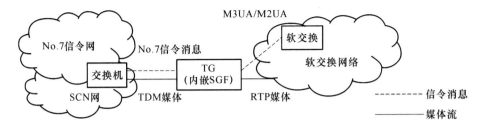

图 10-18　软交换网络与 No.7 信令网的直联方式

软交换网络规模较小时，可以采用直联方式，对网络结构改造较少，并且可以节省建设信令网关的成本。

3. 软交换网络与智能网的互通

软交换作为 SSP（业务交换节点），通过信令网关和媒体网关与智能网中的 SCP（业务控制节点）和 IP 进行互通，互通方式如图 10-19 所示。

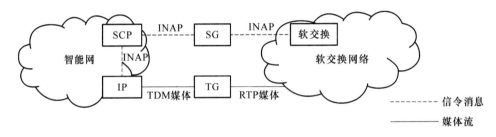

图 10-19　软交换网络与智能网的互通

软交换实现 SSF 功能，负责智能业务的触发，通过信令网关与传统的智能网的 SCP 互通，接受 SCP 对智能呼叫的控制，完成呼叫接续以及与用户的交互作用，为软交换用户提供智能网业务；软交换和智能网中的智能外设 IP 之间通过 SG 和 TG 进行互通，智能外设 IP 接受 SCP 的控制，向软交换用户提供媒体资源。软交换通过 SG 和 SCP 之间采用 INAP 协议进行互通。

4. 软交换网络与 Internet 的互通

软交换网络和 Internet 之间互通时，控制信息和媒体信息全部经过 SAC，SAC 跨接在两个网段之间，如图 10-20 所示。

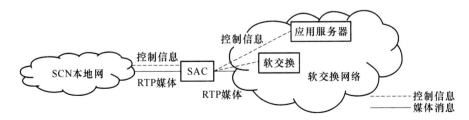

图 10-20　软交换网络与 Internet/公众 IP 网的互通

用户可以通过 Internet 登录到软交换中，但由于 Internet 部分不提供 QoS 保证机制，所以不能向这些用户提供保证服务质量的业务。

10.3 IMS 技术

IMS 最初来自移动通信领域,是国际标准化组织 3GPP 提出的对 IP 多媒体业务进行控制的网络核心层逻辑功能实体的总称。IMS 的目标是建立一个与接入无关、基于 SIP 及支持多媒体业务的平台来提供丰富的业务;它将蜂窝移动通信网络技术、传统固定网络技术和互联网技术有机地结合起来,提供了一个基于全 IP 网络的多媒体业务智能平台,为未来的网络融合提供了技术基础。IMS 技术同软交换技术一样,其体系架构也采用了应用、控制和承载相互分离的分层架构思想,而且 IMS 更进一步实现了呼叫控制层和业务控制层的分离,是构造固定和移动融合网络架构的目标技术,是业界普遍认同的解决未来网络融合的理想方案和发展方向。

10.3.1 IMS 的概念

1. 3GPP 与 IMS

3GPP(3rd Generation Partnership Project,第三代合作伙伴计划)是一个成立于 1998 年 12 月的标准化机构,目前其标准制定组织成员包括欧洲电信标准协会(ETSI)、日本无线工业及商贸联合会(ARIB)、日本通信技术委员会(TTC)、中国通信标准化协会(CCSA)、韩国通信技术协会(TTA)、美国电信产业方案联盟(ATIS)和印度电信标准开发协会(TSDSI)。3GPP 成立的最初目标是为了制定 3G 技术规范,而随着其不断发展壮大,3GPP 的项目涵盖了蜂窝通信技术,包括无线接入、核心网络和服务能力,旨在为移动通信提供完整的系统规范。

3GPP 系统架构分为 3 个技术规范组(Technical Specification Groups,TSG),包括 RAN(Radio Access Network,无线接入网络)、SA(Service & System Aspects,业务与系统)和 CT(Core Network & Terminals,核心网与终端)。技术规范组制定了无线通信端到端的系统技术规范,它提交及管理的规范版本称为 Release X(例如,Release 10,简写为 Rel-10),其已经完成并冻结的版本有 13 个(从 R99、Rel-4 一直到 2019 年的 Rel-15),正在进行中的版本为 Rel-16 及 Rel-17。

IMS 是 3GPP 在其 Rel-5 中增加的一个子系统,是在 PS 域基础上扩展的 IP 多媒体域,其目标是解决 3G 网络中多媒体业务的提供问题。如表 10-1 所示,3GPP 在 Rel-5 版本首次提出 IMS,并在后续的 Rel-6、Rel-7 及 Rel-8 版本中对其进行了完善。

表 10-1　3GPP IMS 的标准化进程

版本	与 IMS 相关的主要内容	冻结年份
Rel-5	IMS 基本框架和相关功能实体;定义了 3G 接入的能力。	2002
Rel-6	细化了接口和功能;与各种现有网络的互通;增加对 WLAN 接入的支持;增加了更多功能和应用标准。	2005
Rel-7	增加对 xDSL 接入的支持;新增与接入方式无关的策略控制和计费架构。	2006
Rel-8	Common IMS;增加 PBX 和 Cable 接入;IMS 集中控制等。	2008

2. IMS 标准的融合

由于 IMS 具备的下一代网络的特性,获得了 ETSI TISPAN、3GPP2、ITU-T 等国际标准化组织的认可和支持,他们分别从不同角度对 IMS 进行了研究和标准制定。

其中,TISPAN(Telecoms & Internet converged Services & Protocols for Advanced Networks,电信网络和互联网业务融合协议委员会)以固网接入为出发点,使用了 3GPP 定义的 IMS 作为未来的核心网络。TISPAN 在 3GPP Rel-6 的基础上对功能实体和协议进行了扩展,并于 2005 年发布了一个版本的规范——NGN R1。

3GPP2(3rd Generation Partnership Project 2,第三代合作伙伴计划 2)则主要考虑 CDMA 网络的接入特性,并基于 3GPP 的 IMS Core 定义了 MMD(多媒体域),其发布的规范版本 Rev0、RevA 和 RevB 分别对应于 3GPP 的 Rel-5、Rel-6 和 Rel-7 版本。3GPP2 的大部分 MMD 规范来源于 3GPP 的 IMS 规范,但是由于 CDMA 电话域呼叫及短消息流程与 GSM 不同,且 CDMA 的 PS 域和也与 GPRS 的 PS 域有很大不同,所以 3GPP2 MMD 规范与 3GPP IMS 规范有一定的差别。

另外,ITU-T 于 2004 年 6 月成立了 NGN 专题组——FGNGN 开始对 IMS 的研究,内容涉及 IMS 的业务及能力需求、网络框架,具体来说包括 NGN 的业务需求、IMS 的网络融合技术、各种有线及无线的接入技术、基于 SIP 的业务等。

为了保证标准的一致性,3GPP、3GPP2、TISPAN、ATIS 等标准化组织于 2006 年 9 月协调召开了一个工作组会议,期间讨论了各个组织对 IMS 的需求和现状,最后达成了在 3GPP Rel-8 版本基础上进行统一的 IMS(Common IMS)研究的共识。Common IMS 是基于 3GPP 定义的 IMS 核心网络(包括了主要的功能和实体),兼容各种接入方式(固定接入、移动接入、Cable 接入、WLAN 接入等)。之后,Common IMS 协调了各个标准化组织的工作:3GPP 负责 IMS 核心网络的标准研究,其他标准组织将接入网相关的对 IMS 核心网络的需求建议提交给 3GPP Common IMS 项目。综上所述,Common IMS 的简要发展历程如图 10-21 所示。

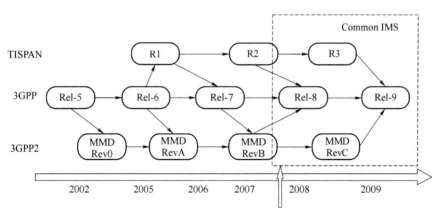

图 10-21　Common IMS 的发展历程

我国负责 IMS 技术研究和标准化工作的组织是 CCSA。CCSA 于 2006 年 12 月开始了统一接入固定、移动网络的 IMS(称为"统一 IMS")系列行业标准的制定,其制定的统一 IMS(第一阶段)系列行业标准已冻结,如《统一 IMS 的需求(第一阶段)》《统一 IMS 的功能体系架构(第一阶段)》《统一 IMS 组网总体技术要求(第一阶段)》等。CCSA 关于统一 IMS(第二阶段)的系列标准也于 2016 年 10 月陆续发布及实施,如《统一 IMS 的需求(第二阶段)》《基于统一

IMS(第二阶段)的业务技术要求 总体》等。本书将在 10.3.2 小节中介绍我国通信行业标准中 IMS 的功能体系结构。

3. IMS 的主要特点

IMS 是用于提供 IP 多媒体业务的下一代网络关键技术,是构造固定和移动融合网络架构的目标技术,具有以下特点。

(1)基于 SIP 协议

在控制层面使用 SIP 协议实现集中的信令控制,利用 SIP 协议简单、灵活、易扩展、媒体协商便捷等特点来提高网络的未来适应能力;在业务层面使用 SIP 协议为业务触发接口,使用签约数据为匹配规则,完成业务触发条件的匹配,最大程度地支持业务匹配与触发的灵活性。

(2)业务逻辑与承载分离

业务逻辑分布在不同的应用服务器中,网络只提供传输能力,实现业务逻辑与网络传输的完全分离,以最大程度支持端到端的业务。

(3)开放的业务环境

IMS 的业务除由电信运营商提供外,还支持由第三方提供。

(4)提供一致的业务归属能力

呼叫控制和业务控制都由归属网络完成,在归属域中统一提供用户签约的业务,实现用户在不同时间、不同地点享受一致的业务体验。

(5)接入无关性

支持多种固定/移动接入方式的融合,支持无缝的移动性和业务连续性,同时也可以与现有的各种语音和数据网络互通。

10.3.2　IMS 的功能体系架构

在本章 10.1.2 小节中,我们介绍了以 IMS 为控制核心的 NGN 体系结构,如图 10-4 所示。下面基于我国工业和信息化部发布的行业标准《统一 IMS 的功能体系架构(第一阶段)》介绍统一 IMS 的功能体系架构,如图 10-22 所示。

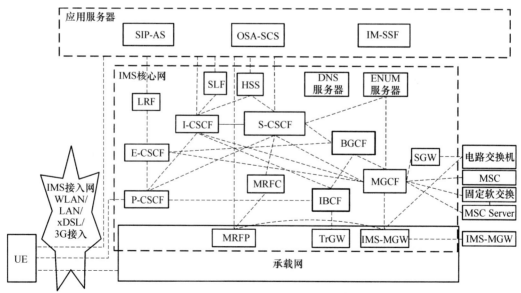

图 10-22　统一 IMS 功能体系架构

统一 IMS 网络中包括了 IMS 核心网、应用服务器、承载网、IMS 接入网和其他网络的功能实体,其中 IMS 核心网和应用服务器的功能实体简介如下。

1. 会话控制类功能实体

CSCF(Call Session Control Function,呼叫会话控制功能)是统一 IMS 的呼叫控制核心,其主要作用是在 IP 传输平台上实现多个实时业务的分发,具有中心路由引擎、策略管理和策略执行功能,具体又包括如下功能。

(1) P-CSCF(Proxy CSCF,代理呼叫会话控制功能)

P-CSCF 是 UE(User Equipment,用户设备)在 IMS 网络中的第一个接触点,转发 UE 和 IMS 网络之间的 SIP 消息。

(2) I-CSCF(Interrogating CSCF,查询呼叫会话控制功能)

具体到运营商的网络中,I-CSCF 是针对该网络中某用户或者目前处于该网络中某漫游用户的所有 IMS 连接的主要接触点。

(3) S-CSCF(Serving CSCF,服务呼叫会话控制功能)

S-CSCF 提供注册服务、会话控制和相关的选路功能,并维持会话状态信息。S-CSCF 是统一 IMS 核心网中的中心节点,所有 IMS 终端发送和接收的 SIP 消息都需要经过 S-CSCF,并根据初始触发规划确定和业务应用平台之间的交互。

(4) E-CSCF(Emergency CSCF,紧急呼叫会话控制功能)

E-CSCF 负责对紧急会话进行处理,并将紧急呼叫路由就近路由到用户拜访地的呼叫服务业务中心。

2. 互通类功能实体

(1) IBCF(Interconnection Border Control Function,互联边界控制功能)

IBCF 在 SIP/SDP 协议层提供特定的功能,使 IPv6 和 IPv4 SIP 应用间能够互通,包括 IPv4 和 IPv6 的转换、拓扑隐藏、控制传输平面功能,并能选择恰当的信令实现互通功能。

(2) TrGW(Transition Gateway,转换网关)

TrGW 位于媒体路径中,具有网络地址转换/端口转换、IPv4/IPv6 协议转换、编解码转换等功能,实现用户面在网络边界的互通功能。

(3) SGW(Signalling Gateway,信令网关)

SWG 用于统一 IMS 核心网和传统 No.7 信令网之间,负责对 No.7 信令消息进行转接、翻译或者终结处理。

(4) IMS-MGW(IMS Media Gateway,IMS 媒体网关)

IMS-MGW 位于 IMS 核心网和 SCN 网络、固定软交换网络、移动软交换网络之间,以便实现这些网络之间承载层的互通,媒体网关接受媒体网关控制设备的控制,可以实现媒体转换、承载控制和载荷处理等功能。

(5) BGCF(Breakout Gateway Control Function,中断出口网关控制功能)

BGCF 作为 IMS 中和 CS 域网络的接口,决定是否需要从 IMS 网络转向内部或外部的 CS 网络。

(6) MGCF(Media Gateway Control Function,媒体网关控制功能)

MGCF 设备是统一 IMS 核心网络与 SCN 网络、固定软交换网络和移动软交换网络进行互通的设备。

3. 媒体资源处理类功能实体

(1) MRFC(Media Resource Function Controller,多媒体资源功能控制器)

MEFC 负责处理资源控制相关的功能,是资源的对外接口,通过媒体控制协议控制 MRFP,在统一 IMS 网络中提供专用媒体资源,根据业务需求提供相应的媒体处理功能。

(2) MRFP(MRF Process,多媒体资源功能处理器)

MEFP 配合 MRFC 在统一 IMS 网络中提供专用媒体资源,根据业务需求提供相应的媒体处理功能,包括 DTMP 信号的采集与及解码、信号音的产生与发送、录音通知的发送、混音、不同编解码算法之间的转换等各种资源功能以及通信功能和管理维护功能。

4. 用户数据处理类功能实体

(1) HSS(Home Subscriber Server,归属用户服务器)

HSS 是存储 IMS 网络域内用户信息的中心数据库,包含用户相关的数据和用户业务相关信息。

(2) SLF(Subscription Locator Function,签约定位器功能)

当统一 IMS 网络中配置了多个 HSS 时,相关服务器需要通过查询 SLF 找到为用户提供存储信息的 HSS。

5. 号码分析类功能实体

(1) ENUM(E.164 Number URI Mapping,电话号码映射)服务器

ENUM 服务器接收 S-CSCF 的查询,将 Tel URI 中的 E.164 地址翻译成在统一 IMS 核心网中可路由的 SIP URI。

(2) DNS(Domain Name System,域名系统)服务器

DSN 服务器提供域名查询服务,P-CSCF、S-CSCF、MGCF 等设备可以直接查询 DNS 获得被叫或注册用户归属域的 I-CSCF 地址。

6. 应用服务器类功能实体

(1) SIP-AS(SIP Application Server,SIP 应用服务器)

SIP-AS 能够触发和执行业务,并且使得业务能够影响会话的进程。

(2) OSA-SCS(Open Services Access-Service Capability Server,开放业务接入-业务能力服务器)

OSA-SCS 向应用服务器和/或第三方服务器提供开发的、标准的接口,以方便业务的引入,并应提供统一的业务执行平台。统一 IMS 网络核心网络设备可以通过应用网关访问应用服务器或第三方应用服务器。

(3) IM-SSF(Instant Message-Service Switching Function,即时消息-业务交换功能)

IM-SSF 提供对 CAMEL(移动网增强逻辑的客户化应用)服务和传统 IN(智能网)业务的触发、CAMEL 业务交换状态机、IN 业务状态机等功能,使 IMS 网络可以和传统网络中的 CAP(CAMEL 应用部分)、SCP 等进行互通。

10.3.3 IMS 组网结构

我国工业和信息化部发布的行业标准《统一 IMS 组网总体技术要求(第一阶段)》中规定了统一 IMS 网络(第一阶段)的能力要求、统一 IMS 网络系统架构、统一 IMS 网络的组网结构等内容,下面介绍其中的实际部署场景下的系统架构和组网结构。

1. 实际部署场景下的系统架构

该标准中对统一 IMS(第一阶段)实际网络可能出现的三种场景进行了描述,包括:固定接入(在统一 IMS 第一阶段特指 xDSL/LAN/WLAN 接入)＋2GHz WCDMA/TD-SCDMA＋

GPRS/EDGE 的场景、固定接入＋cdma2000＋CDMA 1x 的场景和固定接入＋2GHz WCDMA/TD-SCDMA＋GPRS/EDGE＋cdma2000＋CDMA 1x 的场景。其中，第三种 IMS 网络实际部署场景下的系统架构如图 10-23 所示。

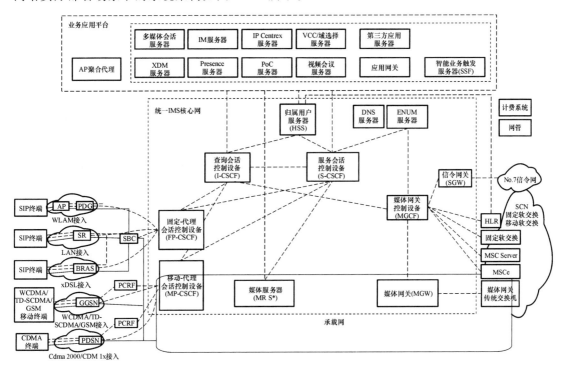

图 10-23　IMS 网络系统架构图（实际部署场景三）

从图 10-23 可以看出，统一 IMS 核心网包含的设备有：固定-代理会话控制设备（FP-CSCF）、移动-代理会话控制设备（MP-CSCF）、查询会话控制设备（I-CSCF）、服务会话控制设备（S-CSCF）、媒体网关控制设备（MGCF）、信令网关（SGW）、媒体网关（MGW）、媒体服务器（MRS）、归属用户服务器（HSS）、ENUM 服务器、DNS 服务器。其中，MP-CSCF 是为 3G 接入用户提供服务的统一 IMS 核心网的入口节点，包含的主要功能实体为 P-CSCF（代理呼叫会话控制功能）；FP-CSCF 是为固定接入用户提供服务的统一 IMS 核心网中的第一个接触点；FP-CSCF 和 MP-CSCF 也可能在一个网络设备上实现，此时为代理呼叫会话控制设备（P-CSCF）。更多的设备的功能说明参见 10.3.2 及行业标准《统一 IMS 组网总体技术要求（第一阶段）》。

统一 IMS 核心网（第一阶段）支持的业务应用平台包括：AP 聚合代理、多媒体会话服务器、IM 服务器、XDM 服务器、PoC 服务器、IP Centrex 服务器、Presence 服务器、视频会议服务器、第三方应用服务器、应用网关、智能业务触发服务器（SSF）、VCC 服务器和域选择服务器。

统一 IMS 核心网通过 MGCF 和信令网关与 No.7 信令网互通，通过媒体网关与传统的电路交换网、固定软交换、移动软交换（包括 TD-SCDMA/WCDMA 移动软交换、cdma2000 LMSD 移动软交换）互通。

2. IMS 组网结构

我国行业标准《统一 IMS 组网总体技术要求（第一阶段）》中，依据运营商的 IMS 用户规模和管理体制等因素，提出了以大区或省为单位建设统一 IMS 网络的组网模式。

（1）以大区为单位建设的 IMS 网络

通信运营商的 IMS 用户数量较少时，可以考虑划分大区的方式建设 IMS 网络。即根据各省用户量大小、地理位置分布等因素将所有省划分成若干个大区,在大区中心的省会城市集中设置 S-CSCF、I-CSCF、HSS、媒体资源服务器等设备来覆盖该大区各省的 IMS 用户,其组网结构如图 10-24 所示。

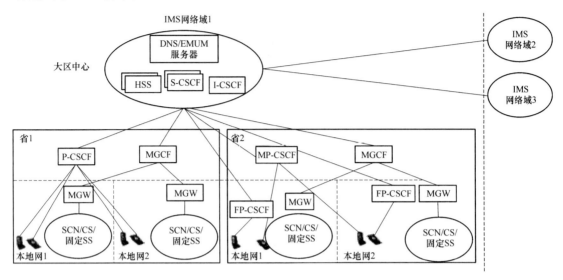

图 10-24　以大区为单位建设的 IMS 网络结构

（2）以省为单位建设的 IMS 网络

以省为单位建设 IMS 网络时,每个省即为一个 IMS 网络域。此时,需要在每个省会城市设置 S-CSCF、I-CSCF、HSS、媒体资源服务器等设备为该省的 IMS 用户提供服务,负责接入固定用户的 FP-CSCF 和互通的 MGW 等设备需要设置在本地网,其组网结构如图 10-25 所示。

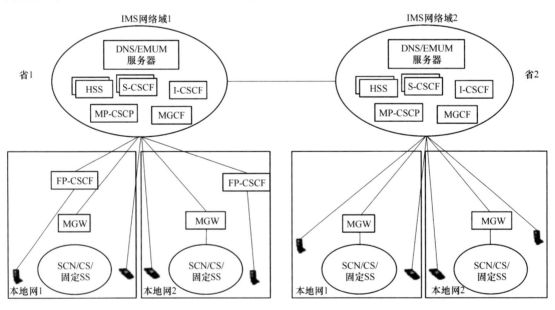

图 10-25　以省为单位建设的 IMS 网络结构

小　　结

（1）NGN 的概念

从广义上讲，NGN 泛指一个不同于现有网络，采用大量业界新技术，以 IP 技术为核心，同时可以支持语音、数据和多媒体业务的融合网络。从狭义来讲，下一代网络特指以软交换设备为控制核心，能够实现语音、数据和多媒体业务的开放的分层体系架构。

ITU-T 在 2004 年给出了 NGN 的定义：NGN 是基于分组的网络，能够提供电信业务，能使用多宽带、确保服务质量（QoS）的传输技术，而且网络中业务功能不依赖于底层的传输技术；NGN 能使用户自由地接入不同的业务提供商，支持通用移动性，实现用户对业务使用的一致性和统一性。

（2）NGN 的特点

① 下一代网络是开放的网络体系架构

将传统交换机的功能模块分离成为独立的网络部件，各个部件可以按相应的功能划分，各自独立发展。部件间的协议接口基于相应的标准。

② 下一代网络是业务驱动的网络

采用业务与呼叫控制分离、呼叫控制与承载分离技术，实现开放分布式的网络结构。分离的目标是使业务真正独立于网络，灵活有效地实现业务的提供。

③ 下一代网络是基于统一协议的分组网络

IP 协议使得各种以 IP 为基础的业务能在不同的网络上实现互通，成为三大网都能接受的通信协议。

（3）NGN 的功能分层

从功能上把 NGN 划分成包括应用层、控制层、传送层及接入层的分层结构。

* 接入层：接入层将用户连接至网络，提供将各种现有网络及终端设备接入网络的方式和手段；负责网络边缘的信息交换与路由；负责用户侧与网络侧信息格式的相互转换。
* 传送层：NGN 的核心承载网是以光网络为基础的分组交换网，可以是基于 IP 或 ATM 的承载方式，而且必须是一个高可靠性、能够提供端到端 QoS 的综合传送平台。
* 控制层：控制层完成业务逻辑的执行，包含呼叫控制、资源管理、接续控制等操作；具有开放的业务接口。此层决定用户收到的业务，并能控制低层网络元素对业务流的处理。
* 应用层：应用层是下一代网络的服务支撑环境，在呼叫建立的基础上提供增强的服务，同时还向运营支撑系统和业务提供者提供服务支撑。

（4）NGN 的关键技术

NGN 网络架构中的每一个层面都需要相关新技术的支持。例如：采用软交换或 IP 多媒体子系统（IMS）实现端到端的业务控制；采用 IPv6 技术解决地址空间的问题，改善服务质量等；采用光传输网（OTN）和光交换网络解决高速率传输和高带宽交换问题；采用 VDSL、FTTH、EPON 等各种宽带接入技术解决"最后一公里"问题等。

NGN 的关键技术有：软交换技术、IMS 技术、高速路由/交换技术、宽带接入技术、大容量光传送技术、多层次业务开发技术及网络安全保障技术等。

（5）NGN 的演进路线

实现 NGN 并不是要建设一个全新的理想化的网络,而是现有电信网络按照 NGN 的概念和框架逐步演进和完善而来。综合考虑 NGN 技术发展的趋势及我国通信网的现状,国内通信网向 NGN 的演进路线采用分阶段实施的方式进行。

现有通信网络过渡到基于软交换的 NGN 是整个网络演化的第一个阶段;第一个阶段建设的固定软交换网和移动软交换网过渡到基于 IMS 的 NGN 是第二个阶段。

（6）软交换的概念

软交换的主要设计思想是业务与控制、传送与接入分离,将传统交换机的功能模块分离为独立的网络组件,各组件按相应功能进行划分,独立发展。

从广义来讲,软交换是指以软交换设备为控制核心的一种网络体系结构,包括接入层、传送层、控制层及应用层,通常称为软交换系统。

从狭义来讲,软交换特指为网络控制层的软交换设备(又称软交换机、软交换控制器或呼叫服务器),是网络演进以及下一代分组网络的核心设备之一。软交换设备独立于传输网络,是用户话音、数据、移动业务和多媒体业务的综合呼叫控制系统。

另外,"软交换网络"一般是指基于软交换系统的下一代网络的一种实现方式。

（7）软交换的特点

软交换的技术特点如下:

- 基于分组交换;
- 开放的模块化结构,实现业务与呼叫控制分离、呼叫控制和承载连接分离;
- 提供开放的接口,便于第三方提供业务,业务开发方式灵活,可以快速、方便地集成新业务;
- 具有用户话音、数据、移动业务和多媒体业务的综合呼叫控制系统,用户可以通过各种接入设备连接到 IP/ATM 网。

其优点表现在:高效灵活、开放性、多用户和强大的业务功能等方面。

（8）软交换系统的架构

软交换系统的体系结构分成 4 个功能层,由上到下分别是:业务层、控制层、传送层和接入层。各层之间相互独立,实现了业务与呼叫控制的分离、媒体传送与媒体接入的分离,且各层之间通过开放、标准的接口来连接。

软交换系统中的主要设备有:软交换设备、信令网关、媒体网关(包括中继网关、接入网关)、IAD、SAC、应用网关、媒体服务器和应用服务器等。

（9）软交换系统支持的协议

软交换系统是一个分层、开放的系统,其体系结构各功能实体之间的接口,以及软交换系统与外部实体的接口都必须采用标准的协议。

根据协议功能的不同,软交换系统支持的协议可以分成 4 种类型:

- 呼叫控制协议:ISUP、BICC、SIP、SIP-T、H.323 等。
- 媒体控制协议:H.248、MGCP 等。
- 业务应用协议:Parlay、SIP、INAP、MAP、LDAP、RADIUS 等。
- 维护管理协议:SNMP、COPS 等。

（10）软交换与其他网络的互通

软交换是下一代网络的核心设备,各运营商在组建以软交换为核心的软交换网络时,其网络体系架构可能有所不同,但必须考虑与其他各种网络的互通,如与 SCN 的互通、与 No.7 信令网的互通、与智能网的互通,以及与 Internet 的互通等。

（11）IMS 的概念

IMS 是 3GPP 在其 Rel-5 中增加的一个子系统,是在 PS 域基础上扩展的 IP 多媒体域,其目标是解决 3G 网络中多媒体业务的提供问题。

（12）IMS 的特点

IMS 是用于提供 IP 多媒体业务的下一代网络关键技术,是构造固定和移动融合网络架构的目标技术,具有以下特点:①基于 SIP 协议;②业务逻辑与承载分离;③开放的业务环境;④提供一致的业务归属能力;⑤接入无关性。

（13）IMS 的功能体系架构

统一 IMS 网络中,包括了 IMS 核心网、应用服务器、承载网、IMS 接入网和其他网络的功能实体,其中 IMS 核心网和应用服务器的功能实体包括下面几类。

① 会话控制类功能实体:P-CSCF、I-CSCF、S-CSCF、E-CSCF。

② 互通类功能实体:IBCF、TrGW、SGW、IMS-MGW、BGCF、MGCF。

③ 媒体资源处理类功能实体:MRFC、MRFP。

④ 用户数据处理类功能实体:HSS、SLF。

⑤ 号码分析类功能实体:ENUM 服务器、DNS 服务器。

⑥ 应用服务器类功能实体:SIP-AS、OSA-SCS、IM-SSF。

（14）IMS 的组网结构

我国行业标准《统一 IMS 组网总体技术要求(第一阶段)》中,依据运营商的 IMS 用户规模和管理体制等因素,提出了以大区或省为单位建设统一 IMS 网络的组网模式。

习　　题

10-1　说明下一代网络的概念与特征。

10-2　说明下一代网络的主要特点。

10-3　说明下一代网络的功能分层,简述各层的主要功能。

10-4　画出基于软交换的下一代网络体系结构的示意图,并简要说明其分层结构。

10-5　简述现有通信网向 NGN 的演变路线。

10-6　简述软交换的基本概念,其主要设计思想是什么?

10-7　简要说明软交换的主要特点。

10-8　列举软交换设备的主要功能。

10-9　请对软交换支持的协议做一个分类,并简要说明各个协议的主要功能。

10-10　简述 IMS 的基本概念及其主要的特点。

10-11　统一 IMS 核心网的功能实体有哪些? 简要说明其功能。

10-12　CSCF(呼叫会话控制功能)为统一 IMS 的呼叫控制核心,其主要功能是什么? 具体又包括哪些功能实体?

10-13　我国工业和信息化部行业标准《统一 IMS 组网总体技术要求(第一阶段)》中提到的统一 IMS(第一阶段)实际网络可能出现的三种场景是什么?

第 11 章　三 网 融 合

三网融合作为技术发展的趋势和潮流,在多因素的驱动和产业各方的切实努力下已经成为全球通信界共同的发展方向。本章探讨三网融合的相关问题,主要包括以下几方面的内容:

- 三网融合的意义及发展;
- 三网融合的技术基础;
- 三网融合接入网关键技术;
- 三网融合承载网关键技术。

11.1　三网融合的意义及发展

11.1.1　三网融合的意义

1. 三网融合的概念与内涵

三网融合是指电信网、广播电视网、互联网在向宽带通信网、数字电视网、下一代互联网的演进过程中进行融合,它不是现有三网的简单延伸和迭加,而应是其各自优势的有机融合。

三网融合主要指业务应用层面的融合,表现为技术上趋向一致,网络层上互联互通;物理资源上实现共享;业务应用层上互相渗透和交叉,趋向于全业务和采用统一的 IP 通信协议;最终将导致行业监管政策和监管架构上的融合。

三网融合示意图如图 11-1 所示。

至于各自的基础网本身,由于历史的原因以及竞争的需要,将会长期共存、竞争和发展。而业务应用层的融合将不会受限于基础网而迅速发展,各网络都会通过不同的途径向全业务方向演进。

三大网络通过技术改造,能够为用户提供包括语音、数据、图像等综合多媒体的通信业务。从长远来看,三网融合未来的方向是三屏合一,用户可通过手机、电视机及电脑等任何一个终端实现所有应用层业务。

2. 三网融合的意义

三网融合是近几十年来现代信息技术不断发展和创新的结果,在我国实现三网融合的主要意义有如下几点。

（1）有利于形成完整的信息通信业的产业链

实现三网融合,将进一步推动信息产业结构的优化,有利于形成完整的信息通信业的产业链，提升信息通信业在国民经济中的战略地位和作用。

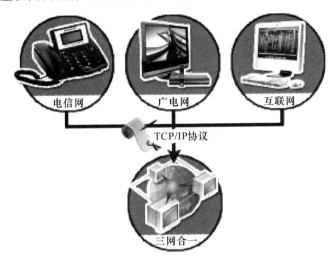

图 11-1　三网融合示意图

（2）有利于提升面向用户的服务质量

在我国实现三网融合的实质，是在现有电信市场格局下再引入一个源自广电业的运营商，实现某种程度的异质竞争，以促进行业、监管、市场、技术、业务、网络、终端、支撑系统 8 个方面的融合和创新，其根本意义在于为用户提供高质量、低价格、丰富的信息服务。

（3）激发行业技术创新和业务创新

实现统一的适应三网融合的监管政策和监管架构，既有利于吸引投资，又减小了新业务开发的风险，激发行业技术创新和业务创新。

（4）促进经济增长

实现三网融合将创造一个新的市场空间，为国民经济的发展注入新的源动力，有利于拉动我国的经济增长。

11.1.2　我国三网融合的发展历程

我国三网融合的发展历程如下。

1998 年 3 月，以原体改委体改所副所长王小强博士为首的"经济文化研究中心电信产业课题组"提出《中国电讯产业的发展战略》研究报告，随后展开了"三网合一"还是"三网融合"的大辩论。当时，广电部门正在启动有线电视省级、国家级干线网建设。

2001 年 3 月 15 日通过的"十五"计划纲要，第一次明确提出"三网融合"："促进电信、电视、计算机三网融合"。

2006 年 3 月 14 日通过的"十一五"规划纲要，再度提出"三网融合"。建设和完善宽带通信网，加快发展宽带用户接入网，稳步推进新一代移动通信网络建设；建设集有线、地面、卫星传输于一体的数字电视网络；构建下一代互联网，加快商业化应用；制定和完善网络标准，促进互联互通和资源共享。

2008 年 1 月 1 日，国务院办公厅转发发改委、科技部、财政部、信息产业部、税务总局、广电总局六部委《关于鼓励数字电视产业发展若干政策的通知》（国办发［2008］1 号），提出："以有线电视数字化为切入点,加快推广和普及数字电视广播,加强宽带通信网、数字电视网和下一代互联网等信息基础设施建设,推进'三网融合',形成较为完整的数字电视产业链,实现数字电视技术研发、产品制造、传输与接入、用户服务相关产业协调发展。"

2009 年 5 月 19 日,国务院批转发改委《关于 2009 年深化经济体制改革工作意见》的通知(国发[2009]26 号),文件指出:"落实国家相关规定,实现广电和电信企业的双向进入,推动'三网融合'取得实质性进展。"

2010 年 1 月 13 日,国务院常务会议决定加快推进电信网、广播电视网和互联网三网融合。会议要求电信和广电业务相互开放,先选择有条件的地区开展双向进入试点,并提出了三网融合的阶段性目标。

① 2010—2012 年:重点开展电信和广电业务双向进入试点,探索形成使三网融合规范有序开展的政策体制、机制和体系。

② 2013—2015 年:总结推广试点经验,全面实现三网融合发展,普及应用融合业务,基本形成适度竞争的网络产业格局,基本建立适应三网融合的体制、机制,以及职责清晰、协调顺畅、决策科学、管理高效的新型监管体系。

2010 年 6 月底,三网融合 12 个试点城市名单和试点方案正式公布,三网融合终于进入实质性推进阶段。

在总体方案历经 15 稿修改和两年多的博弈,试点方案再经 5 稿修改和谈判几乎破裂的危险后,2010 年 7 月 1 日,三网融合的 12 个试点城市名单终于在国家意志的强势干预下正式出台。2012 年 1 月,国务院公布了第二阶段试点城市总计 42 个,至此,我国三网融合试点已经基本涵盖全国,标志着三网融合进入规模试点阶段。

之后,国家各相关部委持续积极落实由"促进"到"推进"三网融合计划。随着试点城市业务的进一步开展,非试点城市对三网融合产业重视程度的不断增强,三网融合产业面临更为巨大的发展机会。

11.1.3 三网融合面临的问题及发展趋势

1. 三网融合需要解决的技术问题

在技术层面上,三网融合并非简单解决网络水平上的融合(包括骨干网、城域网、接入网、设备终端的互联互通),而应重点处理好网络垂直层面上的融合(包括应用、业务、传送、控制等不同应用层面上的相互包容与相互渗透)。三网融合的主要工作细节要集中在微融合上,比如移动与固定的融合、接口与标准的融合等,最终实现管理和控制的融合。

随着三网融合的推进,将会遇到许多技术问题,主要有以下几点。

(1) 传输的宽带化

骨干网传输的宽带化是三网融合的重要基础,采用何种传输方式还没有统一观点,但是IP 化光网络就是新一代电信网的基础,是三网融合的结合点。

(2) 交换的高性能指标

由于网络交换机是网络阻塞的瓶颈,随着三网融合业务的开展、大数据流的出现以及视频业务的日益增多,网络交换机的性能将是三网融合的重要指标,也是网络融合需要解决的主要问题之一。由此需要高交换速度、高网络吞吐量、高 QoS 的网络交换机。

(3) 用户的宽带接入问题

用户的宽带接入问题(又称"最后一公里"问题)是三网融合的难点,问题的关键是用户如何通过统一的接入设备来实现已有的三网业务。

2．三网融合需要解决的社会问题

（1）产业政策需要调整

要真正实现三网融合，在国家的产业政策层面上就必须要进行一定的调整，如国际互联网的出口问题。

（2）行业监管责任需要明确

目前，广电网、电信网分属两个行业主管部门，为了避免三网融合中出现无休止的争论，需要一个组织来监管三网融合中在国家文化安全、信息安全、市场拓展、产业布局、行业规范等方面产生的一系列问题。

（3）内容信息监管需要改进

三网融合中，三网的信息管理要区别对待，才有利于发展。

（4）业务融合面临挑战

由于设计目标不同，广电网和电信网的网络结构不同，所采用的技术和业务的重点也不相同，在业务融合的过程中会面临许多挑战。

（5）行业标准需要统一

电信网、广播电视网和互联网各自有不同的技术规范、网络结构和管理理念，故三网的技术标准缺乏兼容性、透明性、互联互通性。所以要实现三网融合，国家必须要制定统一的行业标准以避免重复建设、无序竞争，克服互联互通的障碍。

3．三网融合的发展趋势

三网融合是一个不断演进的过程，需要按照先易后难的原则逐步实施。

在网络层面，三网融合的重点应放在对三网的改造上，使网络可以基于 IP 在各自数据应用平台上提供多种服务，承载多种业务，让已经具有基本能力的各种网络进行适当的业务交叉和渗透，充分发挥各类网络资源的潜力。目前电信网与互联网的融合已完成，正在进行广电网与互联网的融合，最后再实现三网的大融合。

从技术上看，尽管各种网络仍有自己的特点，但技术特征正逐渐趋向一致，如数字化、光纤化、分组化等，特别是逐渐向 IP 的汇聚已成为下一步发展的共同趋向。所以目前应在最大共享现有网络资源的基础上，统一规划和建设下一代全新的宽带信息网。

在业务层面，语音与数据的融合已完成，数据与视像的转换已基本实现，最后再实现三者的大融合。当各种网络平台达到可承载本质上相同的业务能力时，它们才真正成为可以相互替代的、打破了三个行业中历来按业务种类划分市场和行业的技术壁垒。

11.2　三网融合的技术基础

网络技术和数字技术的日渐成熟使得三网融合成为可能。三网融合需具备的技术基础主要有数字技术、光通信技术、TCP/IP 协议和软件技术等。

1．数字技术

数字技术的主要优势有：信号质量好，抗干扰能力强；传输效率高，多功能复用；双向交互性，便于网络化等，数字传输取代传统的模拟传输已是通信发展的必然方向。

作为三网融合的基本条件，数字技术能够将音频、视频、数据等信息转换成二进制数字信号,以便使不同网络的信息能够互相传输。

2. 光通信技术

光通信技术可以使三网融合形成的网络平台具备更快的信息传输速度和更大的带宽,并且传输质量很高,不易失真,还有助于降低传输成本,为各种业务涉及的信息的综合传输提供了技术支持。

3. TCP/IP 协议

TCP/IP 协议的普遍使用,使得各种业务都可以以 IP 为基础实现互通。TCP/IP 协议不仅成为占主导地位的通信协议,而且还为三大网络找到了统一的通信协议,从而在技术上为三网融合奠定了坚实的联网基础。从接入网到骨干网,整个网络将实现协议的统一,各种终端最终都能实现透明的连接。

4. 软件技术

软件技术的发展使得三大网络及其终端都能够通过软件变更最终支持各种用户所需的特性、功能和业务。现代通信设备已成为高度智能化和软件化的产品。

11.3 三网融合接入网关键技术

11.3.1 三网融合对宽带接入网的需求

为满足三网融合业务的多样性、多业务等级、高质量要求,宽带接入网的建设发展应该满足以下需求。

1. 更高的网络带宽和用户带宽

三网融合后 IPTV 等宽带业务将占主导地位,其对带宽(速率)的需求较高。例如,一套高清电视需要 8~10 Mbit/s,一套标清电视需要 2~4 Mbit/s,随着网络视频的发展,高速上网带宽越来越大,将向 10 Mbit/s 甚至更高发展。各类业务对带宽的需求如表 11-1 所示。

表 11-1　各类业务带宽(速率)需求

业务类型	下行带宽/(Mbit·s^{-1})	上行带宽/(Mbit·s^{-1})
高清电视	8~10	0.05
标清电视	2~4	0.05
网络游戏	0.256~1	0.256~1
视频通信	0.256~2	0.256~2
IP 语音	0.1	0.1
高速上网	2~10	0.512~2

一个家庭可能会同时接收多套电视节目,综合考虑各类业务,用户带宽最低需要 4 Mbit/s,随着高清电视节目的增加,大部分用户需要 8~12 Mbit/s 带宽,部分高速率用户带宽需求将超过 20 Mbit/s,将来随着 3D 电视、高清互联网视频的丰富,用户带宽需求将达到 50 Mbit/s。

2. 支持多业务承载、多业务分类能力

三网融合后,运营商为用户提供的是融合的多种业务。多种业务均通过同一接入网承载,所以接入网必须支持多业务承载、多业务分类能力。

多种业务要求不同的 QoS,尤其是视频类业务和语音类业务要求更高的 QoS 保障。由于视频业务的实时性,通常无法支持丢包的重传,而丢包可能导致画面冻结、马赛克等问题;另外实时性业务对时延抖动也比较敏感。因此接入网应支持视频业务的带宽保证和优先级调度机制,提供低丢包率、低时延、快速切换的传输。

3. 支持组播

随着 IPTV 业务规模的增长,为了节省 IP 城域网的带宽,组播控制点会逐步下移到接入网,因此接入网设备应支持组播功能,并支持用户组播请求的快速处理、组播路由的快速收敛。

11.3.2 三网融合下的宽带接入技术

由三网融合对宽带接入网的需求可知,三网融合下必须采用宽带接入技术。宽带接入技术包括有线宽带接入技术和无线宽带接入技术。

1. 有线宽带接入技术

有线宽带接入技术分为铜线接入技术、混合光纤/同轴电缆接入技术、以太网接入及光纤接入技术。

铜线接入技术主要包括不对称数字用户线(ADSL、ADSL2、ADSL2+)和甚高速数字用户线(VDSL、VDSL2)接入网,混合光纤/同轴电缆接入技术指 HFC 接入网,以太网接入技术即 FTTx+LAN 接入网,光纤接入技术应用较广泛的是以太网无源光网络(EPON)和吉比特无源光网络(GPON)。

近些年,我国电信运营商针对有线接入网实施"光进铜退"策略,ADSL 等铜线接入网将逐渐失去原有的作用。所以目前应用比较广泛的有线宽带接入网主要有:混合光纤/同轴电缆(HFC)接入网、FTTx+LAN 接入网、光纤接入网(EPON/ GPON)等。(各种常用的有线宽带接入网的内容详见本书第 6 章)

2. 无线宽带接入技术

无线宽带接入技术主要包括无线局域网(WLAN)、微波存取全球互通(WiMAX)系统等。本书第 6 章论述了 WLAN,下面简单介绍 WiMAX 系统。

(1) WiMAX 的概念

微波存取全球互通(World Interoperability for Microwave Aceess,WiMAX)是一种可用于城域网的宽带无线接入技术,它是针对微波和毫米波段提出的一种新的空中接口标准。WiMAX 的频段范围为 2~11 GHz。WiMAX 的主要作用是提供无线"最后一公里"接入,覆盖范围可达 50 km,最大数据速率达 75 Mbit/s。

WiMAX 将提供固定、移动、便携形式的无线宽带连接,并最终能够在不需要直接视距基站的情况下提供移动无线宽带连接。在典型的 4.83~16.1 km 半径单元部署中,获得 WiMAX 论坛认证的系统可以为固定和便携接入应用提供高达每信道 40 Mbit/s 的容量。

WiMAX 技术目前处于试验和迅速发展阶段,它是最具代表性的宽带接入技术,以其宽带宽、容量大、多业务、组网快以及投资少而受到运营商和用户的青睐。

(2) WiMAX 标准

1999 年,IEEE-SA 成立了 802.16 工作组专门开发宽带固定无线技术标准,目标就是要建立一个全球统一的宽带无线接入标准。为了促进这一目的的达成，几家世界知名企业还发起成立了 WiMAX 论坛，力争在全球范围推广这一标准。WiMAX 论坛的成立很快得到了厂商和运营商的关注，并积极加入到其中，很好地促进了 802.16 标准的推广和发展。

IEEE 802.16 标准又称为 IEEE Wireless MAN 空中接口标准，是工作于 2～66 GHz 无线频带的空中接口规范。由于它所规定的无线系统覆盖范围可高达 50 km，因此 802.16 系统主要应用于城域网，符合该标准的无线接入系统被视为可与 DSL 竞争的最后一公里宽带接入解决方案。根据使用频带高低的不同，IEEE 802.16 系统可分为应用于视距和非视距两种，其中使用 2～11 GHz 频带的系统应用于非视距(NLOS)范围，而使用 10～66 GHz 频带的系统应用于视距(LOS)范围。根据是否支持移动特性，IEEE 802.16 标准又可分为固定宽带无线接入空中接口标准和移动宽带无线接入空中接口标准，标准系列中的 IEEE 802.16、IEEE 802.16a、IEEE 802.16d 属于固定无线接入空中接口标准，而 802.16e 属于移动宽带无线接入空中标准。

IEEE 802.16 标准系列主要包括 IEEE 802.16、IEEE 802.16a、IEEE 802.16c、IEEE 802.16d、IEEE 802.16e、IEEE 802.16f 和 IEEE 802.16g 等。

(3) WiMAX 的技术优势

WiMAX 具有以下技术优势。

① 设备的良好互用性

由于 WiMAX 中心站与终端设备之间具有交互性，使运营商能从多个设备制造商处购买 WiMAX 相应设备，从而降低网络运营维护费用，而且一次性投资成本较小。

② 应用频段非常宽

WiMAX 系统可使用的频段包括 10～66 GHz 频段、低于 11 GHz 许可频段和低于 11 GHz 的免许可频段，不同频段的物理特性不同。对于 IEEE 802.16e 系统而言，为了支持移动性应工作在低频段。

③ 频谱利用率高

在 IEEE 802.16 标准中定义了 3 种物理层实现方式，即单载波、OFDM 和 OFDMA。其中 OFDM 和 OFDMA 是最典型的物理层传输方式，可使系统在相同的载波带宽下提供更高的传输速率。

④ 抗干扰能力强

由于 OFDM 技术具有很强的抗多径衰落、频率选择性衰落以及窄带干扰的能力，因此可实现高质量数据传输。

⑤ 可实现长距离下的高速接入

在 WiMAX 中可采用 Mesh 组网方式、MIMO 等技术来改善非视距覆盖问题，从而使 WiMAX 基站的每扇区最高吞吐量可达到 75 Mbit/s。每个基站的覆盖范围最大可达 50 km。典型的基站覆盖范围为 6～10 km。

⑥ 系统容量可升级，新增扇区简易

WiMAX 灵活的信道带宽规划适应于多种频率分配情况，使容量达到最大化，新增扇区简易，允许运营商根据用户的发展随时扩容网络。

⑦ 提供有效的 QoS 控制

IEEE 802.16 的 MAC 层是依靠请求/授予协议来实现基于业务接入的，它支持不同服务水平的服务。例如，专线用户可使用 T1/E1 来完成接入，而住宅用户则可采用尽力而为服务模式。该协议能支持数据、语音以及视频等对时延敏感的业务,并可以根据业务等级,提供带宽的按需分配。

（4）WiMAX 的业务应用

WiMAX 标准适用于 5 种应用环境,即固定接入业务、游牧式业务、便携式业务、简单移动业务和全移动业务。

① 固定接入业务

固定接入业务是 WiMAX 网络中的最基本业务。

② 游牧式业务

在此应用环境下,终端可以从不同的接入点接入运营商网络,在进行会话连接中,用户终端只能以站点式接入网络,并且在两次不同网络的接入过程中,不保留所传输的数据。

③ 便携式业务

在此应用环境下,用户可处于步行移动状态,因此要求用户终端能够边移动、边连接到网络,而当用户终端静止时应与固定模式业务相同,当终端进行切换时,会出现暂时中断用户业务的现象。当切换结束后,需对当前 IP 地址进行刷新或重建。

④ 简单移动业务

在此应用环境下,用户可在步行、驱车或乘公共汽车等情况下,通过宽带无线接入网络来实现业务接入,简单移动接入业务和全移动接入业务均支持睡眠模式和空闲模式。简单移动业务可用于支持移动数据业务,包括移动 E-mail、流媒体、可视电话、移动游戏和 VoIP 等业务。

⑤ 全移动业务

在此应用环境下,用户可以在移动速度为 120 km/h 甚至更高的情况下接入宽带网络。当终端无数据需要进行传输时,用户终端模块将工作于低损耗模式。全移动业务支持高速上网、语音、视频等多种应用,并可在多个扇区或基站之间实现无缝切换,以及漫游功能。

11.4　三网融合承载网关键技术

11.4.1　三网融合对承载网的总体要求

承载网是整个电信网络的基础,它负责按照要求把各个业务信息流从源端传递到目的端,承载网的范畴包括接入网和核心网。

传统电信承载网按照技术阵营可分为 IP 承载网和光传送网。IP 承载网的技术核心是分组交换技术,主要承载分组业务;光传送网的核心是电路交换技术,主要承载电路业务。

网络融合的最终目标是建设一张从接入网到核心网的多业务统一承载网,以 IP 为承载层,以大容量、高可靠的光传送网为基础网,以高带宽、灵活部署的光纤＋无线为接入手段,实现信令、语音、数据、视频等多媒体业务的高效承载,做到差异化 QoS 保证、电信级可靠性、灵活扩展性、低网络复杂度、高可用性、易维护性以及低成本。

为适应三网融合技术发展,未来的全业务承载网必须满足以下几点总体要求。

1. IP 化

由于三网融合主要指业务应用层面的融合,而统一的 TCP/IP 协议的采用,将使得各种以 IP 为基础的业务都能在不同的网上实现互通。所以采用 TCP/IP 协议是三网融合的一个重要技术基础。

2. 宽带化

三网融合后的主要业务是视频业务,它需要很高的带宽资源。为了满足视频等业务对带宽的需求,承载网的宽带化势在必行。

3. 具备多业务承载能力

三网融合后的承载网要能够支持语音、数据、视频等多种业务,全业务承载网要求具备以下功能。

(1) 网络的可扩展性

建设三网融合下的宽带网络,可扩展性是必须考虑的问题。对于核心网,路由器使用最新技术的高速集成电路芯片提高单机的路由交换和处理能力,同时构造分布型和扁平式拓扑,使网络具备越来越强的可扩展性。

对于接入网,为了适应三网融合要求的数十兆和百兆到家,FTTH 将会取代 FTTB+LAN;GPON 将演进到 10 GPON,而且 OLT 的设置也需要更加靠近最终用户。

(2) 网络的可控性

可控的宽带网上的节点,应该具备为不同业务、用户和应用提供差异化 QoS 和服务等级的能力。

(3) 网络的可靠性

对于承载网中的路由器,除了要具备通常要求的板卡保护、协议收敛、不停顿转发外,还应该具备不中断路由和不中断业务的能力。

对于 OTN 传送节点和高速传输链路,除了能提供常用的线路保护和环网保护外,还应支持多种保护和恢复机制。设计出既倒换快又能抗多重故障的保护恢复机制,在需要时为特殊要求的业务和用户提供绝对可靠的网络连接。

接入网的可靠性要求也会相应地提高,采取相应的保护措施。

(4) 网络的易操作性

网络的易操作性不仅关系到网络的日常运维,也关系到新业务尤其是增值新业务的快速开通。

要求三网融合下的承载网具有更强的管理、操作、维护及便利的网管能力,实现端到端业务配置,快速故障定位等。

(5) 网络的安全性

相对传统的单一业务的数据网,各类业务的融合、IP 与传输的更紧密结合使得数据网络的安全考虑出现了一些新的特征,因而三网融合下宽带网络的安全性会遇到新的挑战。

以上介绍了三网融合对承载网的总体要求。为了满足这些要求,电信运营商的 IP 网络已经引入了多协议标签交换(MPLS)作为骨干传输技术,用于解决网络速度、可扩展性、服务质量(QoS)管理及流量工程等问题;同时积极向 IPv6 演进,以有效解决 IP 地址枯竭问题。光传输正在逐步引入分组传送网(PTN)/IP RAN 和 OTN 技术。

下面分别探讨三网融合下的 IP 网络技术和光传输网技术等。

11.4.2 IP 网络技术

1. 多协议标签交换(MPLS)技术

(1) MPLS 的概念

MPLS 是一种在开放的通信网上利用标签引导数据高速、高效传输的新技术,它把数据链路层交换的性能特点与网络层的路由选择功能结合在一起。MPLS 不仅能够支持多种网络层层面上的协议,如 IPv4、IPv6 等,而且还可以兼容多种链路层技术。它吸收了 ATM 高速交换的优点,并引入面向连接的控制技术,在网络边缘处首先实现第三层路由功能,而在 MPLS 网络核心则采用第二层交换,是一种将标签交换转发和网络层路由技术集于一身的路由与交换技术平台。

具体地说,MPLS 网络给每个 IP 数据报打上固定长度的"标签",然后对打上标签的 IP 数据报在第二层用硬件进行转发(称为标签交换),使 IP 数据报转发过程省去了每到达一个节点都要查找路由表的过程,因而 IP 数据报转发的速率大大加快。

(2) MPLS 的技术特点及优势

MPLS 技术是下一代最具竞争力的通信网络技术,具有以下技术特点及优势。

① MPLS 具有高的传输效率和灵活的路由技术。

② MPLS 将数据传输和路由计算分开,是一种面向连接的传输技术,能够提供有效的 QoS 保证。

③ MPLS 支持大规模层次化的网络结构,具有良好的网络扩展性。

④ MPLS 支持流量工程和虚拟专网(VPN)。

⑤ MPLS 作为网络层和数据链路层的中间层,不仅能够支持多种网络层技术,而且可应用于多种链路层技术,具有对下和对上的多协议支持能力。

(3) 转发等价类 FEC

在 MPLS 网络中,数据报被映射为 FEC(Forwarding Equivalence Class,转发等价类),FEC 标识一组在 MPLS 网络中传输的具有相同属性的数据报,这些属性可以是相同的 IP 地址、相同的 QoS,也可以是相同的虚拟专网(VPN)。相同 FEC 的数据报在 MPLS 网络中将获得完全相同的处理。

一个 FEC 被分配一个标签,因此所有属于一个 FEC 的数据报都会被分配相同的标签。数据报与 FEC 之间的映射只需在 MPLS 网络的入口处实施,在数据转发路径建立过程中,MPLS 网络核心节点的转发决策完全以 FEC 为依据,无须重复执行提取、分析 IP 数据报头的烦琐过程。

一个转发等价类(FEC)在 MPLS 网络中经过的路径称为标签交换路径(Label Switched Path,LSP),LSP 在功能上与 ATM 和帧中继(Frame Relay)的虚电路相同,是从 MPLS 网络的入口到出口的一个单向路径(有关 LSP 的建立过程后述)。

(4) MPLS 数据报的格式

MPLS 数据报(也习惯称为 MPLS 报文)的格式如图 11-2 所示。

由图 11-2 可见,"给 IP 数据报打标签"其实就是在 IP 数据报的前面加上 MPLS 首部。MPLS 首部是一个标签栈,MPLS 可以使用多个标签,并把这些标签都放在标签栈。标签要后进先出,即最先入栈的放在栈底,最后入栈的放在栈顶。

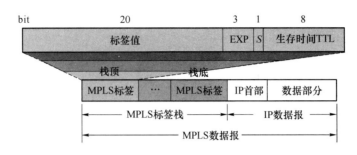

图 11-2　MPLS 数据报的格式

MPLS 首部中每一个标签有 4 字节,共包括 4 个字段,各字段的作用如下:

① 标签值(20bit)——表示标签的具体值。

② EXP(3bit)——通常用作服务等级(CoS)。

③ S(1bit)——表示标签在标签栈中的位置,若 $S=1$ 表示这个标签在栈底,其他情况下 S 都为 0。

④ 生存时间(8bit)——表示 MPLS 数据报允许在网络中逗留的时间,用来防止 MPLS 数据报在 MPLS 域中兜圈子。

(5) MPLS 网络的组成

在 MPLS 网络中,节点设备分为两类:构成 MPLS 网络的接入部分的标签边缘路由器(LER)和构成 MPLS 网络的核心部分的标签交换路由器(LSR)。MPLS 路由器之间的物理连接可以采用 SDH 网、以太网等。MPLS 网络组成如图 11-3 所示(为了简单,图中 LSR 之间、LER 与 LSR 之间的网络用链路表示)。

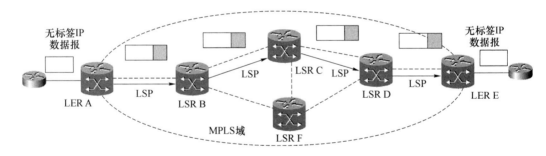

图 11-3　MPLS 网络组成示意图

① 标签边缘路由器(LER)的作用

LER 完成连接 MPLS 域与非 MPLS 域的功能,包括入口 LER(Ingress LER)和出口 LER(Egress LER)。

入口 LER 的作用包括:对 IP 数据报进行分类(分为不同的 FEC);为每个 IP 数据报打上固定长度的"标签",打标签后的 IP 数据报称为 MPLS 数据报。

出口 LER 的作用包括:终止 LSP;将 MPLS 数据报中的标签去除,还原为无标签 IP 数据报并转发给 MPLS 域外的一般路由器。

② 标签交换路由器(LSR)的作用

• 负责路由选择、标签转发表的构造、标签的分配、标签交换路径(LSP)的建立和拆除等工作。

• 负责 MPLS 数据报的高速转发处理:查找标签转发表、进行标签替换处理并转发(标签只具有本地意义,经过 LSR 标签的值要改变)。

（6）MPLS 网络对标签的处理过程（报文转发过程）

MPLS 网络对标签的处理过程（即报文转发过程）如图 11-4 所示。为便于理解,这里举例简单说明报文转发过程,假设建立的标签交换路径 LSP 为图 11-4 中的路径 A-B-C-D-E。

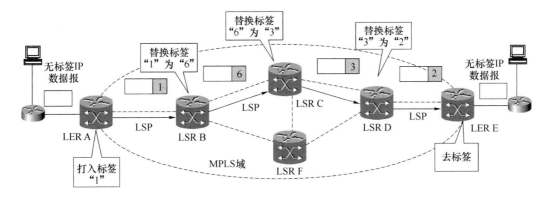

图 11-4　MPLS 网络对标签的处理过程

① 来自 MPLS 域外一般路由器的无标签 IP 数据报,到达 MPLS 网络。在 MPLS 网的入口处的标签边缘交换路由器 LER A 给每个 IP 数据报打上固定长度的"标签"（假设标签的值为 1）,然后把 MPLS 报文（MPLS 数据报）转发到下一跳的 LSR B 中去。

② LSR B 查标签转发表,将 MPLS 报文中的标签值替换为 6,并将其转发到 LSR C。

③ LSR C 查标签转发表,将 MPLS 报文中的标签值替换为 3,并将其转发到 LSR D。

④ LSR D 查标签转发表,将 MPLS 报文中的标签值替换为 2,并将其转发到出口 LER E。

⑤ 出口 LER E 将 MPLS 报文中的标签去除,还原为无标签 IP 数据报,并传送给 MPLS 域外的一般路由器。

MPLS 的实质就是将路由功能移到网络边缘,将快速简单的交换功能（标签交换）置于网络中心,对一个连接请求实现一次路由、多次交换,由此提高网络的性能。

（7）MPLS VPN

三网融合下,基于 MPLS 技术实现虚拟专网（VPN）,是 MPLS 技术的主要应用。下面简单介绍 MPLS VPN 的基本概念。

① MPLS VPN 的概念

虚拟专网是虚拟私有网络（Virtual Private Network, VPN）的简称,它是一种利用公共网络（如公共分组交换网、帧中继网、ISDN 或 Internet 等）来构建的私有专用网络。VPN 通过对网络数据的封包或加密传输,在公共网络上传输私有数据、达到私有网络的安全级别,从而利用公众网络构筑企业专网。

隧道技术是构建 VPN 的关键技术。它用来在公共网络上仿真一条点到点的通路,实现两个节点间的安全通信,使数据报在公共网络上的专用隧道内传输。隧道技术的实质是利用一种网络层协议来传输另一种网络层协议,其基本功能是封装和加密,主要利用网络隧道协议来实现。其中封装是构建隧道的基本手段。从隧道的两端来看,通过封装来创建、维持和撤销一个隧道,以实现信息的隐蔽和抽象;加密是使公共网络中的隧道具有隐秘性,以实现 VPN 的安全性和私有性。

MPLS 为每个 IP 数据报加上一个固定长度的标签,并根据标签值转发数据报,可见,

MPLS 支持隧道技术,利用 MPLS 技术建立的 VPN 就是 MPLS VPN。

② MPLS VPN 的网络结构

MPLS VPN 的网络结构如图 11-5 所示。

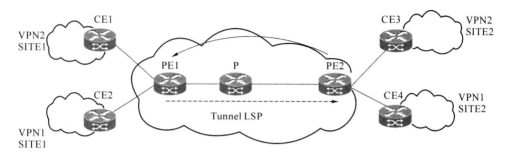

图 11-5　MPLS VPN 的网络结构

图 11-5 中各部分的作用如下:

- 用户边缘路由器(Custom Edge Router,CE 路由器)——为用户提供到 PE 路由器的连接,CE 路由器不使用 MPLS,它可以只是一台 IP 路由器,它不必支持任何 VPN 的特定路由协议或信令。

- 骨干网边缘路由器(Provider Edge Router,PE 路由器)——是与用户 CE 路由器相连的服务提供者边缘路由器。PE 路由器实际上就是 MPLS 网络中的边缘标签交换路由器(LER),它根据存放的路由信息将来自 CE 路由器或标签交换通道 LSP 的 VPN 数据处理后进行转发,同时负责和其他 PE 路由器交换路由信息。它需要能够支持 MPLS 协议,以及 BGP、一种或几种 IGP。

- 骨干网核心路由器(Provider Router,P 路由器)——就是 MPLS 网络中的标签交换路由器(LSR),它根据数据报的外层标签对 VPN 数据进行透明转发,P 路由器只维护到 PE 路由器的路由信息而不维护 VPN 相关的路由信息。

- VPN 用户站点(SITE)——是指这样一组网络或子网,它们是用户网络的一部分并且通过一条或多条 PE/CE 链路接至 VPN。一组共享相同路由信息的站点就构成了 VPN。一个站点可以同时位于不同的几个 VPN 之中。公司总部、分支机构都是 SITE 的具体例子。

在 MPLS VPN 中,属于同一的 VPN 的两个 SITE 之间转发报文使用两层标签,在入口 PE 路由器上为报文打上两层标签,外层标签在骨干网内部进行交换,代表了从 PE 路由器到对端 PE 路由器的一条隧道,VPN 报文打上这层标签,就可以沿着标签交换通道(LSP)到达对端 PE 路由器,然后再使用内层标签决定报文应该转发到哪个 SITE 上。

③ MPLS VPN 的分类

MPLS VPN 按照实现层次分为二层 VPN(MPLS L2 VPN)和三层 VPN(MPLS L3 VPN)。MPLS L2 VPN 就是在 MPLS 网络上透明传递用户的二层数据。从用户角度看,MPLS L2 VPN 就是一个二层交换网络,可以在不同 VPN 用户(站点)之间建立二层的连接。MPLS L3 VPN 使用 BGP 在 PE 路由器之间分发路由信息,使用 MPLS 技术在 VPN 站点之间传送数据,因而又称为 BGP/MPLS VPN。

④ MPLS VPN 的优势

MPLS VPN 的优势体现在以下几点:

- 通过使用 MPLS 报头内的校验位或使用 LSP 流量工程,可为用户 VPN 业务提供灵活的和可扩展的 QoS。
- MPLS VPN 在 IP 多媒体网上部署非常灵活,能提供一定安全性保障。
- 对用户而言,不需要额外的设备,节省投资。
- MPLS VPN 也是当今比较成熟的 VPN 技术,扩展成本低,管理难度小。

⑤ MPLS VPN 的适用场合:

MPLS VPN 适用于以下一些场合:

- 适用于对服务质量、服务等级划分以及网络资源的利用率、网络可靠性有较高要求的 VPN 业务。
- 适合一些对组网灵活性要求高、投资少、易于管理的用户群。
- 适用网络规模较大,应采用全网状连接的客户。

2. IPv6 技术

（1）IPv6 的引入

IPv6 是 IP 第 6 版本,是为了改进 IPv4 存在的问题而设计的新版本的 IP。

当前 IPv4 主要面临的是地址即将耗尽的危机。IPv4 地址紧缺的主要原因在于 IPv4 地址的两个致命的弱点:地址空间的浪费和过度的路由负担。IPv4 存在的问题具体表现为:

① IPv4 的地址空间太小

IPv4 的地址长度为 32 位,理论上最多可以支持 2^{32} 台终端设备的互联(实际要少)。而接入 Internet 的用户爆炸式地增长导致了 IPv4 的地址资源不够用。

② IPv4 分类的地址利用率低

由于 A、B、C 等地址类型的划分,浪费了上千万的地址。

③ IPv4 地址分配不均

由于历史的原因,美国一些大学和公司占用了大量的 IP 地址,有大量的 IP 地址被浪费,而在互联网快速发展的国家和地区(如欧洲、日本和中国)得不到足够的 IP 地址。由此导致互联网地址即将耗尽。到目前为止,A 类和 B 类地址已经用完,只有 C 类地址还有余量。

④ IPv4 数据报的首部不够灵活

IPv4 所规定的首部选项是固定不变的,限制了它的使用。

为了解决 IPv4 存在的问题,诞生了 IPv6。IPv6 从根本上消除了 IPv4 网络潜伏着地址枯竭和路由表急剧膨胀的两大危机。

IPv6 继承了 IPv4 的优点,并根据 IPv4 多年来运行的经验进行了大幅度的修改和功能扩充,比 IPv4 处理性能更加强大、高效。与互联网发展过程中涌现的其他技术相比,IPv6 可以说是引起争议最少的一个。人们已形成共识,认为 IPv6 取代 IPv4 是必然发展趋势,其主要原因归功于 IPv6 几乎无限的地址空间。

（2）IPv6 的特点

与 IPv4 相比,IPv6 具有以下较为显著的特点。

① 极大的地址空间

IP 地址由原来的 32 位扩充到 128 位,使地址空间扩大了 2^{96} 倍,彻底解决了 IPv4 地址不足的问题。

② 分层的地址结构

IPv6 支持分层的地址结构,更易于寻址;扩展支持组播和任意播地址,使得数据报可以发送给任何一个或一组节点。

③ 支持即插即用

大容量的地址空间能够真正地实现无状态地址自动配置,使 IPv6 终端能够快速连接到网络上,无须人工配置,实现了真正的自动配置。

④ 灵活的数据报首部格式

IPv6 数据报报首部格式比较 IPv4 作了很大的简化,有效地减少了路由器或交换机对首部的处理开销。同时加强了对扩展首部和选项部分的支持,并定义了许多可选的扩展字段,可以提供比 IPv4 更多的功能,使转发更为有效,对将来网络加载新的应用提供了充分的支持。

⑤ 支持资源的预分配

IPv6 支持实时视像等要求,保证了一定带宽和时延的应用。

⑥ 认证与私密性

IPv6 保证了网络层端到端通信的完整性和机密性。

⑦ 方便移动主机的接入

IPv6 在移动网络方面有很多改进,具备强大的自动配置能力,简化了移动主机的系统管理。

(3) IPv4 向 IPv6 过渡的方法

虽然 IPv6 比 IPv4 有绝对优势,但目前 Internet 上的用户绝大部分仍然在使用 IPv4,如何从 IPv4 过渡到 IPv6 是我们需要研究的一个问题。

从 IPv4 向 IPv6 过渡的方法主要有两种:使用双协议栈和使用隧道技术。

① 使用双协议栈

双协议栈是指在完全过渡到 IPv6 之前,使一部分主机(或路由器)装有两个协议栈,一个 IPv4 和一个 IPv6。双协议栈主机(或路由器)既可以与 IPv6 的网络通信,又可以与 IPv4 的网络通信。

使用双协议栈进行从 IPv4 到 IPv6 过渡的示意图如图 11-6 所示。

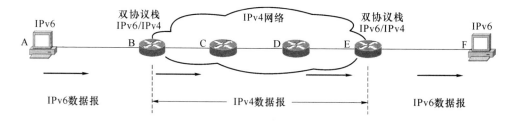

图 11-6　使用双协议栈进行从 IPv4 到 IPv6 的过渡示意图

图 11-6 中的主机 A 和 B 都使用 IPv6,而它们之间要通信所经过的网络使用 IPv4,图 11-6 中的路由器 B 和 E 是双协议栈路由器。

主机 A 发送的是 IPv6 数据报,双协议栈路由器 B 将其转换为 IPv4 数据报发给 IPv4 网络,此 IPv4 数据报到达双协议栈路由器 E,由它将 IPv4 数据报再转换为 IPv6 数据报送给主机 F。

IPv6 数据报与 IPv4 数据报的相互转换是替换数据报的首部,数据部分不变。

② 使用隧道技术

使用隧道技术从 IPv4 到 IPv6 过渡的示意图如图 11-7 所示。

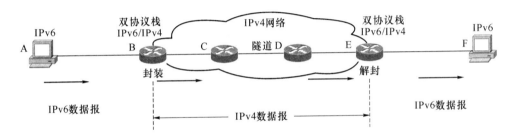

图 11-7　使用隧道技术从 IPv4 到 IPv6 过渡的示意图

所谓隧道技术是由双协议栈路由器 B 将 IPv6 数据报封装成为 IPv4 数据报,即把 IPv6 数据报作为 IPv4 数据报的数据部分(这是与使用双协议栈过渡的区别)。IPv4 数据报在 IPv4 网络(看作是隧道)中传输,离开 IPv4 网络时,双协议栈路由器 E 再取出 IPv4 数据报的数据部分(解封),即还原为 IPv6 数据报送交给主机 F。

11.4.3　光传输网技术

前面提到,为了满足三网融合对承载网的总体要求,光传输正在逐步引入分组传送网(PTN)/IP RAN 和光传送网(OTN)技术,PTN 和 IP RAN 用于小颗粒 IP 业务的灵活接入及汇聚收敛,OTN 用于大颗粒业务的灵活高效传送。

有关 OTN 及 PTN/IP RAN 的相关内容参见本书第 5 章。

11.4.4　内容分发网络(CDN)技术

随着三网融合时代的到来,视频作为电信、广电服务商的主流业务将得到大规模推广,视频业务(如高清网络电视等)的高带宽需求对现有承载网提出了巨大挑战。虽然流媒体技术的引入,给宽带应用提供了合适的技术基础,人们在此基础上提出了许多宽带应用解决方案。但是这些方案并没有给用户带来高质量的流媒体内容,因为用户在获得流媒体内容时,仍然能感觉到严重的延迟。为了解决这个问题,引出了 CDN 技术。

1. 内容分发网络(CDN)的概念

内容分发网络(Content Distribution Network,CDN)是采用高速缓存、负载均衡和内容重定向等技术,在一定的网络基础构架上实现内容加速、内容分发、减少网络带宽和用户响应时间的一种内容分发服务网络。

CDN 技术基本解决方法是把各种宽带应用业务发布到用户请求最近的区域,使用户可以就近取得所需内容,达到快速响应的要求。CDN 通过用户就近性和服务器负载的判断,确保内容以极为高效的方式为用户提供服务。CDN 可以提高网络本身的发布能力和智能性,并改善 Internet 网络拥塞状况,提高用户访问的响应速度。从技术上全面解决由于网络带宽小、用户访问量大、网点分布不均等因素导致用户访问网站的响应速度慢的问题。

2. CDN 的关键技术

CDN 的关键技术主要包括:内容路由技术、内容分发技术、内容存储技术、内容管理技术等。

（1）内容路由技术

内容路由的作用是动态均衡各个内容缓存节点的负荷分配，为用户的请求选择最佳的访问节点，同时提高网站的可用性。内容路由根据网络拓扑、网络延时、服务器负荷与规则等策略而设定，指定最佳节点向特定的内容请求提供服务。

（2）内容分发技术

内容分发技术的思路是：为了提高系统的吞吐率，内容分发时先将内容从内容服务器分发到各边缘的分发缓存(Cache)节点。根据分发内容和规则的不同，从内容源到 CDN 边缘的内容分发方式有主动分发(PUSH)和被动分发(PULL)两种。

（3）内容存储技术

CDN 系统的内容存储需要考虑两个方面：内容源的存储和内容在 Cache 节点上的存储。对于内容源的存储，由于媒体内容的规模比较大（通常达到 TB 级），且内容的吞吐量也较大，适合采用海量存储架构；而对于在 Cache 节点中的存储，需要考虑的因素包括功能和性能两个方面，功能上包括对各种内容格式的支持和对部分缓存的支持，性能上主要包括支持的容量、多文件吞吐率、可靠性、稳定性等方面。

（4）内容管理技术

内容管理能够让用户或者服务提供商可以根据需要，监视、管理或者控制网络内容的分布、设备状态等。

内容管理重点强调内容进入 Cache 后的管理，主要目标是提高内容服务的效率。本地内容管理可以有效地实现在 CDN 节点内容的存储共享，提高存储空间的利用率。通过本地内容管理，可以在 CDN 节点实现基于内容感知的调度，避免将用户重定向到没有该内容的 Cache 设备上，从而大大增强了 CDN 的可扩展性和综合能力。

3. CDN 的主要功能

归纳起来，CDN 具有以下主要功能：

（1）节省骨干网带宽，减少带宽需求量；

（2）提供服务器端加速，解决由于用户访问量大造成的服务器过载问题；

（3）服务商能使用 Web Cache 技术在本地缓存用户访问过的 Web 页面和对象，实现相同对象的访问无须占用主干的出口带宽，并提高用户访问 Internet 页面的相应时间的需求；

（4）能克服网站分布不均的问题，并且能降低网站自身建设和维护成本；

（5）降低"通信风暴"的影响，提高网络访问的稳定性。

11.4.5　三网融合承载网建设方案

1. 骨干传输网建设方案

长途骨干传输网的作用是将城域网汇聚上传的各类综合业务安全、有效地传送，基本不再区分业务等级。

三网融合下需要解决的主要问题是多业务承载和 IP 化的问题，长途骨干传输网将会趋于扁平化。为了满足大容量及大颗粒业务高效、可靠、灵活、动态地长距离传送需求，电信长途骨干传输网的发展趋势是采用 OTN 组网方案，如图 11-8 所示。

OTN 组网可以有效继承和融合已有的 SDH 和 DWDM 网的功能优势，同时具有扩展与业务传输相适应的组网功能，可实现大带宽颗粒波长通道业务的快速开通，提高业务响应速度。

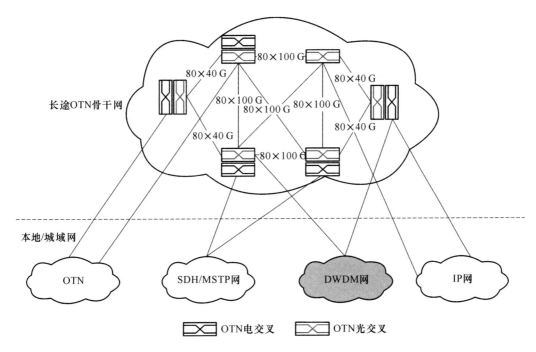

图 11-8 骨干传输网 OTN 组网方案示意图

2. 城域网建设方案

城域网建设方案有:以 PTN 技术为基础的城域网建设方案、以 IP RAN 技术为基础的城域网建设方案和 IP 城域网建设方案。

(1) 以 PTN 技术为基础的城域网建设方案

PTN 适用于承载基站业务、大客户二层专线业务、IPTV 等 QoS 要求较高的业务,PTN 设备成本高于交换机、低于路由器。以 PTN 技术为基础的城域网建设方案有 PTN 单独组网、PTN 与 OTN 混合组网两种。

① PTN 单独组网

在中小型城域网,可根据实际网络的发展情况,选用 PTN 单独组网,组网示意图如图 11-9 所示。

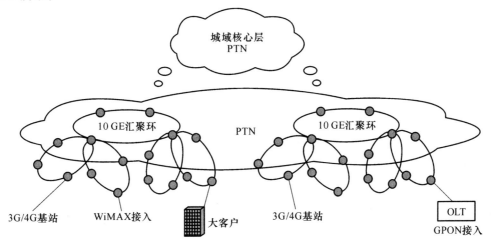

图 11-9 PTN 单独组网

核心层、汇聚层和接入层均采用 PTN 设备,组建一张独立的分组传送网络。PTN 独立组网的接入层采用 GE(1 Gbit/s)或 10GE(10 Gbit/s)环,汇聚层以上采用 10GE 或 100GE(100 Gbit/s)环。独立组网的模式结构清晰、易于端到端的业务管理和维护。

② PTN 与 OTN 混合组网

在大型城市中,可选择 PTN 与 OTN 混合组网。PTN/OTN 混合组网示意图如图 11-10 所示。

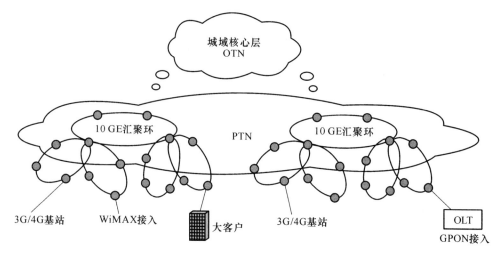

图 11-10　PTN 与 OTN 混合组网

PTN/OTN 混合组网模式为核心层以下采用 PTN 组网,核心层采用 OTN 组网。

(2) 以 IP RAN 技术为基础的城域网建设方案

以 IP RAN 技术为基础的城域网建设方案一般采用 IP RAN 单独组网,即在核心层、汇聚层和接入层均采用 IP RAN 设备,如图 11-11 所示。

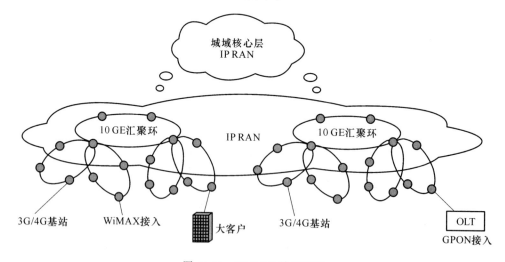

图 11-11　IP RAN 单独组网

IP RAN 接入层组网结构一般采用环形结构,链路速率为 1 Gbit/s 或 10 Gbit/s。汇聚层可采用树形双归、口字形或环形结构与核心设备相连,汇聚层链路速率为 10 Gbit/s 或 100 Gbit/s。核心层组网结构主要有树形双归、口字形和 Mesh 组网,核心层根据光纤情况考虑采用哪种组网结构,建议采用 Mesh 组网,提高核心层设备的稳定性。核心层链路速率为 10 Gbit/s 或 100 Gbit/s。

（3）IP 城域网建设方案

三网融合后,IP 城域网除实现普通 Internet 上网外,还要能够承载 IPTV 及语音等业务。而 IPTV 及语音业务对时延、抖动及丢包等的要求更高,对设备处理能力、网络的性能等的要求更高。所以必须对原有网络进行升级改造。

具体方案有两种:对于较小规模的城域网,可在原有 IP 城域网上进行设备升级改造;对于规模较大的城域网,可以将视频、语音等高质量业务剥离出来,单独建一张平行的高性能的城域网子网,形成双平面的架构,以适应三网融合后对 IPTV 等新业务的承载。

小　　结

（1）三网融合是指电信网、广播电视网、互联网在向宽带通信网、数字电视网、下一代互联网演进过程中进行融合,它不是现有三网的简单延伸和叠加,而应是其各自优势的有机融合。

三网融合主要指业务应用层面的融合,表现为技术上趋向一致,网络层上互联互通;物理资源上实现共享;业务应用层上互相渗透和交叉,趋向于全业务和采用统一的 IP 通信协议;最终将导致行业监管政策和监管架构上的融合。

（2）在我国实现三网融合的主要意义有:①有利于形成完整的信息通信业的产业链;②有利于提升面向用户的服务质量;③激发行业技术创新和业务创新;④促进经济增长。

（3）三网融合遇到的技术问题主要有:①传输的宽带化;②交换的高性能指标;③用户的宽带接入问题。

三网融合需要解决的社会问题有:①产业政策需要调整;②行业监管责任需要明确;③内容信息监管需要改进;④业务融合面临挑战;⑤行业标准需要统一。

三网融合的发展趋势如下:

在网络层面,三网融合的重点应放在对三网的改造上,使网络可以基于 IP 在各自数据应用平台上提供多种服务,承载多种业务,让已经具有基本能力的各种网络进行适当的业务交叉和渗透,充分发挥各类网络资源的潜力。

从技术上看,各种网络技术特征正逐渐趋向一致,如数字化、光纤化、分组交换化等,特别是逐渐向 IP 的汇聚已成为下一步发展的共同趋向。

在业务层面,各种网络平台逐步达到可承载本质上相同的业务能力,真正成为可以相互替代的、打破了 3 个行业中历来按业务种类划分市场和行业的技术壁垒。

（4）三网融合需具备的技术基础主要有数字技术、光通信技术、TCP/IP 协议和软件技术等。

（5）三网融合对宽带接入网的需求为:更高的网络带宽和用户带宽,支持多业务承载、多业务分类能力,支持组播。

二网融合下的宽带接入技术包括有线宽带接入技术和无线宽带接入技术。应用比较广泛的有线宽带接入网主要有:混合光纤/同轴电缆（HFC）接入网、FTTx＋LAN 接入网、光纤接入网（EPON/ GPON）等。无线宽带接入技术主要包括无线局域网（WLAN）、微波存取全球互通（WiMAX）系统等。

（6）三网融合对承载网的总体要求为 IP 化、宽带化和具备多业务承载能力。

为了满足这些要求，电信运营商的 IP 网络已经引入了多协议标签交换（MPLS）作为骨干传输技术，用于解决网络速度、可扩展性、服务质量（QoS）管理及流量工程等问题；同时积极向 IPv6 演进，以有效解决 IP 地址枯竭问题。光传送正在逐步引入 PTN/IP RAN 和 OTN 技术，PTN/IP RAN 技术用于小颗粒 IP 业务的灵活接入及汇聚收敛，OTN 技术用于大颗粒业务的灵活高效传送。

（7）内容分发网络（CDN）是采用高速缓存、负载均衡和内容重定向等技术，在一定的网络基础构架上实现内容加速、内容分发、减少网络带宽和用户响应时间的一种内容分发服务网络。

（8）三网融合承载网建设方案主要包括骨干传输网建设方案和城域网建设方案。

长途骨干传输网的发展趋势是采用 OTN 组网方案；城域网建设方案有：以 PTN 技术为基础的城域网建设方案（PTN 单独组网、PTN 与 OTN 混合组网）、以 IP RAN 技术为基础的城域网建设方案（IP RAN 单独组网）和 IP 城域网建设方案。

习　题

11-1　三网融合的概念是什么？

11-2　在我国实现三网融合的主要意义是什么？

11-3　三网融合需具备的技术基础有哪些？

11-4　三网融合对宽带接入网的需求有哪些？

11-5　三网融合对承载网的总体要求是什么？

11-6　MPLS VPN 的概念是什么？

11-7　什么是内容分发网络（CDN）？

11-8　简述三网融合承载网建设方案。

参 考 文 献

[1] 毛京丽,等.现代通信网[M].3 版.北京:北京邮电大学出版社,2013.

[2] 纪越峰,等.现代通信技术[M].2 版.北京:北京邮电大学出版社,2004.

[ ] 孙学康,毛京丽.SDH 技术[M].3 版.北京:人民邮电出版社,2015.

[4] 胡怡红,姬艳丽,等.通信专业实务(初级)[M].北京:人民邮电出版社,2018.

[5] 毛京丽,刘勇.通信专业实务——传输与接入(有线)[M].北京:人民邮电出版社,2018.

[6] 姬艳丽,等.通信专业综合能力(中级)[M].北京:人民邮电出版社,2018.

[7] 毛京丽.宽带 IP 网络[M].2 版.北京:人民邮电出版社,2015.

[8] 石文孝,等.通信网理论与应用[M].北京:电子工业出版社,2008.

[9] 赵瑞玉,胡珺珺,等.现代电信网络[M].2 版.北京:北京大学出版社,2017.

[10] 张中荃,主编.接入网技术[M].2 版.北京:人民邮电出版社,2009.

[11] 李雪松,傅珂,柳海.接入网技术与设计应用[M].北京:北京邮电大学出版社,2009.

[12] 王延尧,等.以太网技术与应用[M].北京:人民邮电出版社,2005.

[13] 钟章队.无线局域网[M].北京:科学出版社,2004.

[14] 秦国,等.现代通信网概论[M].北京:人民邮电出版社,2004.

[15] 马永源,马力.电信规划方法[M].北京:北京邮电大学出版社,2001.

[16] 梁雄健,孙青华,张静,等.通信网规划理论与务实[M].北京:北京邮电大学出版社,2006.

[17] 杨丰瑞,刘辉,张勇.通信网络规划[M].北京:人民邮电出版社,2005.

[18] 杨放春,孙其博.软交换与 IMS 技术[M].北京:北京邮电大学出版社,2007.

[19] 杨炼,等.三网融合的关键技术及建设方案[M].北京:人民邮电出版社,2011.

[20] 中华人民共和国工业和信息化部.电信网编号计划(2010 年版),2010.

[21] 中华人民共和国信息产业部.数字同步网的规划方法与组织原则,YDN 117-1999,1999.

[22] ITU-T Recommendation Y. NGN-overview:General Overview of NGN Functions and Characteristics,2004.

[23] ITU-T Recommendation Y. General Principles and General Reference for Next Generation Networks,2004.

[24] 中华人民共和国信息产业部.软交换设备总体技术要求,YD/T 1434-2006,2006.

[25] 中华人民共和国信息产业部.基于软交换的网络组网总体技术要求,YDC 045-2007,2007.

[26] 北斗网.北斗卫星导航系统介绍,http://www.beidou.gov.cn/xt/xtjs/201710/t20171011

_280. html,2017.

[27] 中华人民共和国工业和信息化部. 数字同步网工程技术规范,GB/T51117-2015,2015.
3GPP TS 23. 228 v8. 12. 0. IP Multimedia Subsystem(IMS) Stage 2,2010.

[28] 中华人民共和国工业和信息化部. 统一 IMS 的功能体系架构(第一阶段),YD/T 2007-
2009,2009.

[29] 中华人民共和国工业和信息化部. 统一 IMS 组网总体技术要求(第一阶段),YD/T
1930-2009,2009.